安徽省高等学校"十一五"省级规划教材

数字逻辑 第3版

DIGITAL LOGIC

主　编　张辉宜　丁　刚

副主编　陆　勤　詹　林　王诗冰

编　委　（以姓氏笔画为序）

丁　刚　丁晓贵　王诗冰

齐学梅　张辉宜　陆　勤

赵彦强　钱　萌　徐国雄

黄　河　詹　林

中国科学技术大学出版社

内 容 简 介

本教材系统地阐述了数字逻辑电路的分析和设计方法，主要内容包括数字电路基本概念、数制和码制、逻辑代数基础、逻辑函数的建立和化简、基本门电路、组合逻辑电路的分析与设计、触发器、时序逻辑电路的分析与设计、常用中规模逻辑器件的应用、PLD 逻辑器件、脉冲的产生与整形等，通过实例介绍了 HDL 语言及数字系统设计方法。

本教材内容由浅入深，适用于高等院校计算机类专业"数字逻辑"课程，亦可供从事自动化、通信、仪器仪表等电子工程领域的科研和工程技术人员参考。

图书在版编目（CIP）数据

数字逻辑/张辉宜，丁刚主编. —3 版. —合肥：中国科学技术大学出版社，2019.8（2022.7 重印）

ISBN 978-7-312-04702-2

Ⅰ. 数… Ⅱ.①张… ②丁… Ⅲ. 数字逻辑 Ⅳ. TP302.2

中国版本图书馆 CIP 数据核字（2019）第 121267 号

出版	中国科学技术大学出版社
	安徽省合肥市金寨路 96 号，230026
	http://press.ustc.edu.cn
	https://zgkxjsdxcbs.tmall.com
印刷	安徽省瑞隆印务有限公司
发行	中国科学技术大学出版社
经销	全国新华书店
开本	787 mm×1092 mm 1/16
印张	22.5
字数	562 千
版次	2005 年 2 月第 1 版 2019 年 8 月第 3 版
印次	2022 年 7 月第 7 次印刷
定价	58.00 元

第 3 版前言

　　本书源自主编承担的 2009 年安徽省"数字逻辑"省级精品课程建设项目、安徽省高等学校"十一五"省级规划教材建设项目，是在 21 世纪高等院校规划教材《数字逻辑》的基础上，联合安徽省内以工科为主的本科院校该课程任课教师编写而成的，在安徽省内本科院校中得到了普遍使用。

　　本书主编讲授的"数字逻辑"课程在 2014 年被评为安徽省首批慕课示范课程。2017 年，"数字逻辑"慕课平台正式在安徽省教育厅主管的安徽省网络课程学习中心（http://www.ehuixue.cn/）上线运行。为配合本课程的慕课教学，第 3 版增加了逻辑电路的硬件描述语言（Verilog HDL）描述方法、经典逻辑电路的 Verilog HDL 语言源代码及其仿真结果，方便学生在仿真实验和课程设计中参考。

　　课程相关教学资源，如授课视频、试题、作业、在线交互等，可在上述网站上注册后登录使用。

编　　者

2019 年 5 月 10 日

第 2 版前言

"数字逻辑"是高等院校计算机类专业本科生的一门重要专业基础课，是关于计算机系统结构方面的四门主干课程（"数字逻辑""计算机组成原理""微机原理与接口技术""计算机系统结构"）中的首门课程。课程的主要目的是使学生了解和熟悉从对数字系统提出要求开始到用集成电路实现所需逻辑功能为止的整个过程，即掌握数字逻辑电路分析与设计的基本方法，重点是组合逻辑电路和同步时序逻辑电路的分析、设计和应用，为数字计算机和其他数字系统的硬件分析与设计奠定坚实的基础。

由于该课程专业基础课的性质，在以前的教学过程中往往过分强调基础理论知识的重要性，而忽视了其工程应用的属性，从而增加了应用型本科学生的学习难度。针对数字技术的快速发展和数字系统的广泛应用，为满足培养学生创新能力和工程实践综合能力的需要，在对国内外相关教材进行分析比较的基础上，根据培养高级应用型人才的目标，本书确立了立足数字逻辑电路基本原理，结合工程设计，由浅入深的编写思路。

第 1 章介绍数字逻辑电路的基本概念、基本理论以及门电路相关知识。第 2 章介绍组合逻辑电路的分析和设计方法，包括常用中规模组合逻辑器件的应用。第 3 章介绍时序逻辑电路的构成、分析和设计方法，包括常用中规模时序逻辑器件的应用。第 4 章介绍可编程逻辑器件的结构原理及其应用。第 5 章介绍脉冲的产生和整形，便于相关专业选用。第 6 章通过实例介绍数字系统设计方法。第 7 章简单介绍硬件描述语言基础。

本书自第 1 版出版发行以来，受到了广大读者的热情关注，在多所院校的教学中获得好评，经学校和出版社共同推荐被列为安徽省高等学校"十一五"省级规划教材。为进一步提高教材质量，适应教育发展的需要，我们在多年教学实践的基础上收集并整理教学一线老师的反馈意见，结合自己的体会，组织了多位从事"数字逻辑"教学一线的教师，对第 1 版进行了认真、仔细的修订。

参加本书编写和修订的老师有安徽工业大学的陆勤、徐国雄，安徽建筑工业学院的赵彦强，安徽理工大学的詹林，安徽师范大学的齐学梅，阜阳师范学院的王诗冰，安庆师范学院的钱萌、丁晓贵，重庆三峡学院的黄河。

本书在编写过程中得到了中国科学技术大学出版社及其他兄弟院校的大力支持，在此表示诚挚的感谢。

由于编者水平有限，书中定有许多不足和错误之处，恳请读者和专家批评指正。

编　者
2009 年 11 月

目　　录

第 1 章　数字逻辑电路基础

1.1　数字系统基本概念

21 世纪是信息数字化的时代。从计算机到数字电话，从 CD、VCD、DVD、数字电视等家庭娱乐音像设备到 CT 等医疗设备，从军用雷达到太空站，数字电子技术在计算机、仪器仪表、通信、航空航天等各个领域都得到了广泛应用。信息处理数字化是数字技术渗透到人类生活各个领域的基础，是人类进入信息时代的必要条件。而数字化编码的基础是采用"0""1"两个数码的二进制。因此，作为数字技术的基础，数字逻辑是计算机专业的主要技术基础课程。

1.1.1　数字信号

数字信号是在两个稳定状态之间做阶跃式变化的信号。与人们熟悉的自然界中许多在时间和数值上都连续变化的物理量不同，数字信号在时间和数值上是不连续的，其数值的变化总是发生在一系列离散时间的瞬间，数量的大小以及增减变化都是某一最小单位的整数倍。这类物理量称为数字量，用于表示数字量的信号叫作数字信号。数字信号有电位型（图 1-1（a））和脉冲型（图 1-1（b））两种表示形式。电位型是用信号的电位高低表示数字"1"和"0"；脉冲型是用脉冲的有无表示数字"1"和"0"。

图 1-1（a），（b）均表示了数字信号 100110111。

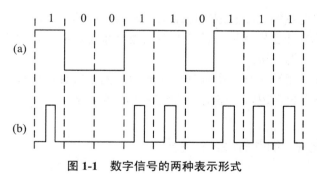

图 1-1　数字信号的两种表示形式

1.1.2　数字电路

对数字信号进行传递、变换、运算、存储以及显示等处理的电路称为数字电路。由于数字电路不仅能对信号进行数值运算，而且具有逻辑运算和逻辑判断的功能，所以又称为数字逻辑电路或逻辑电路。根据其功能特点，可将数字逻辑电路分为组合逻辑电路和时序逻辑电路。组合逻辑电路是指在任意时刻产生的稳定输出值仅取决于该时刻电路输入值的组合，而与电路过去时刻的输入值无关，如译码器、数据选择器等。组合逻辑电路又可进一步分为单输出和多输出组合逻辑电路。时序逻辑电路是指在任意时刻产生的稳定输出值不仅与该时刻电路的输入值有关，而且与电路过去时刻的输入值有关。如计数器、寄存器等。时序逻辑电路又可根据电路中有无统一的定时信号进一步分为同步时序逻辑电路和异步时序逻辑电路。根据电路集成规模，数字逻辑电路又可分为小规模集成电路（SSI）、中规模集成电路（MSI）、大规模集成电路（LSI）和超大规模集成电路（VLSI），见表 1-1。

表 1-1　数字集成电路分类

类别	集成度	应用电路场合
小规模集成电路 （SSI）	TTL 系列：1~10 门/片 MOS 系列：10~100 个元件/片	通常为基本逻辑单元电路，如逻辑门电路、触发器等
中规模集成电路 （MSI）	TTL 系列：10~100 门/片 MOS 系列：100~1000 个元件/片	通常为逻辑功能部件，如译码器、编码器、计数器等
大规模集成电路 （LSI）	TTL 系列：100~1000 门/片 MOS 系列：1000~100000 个元件/片	通常为一个小的数字系统或子系统，如 CPU、存储器等
超大规模集成电路 （VLSI）	TTL 系列：>1000 门/片 MOS 系列：>100000 个元件/片	通常可构成一个完整的数字系统，如单片微处理机

1.1.3　数字系统

数字系统是由实现各种功能的逻辑电路互相连接构成的整体，它能交互式地处理用离散形式表示的信息。数字计算机就是一种最典型的数字系统。显然，数字系统的功能、规模均远远超出一般的数字逻辑电路。

从概念上讲，凡是用数字技术来处理和传输信息的系统都可以称为数字系统。本书中所指的数字系统，是指由数字逻辑电路构成的纯硬件数字系统。

1.1.4　数字系统中的两种运算类型

数字系统中含有两种运算：算术运算和逻辑运算。算术运算用于对数据信息进行加工处理，其数学基础是二进制数的运算。逻辑运算则用于实现各种不同的功能控制，其数学基础是逻辑代数。两种运算的比较如表 1-2 所示。

表 1-2　数字系统中两种运算的比较

比较项目	二进制算术运算	逻辑运算
变量取值范围	表示一位二进制数的变量取数值 0 或 1	每个逻辑变量取状态值 0 或 1
运算性质	数值运算（对数据进行加工处理）	逻辑判断（实现各种功能控制）
基本运算	+、−、*、/ 四则运算	与、或、非逻辑运算

从表 1-2 中可知，尽管两者的运算性质和运算方法不同，但变量的取值都具有二值性。因此可从两者的共性出发，利用一个逻辑变量取代一位二进制数码，用逻辑设计方法构造出实现二进制算术运算的电路。

1.1.5　数字逻辑电路研究的主要问题

数字逻辑电路主要研究电路输出信号状态与输入信号状态之间的逻辑关系。它包含逻辑电路分析和逻辑电路设计两个方面的内容。逻辑电路分析是要了解一个给定电路所实现的逻辑功能；逻辑电路设计则是根据实际问题提出的功能要求，构建出实现该功能的电路。

由于可以用逻辑设计的方法来构建算术运算电路，因此逻辑代数是数字逻辑电路分析和设计的理论基础。

1.2　数制与编码

数制是人们对数量计数的一种统计规律。在日常生活中，人们已习惯于使用十进制数，而在数字系统中，为便于用电路实现对数据的加工处理，并与逻辑运算相统一，多采用二进制。但二进制书写、识别都不方便，为了弥补二进制的不足，通常采用八进制和十六进制作为二进制的缩写。因此首先要介绍数制的转换问题。

1.2.1　数　制

任何一种数制都包括基数、进位规则及位权三个特征。基数是指数制中所采用的数字符号（又称为数码）个数，基数为 R 的数制称为 R 进制。R 进制中有 $0 \sim R-1$ 共 R 个数字符号，进位规律是"逢 R 进一"，一个 R 进制数 N 可表示为：

$$(N)_R = (K_{n-1} K_{n-2} \cdots K_1 K_0, \ K_{-1} K_{-2} \cdots K_{-m})_R \qquad \text{并列表示法（位置记数法）}$$

或 $$(N)_R = \sum_{-m}^{n-1} K_i \times R^i \qquad \text{多项式表示法（按权展开式）}$$

其中，R：基数；

K_i：0 到 $R-1$ 中的一个数字符号；

n：正整数，表示数 N 的整数部分位数；

m：正整数，表示数 N 的小数部分位数；

R^i：数 N 第 i 位的位权。

可见，R 进制具有下列特征：

（1）基数为 R，从 0 到 $R-1$ 共有 R 个数字符号；

（2）进位规律是"逢 R 进一"；

（3）各位数字的位权为 R^i，$i=-m\sim(n-1)$。

表 1-3 列出了四种常用数制的特点。

表 1-3　四种常用数制的特点

数制	数字符号	进位规则	表示形式	位权
十进制（DEC）	0，1，2，3，4，5，6，7，8，9	逢十进一借一当十	$(N)_{10}=\sum_{-m}^{n-1}K_i\times 10^i$	10^i
二进制（BIN）	0，1	逢二进一借一当二	$(N)_2=\sum_{-m}^{n-1}K_i\times 2^i$	2^i
八进制（OCT）	0，1，2，3，4，5，6，7	逢八进一借一当八	$(N)_8=\sum_{-m}^{n-1}K_i\times 8^i$	8^i
十六进制（HEX）	0，1，2，3，4，5，6，7，8，9，A，B，C，D，E，F	逢十六进一借一当十六	$(N)_{16}=\sum_{-m}^{n-1}K_i\times 16^i$	16^i

在实际使用时，常将各种数制用简码来表示，如十进制数用 D 表示或省略（默认）；二进制数用 B 表示；八进制数用 O 表示；十六进制数用 H 表示。

例如：十进制数 123 表示为：123D 或者 123；

二进制数 1011 表示为：1011B；

八进制数 567 表示为：567O；

十六进制数 3A4 表示为：3A4H。

表 1-4 列出了十进制数 0～16 对应的二进制、八进制和十六进制数码之间的对应关系。

表 1-4　四种常用进制数码之间的对应关系

十进制	二进制	八进制	十六进制	十进制	二进制	八进制	十六进制
0	0000	0	0	9	1001	11	9
1	0001	1	1	10	1010	12	A
2	0010	2	2	11	1011	13	B
3	0011	3	3	12	1100	14	C
4	0100	4	4	13	1101	15	D
5	0101	5	5	14	1110	16	E
6	0110	6	6	15	1111	17	F
7	0111	7	7	16	10000	20	10
8	1000	10	8				

1.2.2　数制转换

二进制数和十六进制数广泛应用于数字系统的内部运算，但人们通常习惯与十进制数打交道，因此在数字系统的输入端必须将十进制数转换为二进制数或十六进制数以便于传送、存储和处理，处理的结果又必须转换为十进制数以方便阅读和理解。所以数制的转换可分为十进制数与非十进数之间的相互转换以及非十进制数之间的相互转换两类。

本书重点讨论数字系统中常用的十进制、二进制、八进制、十六进制之间的相互转换。

1．非十进制数转换成十进制数

由于任意一个数都可以按权展开为

$$(N)_R = \sum_{-m}^{n-1} K_i \times R^i$$

于是很容易将一个非十进制数转换为相应的十进制数。具体步骤是：将一个非十进制数按权展开成一个多项式，每项是该位的数码与相应的权之积，把多项式按十进制数的运算规则进行求和运算，所得结果即是该数的十进制。

例 1.1　将二进制数 10101.011B 转换为十进制数。

解　$10101.011B = 1 \times 2^4 + 0 \times 2^3 + 1 \times 2^2 + 0 \times 2^1 + 1 \times 2^0 + 0 \times 2^{-1} + 1 \times 2^{-2} + 1 \times 2^{-3}$

$= 16 + 0 + 4 + 0 + 1 + 0 + 0.25 + 0.125$

$= 21.375D$

例 1.2　将十六进制数 5E.4BH 转换为十进制数。

解　$5E.4BH = 5 \times 16^1 + 14 \times 16^0 + 4 \times 16^{-1} + 11 \times 16^{-2}$

$= 80 + 14 + 0.25 + 0.04296875$

$= 94.29296875D$

2．十进制数转换成非十进制数

十进制数转换为非十进制数时，可将其整数部分和小数部分分别进行转换，最后将结果合并为待转换的目的数。下面以十进制数转换为二进制数为例进行说明。

（1）整数部分的转换

任何十进制整数都可以表示为

$$(N)_D = k_{n-1} \times 2^{n-1} + k_{n-2} \times 2^{n-2} + \cdots + k_1 \times 2^1 + k_0 \times 2^0$$

式中，k_{n-1}，k_{n-2}，$\cdots$，k_1，k_0 是二进制数各位的数码。要实现转换，只需得到 k_{n-1}，k_{n-2}，$\cdots$，k_1，k_0 的值。为此，将等式两边除以 2，得到余数 k_0，将商再除以 2，得到 k_1……继续此过程，直到商为 0，就可由以上所有的余数求出对应的二进制数。此过程用短除法表示为：

$$\begin{array}{r|ll}
2 & k_{n-1} \times 2^{n-1} + k_{n-2} \times 2^{n-2} + \cdots + k_1 \times 2^1 + k_0 \times 2^0 & \cdots k_0 \\
\hline
2 & k_{n-1} \times 2^{n-2} + k_{n-2} \times 2^{n-3} + \cdots + k_2 \times 2^1 + k_1 \times 2^0 & \cdots k_1 \\
\hline
& \qquad\qquad\qquad \vdots & \\
2 & k_{n-1} \times 2^1 + k_{n-2} \times 2^0 & \cdots k_{n-2} \\
\hline
2 & k_{n-1} \times 2^0 & \cdots k_{n-1} \\
\hline
\end{array}$$

例 1.3　将十进制数 37 转换为二进制数。

解

$$2 \underline{\left| \begin{array}{c} 37 \end{array} \right.} \cdots 余\ 1 \cdots k_0$$

```
    2 | 37      …余 1…k₀
    2 | 18      …余 0…k₁
    2 | 9       …余 1…k₂
    2 | 4       …余 0…k₃
    2 | 2       …余 0…k₄
    2 | 1       …余 1…k₅
        0
```

所以，37D=100101B。

可见，十进制整数转换为非十进制整数是采用除基取余法。所谓除基取余法就是用欲转换的数据的基数去除十进制数的整数部分，第一次除得的余数为目的数的最低位，把得到的商再除以该基数，所得余数为目的数的次低位……依此类推，继续上述过程，直到商为 0 时，所得余数为目的数的最高位。

（2）小数部分的转换

由于任何十进制小数可以表示为

$$(N)_D = k_{-1} \times 2^{-1} + k_{-2} \times 2^{-2} + \cdots + k_{-(m-1)} \times 2^{-(m-1)} + k_{-m} \times 2^{-m}$$

要得到二进制数码 k_{-1}，k_{-2}，$\cdots$，$k_{-(m-1)}$，k_{-m} 的值，将上式两端分别乘以 2 得到

$$2 \times (N)_D = k_{-1} \times 2^0 + k_{-2} \times 2^{-1} + \cdots + k_{-(m-1)} \times 2^{-(m-2)} + k_{-m} \times 2^{-(m-1)}$$

即得到个位数为 k_{-1}。因此将每次十进制数乘以 2 所得积中的个位数去掉，再继续乘 2 运算，直到小数部分为 0 或满足精度要求为止，就可将十进制小数转换为二进制小数。

例 1.4　将十进制小数 0.625 转换为二进制。

解

$0.625 \times 2 = \boxed{1}.250$　…　$k_{-1} = 1$	最高位小数
$0.250 \times 2 = \boxed{0}.500$　…　$k_{-2} = 0$	次高位小数
$0.500 \times 2 = \boxed{1}.000$　…　$k_{-3} = 1$	最低位小数

所以 0.625D=0.101B。

一般地说，十进制小数转换为非十进制小数是采用乘基取整法。所谓乘基取整法就是用该小数乘上目的数制的基数，第一次乘得结果的整数部分为目的数的小数部分的最高位，其小数部分再乘上基数，所得结果的整数部分为目的数的次高位……依此类推，继续上述过程，直到小数部分为 0 或达到要求的精度为止。

这里需要说明两点。首先，乘基数 R 所得的非 0 整数不能参加连乘。其次，在十进制小数部分的转换中，有时连续乘 R 不一定能使小数部分等于 0，也就是说该十进制小数不能用有限位的 R 进制小数来表示，此时只要取足够多的位数，使转换误差达到要求的精度就行了。

例 1.5　将十进制数 83.34375D 转换为十六进制数。

解　（1）整数部分的转换

```
    16 | 83      …余 3…k₀
    16 | 5       …余 5…k₁
         0
```

（2）小数部分的转换

$$0.34375 \times 16 = 5.50000 \quad \cdots \quad k_{-1} = 5 \quad 最高位小数$$

$$0.50000 \times 16 = 8.00000 \quad \cdots \quad k_{-2} = 8 \quad 最低位小数$$

所以，83.34375D=53.58H。

3. 二进制数、十六进制数、八进制数的相互转换

由于四位二进制数共有十六种组合，并且正好与十六进制的数码个数一致，故将每四位二进制数分为一组，让其对应一位十六进制数，便可非常容易地实现二进制数与十六进制数之间的转换。转换的规则是：

（1）二进制数转换为十六进制数时，只要将二进制数的整数部分自右向左每四位分为一组，最后不足四位的在左边用零补足四位；小数部分自左向右每四位分为一组，最后不足四位的在右边补零；再把每四位二进制数对应的十六进制数写出来即可。

（2）十六进制数转换为二进制数时，只要将每位十六进制数用对应的四位二进制数写出来就行了。

下面通过两个例子来说明其转换过程。

例 1.6　将二进制数 1010110101.1100101B 转换为十六进制数。

解　二进制表示的十六进制数为：**00**10 1011 0101.1100 101**0**

十六进制数为：　　2　　B　　5 . C　　A

所以，1010110101.1100101B=2B5.CAH。

例 1.7　将十六进制数 B2C.4AH 转换为二进制数。

解　将每位十六进制数用四位二进制数表示，得：

　　　　　　　　B　　2C . 4A

　　　　　　1011 0010 1100.0100 1010

所以，B2C.4AH =101100101100.0100101B。

同理可知，只要将三位二进制数分为一组，或者每个八进制数用三位对应的二进制数表示，即可实现二进制数与八进制数的相互转换。

八进制数与十六进制数的相互转换只需用二进制数作为桥梁，即先将欲转换的数转换为二进制数，再转换为目的数即可，非常方便，不再赘述。

1.2.3　真值与机器数

算术运算总会出现负数。前面讨论的数没有考虑符号问题，即默认为是正数。一个实际的数包含数的符号和数的数值两部分，由于数的符号可用"正（+）""负（−）"两个离散信息来表示，因此可用一个二进制位来表示数的符号。习惯上将一个 n 位二进制数的最高位（最左边的一位）用作符号位，符号位为 0 表示正数，为 1 表示负数，其余 $n-1$ 位则表示数值的大小。直接用"+"或"−"来表示符号的二进制数称为带符号数的真值。显然一个数的真值形式不能直接在计算机中使用。若将符号用前述方法数值化，则这个带符号的数就可以在计算机中使用了，所谓机器数就是把符号数值化后能在计算机中使用的符号数。二进制数真值与其对应的机器数表示法见表 1-5。

表 1-5　二进制数的真值与机器数表示法举例

二进制数$|N|$=0.10101	N 为正数	N 为负数
真值表示	$N=+0.10101$	$N=-0.10101$
机器数表示	$N=0.10101$	$N=1.10101$

为了简化运算，在数字系统中，人们常将机器数分为原码、反码、补码三种表示形式。

1. 原码（True Form）

原码实际上就是一个机器数的"符号+数值"表示形式；用"0"表示正数的符号；"1"表示负数的符号；数值部分保持不变。

根据上述定义，假设一带符号的二进制数 N，分三种情况来讨论原码的形成原则。

（1）N 为整数，即 $N=\pm k_{n-1}k_{n-2}\cdots k_1 k_0$

当 N 为正整数时，

$$N=+k_{n-1}k_{n-2}\cdots k_1 k_0$$
$$[N]_\text{原}=0\ k_{n-1}k_{n-2}\cdots k_1 k_0$$
$$=N$$

当 N 为负整数时，

$$N=-k_{n-1}k_{n-2}\cdots k_1 k_0$$
$$[N]_\text{原}=2^n+k_{n-1}k_{n-2}\cdots k_1 k_0$$
$$=2^n-(-k_{n-1}k_{n-2}\cdots k_1 k_0)$$
$$=2^n-N$$

所以

$$[N]_\text{原}=\begin{cases} N & \text{当 } N \text{ 为正整数时} \\ 2^n-N & \text{当 } N \text{ 为负整数时} \end{cases}$$

（2）N 为小数，即 $N=\pm 0.k_{-1}k_{-2}\cdots k_{-(m-1)}k_{-m}$

当 N 为正小数时，

$$N=+0.k_{-1}k_{-2}\cdots k_{-(m-1)}k_{-m}$$
$$[N]_\text{原}=0.k_{-1}k_{-2}\cdots k_{-(m-1)}k_{-m}$$
$$=N$$

当 N 为负小数时，

$$N=-0.k_{-1}k_{-2}\cdots k_{-(m-1)}k_{-m}$$
$$[N]_\text{原}=1.k_{-1}k_{-2}\cdots k_{-(m-1)}k_{-m}$$
$$=1-(-0.k_{-1}k_{-2}\cdots k_{-(m-1)}k_{-m})$$
$$=1-N$$

所以

$$[N]_\text{原}=\begin{cases} N & \text{当 } N \text{ 为正小数时} \\ 1-N & \text{当 } N \text{ 为负小数时} \end{cases}$$

（3）$N=0$

此时有两种情况

$$(+0)_\text{原}=0.00\cdots 0$$
$$(-0)_\text{原}=1.00\cdots 0$$

数的原码形式简单，易于理解。但在进行两个异号数的加减法运算时，要进行运算结果的符号判断，这将增加运算电路的复杂程度和运算时间。

2．反码（One's Complement）

反码也是由符号位和数值位构成的，符号位的表示方法与原码相同，即用"0"表示正数，"1"表示负数。但反码数值位的构成与符号位有关，若为负数，则其数值位是原码数值位按位取反的结果；若为正数，则其数值位与原码的数值位相同。

根据上述反码的构成原则可推导出

$$[N]_{反}=\begin{cases} N & \text{当 } N \text{ 为正整数时} \\ (2^{n+1}-1)+N & \text{当 } N \text{ 为负整数时} \end{cases}$$

$$[N]_{反}=\begin{cases} N & \text{当 } N \text{ 为正小数时} \\ 2-2^{-n}+N & \text{当 } N \text{ 为负小数时} \end{cases}$$

$$(+0)_{反}=0.00\cdots0$$
$$(-0)_{反}=1.11\cdots1$$

用反码进行加减运算时，若运算结果的符号位产生了进位，则要将此进位加到中间结果的最低位才能得到最终的运算结果，并且 ±0 的反码表示也不是唯一的，所以用反码进行运算也不方便。

3．补码（Two's Complement）

补码也是由符号位和数值位构成的，符号位的表示方法与原码相同，即用"0"表示正数，"1"表示负数。但补码数值位的构成与符号位有关，若为负数，则其数值位是原码数值位按位取反后在最低位加 1 得到的；若为正数，则其数值位与原码的数值位相同。

根据上述补码的构成原则可推导出

$$[N]_{补}=\begin{cases} N & \text{当 } N \text{ 为正整数时} \\ 2^{n+1}+N & \text{当 } N \text{ 为负整数时} \end{cases}$$

$$[N]_{补}=\begin{cases} N & \text{当 } N \text{ 为正小数时} \\ 2+N & \text{当 } N \text{ 为负小数时} \end{cases}$$

$$(+0)_{补}=(-0)_{补}=0.00\cdots0$$

可见，±0 的补码具有唯一的形式。

补码具有如下运算规则：

（1）$[N_1+N_2]_{补}=[N_1]_{补}+[N_2]_{补}$；

（2）$[N_1-N_2]_{补}=[N_1]_{补}+[-N_2]_{补}$。

采用补码运算时，符号位和数值位要一起参加运算，如果符号位产生进位，则丢掉此进位。若运算结果的符号位为 0，说明是正数的补码；若运算结果的符号位为 1，说明是负数的补码。

例 1.8　若 $N_1=-0.1100$，$N_2=-0.0010$，求 $[N_1+N_2]_{补}$ 和 $[N_1-N_2]_{补}$。

解　（1）$[N_1+N_2]_{补}=[N_1]_{补}+[N_2]_{补}=1.0100+1.1110=\underline{\mathbf{1}}\,1.0010$

由于运算结果的符号位产生了进位，要丢掉这个进位，所以

$$[N_1+N_2]_{\text{补}}=1.0010$$

运算结果的符号位为 1，说明运算结果是负数的补码，因此需对运算结果再次求补才能得到原码。

$$[N_1+N_2]_{\text{原}}=1.1110$$

故运算结果的真值为

$$N_1+N_2=-0.1110$$

（2）$[N_1-N_2]_{\text{补}}=[N_1]_{\text{补}}+[-N_2]_{\text{补}}=1.0100+0.0010=1.0110$

运算结果的符号位为 1，说明运算结果是负数的补码，因此需对运算结果再次求补才能得到原码。

$$[N_1-N_2]_{\text{原}}=1.1010$$

故运算结果的真值为

$$N_1-N_2=-0.1010$$

从上面的讨论可以看出，用原码进行减法运算时，必须进行真正的减法，不能用加法来代替，所需的逻辑电路较复杂，运算时间较长；用反码进行减法运算时，若符号位产生了进位就要进行两次加法运算；用补码进行减法运算时，只需进行一次算术加法。因此，在计算机等数字系统中，几乎都用补码来进行加、减运算。

1.2.4 常用编码

在数字系统中，任何数字和文本、声音、图形、图像等信息都是用二进制的数字化代码来表示的。二进制有"0""1"两个数字符号，但 n 位二进制可有 2^n 种不同的组合，换言之，n 位二进制可表示 2^n 种不同的信息。指定某一数码组合去代表某个给定信息的过程称为编码，而这个数码组合则称为代码。代码是不同信息的代号，不一定有数的意义。数字系统中常用的编码有两类，一类是二进制编码，另一类是二～十进制编码。

1. 二～十进制（BCD-Binary Coded Decimal）码

在数字系统中，各种数据要转换为二进制代码才能进行处理，而人们习惯于使用十进制数，所以在数字系统的输入输出设备中仍采用十进制数，这样就产生了用四位二进制数表示一位十进制数的方法，将这种用于表示十进制数的二进制代码称为二～十进制代码（Binary Coded Decimal），简称为 BCD 码。它具有二进制数的形式可满足数字系统的要求，又具有十进制数的特点（只有十种有效状态）。常见的 BCD 码有 8421BCD 码、2421BCD 码和余 3 码，如表 1-6 所示。

表 1-6　常见的 BCD 编码

十进制数	8421BCD 码	2421BCD 码	余 3 码
0	0000	0000	0011
1	0001	0001	0100
2	0010	0010	0101
3	0011	0011	0110
4	0100	0100	0111
5	0101	1011	1000
6	0110	1100	1001
7	0111	1101	1010
8	1000	1110	1011
9	1001	1111	1100

（1）8421BCD 码

8421BCD 码是一种使用最广泛的 BCD 码，它是一种有权码，其各位的权（从最高有效位开始到最低有效位）分别是 8、4、2、1，故称为 8421BCD 码。

如十进制数 563.97D 对应的 8421BCD 码为(0101 0110 0011 . 1001 0111)$_{8421BCD}$，8421BCD 码(01101001.01011000)$_{8421BCD}$ 对应的十进制数为 69.58D。

在使用 8421BCD 码时，一定要注意其有效的编码仅十个，即 0000～1001。四位二进制数的其余六个编码 1010,1011,1100,1101,1110,1111 不是有效编码。

（2）2421BCD 码

2421BCD 码也是一种有权码，其各位的权（从最高有效位开始到最低有效位）分别是 2、4、2、1。2421BCD 码的特点是 0 与 9，1 与 8，2 与 7，3 与 6，4 与 5 之间的关系是自身按位求反。如 2 的 2421 码是 0010，7 的 2421 码是 1101。

2421BCD 码是一种"对 9 的自补"代码，如 3 的 2421 码为 0011，3 对 9 的补数是 6，6 的 2421 码为 1100，而 1100 正是 0011 的按位求反。

（3）余 3 码

余 3 码也是一种 BCD 码，但它是无权码（权不固定）或称偏权码，但由于每一个编码与对应的 8421BCD 码之间相差 3，故称为余 3 码。

余 3 码的主要特点是 0 与 9，1 与 8，2 与 7，3 与 6，4 与 5 之间的码组互为反码，这有利于求取对 10 的补码。所以在数字系统中，余 3 码有利于简化 BCD 码的减法电路。

（4）3 种常见 BCD 码的比较

① 都是用 4 位二进制代码表示 1 位十进制数字；

② 在四位二进制代码组合中，每种编码均有 6 种组合不允许出现；

③ 可直接通过位权展开求得所代表的十进制数：

8421BCD 码：$(b_3b_2b_1b_0)_{8421}=(8b_3+4b_2+2b_1+b_0)_{10}$，

2421BCD 码：$(b_3b_2b_1b_0)_{2421}=(2b_3+4b_2+2b_1+b_0)_{10}$，

余 3 码：$(b_3b_2b_1b_0)_{余3码}=(8b_3+4b_2+2b_1+b_0-3)_{10}$；

④ 3 种 BCD 码与十进制之间的转换均以 4 位对 1 位直接变换，一个 n 位十进制数对应的 BCD 码一定为 $4n$ 位。

需要指出的是，BCD 码不是二进制数，而是用二进制编码的十进制数。

2．可靠性编码

可靠性编码是一种避免在代码的形成和传送过程中发生错误，或者在出错时容易发现错误甚至查出错误位置的一种编码方法。常用的可靠性编码有格雷码和奇偶校验码。

（1）格雷（Gray）码

格雷码是一种无权码，其特点是任意两个相邻的编码之间只有一位数不同。另外由于最大数与最小数之间也仅一位数不同，故通常又叫格雷反射码或循环码。由于相邻两个码组只有一位不同，避免了在数字系统状态发生变化时出现别的码组，因此它是一种错误最小化的代码，或者说是一种可靠性编码。按格雷码设计的计数器，在每次状态转换过程中只有一个

触发器翻转，译码时不会发生竞争冒险现象（详见第 2 章）。格雷码有多种编码方案，表 1-7
给出了其中一种典型编码。

表 1-7　格雷码

十进制数	二进制数	格雷码	十进制数	二进制数	格雷码
0	0000	0000	8	1000	1100
1	0001	0001	9	1001	1101
2	0010	0011	10	1010	1111
3	0011	0010	11	1011	1110
4	0100	0110	12	1100	1010
5	0101	0111	13	1101	1011
6	0110	0101	14	1110	1001
7	0111	0100	15	1111	1000

从表 1-7 可以看到，任何相邻的两个十进制数，它们的格雷码都仅有一位发生变化。这种
典型格雷码可以从二进制码转换而来。在说明这种转换以前，先介绍一种逻辑运算"异或"，
它的符号为 $\oplus$。"异或"运算规则为符号两边逻辑值不相同时结果是 1（真），否则结果是 0（假）。
具体规则如下：

$$0 \oplus 0 = 0 \qquad 1 \oplus 1 = 0$$
$$0 \oplus 1 = 1 \qquad 1 \oplus 0 = 1$$

从二进制码转换成格雷码的规则如下：

$$G_i = B_i \oplus B_{i+1}$$

格雷码第 i 位（G_i）是二进制码第 i 位（B_i）和第 $i+1$ 位（B_{i+1}）的异或，例如

```
(13)=0    1    1    0    1…二进制码
     \  / \  / \  / \  /
      ⊕    ⊕    ⊕    ⊕
      ↓    ↓    ↓    ↓
      1    0    1    1…典型格雷码
```

后面介绍的卡诺图就采用了这种编码方法。

（2）奇偶校验码

格雷码只能避免错误，而奇偶校验码则是一种能检查出二进制信息在传送过程中是否出
现错误（单错）的代码，它由信息位和奇偶校验位两部分构成。信息位是要传送的信息本身；
校验位是使整个代码中 1 的个数按照预先的规定成为奇数或偶数。当信息位和校验位中 1 的
总个数为奇数时，称为奇校验；1 的总个数为偶数时，称为偶校验。表 1-8 为十进制数的奇偶
校验码。

表 1-8　十进制数的奇偶校验码

十进制数	带奇校验的 8421BCD 码		带偶校验的 8421BCD 码	
	信息位	校验位	信息位	校验位
0	0000	1	0000	0
1	0001	0	0001	1
2	0010	0	0010	1
3	0011	1	0011	0
4	0100	0	0100	1
5	0101	1	0101	0
6	0110	1	0110	0
7	0111	0	0111	1
8	1000	0	1000	1
9	1001	1	1001	0

　　校验原理是：在发送端对 n 位信息编码，产生 1 位检验位，形成 $n+1$ 位信息发往接收端；在接收端检测 $n+1$ 位信息中含"1"的个数是否与约定的奇偶性相符，若相符则判定为通信正确，否则判定为错误。

　　奇偶校验码的优点是编码简单，相应的编码电路和检测电路也简单。缺点是发现错误后不能对错误定位，因而接收端不能纠正错误，并且只能发现单错（或奇数位错误），不能发现双错（或偶数位错误）。在实际使用时，由于双错的概率远低于单错的概率，所以用奇偶校验码来检验代码在通信过程中是否发生错误是有效的。

　　（3）海明（Hamming）码

　　奇偶校验码只能发现一位出现错误，而并不知道是哪一位出错，如果知道是哪一位出错，则可以纠错（数字逻辑中非 1 既 0）。海明码也是由"信息位"和"校验位"（它的位数较多）两部分构成，它不但能发现错误，还能校正错误，介绍如下。

　　假如要传输的信息位串有 4 位：$a_1 a_2 a_3 a_4$，则校验串位有 3 位：$a_5 a_6 a_7$，其海明码串有 7 位：$a_1 a_2 a_3 a_4 a_5 a_6 a_7$。该编码系统中的任何一个合法的码字必须满足下面方程组：

$$a_5 = a_1 \oplus a_2 \oplus a_3$$
$$a_6 = a_2 \oplus a_3 \oplus a_4 \qquad\qquad (1\text{-}1)$$
$$a_7 = a_1 \oplus a_3 \oplus a_4$$

　　上述方程组不是唯一的，$a_5 a_6 a_7$ 的等式是 $a_1 a_2 a_3 a_4$ 中任意 3 个位码的异或，只要不重复即可，不同的方程组可构成不同的海明码。由式（1-1）可构成与 4 位二进制相对应的一种海明码，如表 1-9 所示。

表 1-9　海明码

十进制数	二进制数	海明码	十进制数	二进制数	海明码
0	0000	0000000	8	1000	1000101
1	0001	0001011	9	1001	1001110
2	0010	0010111	10	1010	1010010
3	0011	0011100	11	1011	1011001
4	0100	0100110	12	1100	1100011
5	0101	0101101	13	1101	1101000
6	0110	0110001	14	1110	1110100
7	0111	0111010	15	1111	1111111

接下来，将进一步讨论该海明码是如何校正错误的。设数据通信系统中发送端发出的海明码为 $a_1a_2a_3a_4a_5a_6a_7$，接收端接收的串码为 $b_1b_2b_3b_4b_5b_6b_7$，令：

$$b_r = a_r \oplus e_r \quad (r=1,2,3,4,5,6,7) \tag{1-2}$$

e_r 是传输过程中第 r 位产生的误差。若 $e_r = 0$，则 $b_r = a_r$，表示第 r 位没有错；若 $e_r = 1$，则 $b_r \neq a_r$，表示第 r 位有错。再令：

$$\begin{aligned}
S_1 &= b_1 \oplus b_2 \oplus b_3 \oplus b_5 \\
S_2 &= b_2 \oplus b_3 \oplus b_4 \oplus b_6 \\
S_3 &= b_1 \oplus b_3 \oplus b_4 \oplus b_7
\end{aligned} \tag{1-3}$$

S_1, S_2, S_3 为校验因子，将式（1-1）和式（1-2）代入式（1-3）得：

$$\begin{aligned}
S_1 &= e_1 \oplus e_2 \oplus e_3 \oplus e_5 \\
S_2 &= e_2 \oplus e_3 \oplus e_4 \oplus e_6 \\
S_3 &= e_1 \oplus e_3 \oplus e_4 \oplus e_7
\end{aligned} \tag{1-4}$$

若只有一位错，可根据 $S_1S_2S_3$ 组成的值确定哪一位出错。如 $S_1S_2S_3=010$，由式（1-4）可以判断出：由 $S_1 = 0$，可确定第 1、2、3、5 位没错；由 $S_3 = 0$，确定第 1、3、4、7 位没错；最终可以确定第 6 位出错。表 1-10 为 $S_1S_2S_3$ 与出错位对应表。

表 1-10　海明码单错位判断表

$S_1S_2S_3$	出错位
000	无错
001	7
010	6
011	4
100	5
101	1
110	2
111	3

上述分析的海明码实际上也只是单错校正，随着信息位和校验位的增加，纠错位数也会

相应增加。目前，计算机网络中数据的传输，主要采用的是多项式（CRC）码，读者可参阅其他相关资料。

3．字符码

众所周知，数字系统处理数字、信息都是通过处理由 0、1 组成的代码来实现的。换言之，要使数字系统能够处理字母和符号，就必须对其进行编码。字符编码的种类非常多，这里仅介绍最常用的字符编码——ASCII 码（American Standard Code Information Interchange，美国信息交换标准代码），它是用 7 位二进制编码来表示 10 个十进制数字符号、26 个英文大写和小写字母、34 个专用符号、32 个控制字符共 128 种字符，见表 1-11。

表 1-11　ASCII 码表

代码低 4 位 $(b_3b_2b_1b_0)$	代码高 3 位 $(b_6b_5b_4)$							
	000	001	010	011	100	101	110	111
0000	NULL	DLE	SP	0	@	P	`	p
0001	SOM	DC	!	1	A	Q	a	q
0010	STX	DC	"	2	B	R	b	r
0011	ETX	DC	#	3	C	S	c	s
0100	EOT	DC	$	4	D	T	d	t
0101	ENQ	NAK	%	5	E	U	e	u
0110	ACK	SYN	&	6	F	V	f	v
0111	BEL	ETB	'	7	G	W	g	w
1000	BS	CAN	(	8	H	X	h	x
1001	HT	EM	)	9	I	Y	i	y
1010	LF	SUB	*	:	J	Z	j	z
1011	VT	ESC	+	;	K	[	k	{
1100	FF	FS	,	<	L	\	l	|
1101	CR	GS	-	=	M	]	m	}
1110	SO	RS	.	>	N	^	n	~
1111	SI	US	/	?	O		o	DEL

1.3　逻辑代数及其运算规则

19 世纪中叶，英国数学家乔治•布尔（George Boole）提出了布尔代数的概念，它是一种描述客观事物逻辑关系的数学方法，是从哲学领域的逻辑学发展来的。1938 年，克劳德•香农（Claude E. Shannon）在继电器开关电路的设计中应用了布尔代数理论，提出了开关代数的概念。开关代数是布尔代数的特例。随着电子技术特别是数字电子技术的发展，机械触点开关逐步被无触点电子开关所取代，现已较少使用"开关代数"这个术语，转而使用逻辑代数以便与数字系统逻辑设计相适应。逻辑代数作为布尔代数的一种特例，研究数字电路输入、输出之间的因果关系，或者说研究输入和输出间的逻辑关系。因此，逻辑代数是布尔代数向数字系统领域延伸的结果，是数字系统分析和设计的数学理论工具。

1.3.1　三种基本逻辑

为了便于表达电路输入、输出间的逻辑关系，并用数学方法对该逻辑关系进行分析、演算，人们提出了逻辑变量和逻辑函数两个概念。与普通代数一样，用字母 A、B、C、…、X、Y 等表示变量，称为逻辑变量。逻辑变量的取值具有排中性，即其值只能是"0"或"1"。"0"和"1"仅仅表示两种不同的逻辑状态，没有数量上的大小关系。

若一个逻辑电路输入、输出之间的逻辑关系表示为 $F=f(A, B)$，则 A、B 称为输入逻辑变量，F 称为输出逻辑变量。由于输入变量 A、B 的值确定后，输出 F 的值通过逻辑关系 f 也就唯一的确定了，因此，输出变量 F 又称为逻辑函数。

在逻辑代数中，只有三种基本的逻辑关系："与"逻辑，"或"逻辑，"非"逻辑，对应的算子为"·""+""−"。所以逻辑函数就是由逻辑变量、算子、括号、等号等构成的逻辑关系表达式。逻辑函数的取值也只有"0""1"两种情况。

"与"逻辑定义为当决定某一事件的所有条件都成立时，这个事件才会发生。这种逻辑关系又称为逻辑"乘"。

"或"逻辑定义为当决定某一事件的所有条件中只要有一个条件成立时，这个事件就会发生。这种逻辑关系又称为逻辑"加"。

"非"逻辑定义为否定，或称为求反，是指事件与使事件发生的条件之间构成了否定的关系。亦即当事件发生时，条件却不成立；反之，当条件成立时，事件不会发生。

图 1-2 是两个开关 A、B 控制一盏灯 F 的电路。要使灯 F 亮，开关 A、B 必须同时闭合；开关 A、B 只要任意一个断开，灯 F 就不亮。假定电路事件为灯亮，则其条件为开关 A、B 同时闭合。因此，这是一个与逻辑电路。

图 1-3 也是两个开关 A、B 控制一盏灯 F 的电路。要使灯 F 亮，只需开关 A、B 之一闭合；只有开关 A、B 同时断开，灯 F 才不亮。假定电路事件为灯亮，则其条件为开关 A、B 之一闭合。因此，这是一个或逻辑电路。

图 1-4 所示电路，当开关 A 断开时，灯 F 亮；当开关 A 闭合时，灯 F 不亮。假定电路事件为灯亮，则和条件开关闭合发生矛盾。因此，这是一个非逻辑电路。

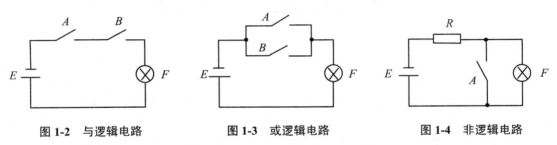

图 1-2　与逻辑电路　　　　　　图 1-3　或逻辑电路　　　　　　图 1-4　非逻辑电路

上述逻辑关系中，把开关作为输入逻辑变量，灯作为输出逻辑变量，各变量有 0 和 1 两种取值。假定用 1 表示开关闭合，0 表示开关断开；1 表示灯亮，0 表示灯不亮。则可分别列出与、或、非三种基本逻辑关系的逻辑真值表（简称真值表），如表 1-12、表 1-13、表 1-14 所示。

表 1-12　与逻辑真值表

A	B	F
0	0	0
0	1	0
1	0	0
1	1	1

表 1-13　或逻辑真值表

A	B	F
0	0	0
0	1	1
1	0	1
1	1	1

表 1-14　非逻辑真值表

A	F
0	1
1	0

若用代数表达式来描述三种基本逻辑关系，可以写成：

与逻辑　　$F=A \cdot B$　　或写成 $F=AB$

或逻辑　　$F=A+B$

非逻辑　　$F=\overline{A}$

数字系统是由数字逻辑电路构成的，常常采用一些逻辑图形符号来表示上述三种基本逻辑关系，如表 1-15 所示。

表 1-15　基本逻辑图形符号及其对照

名称	国际常用符号	旧符号	国家标准符号
与逻辑	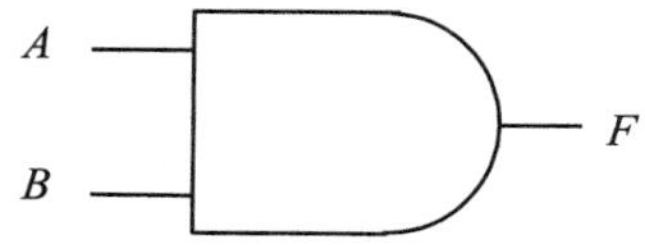	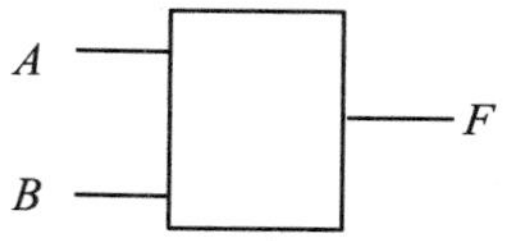	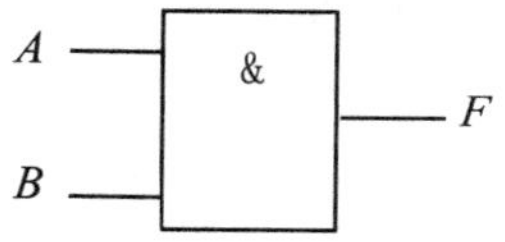
或逻辑	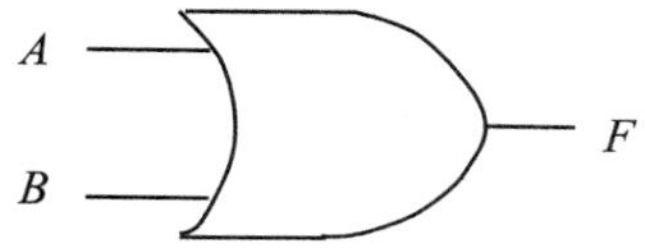	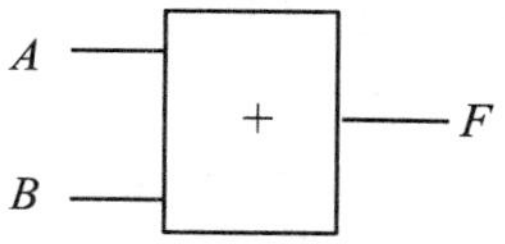	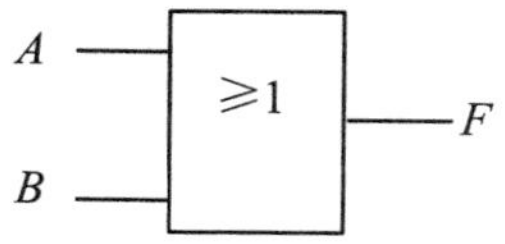
非逻辑	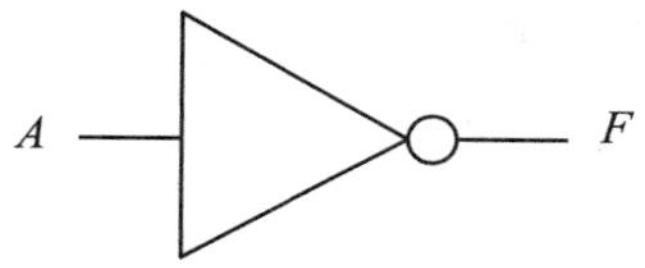	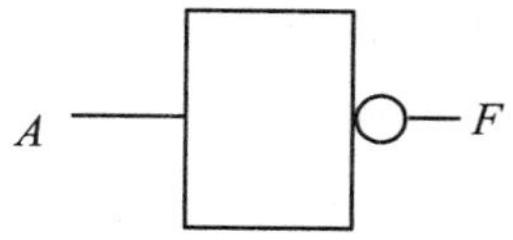	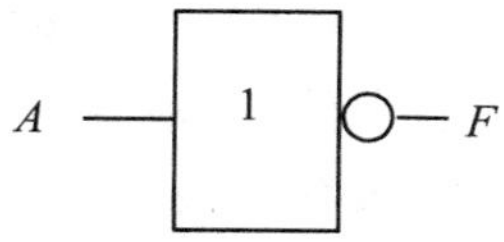

在数字逻辑电路中能实现基本逻辑关系的单元电路称为逻辑门电路，简称门电路。实现与逻辑关系的单元电路称为与门；实现或逻辑关系的单元电路称为或门；实现非逻辑关系的单元电路称为非门，或反相器。表 1-15 中用于表示基本逻辑关系的逻辑符号实际上更多地用于表示门电路。

为了与众多数字逻辑电路设计、开发软件相适应，本书采用国际常用逻辑符号。

1.3.2 逻辑运算

1. 基本逻辑运算

（1）与运算

$$F = A \cdot B \quad （或 F = AB）$$

由表 1-12 可得到

$$0 \cdot 0 = 0 \qquad 0 \cdot 1 = 0$$
$$1 \cdot 0 = 0 \qquad 1 \cdot 1 = 1$$

由此可推知一般与运算的运算规则为

$$A \cdot 0 = 0$$
$$A \cdot 1 = A$$
$$A \cdot A = A$$

（2）或运算

$$F = A + B$$

由表 1-13 可得到

$$0 + 0 = 0 \qquad 0 + 1 = 1$$
$$1 + 0 = 1 \qquad 1 + 1 = 1$$

由此可推知一般或运算的运算规则为

$$A + 0 = A$$
$$A + 1 = 1$$
$$A + A = A$$

（3）非运算

$$F = \overline{A}$$

由表 1-14 可得到

$$\overline{0} = 1 \qquad \overline{1} = 0$$

由此可推知一般非运算的运算规则为

$$A + \overline{A} = 1$$
$$A \cdot \overline{A} = 0$$
$$\overline{\overline{A}} = A$$

值得注意的是，逻辑变量的取值仅表示不同的逻辑状态，不存在数量上的大小关系，因此，逻辑运算规则与二进制的数值运算规则不同。

2. 复合逻辑运算

逻辑代数中的与、或、非三种基本运算能构成任何复杂的逻辑函数。但是用门电路来实现逻辑函数时，往往要使用三种规格的逻辑门，给具体应用造成了困难。人们通过分析后发现，由几种基本逻辑组合成复合逻辑，能够给设计工作带来方便，于是便产生了几种复合逻辑运算。

（1）与非逻辑

与和非的复合逻辑称为与非逻辑，它可以看成与逻辑后面加了一个非逻辑，实现与非逻辑的电路称为与非门。它是一种最常见的复合逻辑，表达式为

$$F = \overline{AB}$$

真值表见表 1-16，逻辑符号见表 1-21。

表 1-16　与非逻辑真值表

A	B	F
0	0	1
0	1	1
1	0	1
1	1	0

（2）或非逻辑

或和非的复合逻辑称为或非逻辑，可以看成或逻辑后面加了一个非逻辑，实现或非逻辑的电路称为或非门。它也是一种常见的复合逻辑，表达式为

$$F = \overline{A + B}$$

真值表见表 1-17，逻辑符号见表 1-21。

表 1-17　或非逻辑真值表

A	B	F
0	0	1
0	1	0
1	0	0
1	1	0

（3）异或逻辑

异或逻辑是指当两个输入逻辑变量取值相同时，输出为 0，不同（相异）时输出为 1。实现异或逻辑的电路称为异或门。表达式为

$$F = A \oplus B = A\overline{B} + \overline{A}B$$

真值表见表 1-18，逻辑符号见表 1-21。

表 1-18　异或逻辑真值表

A	B	F
0	0	0
0	1	1
1	0	1
1	1	0

从表 1-18 可以推出异或逻辑的运算规则为

$$A \oplus A = 0 \qquad A \oplus \overline{A} = 1$$
$$A \oplus 0 = A \qquad A \oplus 1 = \overline{A}$$

进一步可证明异或逻辑具有下列性质

$$A \oplus B = B \oplus A$$
$$A \oplus \overline{B} = \overline{A \oplus B} = A \oplus B \oplus 1$$
$$A \oplus (B \oplus C) = (A \oplus B) \oplus C$$
$$A(B \oplus C) = (AB) \oplus (AC)$$

异或逻辑的上述性质在实际应用中很有用处，如可以很方便地构成原码/反码输出、求和、数码比较等电路。

（4）同或逻辑

同或逻辑又称为异或非逻辑，是指当两个输入逻辑变量取值相同时，输出为 1，不同时输出为 0。实现同或逻辑的电路称为同或门（或称为异或非门）。表达式为

$$F = A \odot B = \overline{A \oplus B} = \overline{A}\,\overline{B} + AB$$

真值表见表 1-19，逻辑符号见表 1-21。

表 1-19   同或逻辑真值表

A	B	F
0	0	1
0	1	0
1	0	0
1	1	1

从表 1-19 可以推出同或逻辑的运算规则为

$$A \odot \overline{A} = 0 \qquad A \odot A = 1$$
$$A \odot 0 = \overline{A} \qquad A \odot 1 = A$$

考虑有两个输入逻辑变量 A、B 的情况。若 $A = B$，则 $\overline{A} = \overline{B}$；若 $\overline{A} = B$（或 $A = \overline{B}$），则 $A = \overline{B}$（或 $\overline{A} = B$）。因此，根据异或逻辑和同或逻辑的定义可得

$$A \oplus B = \overline{A} \oplus \overline{B}$$
$$A \odot B = \overline{A} \odot \overline{B}$$
$$A \oplus B = \overline{A} \odot B = A \odot \overline{B}$$
$$A \odot B = \overline{A} \oplus B = A \oplus \overline{B}$$

（5）与或非逻辑

与或非逻辑是三种基本逻辑的组合，也可看成是与逻辑和或非逻辑的组合。表达式为

$$F = \overline{AB + CD}$$

真值表见表 1-20，逻辑符号见表 1-21。

表 1-20   与或非逻辑真值表

A	B	C	D	F	A	B	C	D	F
0	0	0	0	1	1	0	0	0	1
0	0	0	1	1	1	0	0	1	1
0	0	1	0	1	1	0	1	0	1
0	0	1	1	0	1	0	1	1	0
0	1	0	0	1	1	1	0	0	0
0	1	0	1	1	1	1	0	1	0
0	1	1	0	1	1	1	1	0	0
0	1	1	1	0	1	1	1	1	0

表 1-21　复合逻辑图形符号及其对照

名称	国际常用符号	旧符号	国家标准符号
与非门	A、B 输入，F 输出	A、B 输入，F 输出	&
或非门	A、B 输入，F 输出	+	≥1
异或门	A、B 输入，F 输出	⊕	=1
同或门	A、B 输入，F 输出	⊙	=1
与或非门	A、B、C、D 输入，F 输出	+	&　≥1

1.3.3　逻辑代数基本定律和规则

1．基本定律

逻辑代数的基本定律反映了逻辑运算的基本规律，是正确地分析和设计逻辑电路的基础。表 1-22 列出了常用的逻辑代数基本定律，可通过真值表检验对于变量的所有取值组合，等式两边取值是否都相同的方法来验证这些定律。

表 1-22　逻辑代数的基本定律

序号	定律名称	表达式形式	
1	0-1 律	$A \cdot 0=0$	$A+1=1$
2	自等律	$A \cdot 1=A$	$A+0=A$
3	重叠律	$A \cdot A=A$	$A+A=A$
4	互补律	$A \cdot \overline{A}=0$	$A+\overline{A}=1$
5	交换律	$A \cdot B=B \cdot A$	$A+B=B+A$
6	结合律	$A \cdot (B \cdot C)=(A \cdot B) \cdot C$	$A+(B+C)=(A+B)+C$
7	分配律	$A \cdot (B+C)=A \cdot B+A \cdot C$	$A+BC=(A+B)(A+C)$
8	吸收律	$A \cdot (A+B)=A$ $A \cdot (\overline{A}+B)=AB$ $(A+B)(A+\overline{B})=A$	$A+A \cdot B=A$ $A+\overline{A}B=A+B$ $A \cdot B+A \cdot \overline{B}=A$
9	包含律	$(A+B)(\overline{A}+C)(B+C)=(A+B)(\overline{A}+C)$	$AB+\overline{A}C+BC=AB+\overline{A}C$
10	德·摩根定律	$\overline{AB}=\overline{A}+\overline{B}$	$\overline{A+B}=\overline{A} \cdot \overline{B}$
11	对合律	$\overline{\overline{A}}=A$	

2. 扩充公式

（1）扩充公式一

① $A \cdot \overline{A} = 0$，$A \cdot A = A$ 的扩充。

当包含变量 X、$\overline{X}$ 的函数 f 和变量 X 相"与"时，函数 f 中的 X 均可用"1"代替，$\overline{X}$ 均可用"0"代替；当 f 和变量 $\overline{X}$ 相"与"时，函数 f 中的 X 均可用"0"代替，$\overline{X}$ 均可用"1"代替。即

$$X \cdot f(X, \overline{X}, Y, \cdots, Z) = X \cdot f(1, 0, Y, \cdots, Z)$$
$$\overline{X} \cdot f(X, \overline{X}, Y, \cdots, Z) = \overline{X} \cdot f(0, 1, Y, \cdots, Z)$$

② $A + \overline{A} = 1$，$A + \overline{A}B = A + B$，$A + AB = A$ 的扩充。

当包含变量 X、$\overline{X}$ 的函数 f 和变量 X 相"或"时，函数 f 中的 X 均可用"0"代替，$\overline{X}$ 均可用"1"代替。当 f 和变量 $\overline{X}$ 相"或"时，函数 f 中的 X 均可用"1"代替，$\overline{X}$ 均可用"0"代替。即

$$X + f(X, \overline{X}, Y, \cdots, Z) = X + f(0, 1, Y, \cdots, Z)$$
$$\overline{X} + f(X, \overline{X}, Y, \cdots, Z) = \overline{X} + f(1, 0, Y, \cdots, Z)$$

（2）扩充公式二

① 一个包含有变量 X、$\overline{X}$ 的函数 f，可展开为 $X \cdot f$ 和 $\overline{X} \cdot f$ 的逻辑"或"。即

$$f(X, \overline{X}, Y, \cdots, Z) = X \cdot f(X, \overline{X}, Y, \cdots, Z) + \overline{X} \cdot f(X, \overline{X}, Y, \cdots, Z)$$
$$= X \cdot f(1, 0, Y, \cdots, Z) + \overline{X} \cdot f(0, 1, Y, \cdots, Z)$$

② 一个包含有变量 X、$\overline{X}$ 的函数 f，可展开为 $(X+f)$ 和 $(\overline{X}+f)$ 的逻辑"与"。即

$$f(X, \overline{X}, Y, \cdots, Z) = [X + f(X, \overline{X}, Y, \cdots, Z)] \cdot [\overline{X} + f(X, \overline{X}, Y, \cdots, Z)]$$
$$= [X + f(0, 1, Y, \cdots, Z)] \cdot [\overline{X} + f(1, 0, Y, \cdots, Z)]$$

上述基本定律和扩充公式是代数法化简逻辑函数的基础。

3. 基本规则

逻辑代数有三个重要的规则，即代入规则、反演规则和对偶规则。利用它们可将原有的公式加以扩充和扩展，因此在逻辑运算中十分有用。

（1）代入规则

代入规则是指在任一逻辑等式中，如果将等式两边所有出现的同一变量都代入同一个逻辑函数，则此等式仍然成立。

例 1.9 将函数 $B = XY$ 代入等式 $\overline{AB} = \overline{A} + \overline{B}$，证明新的等式仍然成立。

证明 $\overline{AB} = \overline{A(XY)} = \overline{A} + \overline{XY} = \overline{A} + \overline{X} + \overline{Y}$

$\overline{A} + \overline{B} = \overline{A} + \overline{XY} = \overline{A} + \overline{X} + \overline{Y}$

所以，原等式代入 $B = XY$ 后仍然成立。

在使用代入规则时必须将等式中所有出现同一变量的地方均以同一函数代替，否则代入

后的等式将不成立。

（2）反演规则

已知一逻辑函数 F，求其反函数时，只要将原函数 F 中所有的原变量变为反变量，反变量变为原变量，"$+$" 变为 "$\cdot$"，"$\cdot$" 变为 "$+$"，"0" 变为 "1"，"1" 变为 "0"。这就是逻辑函数的反演规则。

例 1.10　求原函数 $F = AB + \overline{ABC} + \overline{B}D$ 的反函数。

解　根据反演规则可得

$$\overline{F} = (\overline{A} + \overline{B}) \cdot (\overline{\overline{A} + \overline{B} + \overline{C}}) \cdot (B + \overline{D})$$

反演规则实际上是对德·摩根定律的扩充，可用代入规则和德·摩根定律加以证明。它为求一个函数的反函数提供了一个便捷的方法。

在使用反演规则时，应注意保持原函数式中运算符号的优先顺序不变。

如若

$$F = \overline{A}B + C\overline{D}$$

则

$$\overline{F} = (A + \overline{B}) \cdot (\overline{C} + D)$$

而不是

$$\overline{F} = A + \overline{B} \cdot \overline{C} + D$$

（3）对偶规则

已知一逻辑函数 F，只要将其中所有的 "$+$" 变为 "$\cdot$"，"$\cdot$" 变为 "$+$"，"0" 变为 "1"，"1" 变为 "0"，而变量保持不变，原函数的运算先后顺序也保持不变，那么就可以得到一个新函数，新函数称为原函数 F 的对偶函数，记作 F'。获得对偶函数的规则称为对偶规则。

例 1.11　求原函数 $F = AB + \overline{ABC} + \overline{B}D$ 的对偶函数。

解　根据对偶规则可得

$$F' = (A + B) \cdot (\overline{A + B + C}) \cdot (\overline{B} + \overline{D})$$

在使用对偶规则时，也要注意保持原函数式中运算符号的优先顺序不变，为避免出错，应正确使用括号。

对偶函数与原函数具有如下特点：

① 原函数与对偶函数互为对偶函数，或者说一个函数的对偶函数是原函数本身。

② 任两个相等的函数，其对偶函数也相等。实际上，表 1-22 中的两个表达式形式是互为对偶的。

值得注意的是，在求函数的对偶式时，逻辑变量不进行反变换，这与反演规则不同。

例 1.12　证明等式 $AB \oplus \overline{A}C = AB + \overline{A}C$。

证明　$AB \oplus \overline{A}C = \overline{AB} \cdot \overline{A}C + AB \cdot \overline{\overline{A}C}$

$$= (\overline{A} + \overline{B}) \cdot \overline{A}C + AB \cdot (A + \overline{C})$$

$$= \overline{A}C + \overline{A}\ \overline{B}C + AB + AB\overline{C}$$

$$= AB + \overline{A}C$$

本例说明，如果两个与项中有一对变量互为反变量，则这两个与项进行异或运算等于这两个与项进行或运算。

本等式的应用价值在于用简单的或运算代替了较复杂的异或运算。

例 1.13 证明等式 $AB+BC+CA=(A+B)(B+C)(C+A)$

证明 等式右边$=[(A+B)B+(A+B)C)] (C+A)$

$$=(AB+B+AC+BC)(C+A)$$

$$=(B+AC)(C+A)$$

$$=(B+AC)C+(B+AC)A$$

$$=BC+AC+AB+AC$$

$$=AB+BC+AC$$

本例说明,三个变量两两构成的与项相或等于三个变量两两构成的或项相与。同时等式左边和右边互为对偶。

若一个函数的对偶函数与原函数相等,则称这一函数为自对偶函数。因此 $F=AB+BC+CA$ 为自对偶函数。

1.4 逻辑函数的建立及其表示方法

1.4.1 逻辑函数的建立

实际应用中,前面介绍的基本逻辑运算很少单独出现,常常是以这些基本逻辑、复合逻辑为基础,结合逻辑运算算子等符号来构成复杂程度不同的逻辑函数。

1.3 节讨论了基本逻辑和复合逻辑,给出了每种逻辑关系的表达式和真值表。可以看出,表达式和真值表之间具有对应关系。有了表达式,列出输入逻辑变量的所有组合及其对应的函数值(输出变量的值)就可得到唯一的真值表。相反,有了真值表,只要将使每个输出变量值为 1 时对应的一组输入变量组合以逻辑乘(与运算)形式表示(其中在输入变量组合中,用原变量表示变量取值 1,用反变量表示变量取值 0),再将所有使输出变量值为 1 的逻辑乘项进行逻辑加(或运算),即得到输出变量的逻辑函数表达式。这种表达式称为逻辑函数的"与一或"表达式或称为"积之和"式。利用 1.3 节介绍的定律和规则,逻辑函数的"与一或"表达式可以方便地转换为"或一与"表达式或"和之积"式。

值得注意的是,在列真值表时,真值表的左边应列出所有输入变量的全部组合。由于每个输入变量有 0 和 1 两种取值,如果有 n 个输入变量,则有 2^n 种不同组合。

下面举例说明逻辑函数的建立方法。

例 1.14 有 X、Y、Z 三个输入变量,当其中两个或两个以上取值为 1 时,输出 F 为 1;其余输入情况输出均为 0。试写出描述此问题的逻辑函数表达式。

解 三个输入变量有 $2^3=8$ 种不同组合,根据已知条件可得真值表如表 1-23 所示。

表 1-23　例 1.14 真值表

X	Y	Z	F
0	0	0	0
0	0	1	0
0	1	0	0
0	1	1	$1 \to \overline{X}YZ$
1	0	0	0
1	0	1	$1 \to X\overline{Y}Z$
1	1	0	$1 \to XY\overline{Z}$
1	1	1	$1 \to XYZ$

由真值表可知，使 $F=1$ 的输入变量组合有 4 个，所以 F 的与－或表达式为：

$$F = \overline{X}YZ + X\overline{Y}Z + XY\overline{Z} + XYZ$$

例 1.15　图 1-5 所示为一加热水容器的示意图，图中 A，B，C 分别为三个水位传感器，当水面在 A，B 之间时，为正常工作状态，绿信号灯 F_1 亮；当水面在 A 之上或在 B，C 之间时，为异常工作状态，黄信号灯 F_2 亮；当水面降到 C 以下时，为危险状态，红信号灯 F_3 亮。试建立此逻辑命题的逻辑函数。

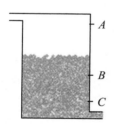

图 1-5　例 1.15 图

表 1-24　例 1.15 真值表

A	B	C	F_1	F_2	F_3
0	0	0	0	1	0
1	0	0	1	0	0
1	1	0	0	1	0
1	1	1	0	0	1

解　在本例中，水位传感器 A，B，C 应是输入逻辑变量，假定当水位降到某点或某点以下时，为逻辑 1，否则为逻辑 0；信号灯 F_1，F_2，F_3 为输出逻辑函数，假定灯亮为逻辑 1，灯不亮为逻辑 0。

据此可得到表 1-24 的真值表。根据真值表写出逻辑函数的表达式如下：

$$F_1 = A\overline{B}\,\overline{C}$$

$$F_2 = \overline{A}\,\overline{B}\,\overline{C} + AB\overline{C}$$

$$F_3 = ABC$$

为简化逻辑函数表达式的书写，可适当省略一些括号和运算符号，规则是

（1）"非"运算可省略括号，如 $\overline{(X+Y)}$ 可写成 $\overline{X+Y}$。

（2）"与"运算符号一般情况下都可省略，如 $X \cdot Y$ 可写成 XY。

（3）若表达式中同时存在"与"和"或"运算，则可按先"与"后"或"的原则省略括号，如 $(X \cdot Y)+(W \cdot Z)$ 可写成 $XY+WZ$。但 $(X+Y) \cdot (W+Z)$ 不能省略括号写成 $X+Y \cdot W+Z$。

（4）因为"与"运算和"或"运算都满足结合律，所以其中的括号一般可以省略，如 $X+(Y+Z)$ 可写成 $(X+Y)+Z$ 或 $X+Y+Z$；$X\cdot(YZ)$ 可写成 $(XY)Z$ 或 XYZ。

1.4.2　逻辑函数的表示方法及其转换

通过前面的分析我们已看到，一个逻辑函数可以用真值表、表达式和逻辑图来表示。事实上，逻辑函数还可以用卡诺图表示。用卡诺图表示逻辑函数的方法将在后面做专门介绍。下面介绍前三种逻辑函数表示法的相互转换。

1．由表达式列出真值表

将输入变量取值的所有状态组合逐一代入逻辑表达式，求出函数值（输出变量的值），列成表即得到相应的真值表。

例 1.16　若逻辑函数表达式为 $F(X,Y,Z)=\overline{(X\overline{Y}+\overline{Z})\cdot\overline{YZ}}$，求其对应的真值表。

解　将输入变量 X、Y、Z 的各种取值组合代入表达式中计算出 F 的值，并将计算结果列表，即得对应的真值表如表 1-25。

表 1-25　例 1.16 的真值表

X	Y	Z	F
0	0	0	0
0	0	1	1
0	1	0	0
0	1	1	1
1	0	0	0
1	0	1	1
1	1	0	0
1	1	1	1

2．由真值表写出表达式

由真值表写出表达式详见 1.4.1 节逻辑函数的建立部分，一般步骤是：

① 找出真值表中使函数 $F=1$ 的输入变量组合；

② 将上述每一输入状态组合构成一个与项，其中，用原变量表示变量取值 1，用反变量表示变量取值 0；

③ 将各与项相加，即得逻辑函数 F 的与—或表达式。

3．由表达式画出逻辑图

由表达式画出逻辑图就是将表达式中的逻辑运算用逻辑图形符号来代替。

例 1.17　若 $F=\overline{AB+\overline{CD}}$，试画出对应的逻辑图。

解　将表达式中与、或、非运算用相应的图形符号代替，再根据运算的优先顺序将图形符号连接起来，得到要求的逻辑图如图 1-6 所示。

4. 由逻辑图写出表达式

从逻辑图的输入端开始，逐级写出各个图形符号对应的逻辑表达式，输出端的逻辑表达式就是逻辑图对应的逻辑函数表达式。

例 1.18　若函数的逻辑图如图 1-7 所示，求其逻辑函数表达式。

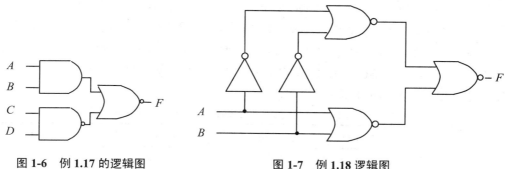

图 1-6　例 1.17 的逻辑图　　　　　图 1-7　例 1.18 逻辑图

解　从输入端 A、B 逐级写出各图形对应的逻辑表达式，得到

$$F = \overline{\overline{A+B} + \overline{\overline{A}+\overline{B}}} = (A+B)(\overline{A}+\overline{B}) = A\overline{B} + \overline{A}B = A \oplus B$$

即输出 F 和输入逻辑变量 A、B 之间为异或逻辑关系。

1.4.3　逻辑函数的标准形式

从前面的介绍可以看出，一个逻辑函数具有唯一的真值表，但它的逻辑表达式不是唯一的。而任何一个逻辑函数的"最小项表达式"或"最大项表达式"的标准形式是唯一的。在介绍逻辑函数的标准形式之前，首先了解最小项和最大项的概念。

1. 最小项

设一函数
$$F(A,B,C) = AB + \overline{A}C \tag{1-5}$$

利用互补律 $A + \overline{A} = 1$ 对函数进行扩展变换得

$$\begin{aligned} F(A,B,C) &= AB(C+\overline{C}) + \overline{A}C(B+\overline{B}) \\ &= ABC + AB\overline{C} + \overline{A}BC + \overline{A}\,\overline{B}C \end{aligned} \tag{1-6}$$

式（1-5）和式（1-6）均是函数 F 的表达式，且都是 F 的与—或表达式。它们的区别是式（1-6）中的每个与项都包含了全部的输入逻辑变量，每个输入逻辑变量在与项中可以以原变量的形式出现，也可以以反变量的形式出现，且只出现一次。这种包含所有输入逻辑变量的与项称为最小项（或标准与项）。

只有一组变量取值能使某一包含全部输入变量的与项的值为 1，其余任何变量取值组合都使该与项取值为 0，换句话说，包含全部输入变量的与项取值为 1 的机会最小，这就是将其命名为最小项的原因。

例如在式（1-6）中的与项 ABC，只有变量取值组合 $A=1$、$B=1$、$C=1$ 能使其值为 1，其余任何变量取值组合都使 $ABC=0$，所以 ABC 是最小项。而在式（1-5）中的与项 AB，只要输入变量 $A=1$、$B=1$，不论 C 为 1 还是 0，与项 AB 都为 1，换句话说，有两组变量取值组合使与项

$AB=1$，所以 AB 不是最小项。

对于有 n 个输入变量（自变量）的逻辑函数，变量有 2^n 种取值组合，因此有 2^n 个最小项。全部由最小项构成的与一或表达式称为函数的最小项表达式，又称为标准与一或表达式或标准积之和式。

为了简化最小项在书写上的麻烦，用 m_i 来表示一个最小项。m 的下标 i 实际上是该最小项将其原变量用 1、反变量用 0 代入构成的二进制数转换成的十进制数。例如，由三变量 A、B、C 构成的一个最小项 $\overline{A}B\overline{C}$，按上述规则构成的二进制数为 010，转换为十进制数为 2，因此用 m_2 来表示最小项 $\overline{A}B\overline{C}$。表 1-26 列出了三变量逻辑函数的最小项及其代号。同理可推得其余不同输入变量个数的最小项代号表示法。

表 1-26　三变量逻辑函数的最小项及其代号表示

A	B	C	最小项	对应的十进制数	最小项表示
0	0	0	$\overline{A}\ \overline{B}\ \overline{C}$	0	m_0
0	0	1	$\overline{A}\ \overline{B}\ C$	1	m_1
0	1	0	$\overline{A}\ B\ \overline{C}$	2	m_2
0	1	1	$\overline{A}\ B\ C$	3	m_3
1	0	0	$A\ \overline{B}\ \overline{C}$	4	m_4
1	0	1	$A\ \overline{B}\ C$	5	m_5
1	1	0	$A\ B\ \overline{C}$	6	m_6
1	1	1	$A\ B\ C$	7	m_7

有了最小项的代号表示，式（1-6）可写成：

$$F\ (A,\ B,\ C) = m_1 + m_3 + m_6 + m_7 = \sum m\ (1,3,6,7) \tag{1-7}$$

由最小项的定义可知，最小项具有下列性质：

① n 个变量构成的任何一个最小项 m_i，有且仅有一种变量取值组合使其值为 1，该种变量取值组合即序号 i 对应的二进制数。换言之，在输入变量的任何取值组合下必有一个最小项，并且只有一个最小项的值为 1；

② 任意两个不同最小项相与为 0，即 $m_i \cdot m_j = 0$（$i \neq j$）；

③ n 个变量的全部最小项相或为 1，即 $\sum\limits_{i=0}^{2^n-1} m_i = 1$；

④ n 个变量的任何一个最小项有 n 个相邻最小项。所谓相邻最小项是指两个最小项中仅有一个变量不同，且该变量分别为同一变量的原变量和反变量。因此两个相邻最小项相加一定能合并成一项并消去一对以原变量和反变量形式出现的因子。如

$$\overline{A}\overline{B}C + A\overline{B}C = \overline{B}C$$

2．最大项

继续讨论式（1-6）。因为

$$F(A,B,C) = ABC + AB\overline{C} + \overline{A}BC + \overline{A}\overline{B}C = \sum m\ (1,\ 3,\ 6,\ 7)$$

所以

$$\overline{F}(A,B,C) = \overline{A}\,\overline{B}\,\overline{C} + \overline{A}B\overline{C} + A\overline{B}\,\overline{C} + A\overline{B}C = \sum m\,(0,\,2,\,4,\,5)$$

$$F(A,B,C) = \overline{\overline{F}(A,B,C)} = \overline{\overline{m_0} + \overline{m_2} + \overline{m_4} + \overline{m_5}} = \overline{\overline{m_0}} \cdot \overline{\overline{m_2}} \cdot \overline{\overline{m_4}} \cdot \overline{\overline{m_5}}$$

$$= \overline{\overline{A}\,\overline{B}\,\overline{C}} \cdot \overline{\overline{A}B\overline{C}} \cdot \overline{A\overline{B}\,\overline{C}} \cdot \overline{A\overline{B}C}$$

$$= (A+B+C)(A+\overline{B}+C)(\overline{A}+B+C)(\overline{A}+B+\overline{C}) \tag{1-8}$$

式（1-8）中，每个或项都包含了全部的输入逻辑变量，每个输入逻辑变量在或项中可以以原变量的形式出现，也可以以反变量的形式出现，且只出现一次。这种包含所有输入逻辑变量的或项称为最大项（或标准或项）。

只有一组变量取值能使某一包含全部输入变量的或项的值为 0，其余任何变量取值组合都使该或项取值为 1，换句话说，包含全部输入变量的或项取值为 1 的机会最大，这就是将其命名为最大项的原因。

对于有 n 个输入变量（自变量）的逻辑函数，变量有 2^n 种取值组合，因此有 2^n 个最大项。全部由最大项构成的或－与表达式称为函数的最大项表达式，又称为标准或－与表达式或标准和之积式。

为了简化最大项的书写，用 M_i 来表示一个最大项。M 的下标 i 实际上是该最大项将其原变量用 0、反变量用 1 代入构成的二进制数转换为的十进制数。例如，由三变量 A、B、C 构成的一个最大项 $(\overline{A}+B+\overline{C})$，按上述规则构成的二进制数为 101，转换为十进制数为 5，因此用 M_5 来表示最大项 $(\overline{A}+B+\overline{C})$。表 1-27 列出了三变量逻辑函数的最大项及其代号。同理可推得其余不同输入变量个数的最大项代号表示法。

表 1-27　三变量逻辑函数的最大项及其代号表示

A	B	C	最大项	对应的十进制数	最大项表示
0	0	0	$A+B+C$	0	M_0
0	0	1	$A+B+\overline{C}$	1	M_1
0	1	0	$A+\overline{B}+C$	2	M_2
0	1	1	$A+\overline{B}+\overline{C}$	3	M_3
1	0	0	$\overline{A}+B+C$	4	M_4
1	0	1	$\overline{A}+B+\overline{C}$	5	M_5
1	1	0	$\overline{A}+\overline{B}+C$	6	M_6
1	1	1	$\overline{A}+\overline{B}+\overline{C}$	7	M_7

有了最大项的代号表示，式（1-8）可写成

$$F(A,B,C) = M_0 \cdot M_2 \cdot M_4 \cdot M_5 = \prod M\,(0,\,2,\,4,\,5) \tag{1-9}$$

最大项具有如下性质：

① n 个变量构成的任何一个最大项 M_i，有且仅有一种变量取值组合使其值为 0，该种变量取值组合即序号 i 对应的二进制数。换言之，在输入变量的任何取值组合下必有一个最大项，并且只有一个最大项的值为 0；

② 相同变量构成的两个不同最大项相或为 1，即 $M_i + M_j = 1$（$i \neq j$）；

③ n 个变量的全部最大项相与为 0，即 $\prod\limits_{i=0}^{2^n-1} M_i = 0$；

④ n 个变量的任何一个最大项有 n 个相邻最大项。

列出函数 F 的真值表及其最小项和最大项代号如表 1-28。通过比较可以看出，相同编号的最小项和最大项之间存在互补关系，即

$$m_i = \overline{M_i} \quad \text{或} \quad M_i = \overline{m_i}$$

所以

$$m_i + M_i = 1$$
$$m_i \cdot M_i = 0$$

表 1-28　$F(A, B, C) = \prod M(0, 2, 4, 5)$ 的真值表及其最小项、最大项

输入变量			输出变量	最小项表示	最大项表示
A	B	C	F		
0	0	0	0	$m_0 = \overline{A}\ \overline{B}\ \overline{C}$	$M_0 = A + B + C$
0	0	1	1	$m_1 = \overline{A}\ \overline{B}\ C$	$M_1 = A + B + \overline{C}$
0	1	0	0	$m_2 = \overline{A}\ B\ \overline{C}$	$M_2 = A + \overline{B} + C$
0	1	1	1	$m_3 = \overline{A}\ B\ C$	$M_3 = A + \overline{B} + \overline{C}$
1	0	0	0	$m_4 = A\ \overline{B}\ \overline{C}$	$M_4 = \overline{A} + B + C$
1	0	1	0	$m_5 = A\ \overline{B}\ C$	$M_5 = \overline{A} + B + \overline{C}$
1	1	0	1	$m_6 = A\ B\ \overline{C}$	$M_6 = \overline{A} + \overline{B} + C$
1	1	1	1	$m_7 = A\ B\ C$	$M_7 = \overline{A} + \overline{B} + \overline{C}$

由式（1-7）和（1-9）可知，同一函数的最小项表达式和最大项表达式之间的关系为：

$$F(A, B, C) = \sum m(1, 3, 6, 7) = \prod M(0, 2, 4, 5)$$

推广到一般情况，同一逻辑函数从一种标准形式变换为另一种标准形式时，只需将 $\sum m$ 和 $\prod M$ 符号互换，并在其后的括弧中填入原标准形式缺少的数字即可。如：

$$F(A, B, C, D) = \sum m(1, 3, 6, 7, 11, 12, 14)$$
$$= \prod M(0, 2, 4, 5, 8, 9, 10, 13, 15)$$

由于同一函数的最小项表达式和最大项表达式是唯一的，讨论最小项、最大项及其标准形式的目的，是进行逻辑函数的化简以及进行组合逻辑电路的设计。

3．逻辑函数的标准形式

逻辑函数有两种标准形式，最小项表达式和最大项表达式。最小项表达式是全部由最小项构成的与-或表达式。最大项表达式是全部由最大项构成的或-与表达式。任何一个逻辑函数的最小项表达式或最大项表达式是唯一的。由于最小项和最大项的关系，知道了最小项表达式，可以方便地得到最大项表达式；或知道了最大项表达式，也可以很方便地得到最小

项表达式。

求取逻辑函数的标准形式常用的方法有代数变换法和真值表法。

（1）代数变换法求函数的最小项表达式

首先将函数变换成一般与－或表达式。从一般与－或表达式得到最小项表达式只须利用互补律（$A+\overline{A}=1$）将每个与项乘上未出现的变量的原变量与反变量和的形式，展开后即得到最小项表达式。

例 1.19　求 $F(A,B,C)=AB+BC+AC$ 的最小项表达式。

解
$$\begin{aligned}
F(A,B,C) &= AB+BC+AC \\
&= AB(C+\overline{C})+BC(A+\overline{A})+AC(B+\overline{B}) \\
&= ABC+AB\overline{C}+ABC+\overline{A}BC+ABC+A\overline{B}C \\
&= \overline{A}BC+A\overline{B}C+AB\overline{C}+ABC \\
&= m_3+m_5+m_6+m_7 = \sum m(3,5,6,7)
\end{aligned}$$

（2）真值表法求函数的最小项表达式

做出函数 F 的真值表。将真值表中使函数值为 1 的变量取值组合对应的最小项相加，即可得到函数 F 的最小项表达式。

例 1.20　写出表 1-29 的逻辑函数真值表对应的最小项表达式。

表 1-29　例 1.20 的逻辑函数真值表

输入逻辑变量			输出变量	最小项表示
A	B	C	F	
0	0	0	1	m_0
0	0	1	1	m_1
0	1	0	0	m_2
0	1	1	0	m_3
1	0	0	1	m_4
1	0	1	1	m_5
1	1	0	1	m_6
1	1	1	0	m_7

解　从表 1-29 中可直接写出该真值表对应的最小项表达式为
$$F(A,B,C)=m_0+m_1+m_4+m_5+m_6=\sum m(0,1,4,5,6)$$

（3）代数变换法求函数的最大项表达式

首先将函数变换成一般或－与表达式。从一般或－与表达式得到最大项表达式只须利用吸收律（$A+B)(A+\overline{B})=A$ 将每个非最大项的或项 A 扩展成最大项，即可得到最大项表达式。其中 B 为非最大项或项中所缺少的变量。

（4）真值表法求函数的最大项表达式

做出函数 F 的真值表。将真值表中使函数值为 0 的变量取值组合对应的最大项相与，即可得到函数 F 的最大项表达式。

显然，对于一个 n 个变量的函数 F，若 F 的最小项表达式由 k 个最小项相或构成，则 F 的最大项表达式由 2^n-k 个最大项相与构成。换言之，任何一组变量取值组合对应的序号 i，若最小项表达式中不含 m_i，则最大项表达式中一定含有 M_i。因此可根据两种标准形式中的一种直接写出另一种。如：

若 $$F(A, B, C) = \sum m\,(0, 1, 6, 7)$$

则 $$F(A, B, C) = \prod M\,(2, 3, 4, 5)$$

例 1.21 已知逻辑函数 $F(A,B,C) = \overline{(A\overline{B}+\overline{C}) \cdot \overline{\overline{BC}}}$，求 F 的最小项表达式和最大项表达式。

解一 用代数变换法求 F 的最小项表达式，然后直接导出最大项表达式。

$$F(A,B,C) = \overline{(A\overline{B}+\overline{C}) \cdot \overline{\overline{BC}}} = \overline{A\overline{B}} \cdot C + BC = \overline{A}C + BC$$
$$= \overline{A}C(B+\overline{B}) + (A+\overline{A})BC$$
$$= \overline{A}\,\overline{B}C + \overline{A}BC + ABC$$
$$= \sum m(1, 3, 7)$$

上式说明当变量 A、B、C 取值 001，011，111 时，函数 F 的值为 1，即在其他取值下函数 F 的值为 0。因为函数的最大项表达式是由使函数值为 0 的变量取值组合对应的最大项相与构成的，所以可直接写出函数 F 的最大项表达式为：

$$F(A, B, C) = \prod M\,(0, 2, 4, 5, 6)$$

解二 采用真值表法。首先根据函数 F 的表达式做出函数 F 的真值表如表 1-30 所示，将真值表上使函数值为 1 的变量取值组合对应的最小项相或就得到 F 的最小项表达式；将真值表上使函数值为 0 的变量取值组合对应的最大项相与就得到 F 的最大项表达式。

表 1-30 例 1.21 的逻辑函数真值表

输入逻辑变量			输出变量	最小项表示
A	B	C	F	
0	0	0	0	m_0
0	0	1	1	m_1
0	1	0	0	m_2
0	1	1	1	m_3
1	0	0	0	m_4
1	0	1	0	m_5
1	1	0	0	m_6
1	1	1	1	m_7

$$F(A, B, C) = \sum m\,(1, 3, 7)$$
$$F(A, B, C) = \prod M\,(0, 2, 4, 5, 6)$$

例 1.22 如果逻辑函数 $F(A, B, C, D) = \sum m\,(1, 4, 9, 12)$，$G(A, B, C, D) = \prod M\,(1, 4, 9, 12)$，

求 $F+G$。

解　F 和 G 是具有相同变量个数的两个函数，$F(A,B,C,D)=\sum m(1,4,9,12)$ 意味着 $ABCD$ 取值 0001、0100、1001、1100 时 F 的值为 1，否则 F 的值为 0。

$G(A,B,C,D)=\prod M(1,4,9,12)$ 意味着 $ABCD$ 取值 0001、0100、1001、1100 时 G 的值为 0，否则 G 的值为 1。由此可见，F 和 G 互为反函数。

所以
$$F+G=1$$

例 1.23　已知逻辑函数 $F(A,B,C)=\prod M(0,2,4,7)$，求其对偶函数 F' 的最小项表达式和最大项表达式。

解　由 $F(A,B,C)=\prod M(0,2,4,7)$ 可直接求出其反函数
$$\overline{F}(A,B,C)=\sum m(0,2,4,7)$$
但不能导出 $F'(A,B,C)=\sum m(0,2,4,7)$

由于
$$F(A,B,C)=\prod M(0,2,4,7)$$
$$=(A+B+C)(A+\overline{B}+C)(\overline{A}+B+C)(\overline{A}+\overline{B}+\overline{C})$$

所以
$$F'(A,B,C)=ABC+A\overline{B}C+\overline{A}BC+\overline{A}\ \overline{B}\ \overline{C}$$
$$=\sum m(0,3,5,7)$$
$$=\prod M(1,2,4,6)$$

1.5　逻辑函数的化简

逻辑函数的真值表和标准形式虽然是唯一的，但其一般表达式形式有很多，并且繁简程度不同，差别很大，因此实现同一逻辑函数的电路也不同。如果逻辑函数的表达式简单，那么实现它的电路元器件就少，设备的可靠性就会增加，成本就会降低，市场竞争力会大幅度提高。可见，化简逻辑函数具有重要的意义。

1.5.1　逻辑函数的最简形式

根据电路器件的普及使用情况，通常所说的逻辑函数的最简形式一般是指逻辑函数的与—或表达式。这个表达式中所包含的与项（乘积项）最少，而且每个与项的因子（变量）数量也最少，则称其为逻辑函数的最简与—或表达式。

对逻辑函数进行化简，就是要消去多余的与项及每个与项中多余的因子，以得到最简的逻辑函数式。常用的逻辑函数化简方法有公式法（代数法）、卡诺图法（图解法）、Q-M 法（系统化简法）等。本书将重点介绍公式法和卡诺图法。

用门电路实现与－或表达式需要与门和或门两种类型的逻辑门。实用过程中，常常只有与非门一种器件，这时就需要将与－或表达式进行变换。如：

$$F = \overline{A}B + \overline{C}D \qquad\qquad (1\text{-}10)$$

只需用德·摩根定律对式（1-10）进行变换，就可将其转换为与非－与非表达式。

$$F = \overline{\overline{\overline{A}B} + \overline{\overline{C}D}} = \overline{\overline{\overline{A}B} \cdot \overline{\overline{C}D}} \qquad\qquad (1\text{-}11)$$

事实上，与－或表达式可以根据具体情况（如门电路的类型、功能等），用前面介绍的定理、定律非常方便地转换为其他类型的表达式。但要注意的是，将最简与－或表达式直接变换为其他类型的表达式时，得到的结果不一定是最简的。

1.5.2　逻辑函数的公式法化简

逻辑函数的公式法化简，就是反复应用逻辑函数的基本公式、定律和常用公式来消去表达式中多余的与项和与项中多余的因子，以求得函数的最简形式。显然，公式法化简需要熟练运用逻辑代数公式，没有一定的规律和固定的步骤，直观性差，需要具备一定的技巧，并且难以判断化简结果是否已是最简，因此初学者较难掌握。但公式法化简灵活方便，不受变量数目的约束。

下面将公式法化简常用的方法归纳如下。

1．吸收法

利用吸收律 $A+AB=A$ 和包含律 $AB + \overline{A}C + BC = AB + \overline{A}C$ 消去多余的乘积项，从而化简逻辑函数。例如，下列逻辑函数可化简为

$$L = \overline{A}B + \overline{A}BCD(E+F) = \overline{A}B(1 + CDE + CDF) = \overline{A}B$$

$$L = \overline{B} + A\overline{B}D = \overline{B}(1 + AD) = \overline{B}$$

$$L = AC + A\overline{B}CD + ABC + \overline{C}D + ABD = AC + \overline{C}D + ABD = AC + \overline{C}D$$

2．消去法

利用吸收律 $A + \overline{A}B = A + B$，消去多余的因子，从而化简逻辑函数。例如，下列逻辑函数可化简为

$$L = AB + \overline{B}C + \overline{A}C$$
$$= AB + (\overline{A} + \overline{B})C$$
$$= AB + \overline{AB}C$$
$$= AB + C$$

3．合并项法

利用互补律 $A + \overline{A} = 1$，将两项合并为一项，消去一个变量，从而化简逻辑函数。例如，下列逻辑函数可化简为

$$L = A(B\overline{C} + \overline{B}C) + A(\overline{B}\,\overline{C} + BC) = A(B \oplus C) + A(\overline{B \oplus C}) = A$$

$$L = \overline{A}\ \overline{B}\ C + \overline{A}\ \overline{B}\ \overline{C} = \overline{A}\ \overline{B}(C + \overline{C}) = \overline{A}\ \overline{B}$$

4. 配项法

为了达到化简的目的，有时给某个与项乘以 $A + \overline{A}$，把一项变为两项与其他项合并进行化简；有时也可以添加 $A \cdot \overline{A}$ 项或用包含律 $AB + \overline{A}C = AB + \overline{A}C + BC$ 添加 BC 项再与其他与项合并进行化简。例如，下列逻辑函数可化简为

$$L = AB + \overline{A}\ \overline{C} + B\overline{C}$$

$$= AB + \overline{A}\ \overline{C} + (A + \overline{A})B\overline{C}$$

$$= (AB + AB\overline{C}) + (\overline{A}\ \overline{C} + \overline{A}B\overline{C})$$

$$= AB + \overline{A}\ \overline{C}$$

$$L = \overline{A}B + \overline{B}C + A\overline{B} + B\overline{C}$$

$$= \overline{A}B + \overline{B}C + \overline{A}C + A\overline{B} + B\overline{C} \quad （包含律配项 \overline{A}C）$$

$$= \overline{A}B + (\overline{B}C + \overline{A}C + A\overline{B}) + B\overline{C}$$

$$= \overline{A}B + \overline{A}C + A\overline{B} + B\overline{C} \quad （包含律吸收项 \overline{B}C）$$

$$= A\overline{B} + (\overline{A}C + B\overline{C} + \overline{A}B)$$

$$= A\overline{B} + \overline{A}C + B\overline{C} \quad （包含律吸收与项 \overline{A}B）$$

一般情况下，公式法化简逻辑函数是以上几种方法以及逻辑代数基本定律和常用公式的综合运用。

例 1.24　化简逻辑函数 $L = AD + A\overline{D} + AB + \overline{A}C + BD + \overline{A}BEF + \overline{B}EF$。

解　$L = AD + A\overline{D} + AB + \overline{A}C + BD + \overline{A}BEF + \overline{B}EF$

$$= A + AB + \overline{A}C + BD + \overline{A}BEF + \overline{B}EF \quad （互补律：A + \overline{A} = 1）$$

$$= A + \overline{A}C + BD + \overline{B}EF （吸收律：A + AB = A）$$

$$= A + C + BD + \overline{B}EF （吸收律：A + \overline{A}B = A + B）$$

例 1.25　化简逻辑函数 $L = AB + A\overline{C} + \overline{B}C + B\overline{C} + \overline{B}D + B\overline{D} + ADE(F + G)$。

解　$L = AB + A\overline{C} + \overline{B}C + B\overline{C} + \overline{B}D + B\overline{D} + ADE(F + G)$

$$= A\overline{\overline{B}\overline{C}} + \overline{B}C + B\overline{C} + \overline{B}D + B\overline{D} + ADE(F + G) \quad （德·摩根定律：B + \overline{C} = \overline{\overline{B}C}）$$

$$= A + \overline{B}C + B\overline{C} + \overline{B}D + B\overline{D} + ADE(F + G) \quad （吸收律：A + \overline{A}B = A + B）$$

$$= A + \overline{B}C + B\overline{C} + \overline{B}D + B\overline{D} \quad （吸收律：A + AB = A）$$

$$= A + \overline{B}C(D + \overline{D}) + B\overline{C} + \overline{B}D + B\overline{D}(C + \overline{C}) \quad （配项）$$

$$= A + \overline{B}CD + \overline{B}C\overline{D} + B\overline{C} + \overline{B}D + BC\overline{D} + B\overline{C}\ \overline{D}$$

$$= A + (\overline{B}CD + \overline{B}D) + (\overline{B}C\overline{D} + BC\overline{D}) + (B\overline{C} + B\overline{C}\ \overline{D})$$

$$= A + \overline{B}D + C\overline{D} + B\overline{C} \quad （0-1 律：A + 1 = 1）$$

5. 利用扩充公式化简逻辑函数

例 1.26 化简逻辑函数 $L = \overline{X} + \overline{X}\ \overline{Y}\ \overline{Z} + \overline{X}\ \overline{Y}Z + X\overline{Y}\ \overline{Z} + X\overline{Y}Z$ 。

解 由扩充公式一得

$$
\begin{aligned}
L &= \overline{X} + \overline{X}\ \overline{Y}\ \overline{Z} + \overline{X}\ \overline{Y}Z + X\overline{Y}\ \overline{Z} + X\overline{Y}Z \\
&= \overline{X} + (\overline{X}\ \overline{Y}\ \overline{Z} + \overline{X}\ \overline{Y}Z + X\overline{Y}\ \overline{Z} + X\overline{Y}Z) \\
&= \overline{X} + (0 \cdot \overline{Y}\ \overline{Z} + 0 \cdot \overline{Y}Z + 1 \cdot \overline{Y}\ \overline{Z} + 1 \cdot \overline{Y}Z) \\
&= \overline{X} + \overline{Y}\ \overline{Z} + \overline{Y}Z \\
&= \overline{X} + \overline{Y} \\
&= \overline{XY}
\end{aligned}
$$

例 1.27 化简逻辑函数 $L = AB + \overline{B}C + (A+B)(A+\overline{B})(B+DE)$ 。

解 应用扩充公式二，将函数 L 展开为 $B \cdot L$ 和 $\overline{B} \cdot L$ 的逻辑或的形式，再用扩充公式一进行化简。

$$
\begin{aligned}
L &= AB + \overline{B}C + (A+B)(A+\overline{B})(B+DE) \\
&= B \cdot (AB + \overline{B}C + (A+B)(A+\overline{B})(B+DE)) + \overline{B} \cdot (AB + \overline{B}C + (A+B)(A+\overline{B})(B+DE)) \\
&= B \cdot (A \cdot 1 + 0 \cdot C + (A+1)(A+0)(1+DE)) + \overline{B} \cdot (A \cdot 0 + 1 \cdot C + (A+0)(A+1)(0+DE)) \\
&= B \cdot (A+A) + \overline{B} \cdot (C+ADE) \\
&= AB + \overline{B}C + A\overline{B}DE
\end{aligned}
$$

例 1.28 化简逻辑函数 $L = AB + (A+B)(\overline{A}+C)(A+DF)(\overline{A}+E)$ 。

解 应用扩充公式二，将函数 L 展开为 $A+L$ 和 $\overline{A}+L$ 的逻辑与的形式，再用扩充公式一进行化简。

$$
\begin{aligned}
L &= AB + (A+B)(\overline{A}+C)(A+DF)(\overline{A}+E) \\
&= \left\{ A + [AB + (A+B)(\overline{A}+C)(A+DF)(\overline{A}+E)] \right\} \\
&\quad \cdot \left\{ \overline{A} + [(AB + (A+B)(\overline{A}+C)(A+DF)(\overline{A}+E)] \right\} \\
&= \left\{ A + [0 \cdot B + (0+B)(1+C)(0+DF)(1+E)] \right\} \\
&\quad \cdot \left\{ \overline{A} + [1 \cdot B + (1+B)(0+C)(1+DF)(0+E)] \right\} \\
&= [A + BDF] \cdot [\overline{A} + B + CE] \\
&= AB + ACE + \overline{A}BDF + BDF + BCDEF \\
&= AB + ACE + BDF
\end{aligned}
$$

1.5.3 逻辑函数的卡诺图化简

　　用卡诺图化简逻辑函数，能较快地得到函数的最简形式。但当逻辑变量大于 5 时，卡诺图上的方格数激增，应用也不方便，因此，卡诺图适合于化简变量数小于 5 的逻辑函数。

1．卡诺图的结构

如果用一个大方格来表示 1，则互补律 $A+\overline{A}=1$ 可用图形表示为图 1-8。其中图 1-8（b）和图 1-8（c）表示变量的意义相同，只是在小方格中位置不一样。实际上图 1-8（b）和图 1-8（c）中两个小方格分别表示了 1 变量逻辑函数的两个最小项。而这两个最小项正好是 1 变量逻辑函数的全部最小项。

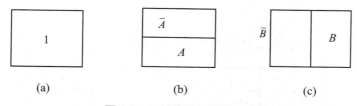

图 1-8　互补律的方格图表示

将图 1-8（b）和图 1-8（c）重叠在一起，即将图 1-8（a）分成 4 个小方格，得图 1-9。为便于叙述，对每个方格按图 1-9（a）进行编号，则 0 号方格既表示 $\overline{A}$，又表示 $\overline{B}$，亦即表示 $\overline{A}\cdot\overline{B}$。同理，1 号方格表示 $\overline{A}B$；2 号方格表示 $A\overline{B}$；3 号方格表示 AB，如图 1-9（b）。仔细观察可以看出，图 1-9（b）表示了 2 变量逻辑函数的 4 个最小项。而这 4 最小项正好是 2 变量逻辑函数的全部最小项，因此可以将图 1-9（b）简记为图 1-9（c），甚至可以更简记为图 1-9（a）。

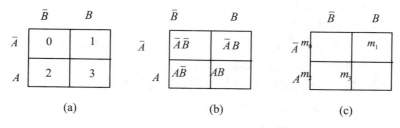

图 1-9　逻辑函数的四方格表示

从图 1-8 和图 1-9 可以看出，每个小方格表示了函数的一个最小项，所有相邻小方格的变量组合之间只有一个变量不同，这种方格图称为卡诺图。它是由美国工程师卡诺（Karnaugh）首先提出的。

显然，卡诺图的小方格采用了循环码的编码原则。并且由于每个小方格表示一个最小项，所以，在逻辑函数的表示上，卡诺图和真值表只是形式不同而已。

为方便使用，在画卡诺图时，通常将原变量用"1"表示，反变量用"0"表示，将变量组合标注在大方格的左上角，在大方格的左边和上边标注变量组合的取值，小方格中只需标出对应最小项的编号就行了。图 1-10 表示了 1~5 变量的卡诺图。

从上面的分析可以看出，n 变量的函数有 2^n 个最小项，卡诺图上有 2^n 个小方格，每个最小项有 n 个最小项与之相邻。由于两个相邻最小项只有一个变量不同且互为反变量，因而两个相邻最小项合并后可以消去一个变量。也就是说，卡诺图上两个相邻的小方格合并可以消去一个变量，四个相邻的小方格合并可以消去两个变量，八个相邻的小方格合并可以消去三个变量，十六个相邻的小方格合并可以消去四个变量……这就是用卡诺图化简逻辑函数的原理。

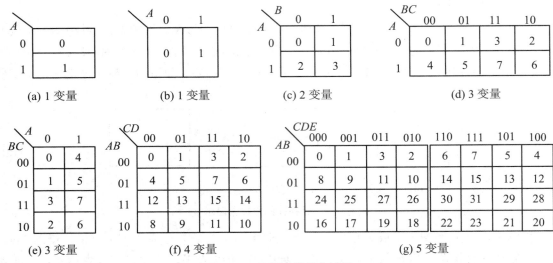

图 1-10 逻辑函数的卡诺图

2. 卡诺图上最小项的相邻性

如前所述，卡诺图上变量的组合是按循环码的规律排列的，这种排列规律使最小项的相邻关系在图上能清晰地反映出来。具体地说，在 n 变量的卡诺图中，能非常方便、直观地找出每个最小项的 n 个相邻最小项。

如四变量卡诺图在图 1-11 中 m_{15} 的 4 个相邻最小项分别是 m_7、m_{11}、m_{13}、m_{14}，它们所在的方格分别与 m_{15} 所在的方格的四边相连，也就是说，m_{15} 所在的方格与 m_7、m_{11}、m_{13}、m_{14} 所在的方格在几何位置上是相邻的，这种相邻关系称为几何相邻。

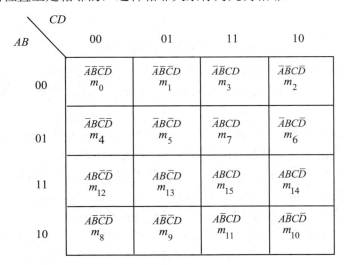

图 1-11 四变量卡诺图

最小项 m_8 位于卡诺图的角上，除了与 m_9 和 m_{12} 几何相邻外，还分别与处于"相对"位置上的最小项 m_0 和 m_{10} 相邻，这种相邻关系称为相对相邻。确定相对相邻关系的方法是将卡诺图的上下边缘连接，找出与其几何相邻的一个最小项，再将左右边缘连接找出与其几何相邻的另一个最小项。

第三种相邻关系是针对 5 变量以上卡诺图来讲的。从图 1-10（g）可以看出，5 变量卡诺图可看成是由两个 4 变量卡诺图构成的。若将这个卡诺图左右对折起来，位置上具有上下关系的最小项也是相邻的，这种相邻关系称为重叠相邻。最小项 m_{17} 的几何相邻最小项为 m_{16}、m_{19} 和 m_{25}，相对相邻最小项为 m_1，重叠相邻最小项为 m_{21}。

3．逻辑函数的卡诺图表示

要用卡诺图法对逻辑函数进行化简，必须先用卡诺图来表示一个逻辑函数。换言之，是要解决卡诺图的填写问题，下面分四种情况进行讨论。

（1）函数为最小项表达式

因为构成函数的每一个最小项，其逻辑取值都是使函数值为 1 的最小项，所以以填写卡诺图时，在构成函数的每个最小项相应的小方格中填上 1，而其他方格填上 0 即可。也就是说，任何一个逻辑函数都等于它的卡诺图中填 1 的那些最小项之和。

例 1.29　做出逻辑函数 $F(A, B, C, D)=\sum m(1, 3, 6, 7)$ 对应的卡诺图。

解　先做一个 4 变量的卡诺图，在编号为 1、3、6、7 的小方格中填写 1，其余小方格中填写 0，得到逻辑函数 $F(A, B, C, D)=\sum m(1, 3, 6, 7)$ 的卡诺图如图 1-12 所示。

（2）函数为最大项表达式

因为相同编号的最小项和最大项之间存在互补关系，所以使函数值为 0 的那些最小项的编号与构成函数的最大项表达式中的那些最大项编号相同，按这些最大项的编号在卡诺图的相应小方格中填上 0，其余方格上填上 1 即可。

例 1.30　做出函数 $F(A, B, C, D)=\prod M(3, 4, 8, 9, 11, 15)$ 对应的卡诺图。

解　先做一个 4 变量的卡诺图，在编号为 3、4、8、9、11、15 的小方格中填写 0，其余小方格中填写 1，得到逻辑函数 $F(A, B, C, D)=\prod M(3, 4, 8, 9, 11, 15)$ 的卡诺图如图 1-13 所示。

AB\CD	00	01	11	10
00	0	1	1	0
01	0	0	1	1
11	0	0	0	0
10	0	0	0	0

图 1-12　例 1.29 的卡诺图

AB\CD	00	01	11	10
00	1	1	0	1
01	0	1	1	1
11	1	1	0	1
10				

图 1-13　例 1.30 的卡诺图

（3）函数为任意与或表达式

函数表达式更多情况为非标准表达式，这时可以先将其转换为标准表达式，再按前述方法填写卡诺图。实际上，也可以不经转换而直接填写。任意与或表达式对应的卡诺图的填写方法是：首先分别将每个与项的原变量用 1 表示，反变量用 0 表示，在卡诺图上找出交叉小方格并填写 1，没有交叉点的小方格填写 0 即可。

例 1.31　做出函数 $F(A,B,C,D)=AB+BC+CD$ 对应的卡诺图。

解　做一个 4 变量的卡诺图，与项 AB 用 11 表示，对应的最小项为 m_{12}、m_{13}、m_{14}、m_{15}，在卡诺图的相应小方格上填写 1。

与项 BC 用 11 表示，对应的最小项为 m_6、m_7、m_{14}、m_{15}，在卡诺图的相应小方格上填写 1。

与项 CD 用 11 表示，对应的最小项为 m_3、m_7、m_{11}、m_{15}，在卡诺图的相应小方格上填写 1。

所以，逻辑函数 $F(A,B,C,D)=AB+BC+CD$ 的最小项包括 m_3、m_6、m_7、m_{11}、m_{12}、m_{13}、m_{14}、m_{15}。其卡诺图如图 1-14 所示。

（4）函数为任意或与表达式

对于任意的或与表达式，只要当任意一项的或项为 0 时，函数的取值就为 0。要使或项为 0，只需将组成该或项的原变量用 0、反变量用 1 代入即可。故任意或与表达式对应的卡诺图的填写方法是：首先将每个或项的原变量用 0、反变量用 1 代入，在卡诺图上找出交叉小方格并填写 0，然后在其余小方格上填写 1 即可。

例 1.32　做出函数 $F(A,B,C,D)=(A+C)(\overline{B}+\overline{D})(C+D)$ 对应的卡诺图。

解　做一个 4 变量的卡诺图，或项 $(A+C)$ 对应的最大项为 M_0、M_1、M_4、M_5，在卡诺图的相应小方格上填写 0。

或项 $(\overline{B}+\overline{D})$ 对应的最大项为 M_5、M_7、M_{13}、M_{15}，在卡诺图的相应小方格上填写 0。

或项 $(C+D)$ 对应的最大项为 M_0、M_4、M_8、M_{12}，在卡诺图的相应小方格上填写 0。

所以，逻辑函数 $F(A,B,C,D)=(A+C)(\overline{B}+\overline{D})(C+D)$ 的最大项包括 M_0、M_1、M_4、M_5、M_7、M_8、M_{12}、M_{13}、M_{15}。其卡诺图如图 1-15 所示。

AB＼CD	00	01	11	10
00	0	0	1	0
01	0	0	1	1
11	1	1	1	1
10	0	0	1	0

图 1-14　例 1.31 的卡诺图

AB＼CD	00	01	11	10
00	0	0	1	1
01	0	0	0	1
11	0	0	0	1
10	0	1	1	1

图 1-15　例 1.32 的卡诺图

4．卡诺图中最小项的合并规则

吸收律 $A\cdot B+A\cdot \overline{B}=A$ 表明，如果一个变量分别以原变量和反变量的形式出现在两个与项中，而与项中的其余变量相同，则这两个与项可合并成一个与项，合并后的与项为合并前两个与项的相同部分，即合并后消去了一个变量。

卡诺图的每个小方格表示一个最小项，并且小方格采用了循环码的编码原则。因此，两个处于相邻位置的最小项只有一个变量表现出原变量和反变量的差别，将这两个最小项合并，便可消去该变量。下面的讨论针对合并值为 1 的最小项。

（1）2 个最小项相邻

2 个处于相邻位置的最小项合并为一项时，可消去在合并前的 2 个最小项中分别以原变量和反变量出现的一对因子，合并后的结果为 2 个最小项的公共部分。

图 1-16 列出了 2 个最小项相邻的几种情况。m_5（$\overline{A}B\overline{C}D$）和 m_7（$\overline{A}BCD$）相邻，可合并为

$$\overline{A}B\overline{C}D + \overline{A}BCD = \overline{A}BD$$

m_{12}（$AB\overline{C}\,\overline{D}$）和 m_{14}（$ABC\overline{D}$）相邻，可合并为

$$AB\overline{C}\,\overline{D} + ABC\overline{D} = AB\overline{D}$$

（2）4 个最小项相邻

4 个处于相邻位置的最小项合并为一项时，可消去在合并前的 4 个最小项中分别以原变量和反变量出现的两对因子，合并后的结果为 4 个最小项的公共部分。

图 1-17 列出了 4 个最小项相邻的几种情况。如 m_0、m_2、m_8、m_{10} 相邻，可合并为

$$m_0+m_2+m_8+m_{10}=\overline{A}\,\overline{B}\,\overline{C}\,\overline{D} + \overline{A}\,\overline{B}C\overline{D} + A\overline{B}\,\overline{C}\,\overline{D} + A\overline{B}C\overline{D} = \overline{B}\,\overline{D}$$

m_1、m_3、m_9、m_{11} 相邻，可合并为

$$m_0+m_2+m_8+m_{10}=\overline{A}\,\overline{B}\,\overline{C}D + \overline{A}\,\overline{B}CD + A\overline{B}\,\overline{C}D + A\overline{B}CD = \overline{B}D$$

m_{12}、m_{13}、m_{14}、m_{15} 相邻，可合并为

$$m_{12}+m_{13}+m_{14}+m_{15}=AB\overline{C}\,\overline{D} + AB\overline{C}D + ABC\overline{D} + ABCD = AB$$

m_5、m_7、m_{13}、m_{15} 相邻，可合并为

$$m_5+m_7+m_{13}+m_{15}=\overline{A}B\overline{C}D + \overline{A}BCD + AB\overline{C}D + ABCD = BD$$

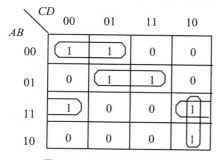

图 1-16　2 个最小项相邻情况

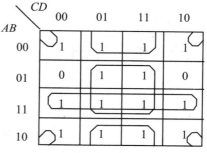

图 1-17　4 个最小项相邻情况

（3）8 个最小项相邻

8 个处于相邻位置的最小项合并为一项时，可消去在合并前的 8 个最小项中分别以原变量和反变量出现的三对因子，合并后的结果为 8 个最小项的公共部分。

图 1-18 列出了 8 个最小项相邻的几种情况。

$$m_8+m_9+m_{10}+m_{11}+m_{12}+m_{13}+m_{14}+m_{15}=A$$

$$m_0+m_2+m_4+m_6+m_8+m_{10}+m_{12}+m_{14}=\overline{D}$$

由此可推知用卡诺图合并最小项的一般规则为：2^n 个相邻最小项构成的一个矩形框可合并为一项，该项仅含有这些最小项中的公共因子，其余 n 对以原变量和反变量形式出现的因子均可消去。

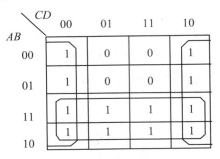

图 1-18　8 个最小项相邻情况

5．逻辑函数的卡诺图化简

在了解了用卡诺图合并最小项的一般规则后，对逻辑函数的卡诺图化简已有了初步的认识。它实际上是采用矩形框合并值为 1 的最小项的方法，化简后逻辑函数与项的数目等于矩形框的数目，与项所含变量因子的多少取决于矩形框包含最小项的数目，因此每个矩形框应尽可能地画大。

为了与卡诺图这个名称相对应，将包含最小项的矩形框称为卡诺圈。卡诺圈包含值为 1 的最小项的数目必须是 2^n（$n=1, 2, 3, \cdots$）。

（1）几个概念

图 1-19 是一个 3 变量逻辑函数的卡诺图,化简后图 1-19(a)的逻辑函数为 $F = A\overline{B}\ \overline{C} + \overline{A}C$，图 1-19（b）的逻辑函数为 $F = C$，图 1-19（c）的逻辑函数为 $F = \overline{A}C + AB$。

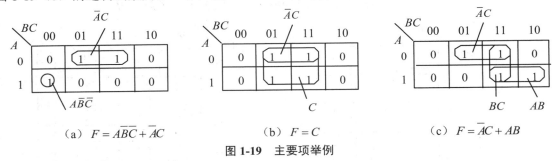

（a）$F = A\overline{B}\overline{C} + \overline{A}C$　　　　（b）$F = C$　　　　（c）$F = \overline{A}C + AB$

图 1-19　主要项举例

主要项：把 2^n 个为 1 的相邻最小项进行合并，若卡诺圈不能再扩大，则圈得的合并与项称为主要项。图 1-19（a）中的 $A\overline{B}\ \overline{C}$、$\overline{A}C$ 和图 1-19（b）中的 C 都是主要项。而图 1-19（b）中的 $\overline{A}C$ 不是主要项，因为该卡诺圈还可以再扩大。所以，主要项的圈不能被更大的圈所覆盖。

必要项：若主要项圈中至少有一个为 1 的"特定"最小项没有被其他主要项所覆盖，则称此主要项为必要项或实质主要项。图 1-19（a）中的 $A\overline{B}\ \overline{C}$、$\overline{A}C$ 和图 1-19（b）中的 C 都是必要项。实际上，最简逻辑函数中的与项都是必要项。

冗余项：若主要项圈中不包含有为 1 的"特定"最小项，或者说它所包含为 1 的最小项均已被其他的主要项圈所覆盖，则称其为冗余项或多余项。图 1-19（c）中的与项 BC 所包含的两个最小项分别被 $\overline{A}C$ 和 AB 圈所覆盖，所以与项 BC 是一个冗余项。

（2）卡诺图化简逻辑函数的步骤

用卡诺图化简逻辑函数可按下列步骤进行：

① 将逻辑函数用卡诺图表示出来；

② 首先圈出没有相邻最小项的孤立的值为 1 的最小项方格，这是一个主要项；

③ 找出只有一种合并可能的值为 1 的最小项方格，从它出发将所有为 1 的相邻最小项按 2 的整数次幂为一组构成卡诺圈，所有圈中必须至少有一个为 1 的最小项方格没有被圈过，并使所有的圈尽可能大；

④ 写出最简的函数表达式。

（3）用卡诺图化简逻辑函数举例

例 1.33　化简函数 $F(A,B,C,D)=\sum m\,(3,4,5,7,9,13,14,15)$。

解　首先做出逻辑函数 F 的卡诺图如图 1-20。

要对逻辑函数 F 进行化简，需要画出卡诺圈，圈出主要项。本例中，卡诺圈有两种画法，如图 1-20（a）和图 1-20（b）。在图 1-20（a）中，最大的圈中没有一个值为 1 的最小项没有被圈过，所以存在冗余项。图 1-20（b）的圈法是正确的。化简后的表达式为

$$F(A,B,C,D) = \overline{A}B\overline{C} + ABC + \overline{A}\overline{C}D + \overline{A}CD$$

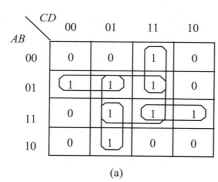
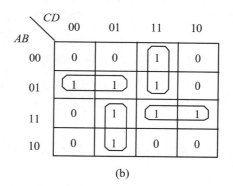

图 1-20　例 1.33 的卡诺图

例 1.34　化简函数 $F(A,B,C,D)=\sum m\,(2,3,5,7,8,10,12,13)$。

解　首先做出逻辑函数 F 的卡诺图如图 1-21 所示。

再画出卡诺圈，圈出主要项。可以看出，图 1-21（a）和图 1-21（b）的主要项个数相同，并且都没有重复，函数化简结果都是 4 个与项，哪一个是对的呢？答案是都对。对于函数的化简，其结果不具有唯一性，函数表示的唯一性仅在最大项表达式或最小项表达式中才具有。

图 1-21（a）化简结果为

$$F(A,B,C,D) = A\overline{C}\,\overline{D} + B\overline{C}D + \overline{A}CD + \overline{B}C\overline{D}$$

图 1-21（b）化简结果为

$$F(A,B,C,D) = A\overline{B}\,\overline{D} + AB\overline{C} + \overline{A}BD + \overline{A}\,\overline{B}C$$

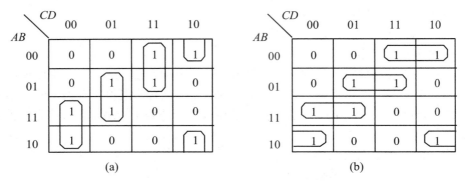

图 1-21 例 1.34 的卡诺图

以上的讨论都是合并卡诺图中的 1 格，从而得到函数的最简与－或表达式。实际上也可以合并卡诺图中的 0 格，得到反函数的最简与－或表达式，再对反函数求反，得到原函数的最简形式。这种方法尤其适合卡诺图中 0 的数目远小于 1 的数目的情况。

例 1.35 化简函数 $F(A, B, C, D) = \sum m\,(0, 2, 4, 6, 8, 9, 10, 11, 12, 13, 14, 15)$。

解 做出逻辑函数 F 的卡诺图如图 1-18 所示。

合并卡诺图中的 0 格，得到反函数的最简与－或表达式为

$$\overline{F}(A, B, C, D) = \overline{A}D$$

再对反函数求反，得化简结果为

$$F(A, B, C, D) = \overline{\overline{F}}(A, B, C, D) = \overline{\overline{A}D} = A + \overline{D}$$

与合并卡诺图中的 1 格的结果一致。

1.5.4 具有任意项的逻辑函数的化简

对于任意输入逻辑变量的取值组合，逻辑函数都有确定的函数值与之对应。假定一个 n 变量的逻辑函数能用 i 个最小项之和表示，则这 i 个最小项就给出了使函数值为 1 的 i 种输入变量取值组合，若使函数值为 0 的输入变量取值组合有 $2^n - i$ 种，表明逻辑函数与 2^n 个最小项都有关。

在一些实际逻辑设计中，由于问题的某些限制，或者输入变量之间存在某种相互制约（如电机转动和停止信号不可能同时存在）等，使得输入变量的某些取值组合不会出现，或者即使这些输入组合出现，但对应的逻辑函数值是 1 还是 0 人们并不关心（如 8421BCD 码输入变量的 16 种组合中，m_{10}、m_{11}、m_{12}、m_{13}、m_{14}、m_{15} 这六种组合始终不会出现，或者即使出现，也不关心其对应的函数值）。也就是说，这时的逻辑函数不再与 2^n 个最小项都有关，而仅仅与 2^n 个最小项中的一部分有关，与另一部分无关。或者说这另一部分最小项不决定函数的值，这种最小项称为任意项或者无关最小项。具有这种特征的逻辑函数被称为具有任意项的逻辑函数。

从上述定义可以看出，与任意项对应的逻辑函数值既可以看成 1，也可以看成 0。因此在卡诺图或真值表中，任意项常用 ∅ 或 d 或 × 来表示；在函数表达式中常用 ∅ 或 d 来表示任

意项。如

$$F(A,B,C)=\sum m(0,1,5,7)+\sum \varnothing(4,6)$$

或表示为

$$F(A,B,C)=\sum m(0,1,5,7)+\sum d(4,6)$$

除了对任意项的值加以处理外，具有任意项的逻辑函数化简方法与不含任意项的逻辑函数化简方法相同。任意项到底按"1"还是"0"处理，就要以其取值能使函数尽量简化为原则。可见在化简逻辑函数时任意项具有一种特殊的地位。

化简具有任意项的逻辑函数的步骤是：

① 画出函数对应的卡诺图，任意项对应的小方格填上ø或d或×；

② 按2的整数次幂为一组构成卡诺圈，如果任意项方格为1时可以圈得更大，则将任意项当作1来处理，否则当0处理。未被圈过的任意项一律当作0处理；

③ 写出化简的表达式。

例 1.36　化简函数 $F(A,B,C,D)=\sum m(5,6,7,8,9)+\sum \varnothing(10,11,12,13,14,15)$。

解　做出逻辑函数 $F(A,B,C,D)$ 的卡诺图如图 1-22。若将任意项全部看作 1 来处理，卡诺圈构成如图 1-22(a)所示，函数化简为

$$F(A,B,C,D) = A + BC + BD = A + B(C + D)$$

若将任意项全部看作 0 来处理，卡诺圈构成如图 1-22(b)所示，函数化简为

$$F(A,B,C,D) = A\overline{B}\,\overline{C} + \overline{A}BC + \overline{A}BD = A\overline{B}\,\overline{C} + \overline{A}B(C + D)$$

显然，此题将任意项全部看作 1 来处理对函数的化简更有利。

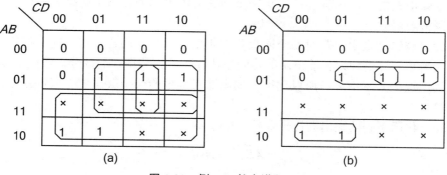

图 1-22　例 1.36 的卡诺图

例 1.37　化简 $F=\sum m(1, 2, 5, 6, 9)+\sum \varnothing(10, 11, 12, 13, 14, 15)$。

解　对应于最小项 m_1、m_2、m_5、m_6、m_9，$F=1$，对应于任意项 $m_{10}\sim m_{15}$，函数值不定，在卡诺图上填入×，做出逻辑函数 $F(A, B, C, D)$ 的卡诺图，如图 1-23。

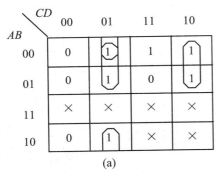 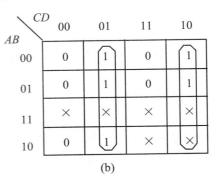

(a)　　　　　　　　　　　　　　　(b)

图 1-23　例 1.37 的卡诺图

若把×都取为 0，如图 1-23（a），则函数可化简为

$$F=（m_1+m_5）+（m_2+m_6）+（m_1+m_9）$$

$$=\overline{A}\ \overline{C}D+\overline{A}C\overline{D}+\overline{B}\ \overline{C}D$$

若把 m_{10}、m_{13}、m_{14} 取为 1，如图 1-23（b），则函数可化简为

$$F=（m_1+m_5+m_{13}+m_9）+（m_2+m_6+m_{14}+m_{10}）$$

$$=\overline{C}D+C\overline{D}$$

可见，在化简具有任意项的逻辑函数时，将任意项灵活地按"1"或"0"来处理，对函数的化简结果有较大影响。

1.5.5　多输出逻辑函数的化简

实际逻辑电路的输出函数往往不止一个，这类电路称为多输出电路。相应地逻辑函数称为多输出逻辑函数。

在多输出逻辑函数中，若对每个函数分别化简，再将它们合并在一起，往往得不到最简单的多输出函数，这是因为各输出函数之间往往存在可"共享"的部分，各函数单独化简时，没有充分利用这些共享部分。所以化简多输出逻辑函数的关键就是要充分利用各函数间可共享的部分。

例 1.38　化简下列两输出的逻辑函数

$$F_1 = A\overline{B}\ \overline{C} + A\overline{B}C + ABC$$

$$F_2 = AB\overline{C} + \overline{A}B\overline{C} + ABC$$

解　① 若按单个函数分别化简，做出卡诺图如图 1-24。两个输出函数分别化简为

$$F_1 = A\overline{B} + AC$$

$$F_2 = AB + B\overline{C}$$

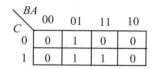

C \ BA	00	01	11	10
0	0	1	0	0
1	0	1	1	0

C \ BA	00	01	11	10
0	0	0	1	1
1	0	0	1	0

图 1-24　例 1.38 的卡诺图

两个表达式中共有 4 个不同的与项，变量总数为 8 个，逻辑图如图 1-25（a）。

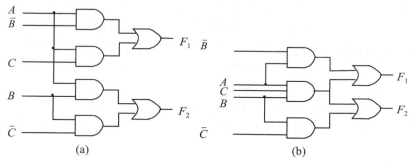

图 1-25　例 1.38 函数化简后的逻辑图

② 若将函数 F_1 和 F_2 中的公共与项"ABC"公用，则两个输出函数分别化简为

$$F_1 = A\bar{B} + ABC$$
$$F_2 = B\bar{C} + ABC$$

两个表达式中共有 3 个不同的与项，变量总数为 7 个。虽然单个函数 F_1、F_2 不是最简，但充分利用了函数的公共"与项"，使总体效果达到了最佳。逻辑图如图 1-25（b）。

所以，多输出逻辑函数最简的标准是：

① 逻辑表达式中包含的不同的"与项"总数最少；

② 在"与项"总数最少的前提下，各不同"与项"中所包含的变量总数最少。

1.6　门　电　路

前面讨论了逻辑代数的基本定律、基本公式以及逻辑函数的表示和化简方法，它们是进行逻辑电路分析和设计的基本理论知识。实际构成电路时，还需对电路的基本组成单元——基本门电路有足够的认识，了解其基本结构、工作原理，尤其要熟悉它们的主要特性和电路参数。本节重点介绍典型 TTL 门电路，其他类型的电路可参阅相关书籍或资料。

1.6.1　分立元件门电路

1.　晶体管的开关特性

（1）二极管的开关特性

在数字电路中，二极管常常是作为开关来使用，即它的工作状态要么是充分导通，要么是截止。图 1-26 是硅二极管的伏安特性曲线示意图。从图中可以看出，当向二极管施加一个大于 0.7 V 的正向电压时，特性曲线的斜率很陡，表明正向电阻很小，这时二极管可等效为一个 0.7 V 的电压源；当向二极管施加一个反向电压时，反向电流很小（一般小于 1 μA），相当于反向电阻很大，这时二极管可以等效为一个断开的开关。

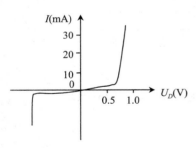

图 1-26 硅二极管的伏安特性曲线

实际使用时，由于二极管正向压降远小于输入电压，常把它看作理想开关，即将二极管导通时视为短路，截止时视为开路。

（2）三极管的开关特性

众所周知，三极管具有信号放大作用。实际上若在其基极加上适当的控制信号，三极管也可以用作开关元件。图 1-27 是三极管共发射极接法的电路及其电压转移特性曲线。

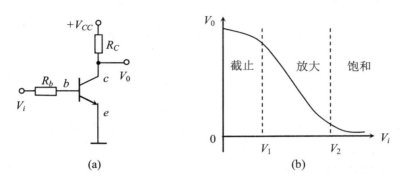

| (a) | (b) |

图 1-27 三极管共发射极接法及其电压转移特性曲线

从图 1-27（b）可以看出，当输入电压小于 V_1 时，三极管工作在截止区，输出电压约为 $+V_{CC}$，相当于开关开路。当输入电压大于 V_2 时，三极管工作在饱和区，输出电压约等于 0，相当于开关短路。

数字电路中正是利用了三极管的这一特性，通过改变基极信号来控制 c、e 极之间的通断状态，使其成为一个可控的电子开关。

不论是二极管还是三极管，由于存在内部电荷的建立与消除过程，饱和和截止状态之间的转换不可能在瞬间完成。换句话说，开关的导通与断开都需要一定的时间，这给开关电路的工作速度带来了不利的影响，尤其在高速开关电路中，晶体管的开关时间是影响电路工作速度的主要因素。

2．二极管门电路

（1）二极管与门

如图 1-28（a），当输入端 A、B、C 均输入高电平（+5 V）时，二极管截止，输出端 F 为高电平（+5 V）；当 A、B、C 任意一个或一个以上的输入端输入低电平（0 V）时，相应地二极管导通，输出端 F 电位被钳制在低电平（0.7 V）。因此电路实现了与逻辑功能，称为二极管与门电路，其图形符号与基本与逻辑图形符号相同。

（2）二极管或门

如图 1-28（b），当输入端 A、B、C 均输入低电平（0 V）时，二极管截止，输出端 F 为低电平（0 V）；当 A、B、C 任意一个或一个以上的输入端输入高电平（+5 V）时，相应地二极管导通，输出端 F 电位被钳制在高电平（+4.3 V）。因此电路实现了或逻辑功能，称为二极管或门电路，其图形符号与基本或逻辑图形符号相同。

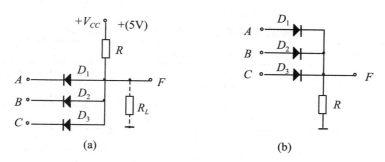

图 1-28 二极管门电路

二极管门电路简单，但在实际使用时存在严重缺点。首先，由于二极管存在 0.7 V 压降，在与门电路中，二级电路就会使输出低电平升高到 1.4 V，串联的级数越多，输出电位偏离低电平越远，最终导致逻辑错误。同样，在或门电路中，串联的级数越多，输出电位偏离高电平越远，也会导致逻辑错误。其次，二极管门电路的负载能力很低。如在图 1-28（a）中接一个负载 R_L，则高电平输出电压为 $\dfrac{V_{CC}R_L}{R+R_L}$，R_L 越小，即负载越重，输出高电平偏离+V_C 越远。

要克服二极管电路的缺点，可在其输出端加上一个三极管反相器，构成一个与非门或或非门。

3．三极管反相器（非门）

图 1-29 是三极管反相器的电路原理图。假设它的输入为前级门电路的输出，即输入为方波信号。

当输入低电平（V_L）信号时，负电源 V_{DD} 经电阻 R_1、R_2 分压，使发射结处于反向偏置，三极管截止，输出高电平（V_H）。

当输入高电平（V_H）信号时，输入信号与负电源 V_{DD} 共同作用产生使三极管饱和导通的基极电流 I_b，三极管饱和导通，输出低电平（V_L）。从而实现了反相器（非逻辑）的逻辑功能，其图形符号与基本非逻辑图形符号相同。

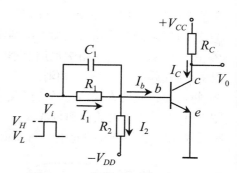

图 1-29 三极管反相器电路原理图

图 1-29 中 C_1 称为加速电容，其作用是改善三极管的瞬态开关特性。电路处于稳定状态时，C_1 相当于开路，对电路稳定工作没有影响。

4．正逻辑与负逻辑

（1）一般规定

逻辑电路中，输入、输出状态一般用电平的高低来表示。如果把高电平"H"用"1"来表示，低电平"L"用"0"来表示，这种关系称为正逻辑关系。反之，如果把高电平"H"用"0"来表示，低电平"L"用"1"来表示，这种关系则称为负逻辑关系。表 1-31 表示了与非门的电平、正逻辑、负逻辑表示之间的关系。

表 1-31　与非门的电平、正逻辑、负逻辑表示之间的关系

电平表			正逻辑真值表			负逻辑真值表		
V_A	V_B	V_F	A	B	F	A	B	F
L	L	H	0	0	1	1	1	0
L	H	H	0	1	1	1	0	0
H	L	H	1	0	1	0	1	0
H	H	L	1	1	0	0	0	1

（2）负逻辑的表示方法

假设正与非门表达式为：$F = \overline{A \cdot B}$。若用负逻辑表示，则 $\overline{F} = \overline{\overline{A} + \overline{B}}$。也就是说正逻辑下的与非门，在负逻辑下变成了或非门（从表 1-31 可明显看出）。为避免混淆，在没有特殊说明时，本书一律采用正逻辑，即高电平为 1，低电平为 0。

同理，可得到其他门电路的正、负逻辑对应关系，见表 1-32。

表 1-32　正、负逻辑下的门电路对应关系

正逻辑	负逻辑	正逻辑	负逻辑
与门	或门	或非门	与非门
与非门	或非门	异或门	同或门
或门	与门	同或门	异或门

有了上述对应关系，可以归纳出正、负逻辑的下列变换关系：

① 在门电路符号的输入端加上小圆圈表示反相；

② 在门电路符号的输出端也加上小圆圈表示反相。若需要加小圆圈的地方原来已有小圆圈，则将小圆圈取消（非－非相消）；

③ 将与门符号变为或门符号，或反之。

图 1-30 表示了正与非门和负或非门之间的变换关系。

在后序章节中，输入端的小圆圈表示低电平有效。

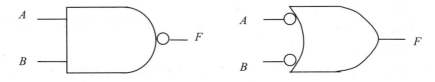

图 1-30　正与非门和负或非门之间的变换关系

1.6.2　TTL 集成门电路

TTL 门电路是三极管-三极管逻辑（Transistor-Transistor Logic）电路的简称，是从速度较低的 DTL（二极管-三极管逻辑，Diode-Transistor Logic）电路发展来的。图 1-29 所示的反相器就是 TTL 门电路中电路结构最简单的一种。表 1-33 列出了国内外 TTL 电路系列编号的对比情况。

表 1-33　国内外 TTL 电路系列编号对比

门电路类型	国内系列编号	国际通用系列编号
标准通用系列	CT54/74	SN54/74
高速系列	CT54H/74H	SN54H/74H
肖特基系列	CT54S/74S	SN54S/74S
低功耗肖特基系列	CT54LS/74LS	SN54LS/74LS

1. TTL 与非门

图 1-31 为 TTL 与非门电路原理图，先通过图 1-31（a）分析其电路结构和工作原理。

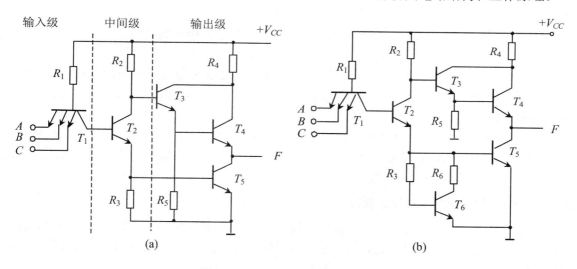

图 1-31　TTL 与非门电路原理图

电路分为输入级、中间级和放大级三部分。由多发射极晶体管 T_1 和电阻 R_1 构成的输入级，其作用是实现"与"逻辑功能。由 T_2 和 R_1、R_2 构成的中间级的作用是分别从 T_2 的集电极和发射极同时输出两个相位相反的信号，分别驱动 T_3 和 T_5，保证 T_4、T_5 管一个导通，另一个截止。输出级中，T_3、T_4 组成的复合管构成一个射极跟随器作为 T_5 的有源负载，使得不论输出高电平还是低电平，电路的输出电流都很小，因而提高了电路的带负载能力。

另外，T_2 管的集电结作为 T_1 管负载电阻的一部分，使得输入由全高电平转变为低电平时，T_2 管中存储的电荷能被 T_1 迅速拉出，促使 T_2 管迅速截止，加快了状态的转换，提高了开关速度。

电路工作原理如下：

（1）当输入端 A、B、C 全部接高电平（大于 $+3.6$ V）时，

$$V_{B_1} = V_{BC_1} + V_{BE_5} + V_{BE_2} = 0.7\,\text{V} \times 3 = 2.1\,\text{V}$$

由于 T_1 管的各发射极电位均为 3.6V，集电极电位为 1.4V，故 T_1 管处于倒置工作状态，即 T_1 管的发射极当作集电极，而集电极变为发射极。V_{CC} 通过 R_1 和 T_1 的集电极向 T_2 和 T_5 提供基极电流，使 T_2 和 T_5 处于饱和导通状态，此时：

$$V_0 = V_{C_5} = V_F = 0.3\,\text{V}$$

$$V_{C_2} = V_{CE_2} + V_{B_5} = 0.3\,\text{V} + 0.7\,\text{V} = 1\,\text{V}$$

因此，T_3 管微导通，T_4 管截止。实现了与非门的逻辑关系："输入全高，输出为低"。

（2）当输入端 A、B、C 有一个或几个接低电平（0.3 V）时，对应的发射结导通，T_2 基极电位等于输入低电平加上发射结正向电压，即

$$V_{B_1} = 0.3\,\text{V} + 0.7\,\text{V} = 1\,\text{V}$$

V_{B_1} 加于 T_1 的集电结和 T_2、T_5 的发射结，1V 的电压肯定不能使 T_1 的集电结和 T_2 的发射结导通，因此 T_2、T_5 截止。

$$V_0 = V_{B_3} - V_{BE_3} - V_{BE_4} = 3.6\,\text{V}$$

即输出高电平。实现了与非门的逻辑关系："输入有低，输出为高"。

所以，该电路是一个与非门电路。

采用增加基极电流的方法，可使电路输出级达到深度饱和以提高电路的负载能力，但会使集电区和基区存储的电荷增加，不利于提高开关速度，所以实际电路常采用图 1-31（b）的有源泄放电路。

有源泄放电路在转换过程中能提高开关速度的原因是它的等效电阻是可变的，当输入由低电平变为高电平的瞬间呈现出很大的电阻，输入由高电平变为低电平的瞬间呈现出很小的电阻，从而加快了 T_5 的饱和与截止。

2．TTL 与非门的主要外部特性

TTL 与非门的主要外部特性有电压传输特性、输入特性、输出特性、带负载能力、传输延迟特性等。通过对它们的讨论，可以进一步了解 TTL 与非门的主要参数，从而更好、更合理地使用集成电路。

（1）电压传输特性

TTL 与非门的电压传输特性是指输出电压 V_0 与输入电压 V_I 之间的对应关系曲线。该曲线可分为 AB、BC、CD、DE 四段，如图 1-32 所示。

AB 段（截止区）：当输入电压 $V_I < 0.6$ V 时，T_1 管处于正向饱和导通，T_2 和 T_5 管截止，T_3 和 T_4 管导通，输出高电平，输出电压 V_0 不随 V_I 变化。

BC 段（线性区）：当输入电压 $0.6\,\text{V} < V_I < 1.3\,\text{V}$ 时，T_1 管仍处于正向饱和导通，但 $0.7\,\text{V} < V_{C_1} < 1.4\,\text{V}$，$T_2$ 管开始导通并处于放大状态，因此 V_{C_2} 及输出电压 V_0 随输入电压 V_I 的增大而线性降低。且由于 $V_{B_5} < 0.7\,\text{V}$，T_5 仍然截止，T_3 和 T_4 管还处于导通状态。

CD 段（转折区）：当输入电压 1.3 V<V_I <1.4 V 时，T_5 管开始导通，并且 T_2、T_3、T_4 管均在导通状态。即 T_4 和 T_5 管有一小段时间同时导通，使流过 R_4 的电流增大。T_2 向 T_5 提供很大的基极电流，T_2、T_5 管趋于饱和导通，T_4 管趋于截止，输出电压急剧下降到低电平。由于输入电压的微小变化而引起输出电压的急剧变化，因此将该区间称为转折区。

DE 段（饱和区）：当 V_I >1.4 V 以后，T_1 管处于倒置工作状态，T_2、T_5 管饱和导通，T_3 管处于微导通状态，T_4 管截止，输出低电平。

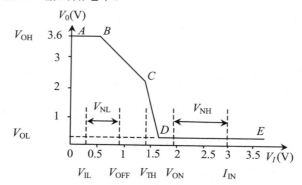

图 1-32　TTL 与非门的电压传输特性

从图 1-32 所示的电压传输特性可以看出 TTL 与非门的几个特性参数：

① 输出逻辑高电平 V_{OH} 和输出逻辑低电平 V_{OL}。

输出逻辑高电平 V_{OH} 是指在电压传输特性曲线的截止区的输出电压；输出逻辑低电平 V_{OL} 指在电压传输特性曲线的饱和区的输出电压。

② 开门电平 V_{ON} 和关门电平 V_{OFF}。

由于器件在生产制造过程中的差异，输出高电平和低电平的电压值存在不同程度的差异。因此通常规定 3 V 为 TTL 与非门的额定逻辑高电平，0.35 V 为额定逻辑低电平。在保证输出为额定高电平的 90%（2.7 V）的条件下，允许输入低电平的最大值称为关门电平 V_{OFF}；在保证输出为额定低电平（0.35 V）的条件下，允许输入高电平的最小值称为开门电平 V_{ON}。

一般情况下，V_{ON}≤1.8 V（典型值为 1.4 V），V_{OFF}≥0.8 V。

V_{ON} 反映了门电路高电平抗干扰能力，V_{ON} 值越小，高电平抗干扰能力越强。

V_{OFF} 反映了门电路低电平抗干扰能力，V_{OFF} 值越大，低电平抗干扰能力越强。

③ 阀值电压 V_{TH}。

在转折区内，TTL 与非门的状态发生急剧变化，通常将转折区的中点对应的输入电压称为阀值电压 V_{TH}（或门槛电压），V_{TH} ≈ 1.4 V。

（2）抗干扰能力

实际应用时，TTL 与非门的输入端常常会出现干扰电压 V_R，V_R 与输入电压叠加后加到与非门的输入端，当 V_R 超过一定数值时，就会破坏与非门的输出逻辑状态。把不会破坏与非门的输出逻辑状态所允许的最大干扰电压值称为噪声容限。噪声容限越大，说明抗干扰能力越强。

抗干扰能力分为输入低电平的抗干扰能力和输入高电平的抗干扰能力。前者用低电平噪声容限 V_{NL} 来描述，后者用高电平噪声容限 V_{NH} 来描述。

$$V_{NL} = V_{OFF} - V_{ILmax}$$

$$V_{NH} = V_{IHmin} - V_{ON}$$

（3）输入特性

TTL 与非门的输入特性是指输入电压和输入电流之间的关系曲线。典型曲线如图 1-33 所示。

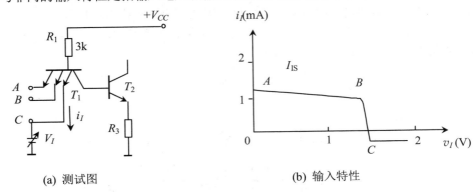

(a) 测试图　　　　　　　　　　　(b) 输入特性

图 1-33　TTL 与非门的输入特性

假定输入电流方向为流出输入端，则流入输入端为负。

AB 段：当 $v_I = 0\,V$ 时，$i_I = \dfrac{V_{CC} - V_{BE_1(SAT)}}{R_1}$。这时，相当于输入端接地，输入电流称为输入

短路电流 I_{IS}。随着 v_I 的增加，V_{BE_1} (SAT) 增加，i_I 减少。变化规律为：$\dfrac{\Delta i_I}{\Delta v_I} \approx -\dfrac{1}{R_1}$。

当 $v_I < 0.6\,V$ 时，由于 T_1 深度饱和，T_2 和 T_4 截止，因此

$$i_I = \frac{V_{CC} - V_{BE_1(SAT)} - v_I}{R_1}$$

当 $0.6\,V < v_I < 1.3\,V$ 时，T_2 导通并处于放大状态，T_4 仍然截止，T_1 的集电结将分流一部分 i_{B_1}。但分流部分很小，因此，近似认为 i_I 的斜率不变。

BC 段：当 $1.3\,V \leqslant v_I \leqslant 1.5\,V$ 时，T_5 开始导通，V_{B_1} 被钳位在 2.1 V。T_1 处于倒置工作状态，i_I 的流向发生变化。此后，随着 v_I 的增大，i_I 迅速减小到 10 μA 左右并基本维持此值不再随 v_I 的继续增大而变化。

（4）输入负载特性

实际应用时，与非门输入端经常通过一个电阻接地。如图 1-34 所示。从图 1-34（a）可看出，$v_I = i_I R_i$，这是一条直线，称其为输入负载特性，它与输入特性曲线的交点为 D，如图 1-34（b）。

当 R_i 增大时，v_I 增加，i_I 减小。由于

$$v_I = \frac{V_{CC} - V_{BE_1(SAT)}}{R_1 + R_i} \cdot R_i$$

从图 1-32 的电压传输特性可以看出，要使电路稳定输出高电平，v_I 必须小于 V_{OFF}，即：

$$R_i \leqslant \frac{V_{OFF} \cdot R_1}{V_{CC} - V_{BE_1(SAT)} - V_{OFF}}$$

若 $V_{OFF} = 0.8\,V$，$R_1 = 3\,k\Omega$，则

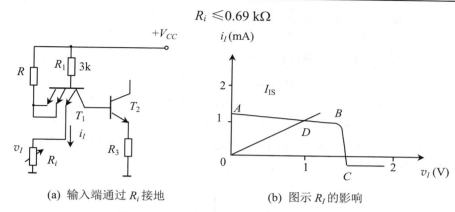

$$R_i \leqslant 0.69 \text{ k}\Omega$$

(a) 输入端通过 R_i 接地　　(b) 图示 R_i 的影响

图 1-34　TTL 与非门的输入负载特性

这个阻值是保证输出为高电平时所允许的 R_i 的最大值，称为关门电阻，记作 R_{OFF}。

当 R_i 进一步增大，v_I 上升到 1.4 V 时，T_5 管导通，V_{B_1} 被钳位在 2.1 V。因此，R_i 若继续增大，v_I 保持在 1.4 V 不再升高。

使电路稳定输出低电平，v_I 必须大于 V_{ON}。即

$$v_I = i_I R_i \geqslant V_{ON}$$

满足上述条件的输入电阻 R_i 的最小值称为开门电阻，记作 R_{ON}。通常 R_{ON} 大于 2 kΩ。

值得注意的是，由于输入电阻的存在，输入低电平值提高，从而降低了电路的抗干扰能力。

因此，实际应用时，如果 TTL 与非门有多余的输入端，为避免干扰，常常将多余的输入端接高电平，或者通过 1~3 kΩ 的上拉电阻接电源正极，或者与其他有用的输入端并接。

（5）输出特性

实际使用的与非门输出端都要接负载，因而就会产生负载电流，这个电流会影响输出电压的高低。输出电压 v_0 和输出电流 i_L 之间的关系曲线，称为 TTL 与非门的输出特性。输出特性分为高电平的输出特性和低电平的输出特性。

① 输出为高电平时的输出特性。当输入端有低电平时，T_5 截止，T_3、T_4 导通，输出级等效电路如图 1-35（a）所示。此时负载电流从输出端流出，为拉电流。输出特性如图 1-35（b）所示。

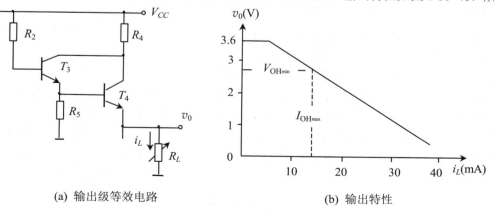

(a) 输出级等效电路　　(b) 输出特性

图 1-35　高电平输出时的输出特性

由于射极跟随器的作用，输出电阻约 100 Ω，输出电压 v_o 随 i_L 的变化很小。当 i_L 增大到一定值时，R_4 上的压降增加，V_{C_3} 减小，T_3 进入深度饱和，复合管处于饱和状态，失去跟随作用，输出电压 v_o 随负载电流 i_L 的增加而减小，两者之间的关系为

$$v_o = V_{CC} - V_{CE_3(SAT)} - V_{BE_4} - i_L R_4$$

要保证 v_0 为高电平 V_{OHmin}，必须限制拉电流的大小，使 $i_L < I_{OHmax}$。

② 输出为低电平时的输出特性。当输入全为高电平时，T_2、T_5 饱和导通，T_3 微导通，T_4 截止，输出级等效电路如图 1-36（a）所示。此时负载电流流入输出端，为灌电流。输出特性如图 1-36（b）所示。

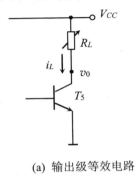

(a) 输出级等效电路

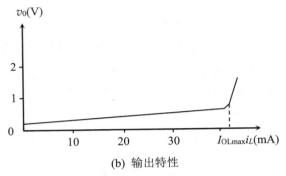

(b) 输出特性

图 1-36　低电平输出时的输出特性

当灌电流增加到一定值 I_{OLmax} 后，T_5 将退出饱和而进入放大状态，使 V_{CE_5}（V_{OL}）迅速上升而破坏输出低电平的逻辑关系。因此，必须限制灌电流的大小，使 $i_L < I_{OLmax}$。

（6）带负载能力

TTL 与非门的负载能力是指其承受负载电流大小的能力。由于存在拉电流和灌电流两种负载，为便于描述，用带同类门的个数来表示其负载能力，并将带同类门的个数称为扇出系数。

$$扇出系数 = \frac{I_{OLmax}}{I_{IS}}$$

式中 I_{OLmax} 为 V_{OL} 不大于 0.35 V 时的最大灌电流，I_{IS} 为输入短路电流。

对于典型电路，扇出系数 ≥ 8。

（7）传输延迟特性

由于晶体管从导通变为截止或从截止变为导通都需要一定的时间，并且晶体管、电阻、连线等均存在寄生电容，所以当向门电路施加输入信号时，输出信号不能立即响应输入信号的变化，而存在一定的时间延迟，如图 1-37 所示。

输出电压由高电平变为低电平的传输延迟时间称为导通传输延迟时间，记作 t_{PHL}；输出电压由低电平变为高电平的传输延迟时间称为截止传输延迟时间，记作 t_{PLH}。

由于 T_5 管导通时深度饱和，它从导通转换为截止时（对应输出由低电平变为高电平）的开关时间较长，即 t_{PLH} 通常大于 t_{PHL}。因此，定义与非门的传输延迟时间为 t_{PLH} 和 t_{PHL} 的算术平均值，记作 t_{pd}，即

$$t_{pd} = \frac{t_{PHL} + t_{PLH}}{2}$$

t_{pd} 的典型值一般为 10~20 ns。

（8）动态尖峰电流

当输入信号由高电平变为低电平时，会出现 T_1、T_2、T_3、T_4 同时导通的瞬时状态，这时在电阻 R_1、R_2、R_4 上均有电流流过，因此电源电流将出现瞬时最大值

$$I_{CCM} \approx i_{R_1} + i_{R_2} + i_{R_4}$$

其典型值约为 32 mA。电流近似波形如图 1-38 所示。

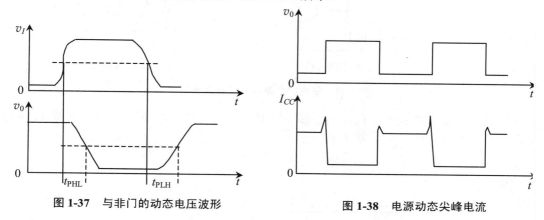

图 1-37　与非门的动态电压波形　　　图 1-38　电源动态尖峰电流

尖峰电流一方面会使电源的平均电流增大，这就需要更大容量的电源；另一方面会形成干扰源。因此在实际应用时，要采取必要的措施来消除尖峰电流，如采用合理接地和去耦等措施。

3．集电极开路与非门

图 1-31 所示的推拉式输出与非门具有输出电阻低的优点，但首先是输出端不能并联（称这种连接方式为线与）使用。

从图 1-39 可以看出，当两个门 G_1 和 G_2 并联时，若其中一个门 G_1 输出高电平，而 G_2 输出低电平，则必然有一个很大的电流流过这两个门的输出级。由于这个电流的数值远远大于正常的工作电流，可能造成门电路损坏。

其次，当电源电压一经确定（通常为+5 V）后，输出高电平电压值也就确定了，无法满足对不同输出高低电平的需要。

再者，这种推拉式输出的电路结构不能满足驱动较高电压、较大电流负载的要求，如不能直接驱动指示灯、小型继电器、脉冲变压器等。

为解决上述问题，将输出级改为集电极开路的结构形式，如图 1-40 所示，称这种形式的门电路为集电极开路门（Open Collector Gate），简称 OC 门。

OC 门和典型 TTL 门电路的差别是取消了由 T_3、T_4 构成的输出电路，因此使用时需要外接负载电阻和电源。通过合理选择电源电压数值和负载电阻数值，就能得到符合要求的高、低电平，并且流经输出级三极管的电流又不过大。

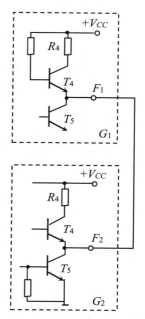

图 1-39　两个 TTL 与非门线
与输出的情况

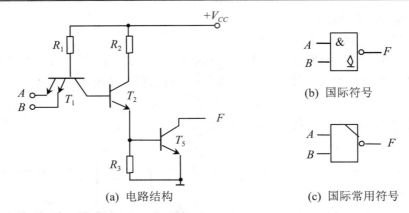

(a) 电路结构　　　　　　　　　　(c) 国际常用符号

(b) 国际符号

图 1-40　集电极开路与非门及逻辑符号

图 1-41 是 OC 结构的与非门线与连接的情况。由图 1-41（a）可以看出，只有 A、B 同时为高电平时，T_5 才导通，F_1 为低电平。即

$$F_1 = \overline{A \cdot B}$$

同理，$F_2 = \overline{C \cdot D}$。

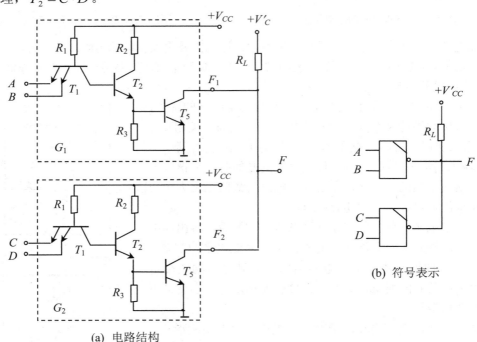

(a) 电路结构

(b) 符号表示

图 1-41　集电极开路与非门线与连接

由于 F_1、F_2 连接在一起，所以 F_1、F_2 中有一个低电平，F 就为低电平。只有 F_1、F_2 都为高电平时，F 才为高电平，即 F 与 F_1、F_2 之间为"与"逻辑关系，这就是将这种连接方式称为线与的原因。

$$F = F_1 \cdot F_2 = \overline{A \cdot B} \cdot \overline{C \cdot D} = \overline{AB + CD}$$

可见，两个 OC 结构的与非门线与连接可实现与或非的逻辑功能。

除了实现线与连接和提供较高电压、较大电流输出外，OC 门还有一个常见的用途就是实现电平转换，如图 1-42 所示。输入端 A、B 的电平为典型 TTL 电平，但由于输出端通过一个上拉电阻连接到+12 V 电源，因此输出端 F 的高电平就变成了+12 V。在数字系统的接口电路中，这种应用非常普遍。

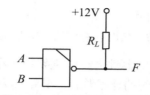

图 1-42　OC 门实现电平转换

4．三态输出门

三态输出门（Three-State Output Gate）简称三态门或 TS 门，是在典型门电路的基础上加控制端和控制电路构成的，如图 1-43 所示。

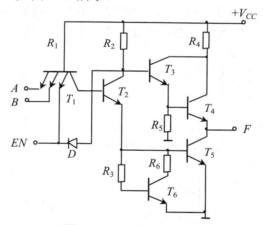

图 1-43　三态门电路结构

当 EN 为高电平时，二极管 D 截止，电路工作在典型的与非门状态。

当 EN 为低电平时，一方面使 T_2、T_5 截止，同时通过二极管 D 将 T_3 的基极电位钳位在 1 V 左右，从而又使 T_4 截止。由于 T_4、T_5 同时截止，从输出端看，F 端对地和对电源均相当于开路，呈现高阻状态。因此该电路输出不仅有高电平和低电平两种状态，还有称为高阻态的第三个状态，故将这种门电路叫作三态门电路。高阻态又叫禁止态或开路态。

EN 端控制着电路的输出状态，因此将其称为控制端（或称为使能端）。由于 EN=1（高电平）时为正常的与非工作状态，称控制端为高电平有效。此时三态门的逻辑符号如图 1-44 所示。

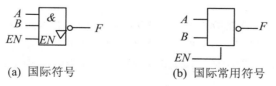

（a）国际符号　　　　　　　　（b）国际常用符号

图 1-44　高电平有效三态门的逻辑符号

若先将 EN 反相后再加到门电路，则电路变成 $EN=0$（低电平）时工作在正常的与非状态，这时称控制端为低电平有效，三态门的逻辑符号如图 1-45 所示。

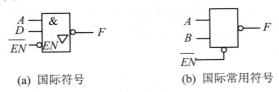

(a) 国际符号　　　　　　　　(b) 国际常用符号

图 1-45　低电平有效三态门的逻辑符号

在数字系统中，三态门是常用的器件之一。主要用于在同一根导线上分时传递若干个门的输出信号，以减少各单元电路之间的连线数目。其连接方式如图 1-46 所示。图中 G_1、G_2、G_m 均为三态与非门，只要分别让各个门的控制端轮流等于 0（低电平），并且同一时间只有一个控制端为 0，就可以将相应门的输出信号送到公共总线上，这种分时传送信号的连接方式称为总线结构。

利用三态门实现数据的双向传输也是其主要应用之一。在图 1-47 中，门 G_1、G_2 为三态反相器，G_1 低电平有效，G_2 高电平有效。当控制端 $EN=0$ 时，数据 D_0 经 G_1 送到总线，G_2 为高阻态；当控制端 $EN=1$ 时，G_1 为高阻态，总线中的数据 D_1 经 G_2 反相后输出。

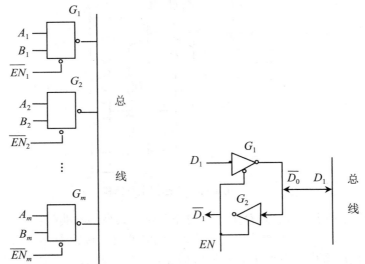

图 1-46　三态门组成的总线结构　　　　**图 1-47　三态门实现数据的双向传输**

1.6.3　CMOS 门电路

CMOS 逻辑电路是以增强型 P 沟道 MOS 管和增强型 N 沟道 MOS 管串联互补（反相器）和并联互补（传输门）为基本单元的组件，因此是一种互补型 MOS 器件。具有微功耗、抗干扰能力强、电压范围宽、输入阻抗高、带负载能力强等特点，近年来得到了广泛的应用。

1．CMOS 反相器

CMOS 反相器电路如图 1-48。图中 T_1 为工作管，是一个 NMOS 增强型管，T_2 为负载管，是一个 PMOS 增强型管，两个管子的衬底与各自的源极相连，而两个栅极连在一起作为输入端，两个漏极连在一起作为输出端。因此 T_1 管的 V_{DS} 为正电压，T_2 管的 V_{DS} 为负电压，电路能正常工作。

当输入低电平时，T_1 管截止，T_2 管充分导通。由于 T_1 管的截止电阻远大于 T_2 管的导通电阻，所以，电源电压 V_{DD} 几乎全部降在 T_1 管的漏极与源极之间，电路输出的高电平电压 $V_{OH} \approx V_{DD}$。

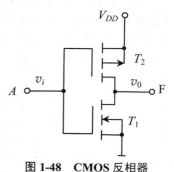

图 1-48　CMOS 反相器

当输入高电平时，T_1 管导通，T_2 管截止。由于 T_2 管的截止电阻远大于 T_1 管的导通电阻，所以，电源电压 V_{DD} 几乎全部降在 T_2 管上，电路输出低电平电压 $V_{OL} \approx 0\,\text{V}$。

CMOS 反相器稳定工作时，不论输入高电平还是低电平，T_1 管和 T_2 管必有一个导通一个截止，因此电源提供的电流非常小（仅纳安级），所以其静态功率损耗非常小。

并且由于 T_1 管和 T_2 管不同时导通，因此输出电压不取决于两管的导通电阻之比，这样就可以将两个管子的导通电阻做得较小，从而可减小输出电压的上升时间和下降时间，使电路的工作速度大为提高。

2．CMOS 与非门

图 1-49 为二输入端与非门电路。两个 NMOS 增强型管 T_1 和 T_2 串联为工作管，两个 PMOS 增强型管 T_3 和 T_4 并联为负载管。

当输入端 A、B 均为高电平时，T_1 和 T_2 都导通，T_3 和 T_4 都截止，输出端 F 为低电平。

当输入端 A、B 有低电平时相应的 NMOS 管必有一个截止，输出端 F 为高电平。

因此电路实现了与非逻辑功能。

3．CMOS 三态门

如图 1-50 所示，当控制端为高电平时，T_1（NMOS 管）和 T_4（PMOS 管）均截止，输出端 F 为高阻状态。控制端为低电平时，T_1（NMOS 管）和 T_4（PMOS 管）均导通，T_2 和 T_3 管

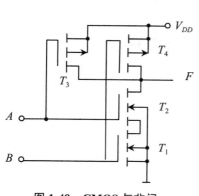

图 1-49　CMOS 与非门

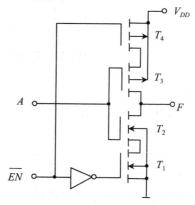

图 1-50　CMOS 三态门

构成的反相器正常工作。

4. CMOS 传输门

CMOS 传输门是利用 PMOS 管和 NMOS 管的互补性构成的。将 PMOS 管的源极和 NMOS 管的漏极相连作为输入/输出端，PMOS 管的漏极和 NMOS 管的源极相连作为输出/输入端，两个栅极受一对互补信号控制，如图 1-51 所示。由于 T_1 和 T_2 的源极和漏极在结构上是完全对称的，所以信号可以双向传输。

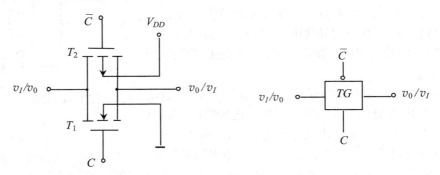

图 1-51　CMOS 传输门及其逻辑符号

设控制信号的高、低电平分别为 V_{DD} 和 0 V，当 $C=0$，$\overline{C}=1$ 时，T_1、T_2 均截止，输出与输入之间呈现高阻抗（大于 $10^9\,\Omega$），传输门截止。当 $C=1$，$\overline{C}=0$ 时，若 $0 \leqslant v_I \leqslant V_{DD} - V_{GS\,(\text{th})\,N}$，则 T_1 导通；当 $|V_{GS\,(\text{th})\,P}| \leqslant v_I \leqslant V_{DD}$ 时，T_2 导通。因此当 v_I 在 0 到 V_{DD} 之间变化时，T_1、T_2 总有一个导通，输出与输入之间呈现低阻抗（几百欧），传输门导通。

传输门和 CMOS 反相器一起可以组合成各种复杂的逻辑电路，如数据选择器、寄存器、计数器等。

传输门的另一个重要的、独特的用途是用作模拟开关，用来传输连续变化的模拟电压信号，如图 1-52 所示。

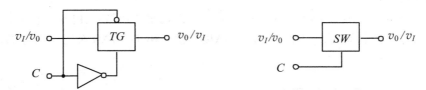

图 1-52　CMOS 双向模拟开关电路结构及逻辑符号

1.6.4　门电路使用注意事项

在数字电路设计时，除了合理选择门电路的逻辑功能，满足其外特性和参数要求外，还有一些问题需要特别注意。

1. TTL 门电路使用注意事项

（1）电源要求

① 电源电压范围为 5 V±10%，有的要求 5 V±5%。电流应有一定的富裕量，接线时电源极性必须正确，不能接反，否则会烧坏芯片；

② 电源入口处应接 20~50 μF 的滤波电容以滤除纹波电压；

③ 在芯片的电源引脚处接 0.01~0.1 μF 的滤波电容以过滤来自电源输入端的高频干扰；

④ 逻辑电路和其他强电回路应分别接地，以防止从地线上引入干扰信号。

（2）输入端的处理

① 输入端不能直接接高于+5.5 V 和低于−0.5 V 的低内阻电源，否则会损坏芯片；

② 多余输入端一般不能悬空。通常与门、与非门的多余输入端可通过一个 1~3 kΩ 的上拉电阻接+V_{CC}，或直接接+V_{CC}，或者将多余输入端与其他使用的输入端并联；或门、或非门的多余输入端可直接接地。

（3）TTL 门电路的输出端不允许直接接+V_{CC}。

2．CMOS 门电路使用注意事项

（1）电源要求

① CMOS 门电路工作电压范围较宽（+3~+18 V），一般手册中会给出最高工作电压 $V_{DD\max}$ 和最低工作电压 $V_{DD\min}$ 值，注意不要超过此范围，并注意电压下限不能低于源极电源电压 V_{SS}。一般情况下，取

$$V_{DD} = \frac{V_{DD\max} + V_{DD\min}}{2}$$

V_{DD} 降低将使门电路的工作频率下降；

② 接线时电源极性必须正确，不能接反。

（2）输入端的处理

① 输入端不允许悬空，多余的输入端可视具体情况接高电平（V_{DD}）或低电平（V_{SS}），如与非门的多余输入端可直接接+V_{DD}；CMOS 或非门的多余输入端可接"V_{SS}"等。通常在输入端和地之间接保护电阻，以防止拔下电路板后造成输入端悬空；

② 输入高电平不能大于 V_{DD} + 0.5 V；输入低电平不得小于 V_{SS}−0.5 V。且输入端电流一般应限制在 1 mA 以内；

③ CMOS 电路对输入脉冲的上升沿和下降沿有要求，通常当 V_{DD} = 5 V 时，上升沿和下降沿应小于 10 μs；V_{DD} = 10 V 时，上升沿和下降沿应小于 5 μs；V_{DD} = 15 V 时，上升沿和下降沿应小于 1 μs。

（3）输出端的处理

① CMOS 门电路输出端不能线与；

② 总体上讲 CMOS 门电路的驱动能力要比 TTL 门电路小得多。但 CMOS 门驱动 CMOS 门的能力却很强，亦即其扇出系数较大。实际使用时，要考虑负载电容的影响，一般取扇出系数为 10~20。

（4）防静电措施

① 不使用时，用导电材料屏蔽保存，或将全部引脚短路；

② 焊接时断开电烙铁电源；

③ 开机时先加电源后加信号，关机时先断信号后断电源；

④ 不得带电插拔芯片。

1.6.5 数字电路接口技术

一个数字电路或数字系统往往由不同类型的器件构成，不同类型器件的电源电压不同，输入、输出电平也不同。因此，数字电路的接口技术是要解决数字系统中不同类型器件之间协调工作的问题。

1. TTL 与 CMOS 门电路的接口

当 $V_{DD} = +5\,\text{V}$ 时 CMOS 电路要求输入高电平大于 3.5 V，低电平小于 1.5 V。负载情况下，TTL 电路的输出高电平为 3 V 左右，因此驱动 CMOS 电路时需要提高 TTL 电路的输出高电平幅值。解决方案如图 1-53 所示。其中图 1-53（a）采用专门的电平移动器（如 40109），它的输入为 TTL 电平（对应 V_{CC}），输出为 CMOS 电平，对应（V_{DD}）。图 1-53（b）、图 1-53（c）为采用上拉电阻的方案，上拉电阻 R 的取值参见表 1-34。

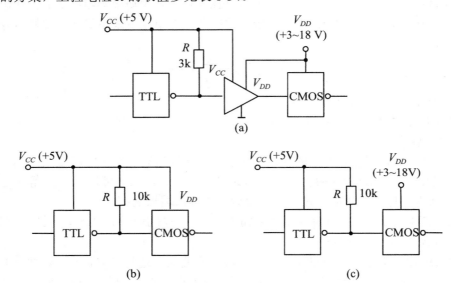

图 1-53　TTL-CMOS 电路接口

表 1-34　图 1-53 中 R 的参考取值

TTL 系列	74 标准系列	74H 系列	74S 系列	74LS 系列
R（kΩ）	0.39~4.7	0.27~4.7	0.27~4.7	0.82~12

2. CMOS 与 TTL 门电路的接口

如果 CMOS 采用+5 V 电源电压，能直接驱动一个 74 系列的门负载。通常情况下，由于 CMOS 电路的电源电压为非+5 V，TTL 的输入短路电流 I_{IS} 较大，所以驱动 TTL 电路时，一般应加缓冲器。解决方案如图 1-54 所示。其中图 1-54（b）中的缓冲器件可用 4049/4050 等。

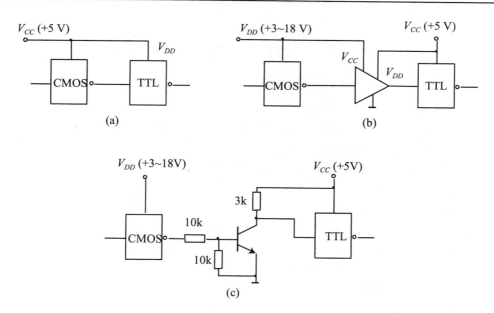

图 1-54　**CMOS-TTL 电路接口**

3．门电路外接负载的驱动

许多实际应用场合，往往需要用门电路去驱动继电器、指示灯等外接负载。图 1-55 列举了几种常用的情况。

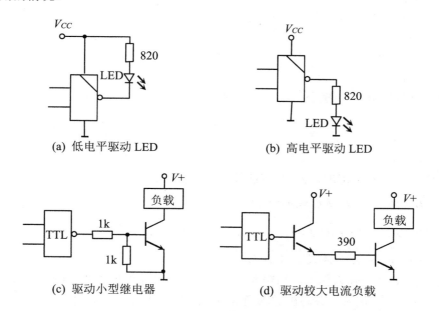

图 1-55　**门电路驱动外接负载**

习 题

1. 把下列二进制数转换为十进制数。

① 10011010　　② 11010　　③ 0.101101　　④ 101101101.0110

2. 把下列十进制数转换为二进制数。

① 78　　② 145　　③ 0.835　　④ 136.375

3. 完成下列数制转换。

① $(178)_{10}=($ 　　　　$)_2=($ 　　　　$)_8=($ 　　　　$)_{16}$

② $(5D)_{16}=($ 　　　$)_2=($ 　　　$)_8=($ 　　　$)_{10}$

③ $(100111010.00111)_2=($ 　　　$)_8=($ 　　　$)_{16}=($ 　　　$)_{10}$

④ $(1156.58)_{10}=($ 　　　$)_2=($ 　　　$)_8=($ 　　　$)_{16}$

4. 完成下列各数的转换。

① $(463.25)_{10}=($ 　　　　　$)_{8421BCD}$

② $(1000010110010111)_{8421BCD}=($ 　　　　　$)_{10}$

③ $(789)_{10}=($ 　　　　　$)_{2421BCD}$

5. 写出下列各数的原码、反码和补码。

① （1010）

② （−10110）

③ （+0.0000）

④ （−0.0000）

⑤ （−1011）

6. 写出下列机器数对应的真值。

① $(10101)_原$

② $(10101)_反$

③ $(10101)_补$

7. 用逻辑函数的基本定理、公理和规则证明下列等式。

① $A\overline{B}+BD+\overline{A}D+DC=A\overline{B}+D$

② $AB+A\overline{B}+\overline{A}B+\overline{A}\ \overline{B}=1$

③ $\overline{A\overline{B}+B\overline{C}+\overline{A}C}=ABC+\overline{A}\ \overline{B}\ \overline{C}$

8. 有 A、B、C 3 个输入信号，当输入 2 个以上（含 2 个）的 1 时，输出 $F=1$，其余情况输出 $F=0$，试列出其真值表，并写出逻辑函数表达式。

9. 用真值表证明下列各等式。

① $\overline{A}\oplus B=A\oplus\overline{B}=\overline{A\oplus B}=A\odot B$

② $A\overline{B}+\overline{A}B=(\overline{A}+\overline{B})(A+B)$

10. 用反演规则、对偶规则直接写出下列函数的反函数和对偶函数。

　　① $F = \overline{(C + \overline{AB})(\overline{AB} + \overline{C})}$

　　② $F = (A + B)(\overline{A} + C)(DE + C) + \overline{E}$

　　③ $F = B(A\overline{D} + C)(C + D)(A + \overline{B})$

11. 用不同的逻辑电路实现逻辑函数 $F = A\overline{B} + \overline{A}B$，写出函数表达式，画出电路图。

　　① "与非" 逻辑

　　② "或与" 逻辑

　　③ "或非" 逻辑

　　④ "与或非" 逻辑

　　⑤ "异或" 逻辑

12. 用 "标准与或" 表达式和 "标准或与" 表达式表示下列逻辑函数。

　　① $F(A,B,C,D) = B\overline{C}\,\overline{D} + \overline{A}B + AB\overline{C}D + BC$

　　② $F(A,B,C,D) = \overline{B}\,\overline{D} + B\overline{C} + CD$

　　③ $F(A,B,C,D) = \overline{\overline{A}(\overline{B} + C)}$

13. 用卡诺图求下列各式的最简 "与一或" 表达式和最简 "或一与" 表达式。

　　① $F(A,B,C) = AB + \overline{B}\,\overline{C} + AB\overline{C} + \overline{A}B\overline{C} + \overline{A}\,\overline{B}\,\overline{C}$

　　② $F(A,B,C,D) = AC + AD + BC + BD$

　　③ $F(A,B,C,D) = \overline{(A \oplus B)(C + D)}$

　　④ $F(A,B,C,D) = \overline{A}\,\overline{B}\,\overline{C} + \overline{A}CD + AD + AC$

　　⑤ $F(A,B,C) = \sum m(0,1,2,4,6,7)$

　　⑥ $F(A,B,C,D) = \sum m(0,1,2,3,7,9,11,13)$

　　⑦ $F(A,B,C,D) = \prod M(2,4,6,10,11,12,13,14,15)$

　　⑧ $F(A,B,C,D) = \prod M(1,2,4,8,9,12,14)$

　　⑨ $F(A,B,C,D) = \sum m(3,4,5,10,11,12) + \sum d(0,1,2,13,14,15)$

　　⑩ $F(A,B,C,D) = \sum m(2,3,4,5,6,7,11,14) + \sum d(9,10,13,15)$

14. 用卡诺图化简下列多输出逻辑函数。

$$F_1(A,B,C,D) = \sum m(2,3,5,7,8,9,10,11,13,15)$$
$$F_2(A,B,C,D) = \sum m(2,3,5,6,7,10,11,14,15)$$
$$F_3(A,B,C,D) = \sum m(6,7,8,9,13,14,15)$$

15. 一般情况下，TTL 与非门的多余输入端应如何处理？

16. 多个 TTL 与非门的输出端为何不能直接连接在一起？实现"线与"逻辑应采用什么门电路？为什么？

17. 三态输出与非门有什么特点？

18. CMOS 与非门和或非门的多余输入端应如何处理？

第 2 章　组合逻辑电路

在数字系统中，包含许多数字逻辑电路。一般将数字逻辑电路分为两大类：一类是组合逻辑电路，另一类是时序逻辑电路。本章将讨论组合逻辑电路的分析与设计方法。时序逻辑电路将在第 3 章中介绍。

组合逻辑电路主要由门电路构成。在电路中，任何时刻的输出仅仅取决于该时刻的输入信号，而与这一时刻输入信号作用前电路的状态没有任何关系，其电路模型可表示为图 2-1。

图 2-1　组合逻辑电路模型

该电路模型用函数式表示为：

$$Y_1 = F_1\,(X_1, X_2, X_3, \cdots, X_n)$$
$$Y_2 = F_2\,(X_1, X_2, X_3, \cdots, X_n)$$
$$Y_3 = F_3\,(X_1, X_2, X_3, \cdots, X_n)$$
$$\cdots$$
$$Y_m = F_m\,(X_1, X_2, X_3, \cdots, X_n)$$

上面的表达式也可简化为：

$$Y_i = F_i\,(X_1, X_2, X_3, \cdots, X_n) \qquad i = 1, 2, 3, \cdots, m$$

可见组合逻辑电路是由逻辑门构成的，不含记忆元件，并且输入信号是单向传输的，电路中不含反馈回路。

根据电路输出端是一个还是多个，可将组合逻辑电路分为单输出组合逻辑电路和多输出组合逻辑电路两种类型。其功能可用逻辑函数表达式、真值表以及时间图等进行描述。

数字系统中常用的比较器、全加器、编码器、译码器、数据选择器等均属于组合逻辑电路。

2.1　组合逻辑电路分析

组合逻辑电路的分析是指对于已知的逻辑电路图，推导出描述其逻辑特性的逻辑表达式，进而评述其逻辑功能的过程，广泛用于系统仿制、系统维修等领域，是学习、追踪最新技术的必备手段。

组合逻辑电路分析的方法，一般是根据给出的电路图，从输入端开始，根据器件的基本功能，逐次推导出输出逻辑函数表达式，再根据函数表达式列出真值表，从而了解逻辑电路的功能。理论上讲这一过程并不难，但要说明其具体的功能，需要平时的知识积累。

组合逻辑电路的分析过程通常包含下列步骤：

（1）分别用代号标出每一级的输出端；

（2）根据逻辑关系写出每一级输出端对应的逻辑关系表达式，并一级一级向下写，直至写出最终输出端的表达式；

（3）列出最初输入状态与最终输出状态间的真值表（注意：输入、输出变量的排列顺序可能会影响分析的结果，一般按 ABC 或 $F_3F_2F_1$ 的顺序排列）；

（4）根据真值表或表达式分析出逻辑电路的功能；

（5）提出评价及改进意见。

下面通过示例说明组合逻辑电路的分析过程。

例 2.1　分析图 2-2 所示的组合逻辑电路。

解　由图可见，该电路由 4 个与非门构成三级组合逻辑电路。

（1）由逻辑图，逐级写出逻辑函数表达式

$$\alpha = \overline{AB} \qquad \gamma = \overline{\alpha B} \qquad \beta = \overline{A\alpha} \qquad F = \overline{\beta\gamma}$$

（2）变换和简化逻辑表达式

$$F = \overline{\overline{A\alpha} \cdot \overline{\alpha B}} = \overline{\overline{A\overline{AB}} \cdot \overline{B\overline{AB}}} = A\overline{AB} + B\overline{AB} = A\overline{B} + B\overline{A}$$

（3）列出真值表，如表 2-1 所示。

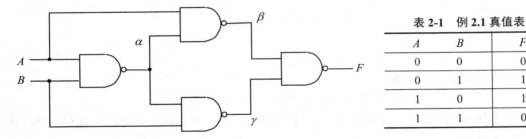

图 2-2　例 2.1 组合逻辑电路

表 2-1　例 2.1 真值表

A	B	F
0	0	0
0	1	1
1	0	1
1	1	0

（4）根据逻辑表达式和真值表分析可知，当输入信号 A 和 B 相同时，输出为低电平"0"；A 和 B 相异时，输出为高电平"1"，所以该电路为"异或"逻辑电路。

如果 A、B 是两个二进制数的输入，则输出 F 是输入的两数之本位和（不考虑低位来的进位），因此可将该电路看作是一位二进制求和电路。

例 2.2　根据下列 3 种情况，分析图 2-3 所示组合逻辑电路：

（1）电路输入变量 A、B、C 和输出函数 D、E 均表示一位二进制数，F、G 之间接一个反相器；

（2）F、G 之间短接；

（3）F、G 之间接一个异或门，并在异或门的另一个输入端接一控制变量 X。

解　（1）F、G 之间接一个反相器时，电路逻辑函数表达式为

$$D = A \oplus B \oplus C$$

$$E = \overline{\overline{\overline{AB} + \overline{AC} + BC}} = \overline{AB} + \overline{AC} + BC$$

由逻辑函数表达式得表 2-2 所示的真值表。

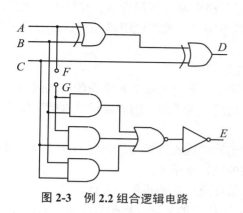

图 2-3　例 2.2 组合逻辑电路

表 2-2　例 2.2（1）真值表

A	B	C	D	E
0	0	0	0	0
0	0	1	1	1
0	1	0	1	1
0	1	1	0	1
1	0	0	1	0
1	0	1	0	0
1	1	0	0	0
1	1	1	1	1

由表 2-2 可知，若 A 为被减数，B 为减数，C 为来自低位的借位，D 为本位差，E 为本位向高位的借位，则电路实现了全减器的功能。

（2）当 F、G 端短接时，电路逻辑函数表达式为：

$$D = A \oplus B \oplus C$$

$$E = \overline{\overline{AB} + \overline{AC} + \overline{BC}} = AB + AC + BC$$

由逻辑函数表达式得真值表如表 2-3 所示。

由表 2-3 可以看出，若 A 为被加数，B 为加数，C 为来自低位的进位，D 为本位和，E 为本位向高位的进位，则电路实现了全加器的功能。

（3）根据异或运算的性质

$$A \oplus 0 = A$$

$$A \oplus 1 = \overline{A}$$

当 $X=0$ 时，相当于 F、G 之间短接；当 $X=1$ 时，相当于 F、G 之间接有一个反相器。根据前面（1）、（2）的分析可知，当 $X=0$ 时，电路为全加器；当 $X=1$ 时，电路为全减器。

表 2-3　例 2.2（2）真值表

A	B	C	D	E
0	0	0	0	0
0	0	1	1	0
0	1	0	1	0
0	1	1	0	1
1	0	0	1	0
1	0	1	0	1
1	1	0	0	1

故本电路若在 F、G 之间接一个异或门，并在异或门的另一个输入端接一控制变量 X，则实现了可控的全加/全减器的逻辑功能。

通过上述例子，说明了组合逻辑电路的分析过程和步骤。即使是复杂的电路，其分析方法也基本相同。

2.2　组合逻辑电路设计

组合逻辑电路设计是将用户的具体设计要求用逻辑函数加以描述，再用具体的逻辑器件和电路加以实现的过程。组合逻辑电路的设计可分为用小规模集成电路、中规模集成电路和可编程逻辑器件的设计，本节主要介绍用小规模集成电路（即用逻辑门电路）来实现组合逻辑电路的功能，后面会介绍有关使用中规模集成电路和可编程逻辑器件设计组合逻辑电路的方法。

一般情况下，可将组合逻辑电路的设计步骤分为：

① 根据电路功能的文字描述，将其输入与输出的逻辑关系用真值表的形式列出；

② 根据真值表写出逻辑函数表达式并进行化简（对于简单的问题可以直接写出逻辑表达式）；

③ 选择合适的逻辑门电路，把最简的逻辑函数表达式转换为相应门器件的表达式；

④ 根据最终的逻辑函数表达式画出该电路的逻辑电路图；

⑤ 最后一步进行实物安装调试，这是最终验证设计是否正确的手段。

可见，组合逻辑电路设计的关键是如何将文字描述的实际问题抽象为逻辑问题。

然而在实际设计过程中，常常要考虑下述两个问题：

第一，提供输入信号的情况。输入信号有两种提供方式：一种是既能提供原变量信号，又能提供反变量信号；另一种是只能提供原变量信号，不能提供反变量信号。

第二，对组合电路信号传输时间的要求。有时某些电路通过增加"级数"可以减少总器件数；反之，增加器件总数可以减少"级数"，进而缩短信号传输时间。

以下仍然通过示例来说明组合逻辑电路设计的过程。

2.2.1　组合逻辑电路设计举例

针对小规模集成门电路，常用的器件有与非门、或非门、与或非门、异或门等，采用不同的器件，设计方法略有不同。

1. 采用与非门器件的设计

采用与非门设计组合逻辑电路，要求将逻辑函数表达式变换为"与非"形式，一般包括下列 5 个步骤：

① 根据功能要求列出真值表；

② 根据真值表求得逻辑函数的最小项；

③ 将逻辑函数简化，求得最简与一或式（积之和）；

④ 对最简与一或式通过两次求反，变换为与非一与非表达式；

⑤ 根据与非一与非表达式画出逻辑图。

例 2.3　用与非门设计一个三变量的表决器，当多数人同意时，表决通过；否则不通过。

解　从题目要求可以看出，所设计的电路有三个输入变量，一个输出变量。设三个输入变量分别为 A、B、C，输出变量为 F，当输入同意时用 1 表示，否则为 0；输出状态为 1 时表示通过，输出为 0 时表示否决。

（1）根据以上假设列出真值表见表 2-4。

（2）由真值表写出表达式。根据真值表可写出函数的最小项表达式为

$$F(A,B,C) = \sum m(3,5,6,7)$$

对应的卡诺图如图 2-4。用卡诺图简化函数，得到最简与一或式

$$F = AB + AC + BC$$

表 2-4　例 2.3 真值表

输入			输出
A	B	C	F
0	0	0	0
0	0	1	0
0	1	0	0
0	1	1	1
1	0	0	0
1	0	1	1
1	1	0	1
1	1	1	1

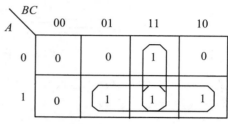

图 2-4　三人表决器卡诺图

由于题目要求使用与非门，故化简后的表达式还需转换为"与非"表达式的形式。对 F 最简与一或式两次求反，变换成与非一与非表达式

$$F = \overline{\overline{F}} = \overline{\overline{AB + AC + BC}} = \overline{\overline{AB} \cdot \overline{AC} \cdot \overline{BC}}$$

（3）根据变换后的逻辑函数表达式画出逻辑电路如图 2-5 所示。电路是两级门结构形式。有时若能直接得到逻辑函数的最小项表达式，则可以省去前两个步骤。

例 2.4　用与非门实现函数 $F(A,B,C,D) = \sum m(1,4,6,7,12,13,14,15)$。

解　由于直接给出了函数的最小项表达形式，可用卡诺图直接对函数进行化简，如图 2-6 所示。化简结果为

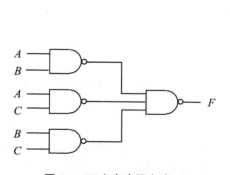

图 2-5　三人表决器电路

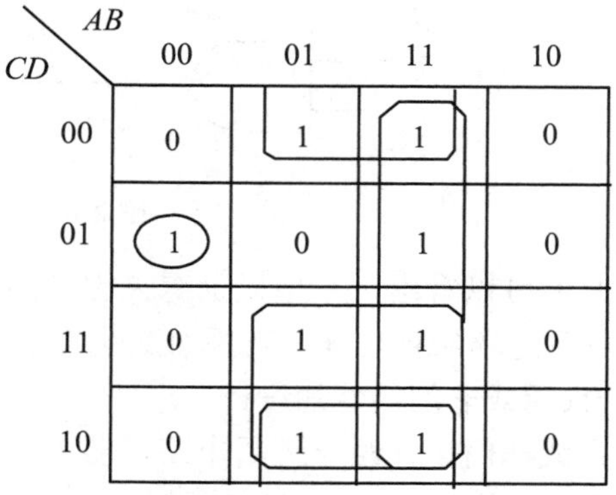

CD＼AB	00	01	11	10
00	0	1	1	0
01	1	0	1	0
11	0	1	1	0
10	0	1	1	0

图 2-6　例 2.4 卡诺图

$$F = AB + B\overline{D} + BC + \overline{A}\ \overline{B}\ \overline{C}D$$

对化简后的 F 两次求反，得到

$$F = \overline{\overline{AB} \cdot \overline{B\overline{D}} \cdot \overline{BC} \cdot \overline{\overline{A}\ \overline{B}\ \overline{C}D}}$$

根据此式画出逻辑电路如图 2-7 所示。

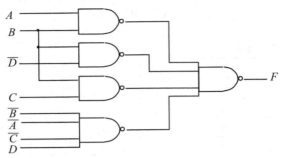

图 2-7   例 2.4 逻辑电路图

但是，如图 2-7 所示电路不是最佳电路。由于 F 式中 $AB, B\overline{D}, BC$ 三项中有公因子 B，对 F 的与或简化式进行如下变换：

$$F = B(A + C + \overline{DB}) + \overline{A}\ \overline{B}\ \overline{C}D$$
$$= B\overline{\overline{A}\ \overline{C}D} + \overline{A}\ \overline{B}\ \overline{C}D$$
$$= \overline{B\overline{\overline{A}\ \overline{C}D} \cdot \overline{\overline{A}\ \overline{B}\ \overline{C}D}}$$

根据变换后的函数式，画出其逻辑图如图2-8所示。它比图2-7电路少了一个与非门，但增加了1级。

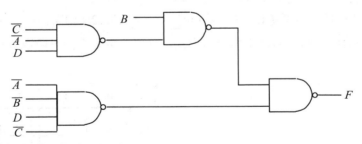

图 2-8   例 2.4 逻辑电路图

从此例可以看出，三项以上有公因子的逻辑函数，提取公因子后将节省逻辑器件，然而一般会导致电路级数增加。在系统对速度要求不高的场合，可采用这种方法。

2．采用或非门器件的设计

采用或非门设计组合逻辑电路，要求将逻辑函数表达式变换为"或非"形式，和采用与非门器件设计不同的是：求得的函数应是最简或－与表达式（和之积），需通过二次求反，求得函数的或非－或非表达式。

下面通过一个例题，说明采用或非门器件设计组合逻辑电路的基本方法。

例 2.5   用或非门实现函数 $F(A,B,C,D) = \sum m(1,3,5,6,7,14,15)$。

解   将函数的卡诺图（图2-9）按0格化简，得到函数F的最简或－与表达式：

$$F = (C + D)(\overline{A} + B)(\overline{A} + C)(B + D)$$

对简化后的函数 F 进行二次求反得或非—或非表达式：

$$F = \overline{\overline{F}} = \overline{\overline{(C + D)(\overline{A} + B)(\overline{A} + C)(B + D)}} = \overline{\overline{C + D} + \overline{\overline{A} + B} + \overline{\overline{A} + C} + \overline{B + D}}$$

通过或非—或非表达式，可画出逻辑电路图如图 2-10。

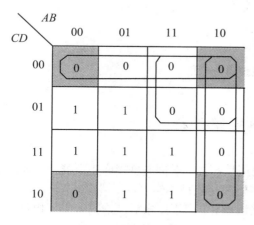

图 2-9　例 2.5 卡诺图

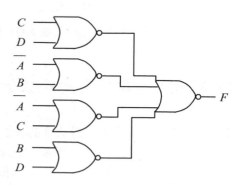

图 2-10　例 2.5 逻辑电路图

此题如对卡诺图按1格化简得函数 F 逻辑表达式如下：

$$F = \overline{A}D + BC = \overline{\overline{\overline{A}D} + \overline{BC}} = \overline{\overline{\overline{A} + \overline{D}} + \overline{\overline{B} + \overline{C}}} = \overline{\overline{A + \overline{D}} + \overline{\overline{B} + \overline{C}}}$$

用此逻辑式绘制的电路图只需三个两输入的或非门和一个非门。所以应灵活掌握更加节省逻辑器件的设计方法和步骤。

3．采用与或非门器件的设计

用与或非门器件的设计的方法比较简单，下面举例说明。

例2.6　用与或非器件实现例2.5中的逻辑函数。

解　对函数卡诺图按0格化简得或与表达式

$$F = (C + D)(\overline{A} + B)(\overline{A} + C)(B + D)$$

将上述或与表达式变换成与或非表达式为

$$F = \overline{\overline{\overline{CD} \cdot \overline{AB} \cdot \overline{AC} \cdot \overline{BD}}}$$

$$= \overline{\overline{CD} + A\overline{B} + A\overline{C} + \overline{BD}}$$

按此式可以画出采用与或非器件组成的逻辑电路图，如图2-11所示。

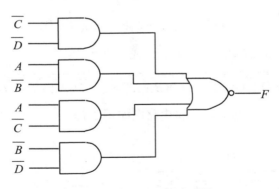

图 2-11　例 2.6 逻辑电路图

2.2.2　输入不提供反变量的组合逻辑电路设计

输入端不提供反变量时，最简便的方法就是用反相器（非门）直接产生反变量，如图 2-12 所示，然而这样处理往往是不经济的。

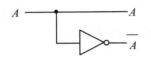

图 2-12　用反相器产生反变量

下面根据采用器件的不同，分别讨论输入端不提供反变量的情况下，组合逻辑电路的设计方法。

1．采用与非门器件的设计

在进行设计之前，先介绍几个概念。

生成项：在积之和（与－或）表达式中，若其中两个乘积项内，一个含有某变量的原变量，另一个含有某相同变量的反变量，那么其他变量组成的乘积项，就是它们的生成项。如：$\overline{A}BC, AB\overline{D}$ 的生成项为 $BC\overline{D}$ 。

在一个逻辑函数中，增加生成项不会影响逻辑函数的值，如：

$$F = \overline{C}D + \overline{A}BC + AB\overline{D} = \overline{C}D + \overline{A}BC + AB\overline{D} + BC\overline{D}$$

尾部替代因子：在乘积项中，以原变量出现的为头部因子，以反变量出现的为尾部因子，头部可进入尾部，而不改变该乘积项的值，进入尾部的头部称为尾部替代因子。如：

$AC\overline{B}\overline{D}$ 乘积项中 A, C 为头部因子；$\overline{B}, \overline{D}$ 为尾部因子。

$$AC\overline{B}\,\overline{D} = AC\overline{AB}\,\overline{D} = AC\overline{ACB}\,\overline{D} = AC\overline{ACB}\,\overline{AD} = AC\overline{CB}\,\overline{ACD}$$

当输入不提供反变量时，适当增加生成项和选择必要的尾部替代因子，可减少函数中总的"非"号，从而节省逻辑器件。

设计步骤一般分为下述 5 步：

① 逻辑函数化简得与－或表达式；

② 寻找所有生成项；

③ 选择尾部替代因子并进行变换；

④ 二次求反，得与非－与非表达式；

⑤ 画出逻辑电路。

例 2.7　用与非门器件实现函数 $F(A,B,C,D)=\sum m(1,5,6,7,9,11,12,13,14)$。

解　将逻辑函数 F 化简后得

$$F=\overline{C}D+\overline{A}BC+AB\overline{D}+A\overline{B}D$$

$$=\overline{C}D+\overline{A}BC+AB\overline{D}+A\overline{B}D+\overline{A}BD+BC\overline{D}+AB\overline{C}\qquad（寻找所有生成项）$$

$$=\overline{C}D+BC\overline{AD}+AB\overline{CD}+A\overline{B}D\qquad（不能合并的生成项舍弃，如 \overline{A}BD）$$

$$=D\overline{CD}+BC\overline{ABD}+AB\overline{CD}+AD\overline{ABD}\qquad（选择尾部替代因子）$$

　　寻找生成项和选择尾部替代因子，是为了减少尾部因子种类，从而使几个乘积项的尾部共用一个与非门器件。

　　对上式二次求反，得与非－与非表达式为

$$F=\overline{\overline{F}}=\overline{\overline{D\overline{CD}}\cdot\overline{BC\overline{ABD}}\cdot\overline{AB\overline{CD}}\cdot\overline{AD\overline{ABD}}}$$

　　据此式画出逻辑电路，如图 2-13 所示。

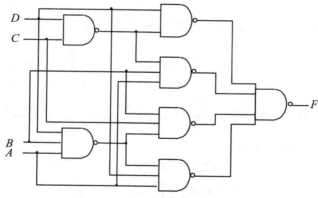

图 2-13　例 2.7 逻辑电路图

2. 采用或非门器件的设计

　　在输入端不提供反变量的情况下，用或非门设计组合逻辑电路的方法是首先先求出逻辑函数 F 的对偶式 F' 的最小项表达式，然后同采用与非门器件的设计方法一样，求出采用与非门器件实现 F' 函数的最佳结果，最后再求对偶得到采用或非门器件实现 F 函数的组合电路。

　　下面用一个例子来说明求函数对偶式的最小项表达式的两种方法。

例 2.8　已知函数 $F(A,B,C)=\sum m(0,1,3,4,5)$，求对偶式 F'。

解一　化简逻辑函数得

$$F=\overline{B}+\overline{A}C$$

根据逻辑函数的对偶规则得

$$F'=\overline{B}(\overline{A}+C)=\overline{A}\,\overline{B}\,\overline{C}+\overline{A}\,\overline{B}C+A\overline{B}C=\sum m(0,1,5)$$

解二　用函数 F 的最小项表达式，直接求得函数 F 的对偶式 F' 的最小项表达式。

由于 $F(A,B,C) = \sum m(0,1,3,4,5)$，则其反函数的最小项表达式为：

$$\overline{F} = \sum m(2,6,7)$$

比较 F' 和 $\overline{F}$ 的最小项表达式可以发现，对偶式与反函数最小项的数目一样，对应的号码相加为 7（输入变量二进制组合的最大值），如 7+0=7，6+1=7，5+2=7。

实际上，这一结果具有普遍性，即：

若有一函数

$$F(A,B,C,\cdots) = \sum m_i$$

其反函数为

$$\overline{F}(A,B,C,\cdots) = \sum m_j$$

对偶函数为

$$F' = \sum m_k$$

其中，j 为 2^n 个最小项号码中除去 i 以外的所有最小项号码（n 为变量数）。k 的数目和 j 的数目相同，对应的号码为 $k = (2^n - 1) - j$。

因此，当已知一个逻辑函数的最小项表达式时，可以方便地求出它的对偶函数的最小项表达式。

例 2.9 用或非门器件实现函数 $F(A,B,C,D) = \sum m(0,1,5,7,10,11,12,13,14,15)$。

解 （1）求 F' 的最小项表达式。

由函数 F 的最小项表达式，直接得反函数的最小项表达式为

$$\overline{F}(A,B,C,D) = \sum m(2,3,4,6,8,9)$$

该函数共有四输入变量，即 $n=4$。所以 $2^n - 1 = 2^4 - 1 = 15$，那么对偶式 F' 最小项号码为

$$15 - 2 = 13,\quad 15 - 3 = 12,\quad 15 - 4 = 11,\quad 15 - 6 = 9,\quad 15 - 8 = 7,\quad 15 - 9 = 6$$

因此，函数 F 的对偶式 F' 的最小项表达式为

$$F' = \sum m(13,12,11,9,7,6)$$

（2）求 F' 的最简与一或表达式。

对 F' 化简并进行变换得到

$$F' = AB\overline{C} + A\overline{B}D + \overline{A}BC$$
$$= AB\overline{C} + A\overline{B}D + \overline{A}BC + A\overline{C}D$$
$$= AB\overline{\overline{ABC}} + AD\overline{\overline{ABC}} + BC\overline{\overline{ABC}}$$
$$= \overline{\overline{AB\overline{ABC}} \cdot \overline{AD\overline{ABC}} \cdot \overline{BC\overline{ABC}}}$$

（3）再求对偶得 F 的或非一或非表达式

$$F = \overline{\overline{A + B + \overline{A+B+C}} + \overline{A+D+\overline{A+B+C}} + \overline{B+C+\overline{A+B+C}}}$$

（4）画逻辑电路如图 2-14 所示。

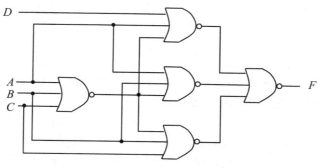

图 2-14　例 2.9 逻辑电路图

本例还可用下列方法求解：

直接用 0 格化简逻辑函数得或－与表达式，则 F' 为与－或表达式。

$$F = (A + B + \overline{C})(A + \overline{B} + D)(\overline{A} + B + C)$$

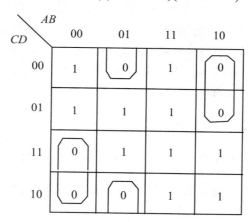

图 2-15　例 2.9 函数 F 的卡诺图

对偶式为

$$F' = AB\overline{C} + A\overline{B}D + \overline{A}BC$$

$$= \overline{\overline{AB\overline{ABC}} \cdot \overline{\overline{AD\overline{ABC}}} \cdot \overline{\overline{BC\overline{ABC}}}}$$

对于只有原变量没有反变量输入条件下组合逻辑电路的设计，在实际应用时，情况比较复杂，还应灵活处理。要尽可能采取多种形式进行反复变换，以最节省器件为最佳方法，若无论怎么变换都不能节省逻辑器件，则只好用一个非门来产生反变量。

2.3　编码器和译码器

在中规模组合逻辑器件中，编码器和译码器的应用最为广泛，本节着重介绍几个典型的编码器和译码器的设计方法。

2.3.1　编码器

　　将信号变换为一一对应的特定代码（一般为二进制数码）的过程称为编码。实现编码的电路称为编码器。电路模型框图如图 2-16 所示。

图 2-16　编码器框图

设有 n 个待编码的信号 $X_0, X_1, \cdots, X_i, \cdots, X_{n-1}$，有 m 位输出代码 $Y_0, Y_1, \cdots, Y_{m-1}$。为了使输入、输出间建立一一对应的关系，即一个信号一个代码，则输出的位数 m，应满足下式：

$$m \geqslant \log_2 n$$

m 一般取大于 $\log_2 n$ 的最小正整数。

　　最常用的编码器有二～十进制编码器和优先编码器。通常用于键盘编码系统、优先中断系统等场合。二者主要的区别是编码（输入）信号不同。二～十进制编码器的输入信号是互斥的，即任何给定时刻，n 个输入中只有一个输入有效（且必须有一个有效），而其余 $(n-1)$ 个输入不得出现（无效）。优先编码器的输入信号不互斥，即允许几个输入端同时有效，但各输入端的优先级别不同，当有多个信号有效时，只对优先级别最高的有效输入信号进行编码。

　　对二～十进制编码器，若输入有效用 1 表示，无效用 0 表示。令 $X_i = 1$ 表示第 i 个输入有效，则输入应满足的约束方程为

$$\sum_{i=0}^{n-1} X_i = 1$$

$$X_i X_j = 0 \ (i \neq j, \ i、j = 0, \ 1, \ \cdots, \ n-1)$$

例 2.10　设计一个有八个输入信号的二～十进制编码器。

解　由于 $n = 8$，则编码位数 m 应为

$$m \geqslant \log_2 8 = 3$$

取 $m = 3$。

　　首先，令输入信号有效为 1，无效为 0。由于编码方案甚多，我们采用一种最直观的编码表示，如表 2-5 所示。这是一个八个自变量、三个输出函数的真值表，$X_0 \sim X_7$ 为输入变量，$Z_2 \sim Z_0$ 为输出变量，采用二进制代码按输入变量序号的顺序进行编码。利用真值表直接写出三个输出函数的最小项表达式

$$Z_2 = X_4 \overline{X_0} \ \overline{X_1} \ \overline{X_2} \ \overline{X_3} \ \overline{X_5} \ \overline{X_6} \ \overline{X_7} + X_5 \overline{X_0} \ \overline{X_1} \ \overline{X_2} \ \overline{X_3} \ \overline{X_4} \ \overline{X_6} \ \overline{X_7}$$
$$+ X_6 \overline{X_0} \ \overline{X_1} \ \overline{X_2} \ \overline{X_3} \ \overline{X_4} \ \overline{X_5} \ \overline{X_7} + X_7 \overline{X_0} \ \overline{X_1} \ \overline{X_2} \ \overline{X_3} \ \overline{X_4} \ \overline{X_5} \ \overline{X_6}$$

$$Z_1 = X_2 \overline{X_0} \ \overline{X_1} \ \overline{X_3} \ \overline{X_4} \ \overline{X_5} \ \overline{X_6} \ \overline{X_7} + X_3 \overline{X_0} \ \overline{X_1} \ \overline{X_2} \ \overline{X_4} \ \overline{X_5} \ \overline{X_6} \ \overline{X_7}$$
$$+ X_6 \overline{X_0} \ \overline{X_1} \ \overline{X_2} \ \overline{X_3} \ \overline{X_4} \ \overline{X_5} \ \overline{X_7} + X_7 \overline{X_0} \ \overline{X_1} \ \overline{X_2} \ \overline{X_3} \ \overline{X_4} \ \overline{X_5} \ \overline{X_6}$$

$$Z_0 = X_1 \overline{X_0} \ \overline{X_2} \ \overline{X_3} \ \overline{X_4} \ \overline{X_5} \ \overline{X_6} \ \overline{X_7} + X_3 \overline{X_0} \ \overline{X_1} \ \overline{X_2} \ \overline{X_4} \ \overline{X_5} \ \overline{X_6} \ \overline{X_7}$$
$$+ X_5 \overline{X_0} \ \overline{X_1} \ \overline{X_2} \ \overline{X_3} \ \overline{X_6} \ \overline{X_7} \ \overline{X_4} + X_7 \overline{X_0} \ \overline{X_1} \ \overline{X_2} \ \overline{X_3} \ \overline{X_4} \ \overline{X_5} \ \overline{X_6}$$

表 2-5　例 2.10　1 有效编码器真值表

X_0	X_1	X_2	X_3	X_4	X_5	X_6	X_7	Z_2	Z_1	Z_0
1	0	0	0	0	0	0	0	0	0	0
0	1	0	0	0	0	0	0	0	0	1
0	0	1	0	0	0	0	0	0	1	0
0	0	0	1	0	0	0	0	0	1	1
0	0	0	0	1	0	0	0	1	0	0
0	0	0	0	0	1	0	0	1	0	1
0	0	0	0	0	0	1	0	1	1	0
0	0	0	0	0	0	0	1	1	1	1

以 Z_2 表达式为例简化上述逻辑表达式。

若两个逻辑变量 x, y 满足如下方程：

$$\begin{cases} x + y = 1 \\ x \cdot y = 0 \end{cases}$$

则有 $x = \overline{y}$ 。

因而，由二～十进制编码器的约束方程可以得到

$$X_4 = \overline{X_0 + X_1 + X_2 + X_3 + X_5 + X_6 + X_7}$$
$$= \overline{X_0}\ \overline{X_1}\ \overline{X_2}\ \overline{X_3}\ \overline{X_5}\ \overline{X_6}\ \overline{X_7}$$
$$X_5 = \overline{X_0}\ \overline{X_1}\ \overline{X_2}\ \overline{X_3}\ \overline{X_4}\ \overline{X_6}\ \overline{X_7}$$
$$X_6 = \overline{X_0}\ \overline{X_1}\ \overline{X_2}\ \overline{X_3}\ \overline{X_4}\ \overline{X_5}\ \overline{X_7}$$
$$X_7 = \overline{X_0}\ \overline{X_1}\ \overline{X_2}\ \overline{X_3}\ \overline{X_4}\ \overline{X_5}\ \overline{X_6}$$

将以上各式代入 Z_2 表达式中，有

$$Z_2 = X_4 \cdot X_4 + X_5 \cdot X_5 + X_6 \cdot X_6 + X_7 \cdot X_7$$
$$= X_4 + X_5 + X_6 + X_7$$

同理，可得

$$Z_1 = X_2 + X_3 + X_6 + X_7$$
$$Z_0 = X_1 + X_3 + X_5 + X_7$$

若用或非门实现上述逻辑方程，则有图2-17所示的逻辑电路图。

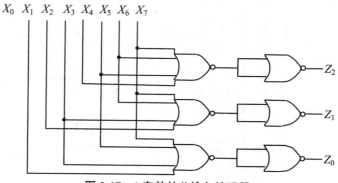

图 2-17　1 有效的八输入编码器

对于此例，若令输入信号有效为 0，无效为 1，且编码方法相同，则有表 2-6 所示的真值表。

表2-6　　例2.10　　0有效编码器真值表

X_0	X_1	X_2	X_3	X_4	X_5	X_6	X_7	Z_2	Z_1	Z_0
0	1	1	1	1	1	1	1	0	0	0
1	0	1	1	1	1	1	1	0	0	1
1	1	0	1	1	1	1	1	0	1	0
1	1	1	0	1	1	1	1	0	1	1
1	1	1	1	0	1	1	1	1	0	0
1	1	1	1	1	0	1	1	1	0	1
1	1	1	1	1	1	0	1	1	1	0
1	1	1	1	1	1	1	0	1	1	1

由真值表，可得到 Z_2 的逻辑表达式:

$$Z_2 = \overline{X_4}X_0X_1X_2X_3X_5X_6X_7 + \overline{X_5}X_0X_1X_2X_3X_4X_6X_7$$
$$+ \overline{X_6}X_0X_1X_2X_3X_4X_5X_7 + \overline{X_7}X_0X_1X_2X_3X_4X_5X_6$$

又有

$$\overline{X_4} = X_0X_1X_2X_3X_5X_6X_7, \quad \overline{X_5} = X_0X_1X_2X_3X_4X_6X_7$$
$$\overline{X_6} = X_0X_1X_2X_3X_4X_5X_7, \quad \overline{X_7} = X_0X_1X_2X_3X_4X_5X_6$$

那么

$$Z_2 = \overline{X_4} \cdot \overline{X_4} + \overline{X_5} \cdot \overline{X_5} + \overline{X_6} \cdot \overline{X_6} + \overline{X_7} \cdot \overline{X_7}$$
$$= \overline{X_4} + \overline{X_5} + \overline{X_6} + \overline{X_7}$$

同理，可得

$$Z_1 = \overline{X_2} + \overline{X_3} + \overline{X_6} + \overline{X_7}$$
$$Z_0 = \overline{X_1} + \overline{X_3} + \overline{X_5} + \overline{X_7}$$

若用与非门实现上述逻辑方程，则有图2-18所示的逻辑电路图。

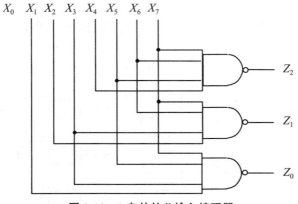

图 2-18　　0 有效的八输入编码器

上述设计的编码器对输入线是有限制的，即在任何一个时刻所有输入线中只允许一个输入线上有信号，否则编码器将发生混乱。为了解决这一问题，需增加部分辅助电路，目前普遍采用的是优先编码器，它允许多个输入信号同时有效。设计时预先对所有输入按优先顺序进行排队，当多个输入同时有效时，只对其中优先级别最高的输入信号编码，而对级别较低的输入信号不予理睬。

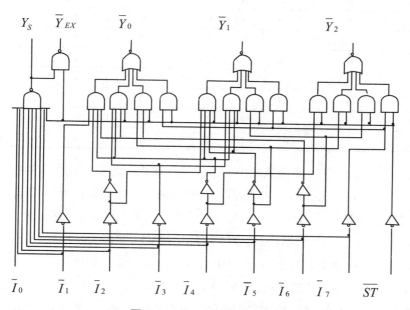

图 2-19　74LS148 优先编码器逻辑图

图 2-19 所示为 8 线至 3 线优先编码器 74LSl48 的逻辑图，图 2-20 是 74LS148 逻辑符号。$\overline{I}_0 \sim \overline{I}_7$ 为编码输入端，$\overline{Y}_0$、$\overline{Y}_1$、$\overline{Y}_2$ 为三位二进制码输出端，其功能如表 2-7 所示。从功能表中可以看出，输入输出的有效信号都是 0。

在输入中，下标越大，优先级越高，$\overline{I}_7$ 优先级最高。当 $\overline{I}_7 = 0$ 时，不管其他输入是什么，都是对 $\overline{I}_7$ 编码，$\overline{Y}_2 \overline{Y}_1 \overline{Y}_0 = 000$($\overline{I}_7$ 的反码)。当输入 $\overline{I}_7 = 1$，$\overline{I}_6 = 0$ 时，不管其他输入是什么，都是对 $\overline{I}_6$ 编码，$\overline{Y}_2 \overline{Y}_1 \overline{Y}_0 = 001$。其余类推。控制输入端(选通输入端)$\overline{ST} = 0$ 时，编码器工作。$\overline{ST} = 1$ 时，输出均为 1，不进行编码。Y_S 为选通输出端。当控制输入端 $\overline{ST} = 0$，但无有效信号输入时，$Y_S = 0$。$\overline{Y}_{EX}$ 为扩展输出端。当 $\overline{ST} = 0$，且有信号输入时，$\overline{Y}_{EX}$ 才为 0，否则为 1。

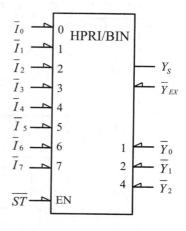

图 2-20　74LS148 逻辑符号

表 2-7　　优先编码器 74LS148 功能表

$\overline{ST}$	$\overline{I}_0$	$\overline{I}_1$	$\overline{I}_2$	$\overline{I}_3$	$\overline{I}_4$	$\overline{I}_5$	$\overline{I}_6$	$\overline{I}_7$	$\overline{Y}_2$	$\overline{Y}_1$	$\overline{Y}_0$	$\overline{Y}_{EX}$	Y_S
1	×	×	×	×	×	×	×	×	1	1	1	1	1
0	1	1	1	1	1	1	1	1	1	1	1	1	0
0	×	×	×	×	×	×	×	0	0	0	0	0	1
0	×	×	×	×	×	×	0	1	0	0	1	0	1
0	×	×	×	×	×	0	1	1	0	1	0	0	1
0	×	×	×	×	0	1	1	1	0	1	1	0	1
0	×	×	×	0	1	1	1	1	1	0	0	0	1
0	×	×	0	1	1	1	1	1	1	0	1	0	1
0	×	0	1	1	1	1	1	1	1	1	0	0	1
0	0	1	1	1	1	1	1	1	1	1	1	0	1

利用 $\overline{ST}$、Y_S、$\overline{Y}_{EX}$ 信号还可实现优先编码器的扩展连接，例如，用两片 74LSl48 可扩展成 16 线至 4 线的优先编码器，如图 2-21 所示。图中将高位片选通输出端 Y_S 接到低位片选通输入端 $\overline{ST}$。当高位片 $\overline{8}\sim\overline{15}$ 输入线中有一个为 0 时则 Y_S =1，控制低位片 $\overline{ST}$，使 $\overline{ST}$ =1，则低位片输出被封锁，$\overline{Y}_2\,\overline{Y}_1\,\overline{Y}_0$ =111。此时编码器输出 $\overline{Y}_3\,\overline{Y}_2\,\overline{Y}_1\,\overline{Y}_0$ 取决于高位片 $\overline{Y}_2\,\overline{Y}_1\,\overline{Y}_0$ 的输出。例如 $\overline{12}$ 线输入为低电平 0，则高位片 $\overline{Y}_2\,\overline{Y}_1\,\overline{Y}_0$ =011，$\overline{Y}_{EX}$ =0，因此总输出为 $\overline{Y}_3\,\overline{Y}_2\,\overline{Y}_1\,\overline{Y}_0$ =0011。当高位片 $\overline{8}\sim\overline{15}$ 线全部为高电平 1 时，则 Y_S =0，$\overline{Y}_{EX}$ =1，所以低位片 $\overline{ST}$ =0，低位片正常工作。例如 $\overline{5}$ 线输入为低电平 0，则低位片 $\overline{Y}_2\,\overline{Y}_1\,\overline{Y}_0$ =010，总编码输出 $\overline{Y}_3\,\overline{Y}_2\,\overline{Y}_1\,\overline{Y}_0$ =1010。

常用的中规模优先编码器有：8 线-3 线优先编码器 CT74LS148、CT74S148、CT74148、CC4532 及 10 线-4 线优先编码器 CT74LS147、CT74S147、CT74147、CC40147。

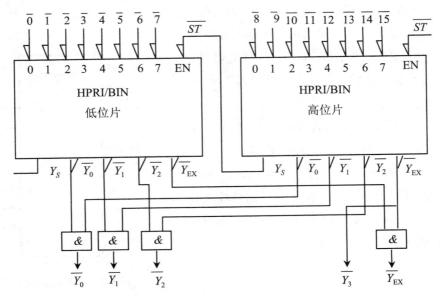

图 2-21　8 线-3 线扩展为 16 线-4 线优先编码器

2.3.2　译码器

译码是编码的逆过程，实现译码的电路称为译码器，其功能是将代码还原成编码前的信号（或控制信号或另一种代码），它是组合逻辑电路的一个重要器件，电路模型框图如图 2-22 所示。

图 2-22　译码器框图

由于 m 位输入码组应与对象 X_i 有一一对应的关系，若用 $X_i=1$ 有效来描述第 i 个对象的输入 m 位二进制码被译码出来，则输出应满足的约束方程为

$$\sum_{i=0}^{n-1} X_i = 1$$

$$X_i X_j = 0 \ (i \neq j, \ i 、 j = 0, \ 1, \ \cdots, \ n-1)$$

译码器按用途可分为下列三类。

（1）变量译码器

编码器的逆过程，用来表示输入变量的状态。一般是将较少的输入变为较多输出的器件，通常包含 2^n 译码和 8421BCD 码译码两类。

（2）码制变换译码器

用于实现各种编码之间的转换，如 BCD 码之间的转换，8421 码转换为余 3 码等。

（3）数字显示译码器

主要解决将二进制数显示成对应的十进制或十六进制数的问题，一般可分为 LED 译码驱动器和 LCD 译码驱动器两类。

1. 译码器的电路结构

图2-23是一个主要由与门电路构成的2输入译码器，其输出共有$2^2=4$个。从图上可以看出每个输出对应于一个输入变量的最小项。在此电路中，当输入BA的取值为10，即对应于十进制数的2时，输出Y_2为高电平1，其余的输出为低电平0。

图 2-24 是一个主要由与非门电路构成的 2 输入译码器，4 个输出。从图上可以看出每个输出对应于一个输入变量的最小项的非。在此电路中，当输入 BA 的取值为 10，即对应于十进制数的 2 时，输出 Y_2 为低电平 0，其余的输出为高电平 1。

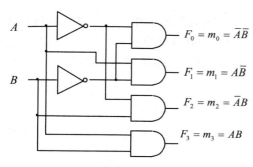

图 2-23　高电平输出译码器结构

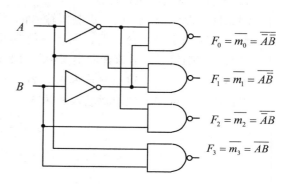

图 2-24　低电平输出译码器结构

从图 2-23、图 2-24 两个电路可以看出，译码器有输出高电平有效和输出低电平有效两种类型。输出高电平有效时，每个输出对应输入的一个最小项；输出低电平有效时，每个输出对应输入的一个最小项的非。常用译码器为低电平输出译码器，该译码器的逻辑符号如图 2-25 所示。

图 2-25 中的 $\overline{ST}$ 为选通端，它们的逻辑关系为

$$\overline{Y}_3 = \overline{A_1 A_0 \cdot \overline{\overline{ST}}} \qquad \overline{Y}_2 = \overline{A_1 \overline{A}_0 \cdot \overline{\overline{ST}}}$$

$$\overline{Y}_1 = \overline{\overline{A}_1 A_0 \cdot \overline{\overline{ST}}} \qquad \overline{Y}_0 = \overline{\overline{A}_1 \overline{A}_0 \cdot \overline{\overline{ST}}}$$

由逻辑关系式可得，在选通端 $\overline{ST}$ 为 0 时，对应译码输入端 A_1、A_0 的每一组代码输入，都能译成对应输出端输出低电平 0。例如，当译码输入 $A_1 A_0 = 01$ 时，则在其对应输出端 $\overline{Y}_1 = 0$。利用选通端 $\overline{ST}$，可以扩大其逻辑功能。图 2-26 为两片 2 线-4 线译码器扩展为 3 线-8 线译码器。当 $A_2 = 0$ 时，片 I 的 $\overline{ST}$ 为 0，片 II 的 $\overline{ST}$ 为 1，则片 I 正常译码工作，片 II 不工作，$\overline{Y}_3 \sim \overline{Y}_0$ 在译码输入 $A_1 A_0$ 的作用下，相对应位有效。当 $A_2 = 1$ 时，片 I 的 $\overline{ST}$ 为 1，片 II 的 $\overline{ST}$ 为 0，则片 II 正常译码工作，片 I 不工作，$\overline{Y}_7 \sim \overline{Y}_4$ 在译码输入 $A_1 A_0$ 的作用下，相应位有效。从而实现例 2.11 介绍的译码器功能。

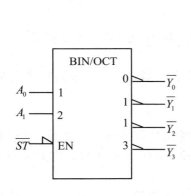

图 2-25 2 线-4 线译码器逻辑符号

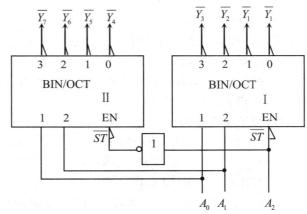

图 2-26 2 线-4 线扩展为 3 线-8 线译码器

2. 三种译码器的设计举例

例 2.11 设计一个三位二进制码输入的译码器。

解 该题属于变量译码器。因有三位输入代码，可以译成八种事件，即经译码器后将最多产生八个控制信号，故该译码器又称为 3-8 译码器。假定输出低电平有效，高电平无效，输入变量为 A_2、A_1、A_0，输出变量为 Y_0，Y_1，…，Y_7，则做出译码器真值表见表 2-8。

由真值表，可得下列逻辑函数表达式

$$Y_0 = \overline{\overline{A_2 \cdot \overline{A}_1 \cdot \overline{A}_0}}$$

$$Y_1 = \overline{\overline{A_2 \cdot \overline{A}_1 \cdot A_0}}$$

$$Y_2 = \overline{\overline{A_2 \cdot A_1 \cdot \overline{A}_0}}$$

$$Y_3 = \overline{\overline{A_2} \cdot A_1 \cdot A_0}$$

$$Y_4 = \overline{A_2 \cdot \overline{A_1} \cdot \overline{A_0}}$$

$$Y_5 = \overline{A_2 \cdot \overline{A_1} \cdot A_0}$$

$$Y_6 = \overline{A_2 \cdot A_1 \cdot \overline{A_0}}$$

$$Y_7 = \overline{A_2 \cdot A_1 \cdot A_0}$$

表 2-8　例 2.11 译码器真值表

A_2	A_1	A_0	Y_0	Y_1	Y_2	Y_3	Y_4	Y_5	Y_6	Y_7
0	0	0	0	1	1	1	1	1	1	1
0	0	1	1	0	1	1	1	1	1	1
0	1	0	1	1	0	1	1	1	1	1
0	1	1	1	1	1	0	1	1	1	1
1	0	0	1	1	1	1	0	1	1	1
1	0	1	1	1	1	1	1	0	1	1
1	1	0	1	1	1	1	1	1	0	1
1	1	1	1	1	1	1	1	1	1	0

若用与非门实现上述表达式，则有图 2-27 所示的 3-8 译码器逻辑电路。

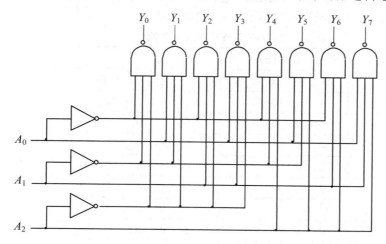

图 2-27　例 2.11 译码器电路图

将本例推广到 m 位的二进制码译码器。分析图 2-27 的结构，不难看出：

① 译码器所用与非门的总数一般为 2^m；

② 译码器输出的个数 n 与 m 间的关系应满足 $m \geqslant \log_2 n$。

图 2-28 为目前广泛使用的一种中规模译码器 74LS138。它实际上是一个上例所述的 3-8 译码器，但增加了三个控制端 G_1、$\overline{G_{2A}}$、$\overline{G_{2B}}$，三个控制端必须同时满足 G_1 为 1、$\overline{G_{2A}}$ 为 0、

$\overline{G_{2B}}$ 为 0，A_2、A_1、A_0 三个输入变量才有效，否则无效（所有输出端为 1）。A_2、A_1、A_0 三个输入变量有效时，与输出 Y_i 的逻辑关系见图 2-28。

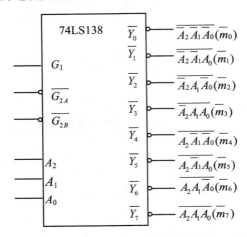

图 2-28　74LS138 译码器逻辑符号

数字系统中实际应用时，输入端 A_2、A_1、A_0 一般接地址总线，因此 A_2、A_1、A_0 又叫地址选择端或选择输入端；控制端 G_1、$\overline{G_{2A}}$、$\overline{G_{2B}}$ 又叫使能输入端。

例 2.12　用与非门实现 **8421BCD 码转换为余 3 码的译码器**。

解　此例属于码制变换译码电路，也叫码组变换器。表 2-9 列出了 8421BCD 码与余三码转换的真值表。其中（$A_3A_2A_1A_0$）表示 8421BCD（输入）码组，（$X_3X_2X_1X_0$）表示余三码（输出）码组。将 X_3、X_2、X_1、X_0 分别表示在卡诺图上，如图 2-29 所示。

表 2-9　8421BCD 转换余三码真值

$(N)_{10}$	8421BCD				余三码			
	A_3	A_2	A_1	A_0	X_3	X_2	X_1	X_0
0	0	0	0	0	0	0	1	1
1	0	0	0	1	0	1	0	0
2	0	0	1	0	0	1	0	1
3	0	0	1	1	0	1	1	0
4	0	1	0	0	0	1	1	1
5	0	1	0	1	1	0	0	0
6	0	1	1	0	1	0	0	1
7	0	1	1	1	1	0	1	0
8	1	0	0	0	1	0	1	1
9	1	0	0	1	1	1	0	0
	×				×			

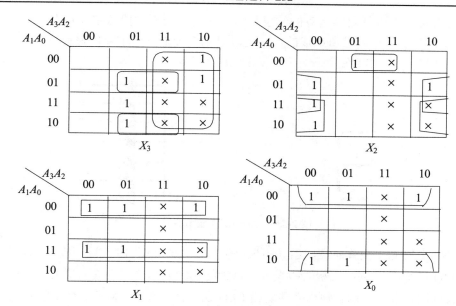

图 2-29　例 2.12 卡诺图

由于问题比较简单，我们按有关最小项的单个输出函数来简化。从图 2-29 可得四个输出函数逻辑表达式为

$$X_3 = A_2A_0 + A_2A_1 + A_3 = \overline{\overline{A_2A_0} \cdot \overline{A_2A_1} \cdot \overline{A_3}}$$

$$X_2 = \overline{A_2}A_0 + \overline{A_2}A_1 + A_2\overline{A_1}\ \overline{A_0} = \overline{\overline{A_2A_0A_0} \cdot \overline{\overline{A_2A_1A_0}} \cdot \overline{A_2\overline{A_1}\ \overline{A_0}}}$$

$$X_1 = \overline{A_1}\ \overline{A_0} + A_1A_0 = \overline{\overline{A_1}\ \overline{A_0}\ \cdot\ \overline{A_1A_0}}$$

$$X_0 = \overline{A_0}$$

根据逻辑函数表达式画逻辑电路图如图 2-30 所示。

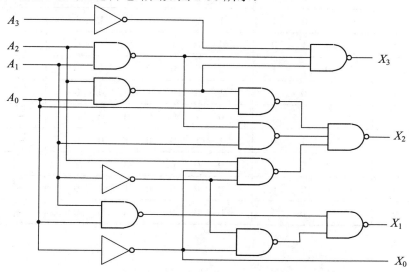

图 2-30　8421BCD 转换余三码译码电路

　　如果要将某些十进制数字运算的结果显示出来，常采用七段数字显示器。这种显示器如图 2-31 所示，是由七段笔划所组成的。这七段笔划实际上是用半导体材料做成的发光二极管（LED）。它们的阳极通常连接在一起，接正电压 5 V。

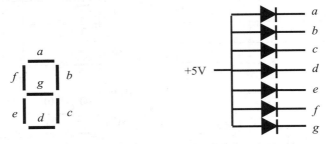

图 2-31　七段 LED 显示器结构

　　对于某一个发光二极管而言，当其阴极电位为低电平"0"时，该二极管导通发光；当其阴极电位为高电平"1"时，二极管不发光。这种结构的显示器称为共阳极 LED 显示器。若将发光二极管的阴极连在一起，则称为共阴极 LED 显示器。这样，利用七个字段 $a\sim g$ 的发光与不发光，即可显示 0，1，2，…，9 等十进制的十个数字或一些英文字母。下面用一个例题来说明这类译码器逻辑电路的设计过程。

　　例 2.13　设计一位 8421BCD 转换为七段数字显示代码的译码器。

　　解　表 2-10 为七段数字显示器数字和输入代码间的关系表，由这张真值表，可导出各字段 $a\sim g$ 的卡诺图，如图 2-32 所示。

表 2-10　七段数字显示器数字和输入代码间的关系表

$(N)_{10}$	8421BCD				输入代码							数字图
	A_3	A_2	A_1	A_0	a	b	c	d	e	f	g	
0	0	0	0	0	0	0	0	0	0	0	1	
1	0	0	0	1	1	0	0	1	1	1	1	
2	0	0	1	0	0	0	1	0	0	1	0	
3	0	0	1	1	0	0	0	0	1	1	0	
4	0	1	0	0	1	0	0	1	1	0	0	
5	0	1	0	1	0	1	0	0	1	0	0	
6	0	1	1	0	1	1	0	0	0	0	0	
7	0	1	1	1	0	0	0	1	1	1	1	
8	1	0	0	0	0	0	0	0	0	0	0	
9	1	0	0	1	0	0	0	0	1	0	0	

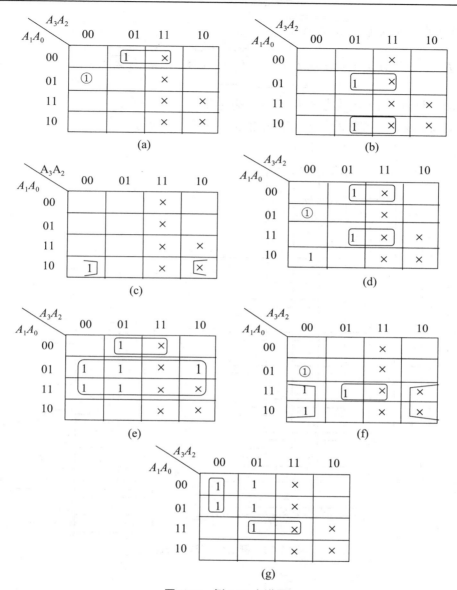

图 2-32　例 2.13 卡诺图

再用卡诺图简化得如下逻辑函数表达式:

$$a = \overline{A_3}\ \overline{A_2}\ \overline{A_1}A_0 + A_2\overline{A_1}A_0 = \overline{\overline{\overline{A_3}\ \overline{A_2}\ \overline{A_1}A_0} \cdot \overline{A_2\overline{A_1}A_0}}$$

$$b = A_3\overline{A_1}A_0 + A_3A_1A_0 = \overline{\overline{A_3\overline{A_1}A_0} \cdot \overline{A_3A_1A_0}}$$

$$c = \overline{A_2}A_1\overline{A_0} = \overline{\overline{\overline{A_2}A_1\overline{A_0}}}$$

$$d = \overline{A_3}\ \overline{A_2}\ \overline{A_1}A_0 + A_2\overline{A_1}A_0 + A_2A_1A_0 = \overline{\overline{\overline{A_3}\ \overline{A_2}\ \overline{A_1}A_0} \cdot \overline{A_2\overline{A_1}A_0} \cdot \overline{A_2A_1A_0}}$$

$$e = A_0 + A_2 \overline{A_1} A_0 = \overline{\overline{A_0} \cdot \overline{A_2 \overline{A_1} A_0}}$$

$$f = \overline{A_3}\ \overline{A_2}\ \overline{A_1} A_0 + \overline{A_2} A_1 + A_2 A_1 A_0 = \overline{\overline{\overline{A_3}\ \overline{A_2}\ \overline{A_1} A_0} \cdot \overline{\overline{A_2} A_1} \cdot \overline{A_2 A_1 A_0}}$$

$$g = \overline{A_3}\ \overline{A_2}\ \overline{A_1} + A_2 A_1 A_0 = \overline{\overline{\overline{A_3}\ \overline{A_2}\ \overline{A_1}} \cdot \overline{A_2 A_1 A_0}}$$

绘制实现上述逻辑方程的与非门逻辑电路，如图 2-33 所示。

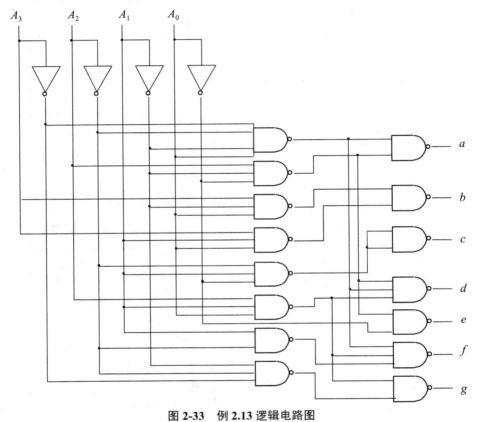

图 2-33　例 2.13 逻辑电路图

2.4　其他常用的组合逻辑器件

除编码器和译码器以外，常用的中规模组合逻辑器件还有全加器、数字比较器、数据选择器、奇偶检验发生器/检验器等。下面简要介绍这些组合逻辑器件的设计方法。

2.4.1　全加器

表 2-11 为一位全加器真值表，A_i、B_i 为两个一位相加的二进制数，C_{i-1} 为低位二进制数相

加的进位，S_i 为本位二进制数 A_i、B_i 和低位进位 C_{i-1} 的相加之和，C_i 为 A_i、B_i 和 C_{i-1} 相加向高位的进位。图 2-34 所示为算术和 S_i 及进位输出 C_i 的卡诺图。

表 2-11 一位全加器真值表

C_{i-1}	A_i	B_i	S_i	C_i
0	0	0	0	0
0	0	1	1	0
0	1	0	1	0
0	1	1	0	1
1	0	0	1	0
1	0	1	0	1
1	1	0	0	1
1	1	1	1	1

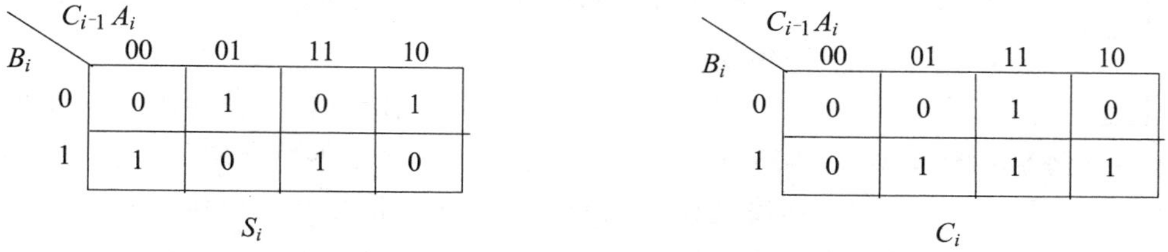

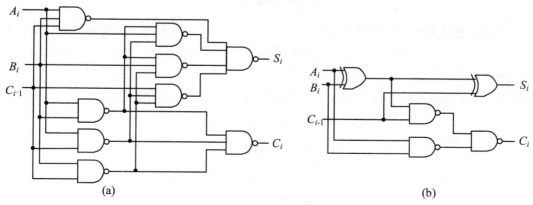

图 2-34 一位全加器卡诺图

由图 2-34 所示的卡诺图，可以导出算术和 S_i 及进位输出 C_i 的逻辑函数方程为

$$S_i = C_{i-1}\overline{A_i}\,\overline{B_i} + A_i\overline{C_{i-1}}\;\overline{B_i} + B_i\overline{A_i}\,\overline{C_{i-1}} + A_i B_i C_{i-1}$$

$$= \overline{\overline{C_{i-1}\overline{A_i C_{i-1}}\;\overline{B_i C_{i-1}}} \cdot \overline{A_i\overline{A_i C_{i-1}}\;\overline{A_i B_i}} \cdot \overline{B_i\overline{A_i B_i}\;\overline{B_i C_{i-1}}} \cdot \overline{A_i B_i C_{i-1}}}$$

$$C_i = A_i B_i + A_i C_{i-1} + B_i C_{i-1} = \overline{\overline{A_i B_i} \cdot \overline{A_i C_{i-1}} \cdot \overline{B_i C_{i-1}}}$$

用与非门实现上述逻辑方程的电路如图2-35(a)所示。

图 2-35 一位全加器逻辑图

若将上述 S_i、C_i 的逻辑函数进行如下变换

$$S_i = (C_{i-1}\overline{A_i} + A_i\overline{C_{i-1}})\overline{B_i} + B_i(\overline{A_i}\ \overline{C_{i-1}} + A_iC_{i-1})$$

$$= (C_{i-1} \oplus A_i)\overline{B_i} + B_i(\overline{C_{i-1} \oplus A_i}) = A_i \oplus B_i \oplus C_{i-1}$$

令 $\alpha = A \oplus B$

$$C_i = A_iB_i + A_i\overline{B_i}C_{i-1} + \overline{A_i}B_iC_{i-1}$$

$$= A_iB_i + (A_i \oplus B_i)\ C_{i-1}$$

$$= A_iB_i + \alpha C_{i-1} = \overline{\overline{A_iB_i} \cdot \overline{\alpha C_{i-1}}}$$

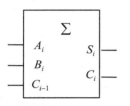

图 2-36 一位全加器逻辑符号

得到由部分异或门构成的较为简单的一位全加器逻辑电路如图 2-35(b)。

全加器是常用的算术运算电路,一位全加器逻辑符号如图 2-36 所示。

将多个一位全加器串联在一起,便可构成多位全加器。图 2-37 是由 4 个一位全加器构成的四位全加器。这种全加器工作速度是比较低的,因为进位信号从低位传送到高位是逐级传送的。由于每一位的进位均有延迟时间,所以完成一次加法运算的时间便随着数码位数的增加而增加。

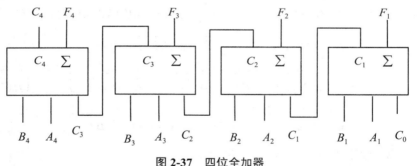

图 2-37 四位全加器

由于加法运算是整个四则算术运算的核心,运算速度关系重大,所以提高加法器运算速度具有重要意义。具体办法是,将进位信号同时馈送到每个一位全加器的进位输入端。这种办法称为超前进位法或并行进位法。

以四位全加器来说明其设计原理。四位全加器的进位逻辑表达式是

$$C_1 = A_1B_1 + (A_1 + B_1)C_0$$

$$C_2 = A_2B_2 + (A_2 + B_2)C_1$$

$$C_3 = A_3B_3 + (A_3 + B_3)C_2$$

$$C_4 = A_4B_4 + (A_4 + B_4)C_3$$

式中,$A \cdot B$ 为进位产生项,不管进位输入信号为何值,均可产生进位;$(A + B)$ 为进位传输项,

它本身不产生进位,而是传输进位信号。令 $M_i = A_i \cdot B_i$，$N_i = (A_i + B_i)$，
则上述逻辑方程组可写成

$$C_1 = M_1 + N_1 C_0$$
$$C_2 = M_2 + N_2 C_1 = M_2 + N_2 M_1 + N_2 N_1 C_0$$
$$C_3 = M_3 + N_3 C_2 = M_3 + N_3 M_2 + N_3 N_2 M_1 + N_3 N_2 N_1 C_0$$
$$C_4 = M_4 + N_4 C_3 = M_4 + N_4 M_3 + N_4 N_3 M_2 + N_4 N_3 N_2 M_1 + N_4 N_3 N_2 N_1 C_0$$

读者可以根据上式自行画出逻辑电路图。

图 2-38 为四位全加器逻辑符号。四位全加器已做成中规模集成
电路，主要型号有 74LS283、74S283、CC4008 等。

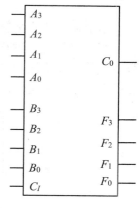

图 2-38　四位全加器
逻辑符号

2.4.2　数字比较器

比较器有两种，一种为模拟比较器，是用于比较两个模拟电压大小的电路；另一种为数
字比较器，是用于比较两个数字量大小的逻辑电路。这一节只介绍数字比较器，首先介绍一
位比较器。

由于一位数码比较的结果有相等、大于和小于三种情况，因而假定一位数字比较器的输
入为 A、B（要比较的两个数字），输出比较结果为 L_1、L_2、L_3。其中 L_1 代表 "$A>B$"，L_2 代表
"$A<B$"，L_3 代表 "$A=B$"，则很容易做出一位比较器的真值表如表 2-12。

表 2-12　一位比较器真值表

A	B	L_1	L_2	L_3
0	0	0	0	1
0	1	0	1	0
1	0	1	0	0
1	1	0	0	1

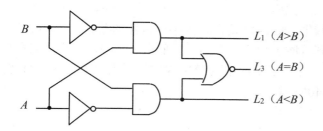

图 2-39　一位比较器逻辑电路

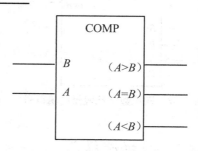

图 2-40　一位比较器逻辑符号

由真值表写出 L_1、L_2、L_3 的逻辑表达式为

$$L_1 = A \cdot \overline{B}$$

$$L_2 = \overline{A} \cdot B$$

$$L_3 = \overline{A \oplus B}$$

由上述表达式画逻辑电路如图 2-39 所示，图 2-40 为一位比较器的逻辑符号。

两个多位数字进行比较，若高位数字大，则这个数大。高位数字小，则这个数小。高位数字相等，才需比较低位数字。所有位数字全部相等，则这两个数才相等。根据这一原理，可以用两个一位比较器和部分门电路，构成一个两位数字比较器，如图 2-41 所示。

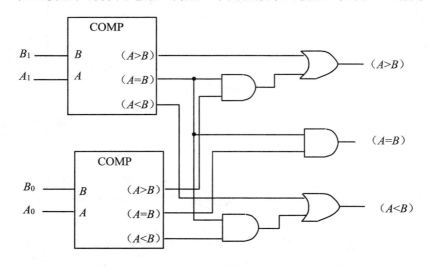

图 2-41　两个一位数字比较器构成的二位数字比较器

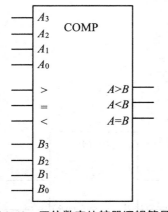

图 2-42　四位数字比较器逻辑符号

其中，各输出端的逻辑函数表达式为

$$A > B: \quad L_1 = A_1 \cdot \overline{B_1} + \overline{A_1 \oplus B_1} \cdot A_0 \cdot \overline{B_0}$$

$$A < B: \quad L_2 = \overline{A_1} \cdot B_1 + \overline{A_1 \oplus B_1} \cdot \overline{A_0} \cdot B_0$$

$$A = B: \quad L_3 = \overline{A_1 \oplus B_1} \cdot \overline{A_0 \oplus B_0}$$

用同样方法，可以将两个二位比较器组成一个四位的比较器。图 2-42 是四位数字比较器的逻辑符号，如没有低位芯片时，"<" ">" 端应接低电平（0），"=" 端应接高电平（1）。常用的中规模集成比较器有 74LS85、74S85、CC4063 等。

2.4.3　数据选择器

数据选择器又称多路选择器或多路开关，是从多个输入信号中选择一个送至输出端的器件。数据选择器是数字系统中常用的中规模器件，在检测和控制系统等领域应用十分广泛。

表 2-13 为四选一数据选择器真值表，D_0、D_1、D_2、D_3 为 4 个输入信号，Y 为输出端，至于哪个输入信号被选中送至输出端，取决于地址变量 A_1 和 A_0（也称为数据选择器的控制端）：

A_1 和 A_0 为 00 时，D_0 被送至输出端；A_1 和 A_0 为 01 时，D_1 被送至输出端；A_1 和 A_0 为 10 时，D_2 被送至输出端；A_1 和 A_0 为 11 时，D_3 被送至输出端。因此输出 Y 的逻辑方程为

$$Y = \overline{A_1}\,\overline{A_0}D_0 + \overline{A_1}A_0D_1 + A_1\overline{A_0}D_2 + A_1A_0D_0$$

表 2-13　四选一数据选择器真值表

A_1	A_0	Y
0	0	D0
0	1	D1
1	0	D2
1	1	D3

　　由上述方程画出四选一数据选择器逻辑电路，如图 2-43 所示。图 2-44 为四选一数据选择器逻辑符号，图中的 EN 为选通控制端，低电平有效。

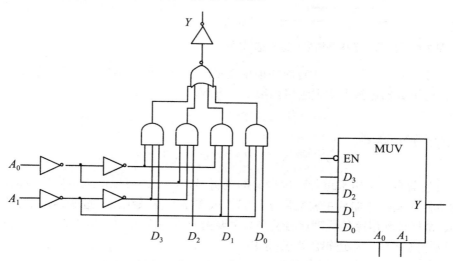

图 2-43　四选一数据选择器　　　　图 2-44　四选一数据选择器逻辑符号

　　图 2-45 为两个四选一选择器和与或门构成八选一选择器逻辑电路。根据四选一选择器逻辑方程写出 Y_1 和 Y_0 及 Y 的逻辑方程式：

$$Y_1 = \overline{A_1}\,\overline{A_0}D_4 + \overline{A_1}A_0D_5 + A_1\overline{A_0}D_6 + A_1A_0D_7$$

$$Y_0 = \overline{A_1}\,\overline{A_0}D_0 + \overline{A_1}A_0D_1 + A_1\overline{A_0}D_2 + A_1A_0D_3$$

$$Y = \overline{A_2}Y_0 + A_2Y_1 = \overline{A_2}\,\overline{A_1}\,\overline{A_0}D_0 + \overline{A_2}\,\overline{A_1}A_0D_1$$
$$+ \overline{A_2}A_1\overline{A_0}D_2 + \overline{A_2}A_1A_0D_3 + A_2\overline{A_1}\,\overline{A_0}D_4$$
$$+ A_2\overline{A_1}A_0D_5 + A_2A_1\overline{A_0}D_6 + A_2A_1A_0D_7$$

　　从上述逻辑方程式，可以看出 A_2、A_1、A_0 组成的不同的数值 i，对应的输入 D_i 被送至输出端 Y。同样，用两片八选一数据选择器可以构成一个十六选一数据选择器。目前，常用的八

选一数据选择器中规模集成电路有 74LS151、74S151、CC4512 等。

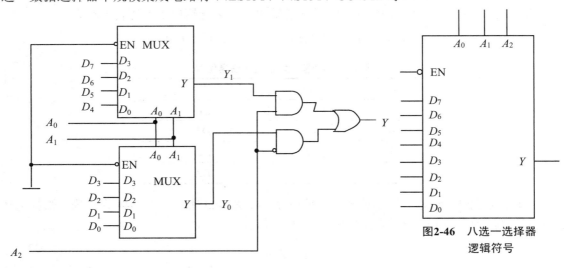

图 2-46 八选一选择器逻辑符号

图 2-45 四选一选择器构成八选一选择器

从上述分析还可以看出，D_i 对应的地址变量组合成一个最小项，最小项的下标正好为 i，这一特性使得用数据选择器实现逻辑函数非常方便。

2.4.4 奇偶校验器

奇偶校验器是一个用来进行奇偶检验的逻辑器件，它既可以产生奇偶检验位，又可以对数据进行奇偶检验。该器件主要应用于计算机或数字通信系统在二进制信息的传输中出现错码的检测。奇偶校验电路的原理比较简单，主要由异或门构成。图 2-47 为四位奇偶校验电路。由电路可以得到 F 和 Y 的逻辑函数表达式：

$$F = (D_0 \oplus D_1) \oplus (D_2 \oplus D_3) = D_0 \oplus D_1 \oplus D_2 \oplus D_3$$
$$Y = \overline{(D_0 \oplus D_1) \oplus (D_2 \oplus D_3)} = \overline{D_0 \oplus D_1 \oplus D_2 \oplus D_3}$$

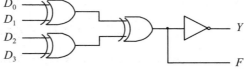

图 2-47 四位奇偶校验器

不难看出，当 D_0、D_1、D_2 和 D_3 为奇数个 1 时，F=1；当 D_0、D_1、D_2 和 D_3 为偶数个 1 时，Y=1。若 D_0、D_1、D_2 和 D_3 为 8421BCD 码，那么列出真值表，如表 2-14 所示。若将 Y 与 D_0、D_1、D_2 和 D_3 放在一起考虑，构成的五位数始终为奇数个 1，故 Y 为奇校验位；同理，F 为偶校验位。D_0、D_1、D_2 和 D_3 又叫作信息位。在数据通信的过程中，一般都是将信息位和校验位一起送出，接收方只要用多一位的奇偶校验电路，即可检验出传输过程中有没有发生错误。

表 2-14　四位奇偶校验器真值表

序号	8421BCD				Y	F
	D_3	D_2	D_1	D_0		
0	0	0	0	0	1	0
1	0	0	0	1	0	1
2	0	0	1	0	0	1
3	0	0	1	1	1	0
4	0	1	0	0	0	1
5	0	1	0	1	1	0
6	0	1	1	0	1	0
7	0	1	1	1	0	1
8	1	0	0	0	0	1
9	1	0	0	1	1	0

如发送的数据是奇校验，在接收方设计一个电路，满足如下函数式：

$$P = D_0 \oplus D_1 \oplus D_2 \oplus D_3 \oplus Y$$

$P=0$ 说明有错，$P=1$ 说明没有错。但奇偶校验只能检测一位出错，若两位同时出错，就检测不出来了。用两个四位奇偶校验器，可构成 1 个八位奇偶校验器，见图 2-48。图中的 Y 为奇校验位，$D_0 \sim D_7$ 为信息位。

目前用得比较多的奇偶校验芯片是 74LS280，它是九位（九个输入）奇偶校验器，一般发送数据端和接收数据端都用该芯片。发送数据端用八个输入（八位信息码）和一个输出（校验位），校验位与八位信息码一起送出；接收数据端将九根数据线直接与 74LS280 的九个输入端连接，并进行检测。所以奇偶校验器在发送数据端的作用是产生奇偶校验码，在接收数据端的作用是检验奇偶校验码。

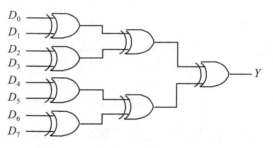

图 2-48　八位奇偶校验器

2.5　采用中规模逻辑器件实现组合逻辑函数

一般包含门电路数在 10 个以下的称为小规模集成电路（SSI），含门电路数在 10～100 个之间的称为中规模集成电路（MSI）。由于中规模集成组件的大量出现，使得部分逻辑电路的设计大大简化。用多门组件和中规模组件构成组合逻辑网络时，衡量一个函数的简化程度就不再以"门"的个数多少为标准了，而是以采用独立集成组件块的数量多少为简化函数的标准。

2.5.1　用数据选择器实现组合逻辑函数

数据选择器是从多个输入信号中选择一个送至输出端。通常有 n 个地址（选择）线而有 2^n 个输入线，n 个地址线的不同组合确定了哪一根输入线被选择。数据选择器除了作为选择输出信号之外，还能有效地用来实现逻辑函数。

1. 用具有 n 个地址端的数据选择器实现 n 变量函数

我们知道四选一选择器有2根地址线，八选一选择器有3根地址线，十六选一选择器有4根地址线。如果要设计逻辑函数有2个变量，就选用具有2根地址线的四选一选择器来实现这一函数；如果要设计逻辑函数有3个变量，就选用具有3根地址线的八选一选择器来实现这一函数。这就是用具有 n 个地址端的数据选择器实现 n 变量函数。

从上节得知八选一选择器的输出函数为

$$Y = \overline{A_2}\,\overline{A_1}\,\overline{A_0}D_0 + \overline{A_2}\,\overline{A_1}A_0 D_1 + \overline{A_2}A_1\overline{A_0}D_2 + \overline{A_2}A_1A_0 D_3 + A_2\overline{A_1}\,\overline{A_0}D_4$$
$$+ A_2\overline{A_1}A_0 D_5 + A_2A_1\overline{A_0}D_6 + A_2A_1A_0 D_7$$

该函数式也可用图 2-49 卡诺图来表示。根据上述原理，采用一块八选一数据选择器，可以实现任意 3 输入变量的组合逻辑函数。下面用一个例子来说明电路的实现过程。

例 2.14　用八选一数据选择器实现具有 3 个输入变量的逻辑函数。

$$F = A\overline{C} + \overline{A}C + C\overline{B}$$

A_0 \ A_2A_1	00	01	11	10
0	D_0	D_2	D_6	D_4
1	D_1	D_3	D_7	D_5

图 2-49　八选一数据选择器卡诺图

C \ AB	00	01	11	10
0	0	0	1	1
1	1	1	0	1

图 2-50　例 2.14 卡诺图

解　首先画出该逻辑函数的卡诺图如 2-50 所示，与图 2-49 相对应可以得到：

$$D_0 = 0, \quad D_1 = 1, \quad D_2 = 0, \quad D_3 = 1$$
$$D_4 = 1, \quad D_5 = 1, \quad D_6 = 1, \quad D_7 = 0$$
$$A_2 = A, \quad A_1 = B, \quad A_0 = C$$

根据上述对应关系式，用八选一数据选择器实现逻辑函数 F 的接线电路，如图 2-51 所示。

通过上例设计过程可以看出，用具有 n 个地址端的数据选择器实现 n 变量函数是非常简单的，它不需要对函数进行简化和变换。只要将函数的卡诺图与数据选择器的卡诺图一一对应，然后用线将它们一一对应连接，即可得到用数据选择器实现

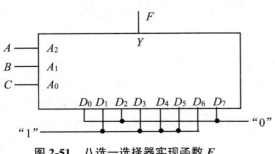

图 2-51　八选一选择器实现函数 F

函数的电路图。整个电路也比较清爽，无须增加额外的其他逻辑器件。

如函数输入变量的数目比数据选择器的地址端少时，只要将高位地址端及相应的数据输入端接地即可实现。

2. 用具有 n 个地址端的数据选择器实现 m 变量函数（$m>n$）

一般将卡诺图的变量数称为该图维数。如果把某些变量也作为卡诺图小方格内的值，则会减小图的维数，这种图称为降维图。

由于函数输入变量的数目大于数据选择器的地址端的数目，那么函数卡诺图的维数比选择器卡诺图的维数多，两个卡诺图的内容就无法一一对应。只有将函数卡诺图的维数降到与选择器卡诺图的维数相同，才能使两个卡诺图一一对应。也就是说，对于函数输入变量多于选择器地址端的电路设计，应先对函数的卡诺图进行降维。

例如，图 2-52（a）为一个四变量的卡诺图，若把变量 D 作为记图变量，把变量 D 从卡诺图的变量中消去，则得三变量的降维图，如图 2-52（b）所示。

CD \ AB	00	01	11	10
00	0	0	0	0
01	0	0	1	1
11	0	1	1	0
10	1	0	1	1

(a)

CD \ AB	00	01	11	10
0	0	0	D	D
1	$\overline{D}$	D	1	$\overline{D}$

(b)

图 2-52　降维图

我们来分析一下它是如何降维的，图 2-52（a）是由 A、B、C、D 组成的四变量卡诺图。图 2-52（b）是由 A、B、C 组成的三变量卡诺图，变量 D 被填写到卡诺图的方格中。图 2-52（a）中的 $F(0,0,0,0)=0$，$F(0,0,0,1)=0$，那么 $F(0,0,0,0)+F(0,0,0,1)=0=F(0,0,0)$。也可以用下式来表示

$$\overline{ABCD}\cdot0+\overline{ABC}D\cdot0=\overline{ABC}\cdot0$$

图 2-52（a）的 $F(0,0,0,0)$ 与 $F(0,0,0,1)$ 合并为图 2-52（b）的 $F(0,0,0)$，其方格内的值为 0。同理，其他变量不同值两两组合也可按此方法合并：

$$\overline{ABCD}\cdot0+\overline{ABC}D\cdot0=\overline{ABC}\cdot0$$

$$\overline{AB}C\overline{D}\cdot0+\overline{AB}CD\cdot1=\overline{AB}C\cdot D$$

$$\overline{A}B\overline{CD}\cdot0+\overline{A}B\overline{C}D\cdot1=\overline{A}B\overline{C}\cdot D$$

$$\overline{A}BCD\cdot0+\overline{A}BC\overline{D}\cdot1=\overline{A}BC\cdot\overline{D}$$

$$AB\overline{C}D\cdot1+AB\overline{CD}\cdot0=AB\overline{C}\cdot D$$

$$ABCD\cdot1+ABC\overline{D}\cdot1=ABC(D+\overline{D})=ABC\cdot1$$

$$A\overline{B}CD\cdot0+A\overline{B}C\overline{D}\cdot1=A\overline{B}C\cdot\overline{D}$$

如用八选一数据选择器实现图 2-52（a）表示的函数，可用图 2-52（b）所示的降维卡诺

图与八选一数据选择器的卡诺图相对应得:

$$D_0 = 0, \quad D_1 = \overline{D}$$
$$D_2 = 0, \quad D_3 = D$$
$$D_4 = D, \quad D_5 = \overline{D}$$
$$D_6 = D, \quad D_7 = 1$$

并可绘制出图 2-53 的电路图。由图 2-53 可以看出,通过降维图绘制电路需要增加部分门器件。
如对图 2-52(b)卡诺图继续降维可用同样方法,合并式如下:

$$\overline{A}\ \overline{B}\ \overline{C}\cdot 0 + \overline{A}\ \overline{B}\ C\cdot \overline{D} = \overline{A}\ \overline{B}\cdot C\ \overline{D}$$

$$A\overline{B}\ \overline{C}D + A\overline{B}C\overline{D} = A\overline{B}(C \oplus D)$$

$$\overline{A}B\overline{C}\cdot 0 + \overline{A}BCD = \overline{A}B\cdot CD$$

$$AB\cdot \overline{C}D + ABC\cdot 1 = AB(D + C)$$

由上述合并方程式得二维卡诺图如图 2-54 所示。根据这个卡诺图用四选一数据选择器和
部分门电路即可实现逻辑函数的组合逻辑电路。

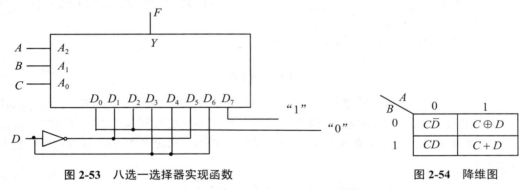

图 2-53　八选一选择器实现函数　　　　　　　　　　图 2-54　降维图

2.5.2　用其他中规模逻辑器件实现组合逻辑电路

数据选择器的通用性比较强,只要稍加变换就能实现任意逻辑函数的功能。而使用其他
中规模逻辑器件实现逻辑函数的功能,具有一定的局限性,需要针对不同的问题,来选用不
同的逻辑器件。所以只能用具体的例子来进行讨论。

例 2.15　设计实现余三码转换成 8421BCD 码的数码转换电路。

解　我们知道余三码与 8421BCD 码相差为 3,只要将余三码减去 3 即可得到 8421BCD 码。
可以采用四位全加器来完成这一功能。因全加器是加法运算器,本题要完成的功能是减法,
首先对 -3(-0011)取补,变成补码(1101),再与余三码相加。根据该原理直接画出用全加器
实现余三码转换 8421BCD 码电路,如图 2-55 所示。图中 B_i 为余三码,F_i 为 8421BCD 码,A_i
为 1101(-0011 的补码),C_I 接地。

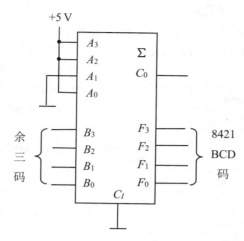

图 2-55　全加器实现余三码转换 8421BCD 码

例 2.16　用译码器实现三输入变量函数 $F = \sum m(1,2,4,7)$ 和 $P = \sum m(3,5,6,7)$。

解　译码器在没有特指的情况下，指的都是变量译码器。前面已经介绍了译码器，如图 2-27 所示的 74LS138 译码器，它能产生输入变量的所有最小项的非。由于任何逻辑函数都可以按照最小项之和表示成规范积之和的形式，再二次求反，变成与非－与非式。因此可以想象，利用译码器得到最小项之非，而由外部的与非门来形成与非，即可实现逻辑函数。

由于本题有三个输入变量，总共有八个最小项，我们可以采用 3 线-8 线译码器（如 74LS138）。假设逻辑变量为 A、B、C，得到逻辑电路图如图 2-56 所示。

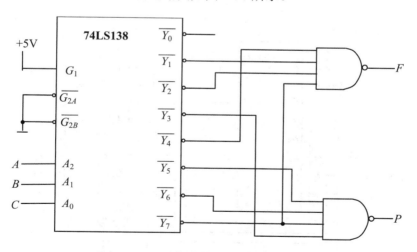

图 2-56　译码器实现逻辑函数

采用译码器方法可以用来实现任何组合逻辑电路。在利用中规模逻辑器件实现逻辑函数时，有时需要用到两种以上中规模逻辑器件，这要看具体的功能要求。从上述两例可以看出利用中规模逻辑器件实现逻辑函数的设计比较简单，甚至谈不上设计，但何时用何种器件，如何根据功能需要来选择中规模逻辑芯片,这就需要具有一定经验。随着不断实践,经验也就会慢慢地丰富起来。下面再举一例用两片中规模逻辑芯片实现某功能的组合逻辑电路。

表 2-15　4 位二进制数转换成 8421BCD 码

序号	二进制数	8421BCD	相差
0	0000	0000	0000
1	0001	0001	0000
2	0010	0010	0000
3	0011	0011	0000
4	0100	0100	0000
5	0101	0101	0000
6	0110	0110	0000
7	0111	0111	0000
8	1000	1000	0000
9	1001	1001	0000
10	1010	00010000	0110
11	1011	00010001	0110
12	1100	00010010	0110
13	1101	00010011	0110
14	1110	00010100	0110
15	1111	00010101	0110

例 2.17　用一片 4 位数字比较器和一片 4 位全加器实现 4 位二进制数转换成 8421BCD 码的转换电路。

解　4 位二进制数的范围为 0000～1111。

在0000到1001之间,与8421BCD码的值相同;在1010到1111之间,与8421BCD码的值相差为0110。我们用表2-15将它们的关系列出。由表2-15可以得出:

当 4 位二进制数小于等于 1001 时,只要加 0000 即可得到相对应的 8421BCD 码;当 4 位二进制数大于 1001 时,只要加 0110 即可得到相对应的 8421BCD 码。根据这一原理可直接画出如图 2-57(4 位二进制数转换成 8421BCD)所示的逻辑电路图。同样,我们还可以用若干片 4 位数字比较器和 4 位全加器,实现 5 位、6 位等二进制数转换成 8421BCD 的组合逻辑电路。

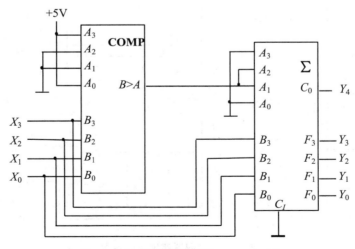

图 2-57　二进制数转换成 8421BCD 码

2.6 组合逻辑的冒险现象

以前组合电路的设计都是在理想情况下进行的，即假设电路的连线和门都没有延迟，电路中的多个输入信号发生的变化都是同时瞬间完成的。

但事实上输入信号的变化都需要一定的过渡时间，多个信号发生变化时，可能有先后快慢的差异，信号通过导线及门电路也有一定的响应时间。

因此，在理想情况下设计的门电路，当考虑了这些实际因素后，在输入信号瞬变的情况下，输出就有可能出现一些尖峰信号，这种现象称为冒险现象。冒险现象主要由门电路中的延迟造成。

2.6.1 冒险现象的定义

我们通过实例来进行讨论。

例如，图2-58的组合逻辑电路函数式为

$$F(A,B,C) = AB + \overline{B}C$$

我们分析一下，当输入信号 ABC 由 101 变化到 111 及 ABC 由 111 变化到 001 时，两种情况输出波形的变化。

（1）当 ABC 由 101 变化到 111 时

通过函数式可以得到 $F(1,0,1) = F(1,1,1) = 1$，在 B 信号由 0 变化到 1，$\overline{B}$ 由 1 变化到 0 时，考虑到 B 和 $\overline{B}$ 变化有一定的过渡时间，输出 Y_1 的与门和输出 Y_2 的与门传输

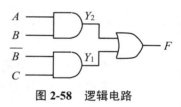

图 2-58 逻辑电路

也有一定的延迟，且延迟时间不可能绝对相同，假设输出 Y_2 的与门的延迟时间大于输出 Y_1 的与门的延迟时间，则工作波形如图 2-59 所示。在 B 信号发生变化时，由于门的传输延迟时间不同，使输出函数（$F=1$）的波形出现了短暂的 0 信号，通常称为尖峰脉冲或毛刺。出现的这种现象就是组合电路的逻辑冒险现象。

（2）当输入信号 ABC 由 111 变化到 001 时

由逻辑函数式可以得到 $F(1,1,1) = F(0,0,1) = 1$，A 和 B 两输入信号的变化不可能绝对同时（瞬间）完成，会出现先后时间差异，假如 A 的变化先于 B 的变化，如果忽略门的延迟时间，则工作波形如图 2-60 所示。可见又出现了短暂的 0 电平（瑕疵），这种现象也称为组合逻辑电路的冒险现象。

由上述分析，可以将组合逻辑的冒险定义如下：

在 n 个输入信号 $a_1, a_2, \cdots, a_n$ 中，有 p 个输入信号 $a_1, a_2, \cdots, a_p$ 发生变化（$1 \leqslant p \leqslant n$），即

$$A = (a_1, a_2, \cdots, a_p, a_{p+1}, a_{p+2}, \cdots, a_n)$$

$$B = (\overline{a_1}, \overline{a_2}, \cdots, \overline{a_p}, a_{p+1}, a_{p+2}, \cdots, a_n)$$

如果在稳定时，组合电路的输出函数 $F(A) = F(B)$，在输入信号由 A 变化到 B 的瞬间，组合电路输出中有尖峰（即短暂的 0 或 1），则称该组合逻辑电路存在冒险。

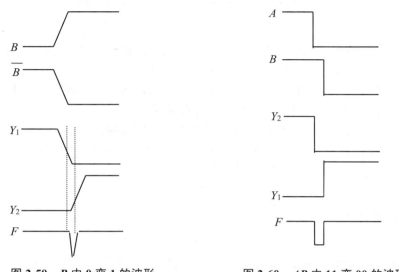

图 2-59　B 由 0 变 1 的波形　　　　　图 2-60　AB 由 11 变 00 的波形

2.6.2　冒险现象的避免

为避免上述第一种冒险现象发生，主要采用的方法是引入添加项（生成项）。这时，图 2-58 的逻辑电路的函数 F 表达式可改写为

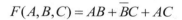

$$F(A,B,C) = AB + \overline{B}C + AC$$

根据新的逻辑函数表达式，重新绘制的逻辑电路如图 2-61。由于添加项 AC 的存在，ABC 由 101 变化到 111 时，A 和 C 一直为 1，保证了 $F = 1$，这样一来，就不会出现不应有的尖峰脉冲。显然，函数 F 的乘积之和形式不是最简的，函数 F 取完全和的形式（含所有生成项）。此方法对上述第二种情况（两个以上变量发生变化）不适用。在实际的数字逻辑系统中，还可采用另一种完全不同的处理方法，此方法是避开险象

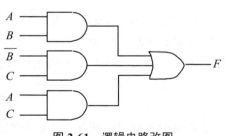

图 2-61　逻辑电路改图

而不是消除险象。这种方法很简单，对可能出现险象的组合逻辑电路不加任何处理，而只是在输入信号变化结束以后，延迟一段时间再去取输出的结果。这个延迟时间要足够地长，使在所有的动态和静态的险象都已平息，输出已经达到稳定后再去采样输出。这样就可以成功地避开险象引起的错误结果。这种方法几乎适用于所有冒险现象，往往为一些数字逻辑系统所采用。此法主要是引入取样脉冲，需用后续章节时序电路中的知识，这里不再详细叙述。

2.7　用 Verilog HDL 描述组合逻辑电路

前文已经介绍了组合逻辑电路的手工分析和设计的方法和步骤，随着数字系统规模的扩大，上述方法在设计规模、分析技术、设计的维护成本和知识产权保护方面的不足逐渐显现，这时，采用 EDA（Electronic Design Automation）软件仿真和 HDL（Hardware Describe Language）描述电路的手段成为解决之道。下面将以流行的、已成为 IEEE 标准的 Verilog HDL 为例，通过实例介绍使用 Verilog HDL 描述组合逻辑电路的方法。

常用的基本逻辑门和复合逻辑门有与门、或门、非门、与非门、或非门、异或门、同或门（异或非门），其逻辑符号和对应的 Verilog 写法如表 2-16 所示。

表 2-16　常用逻辑门及其 Verilog 写法

常用逻辑门	Verilog 写法
X Y AND2 inst Z	$Z = X \& Y$
X Y OR2 inst Z	$Z = X \mid Y$
X NOT inst2 Z	$Z = \sim X$
X Y NAND2 inst Z	$Z = \sim(X \& Y)$
X Y NOR2 inst Z	$Z = \sim(X \mid Y)$
X Y XOR inst Z	$Z = X \char94 Y$
X Y XNOR inst Z	$Z = X \sim\char94 Y$

2.7.1　一个两输入六输出的逻辑电路

图 2-62 所示电路包含 6 个不同的逻辑门，它可以用程序清单 2.1 所示的 Verilog 代码来

描述。

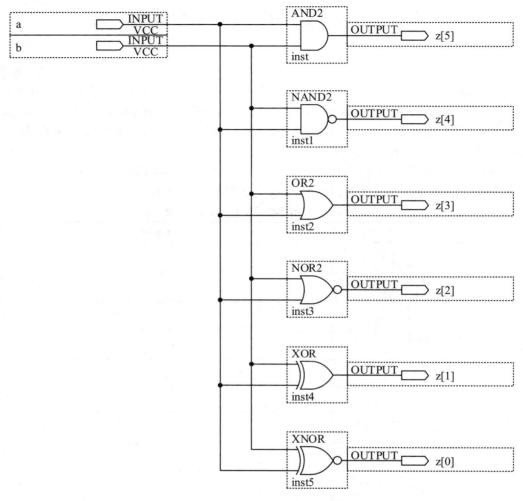

图 2-62 一个两输入六输出的组合电路

程序清单 2.1（gates.v）

```
1    //example1:2-input gates
2    module gates2(
3    input wire a,
4    input wire b,
5    output wire[5:0] z
6    );
7    assign z[5]=a & b;
8    assign z[4]=~(a & b);
9    assign z[3]=a | b;
10   assign z[2]=~(a | b);
```

```
11      assign z[1]=a ^ b;
12      assign z[0]=a ~^b;
13   endmodule
```

程序清单 2.1 的第 1 行是以 "//" 引导的注释语句；所有 Verilog 程序都是以 module 开始，以 endmodule 结束；module 后的 gates2 为模块名，与存盘文件名 gates2.v 保持一致；模块名 gates2 后面是输入/输出信号列表，包含信号名，方向和类型（一般用小写），反映模块的端口特征；wire 类型表示电路连线；第 5 行 output wire [5:0] z 用数组形式描述了 6 个独立的输出信号 $z[5]$~$z[0]$；assign 引导的赋值语句为并发语句，第 7~12 行的书写顺序可任意。

电路模块 gates2 的仿真结果如图 2-63 所示。

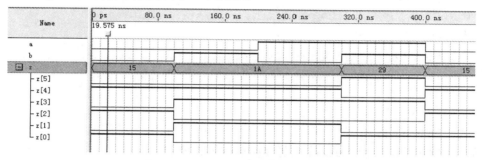

图 2-63　gates2 电路模块的仿真结果

2.7.2　多路选择器

图 2-64 所示为一个二选一多路选择器，根据控制信号 s 的取值，从两个输入 a, b 中选择一路从 y 端输出，其真值表如表 2-17 所示。

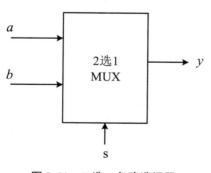

图 2-64　二选一多路选择器

表 2-17　二选一多路选择器的真值表

s	a	b	y
0	0	0	0
0	0	1	0
0	1	0	1
0	1	1	1
1	0	0	0
1	0	1	1
1	1	0	0
1	1	1	1

程序清单 2.2 给出了用 if 语句实现二选一多路选择器的写法，其中的 if 语句是顺序执行类语句，此类语句必须包含在一个 always 块中，按照书写的次序顺序执行；always 块的开头形如：always@ (〈敏感事件列表〉)，敏感事件列表包含 always 块中将影响输出的所有信号列表，本例中包含了输入 a，b，s，这三个输入中的任何一个发生变化都会影响 y 的值。在 Verilog

2001 标准中允许写成 always@(*)，此*将自动包含右边的语句或条件表达式中的所有信号；需要注意的是，在 always 块中生成的输出必须被描述成 reg 型，而不能是 wire 型。第 5 行的关键字 reg 表示其后的值 y 像变量一样必须存储在一个寄存器中而被记住，它可能在稍后被用到。

程序清单 2.2（mux21a.v）

```
1    module mux21a(
2      input wire a,
3      input wire b,
4      input wire s,
5      output wire y
6    );
7    always@(a,b,s)
8    if(s==0)
9      y=a;
10   else
11     y=b;
12   endmodule
```

二选一多路选择器模块 mux21a 的仿真结果如图 2-65 所示。

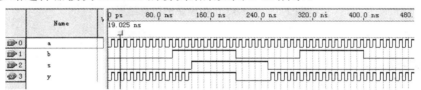

图 2-65   二选一多路选择器的仿真结果

程序清单 2.3 则给出了用 case 语句实现四选一多路选择器的写法。

程序清单 2.3（mux41.v）

```
1    module mux41(
2      input wire d0,d1,d2,d3,
3      input wire a1,a0,
4      output reg out
5    );
6    always@(*)
7      case({a1,a0})
8        2'b00:out=d0;
9        2'b01:out=d1;
10       2'b10:out=d2;
11       2'b11:out=d3;
12       default:out=2'bx;
13     endcase
14   endmodule
```

其中第 7 行的{}是位拼接运算符,可以把两个或多个信号的某些位拼接起来进行运算操作;第 8~11 行中冒号左边是采用〈位宽〉〈进制〉〈数字〉方式书写的数字常量;第 12 行的 x 代表不定值,如果出现 z,则代表高阻态。

2.7.3 8 线-3 线优先编码器

表 2-18 是 8 线-3 线优先编码器的真值表,其中每一行 1 的左边的 X 代表不确定的状态,也就是说,无论 X 的值是 1 还是 0,都不会影响优先编码器的输出。从真值表可以看出,输入的优先级顺序依次是 in7、in6、in5、in4、in3、in2、in1 和 in0。

表 2-18 8 线-3 线优先编码器的真值表

in0	in1	in2	in3	in4	in5	in6	in7	out2	out1	out0
1	0	0	0	0	0	0	0	0	0	0
X	1	0	0	0	0	0	0	0	0	1
X	X	1	0	0	0	0	0	0	1	0
X	X	X	1	0	0	0	0	0	1	1
X	X	X	X	1	0	0	0	1	0	0
X	X	X	X	X	1	0	0	1	0	1
X	X	X	X	X	X	1	0	1	1	0
X	X	X	X	X	X	X	1	1	1	1

8 线-3 线优先编码器的实现如程序清单 2.4(casez 语句实现)和程序清单 2.5(for 语句实现)所示。

程序清单 2.4 (pencoder83.v)

```
1    module pencoder83(
2      input [7:0] in,
3      output reg[2:0] out
4    );
5    always @(*)
6      begin
7      casez(in)
8        8'b1???????:out=3'b111;
9        8'b01??????:out=3'b110;
10       8'b001?????:out=3'b101;
11       8'b0001????:out=3'b100;
12       8'b00001???:out=3'b011;
13       8'b000001??:out=3'b010;
14       8'b0000001?:out=3'b001;
15       8'b00000001:out=3'b000;
16     endcase
```

```
17    end
18    endmodule
```

对于那些分支表达式中存在不定值 x 和高阻态 z 的情况，Verilog 提供了 case 语句的其他两种形式，用来处理 case 语句比较过程中不必考虑的情况。形如第 7 行中的 casez 语句用来处理不考虑高阻值 z 的比较过程，另一种 casex 语句则将高阻值 z 和不定值都视为不必关心的情况。所谓不必关心的情况，即在表达式进行比较时，不将该位的状态考虑在内。

程序清单 2.5 （pencoder83b.v）

```
1     module pencoder83b(
2       input [7:0] in,
3       output reg[2:0] out
4     );
5
6       integer i;
7       always @(*)
8       begin
9         out=0;
10        for(i=0;i<=7;i=i+1)
11          if(in[i]==1)
12          begin
13            out=i;
14          end
15      end
16    endmodule
```

其中，由于 for 循环是从 0 到 7 的，判断 in[i]是否等于 1，这将把最终 i 的值赋给 out，因此 in[7]具有最高优先级。

此 8 线-3 线优先编码器的仿真结果如图 2-66 所示。

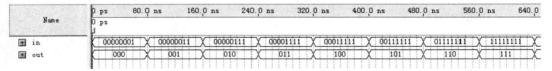

图 2-66　8 线-3 线优先编码器的仿真结果

2.7.4　译码器

如真值表 2-19 所示的 3 线-8 线译码器，可以用在连续赋值语句中写出逻辑方程的方式实现（如程序清单 2.6 所示），可以用 case 语句描述真值表实现（如程序清单 2.7 所示），也可以用移位操作加赋值实现（如程序清单 2.8 所示），还可以用 for 循环实现（如程序清单 2.9 所示）。

表 2-19　3 线-8 线译码器的真值表

c	b	a	Y0	Y1	Y2	Y3	Y4	Y5	Y6	Y7
0	0	0	1	0	0	0	0	0	0	0
0	0	1	0	1	0	0	0	0	0	0
0	1	0	0	0	1	0	0	0	0	0
0	1	0	0	0	0	1	0	0	0	0
1	0	0	0	0	0	0	1	0	0	0
1	0	0	0	0	0	0	0	1	0	0
1	1	0	0	0	0	0	0	0	1	0
1	1	0	0	0	0	0	0	0	0	1

程序清单 2.6（decoder38a.v）

```
1    module decoder38a(
2      input A,B,C,
3      output [7:0] Y
4    );
5
6      assign Y[0]=~C&~B&~A;
7      assign Y[1]=~C&~B& A;
8      assign Y[2]=~C& B&~A;
9      assign Y[3]=~C& B& A;
10     assign Y[4]= C&~B&~A;
11     assign Y[5]= C&~B& A;
12     assign Y[6]= C& B&~A;
13     assign Y[7]= C& B& A;
14
15   endmodule
```

程序清单 2.7（decoder38b.v）

```
1    module decoder38b(
2      input A,B,C,
3      output reg [7:0] Y
4    );
5      always @(A,B,C,Y)
6      case({C,B,A})
7          3'B000:Y<=8'B00000001;
8          3'B001:Y<=8'B00000010;
9          3'B010:Y<=8'B00000100;
10         3'B011:Y<=8'B00001000;
11         3'B100:Y<=8'B00010000;
```

```
12        3'B101:Y<=8'B00100000;
13        3'B110:Y<=8'B01000000;
14        3'B111:Y<=8'B10000000;
15    endcase
16  endmodule
```

程序清单 2.8（decoder38d.v）

```
1   module decoder38d(
2     input A,B,C,
3     output [7:0] Y
4   );
5
6     assign Y=1'b1<<{C,B,A};
7
8   endmodule
```

程序清单 2.9（decoder38c.v）

```
1   module decoder38c(
2       input A,B,C,
3       output reg[7:0] Y
4   );
5
6     integer i;
7
8     always @(*)
9     for(i=0;i<=7;i=i+1)
10      if({C,B,A}==i)
11        Y[i]=1;
12      else
13        Y[i]=1;
14
15  endmodule
```

3 线-8 线译码器的仿真结果如图 2-67 所示。

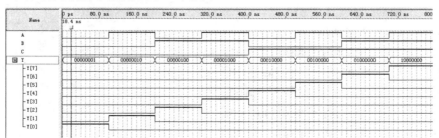

图 2-67　3 线-8 线译码器的仿真结果

2.7.5　加法器

利用简单的算法描述，可以很容易地描述 1 位或多位加法器，如程序清单 2.10 所示的八位带进位端的加法器。

程序清单 2.10（adder8.v）

```
1    module adder8(
2     input [7:0] a,b,
3     input cin,
4     output [7:0] sum,
5     output count
6    );
7
8    assign {cout,sum}=a+b+cin;
9
10   endmodule
```

其仿真结果如图 2-68 所示。

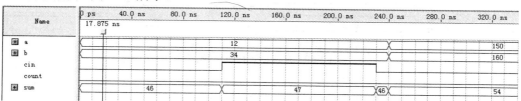

图 2-68　adder8.v 仿真结果

2.7.6　比较器

在 Verilog 中，用 if 语句描述比较器是很方便的。程序清单 2.11 实现了一个可以由用户定义的比较电路模块。

程序清单 2.11（compare_n.v）

```
1    module compare_n(
2     input [width-1:0] X,Y,
3     output reg XGY,XSY,XEY
4    );
5    parameter width=8;
6    always @(*)
7     begin
8      if(X==Y)
9        XEY=1;
```

```
10      else
11        XEY=0;
12      if(X>Y)
13        XGY=1;
14      else
15        XGY=0;
16      if(X<Y)
17        XSY=1;
18      else
19        XSY=0;
20      end
21    endmodule
```

EDA 工具能自动将其综合成一个 8 位比较器，其仿真结果如图 2-69 所示。如果在实例引用时改变参数 width，综合后可得到指定宽度的比较器。

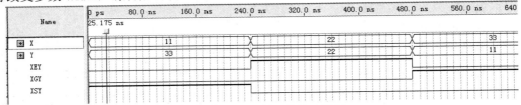

图 2-69　8 位比较器的仿真结果

2.7.7　奇偶校验器

奇偶校验器通过对输入的信息位进行异或运算，既可以产生奇/偶校验位，也可以进行奇/偶校验，程序清单 2.12 给出了 8 位奇偶校验器的实现。

程序清单 2.12（parity8.v）

```
1    module parity8(
2      input [7:0] in,
3      output even,odd
4    );
5
6      assign odd=^in;
7      assign even=~odd;
8    endmodule
```

其中，第 6 行的 odd=^in 是用一元简约运算符来描述多输入异或门，它等价于 odd=in[7]^in[6]^in[5]^in[4]^in[3]^in[2]^in[1]^in[0]。

该电路的仿真结果如图 2-70 所示。

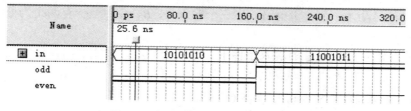

图 2-70　8 位奇偶校验器的仿真结果

习　　题

1. 分析图 2-71 所示的逻辑电路，列出真值表，并说明其逻辑功能。

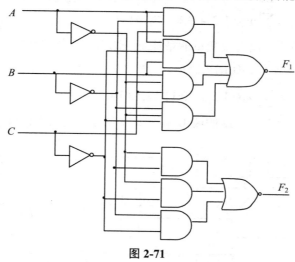

图 2-71

2. 写出图 2-72 所示电路的逻辑表达式，其中 S_4、S_3、S_1、S_0 为控制输入端，列出真值表，说明 F 与 A，B 的关系。

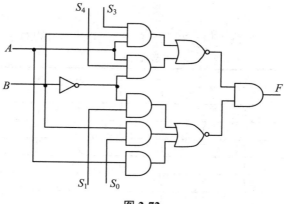

图 2-72

3. 试用与非门设计一个逻辑电路。当三个输入 A、B、C 中至少有两个为低时，该电路输出为高。

4. 在有原变量又有反变量的输入条件下，分别用与非门、或非门设计实现下列函数的组合电路。

（1） $F(A,B,C,D) = \sum m(0,2,3,4,5,6,7,12,14,15)$

（2） $F(A,B,C,D) = \sum m(0,2,5,9,15) + \sum \phi(6,7,8,10,12,13)$

（3） $F(A,B,C,D,E) = \sum m(0,2,4,9,13,14,15,16,17,25,29,30,31)$

5. 在输入只有原变量，没有反变量的条件下，试用与非门设计实现下列函数的组合电路。

（1） $F(A,B,C,D) = \sum m(2,3,4,5,6,7,8,9,10,11,12,13)$

（2） $F(A,B,C,D) = \sum m(1,5,6,7,12,13,14)$

（3） $F(A,B,C,D) = \sum m(0,1,2,4,9,11,13,14)$

6. 在输入只有原变量，没有反变量的条件下，试用或非门设计实现下列函数的组合电路。

（1） $F(A,B,C,D) = \sum m(0,1,14,15)$

（2） $F(A,B,C,D) = \sum m(0,1,5,7,10,11,12,13,14,15)$

7. 已知输入信号 A、B、C、D 的波形如图 2-73 所示，用与非门设计产生输出 F 波形的组合电路。

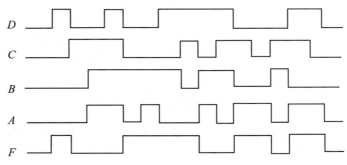

图 2-73

8. 设计一个编码器，7 个输入信号和输出的 3 位代码之间的对应关系如表 2-20 所示。

表 2-20

X_0	X_1	X_2	X_3	X_4	X_5	X_6	U	V	W
0	1	1	1	1	1	1	0	0	1
1	0	1	1	1	1	1	0	1	0
1	1	0	1	1	1	1	0	1	1
1	1	1	0	1	1	1	1	0	0
1	1	1	1	0	1	1	1	0	1
1	1	1	1	1	0	1	1	1	0
1	1	1	1	1	1	0	1	1	1

9. 用与非门设计实现 8421BCD 码转换为 2421BCD 码的译码电路，其转换码表见表 2-21。

表 2-21

8421码				2421码			
X_0	X_1	X_2	X_3	A_0	A_1	A_2	A_3
0	0	0	0	0	0	0	0
0	0	0	1	0	0	0	1
0	0	1	0	0	0	1	0
0	0	1	1	0	0	1	1
0	1	0	0	0	1	0	0
0	1	0	1	1	0	1	1
0	1	1	0	1	1	0	0
0	1	1	1	1	1	0	1
1	0	0	0	1	1	1	0
1	0	0	1	1	1	1	1

10. 分析图 2-74 所示逻辑电路，写出 F_1、F_2、F_3 的逻辑函数表达式。

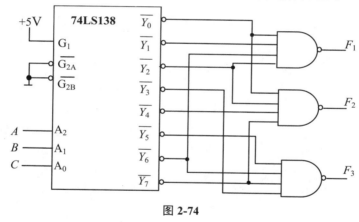

图 2-74

11. 用 3 线-8 线译码器实现函数 $F = AB + BC + AC$ 的逻辑电路。

12. 用八选一数据选择器实现下列函数：

（1）$F(A,B,C,D) = \sum m(5,6,7,9,11,12,13,14)$

（2）$F(A,B,C,D,E) = \sum m(0,4,5,6,7,8,13,15,16,20,21,22,23,24,25,27,29,31)$

13. 用两片双四选一数据选择器和与非门实现 8421BCD 码至 2421BCD 码的转换。

14. 用 4 位数值比较器和 4 位全加器构成 5 位二进制转换成 8421BCD 码的转换电路。

15. 画出用 2 片 4 位数值比较器组成 8 位数值比较器的接线图。

16. 试用一片 4 位全加器设计完成 8421BCD 码转换为余 3 码的转换电路。

17. 设计实现将格雷码转换成七段数字（共阴）显示代码的转换译码电路。

18. 用 2 输入端与非门实现下列逻辑函数（要求器件数最少）。

（1）$F = AB\overline{C} + \overline{A}B\overline{C} + \overline{A}BC$

（2）$F(A,B,C,D) = \sum m(0,1,7,10,11,15)$

19. 设 A,B,C,D 代表四位二进制数码，且 $Y = 8A + 4B + 2C + D$，写出下列问题的判断条件：

（1）$5 < Y \leqslant 15$

（2）$1 \leqslant Y \leqslant 8$

20. 设计一个 5 变量的奇数电路。5 个变量中有奇数个"1"时输出为"1"。

21. 推断下列函数构成的逻辑电路中有无险象。若有请设法消除。

（1）$F = A\overline{B}C + AB$

（2）$F = \overline{(\overline{A} + C)}(A + D)$

第 3 章　时序逻辑电路

数字系统中最常用的时序逻辑部件有触发器、寄存器、移位寄存器、计数器、序列信号发生器等，而组成这些逻辑构件的基本单元是双稳态触发器。本章首先介绍它们的基本原理和逻辑功能，在此基础上，讨论同步时序逻辑电路和异步时序逻辑电路的分析和设计方法。其中，由于现在数字系统中大部分使用的是同步时序逻辑电路，因此将重点介绍同步时序逻辑电路的分析和设计。

3.1　时序逻辑电路概述

3.1.1　时序逻辑电路的结构

第 2 章介绍的各种组合逻辑电路，都是由门电路组成的，其特点是电路任何时刻的输出值 $F(t)$ 仅与该时刻 t 的输入（X_1，X_2，X_3，…，X_n）有关，而与 t 时刻以前的输入信号无关。这就是说，组合逻辑执行的是一种实时控制，若输入信号发生了变化，输出信号总是输入信号的单向函数。因此，组合逻辑没有"记忆"能力，输入信号单向传输，不存在任何反馈支路。

时序逻辑电路是计算机等数字系统常用的一种电路，它和组合逻辑电路是完全不同的两种电路类型。时序电路的输出不仅取决于电路当时的输入，还与电路过去的输入有关，也就是说时序电路的内部必然有记忆元件，用来存储（记忆）与过去输入信号有关的信息或电路过去的输出状态。其电路模型结构如图 3-1 所示。图中，

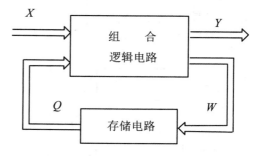

图 3-1　时序逻辑电路的一般模型结构

X 表示 i 个外部输入信号向量（X_1，X_2，…，X_i）；

Y 表示 j 个电路的输出信号向量（Y_1，Y_2，…，Y_j）；

W 表示 k 个存储电路的输入信号向量（W_1，W_2，…，W_k）；

Q 表示 p 个存储电路的输出信号向量（Q_1，Q_2，…，Q_p），同时也是组合逻辑电路输入信号的一部分。

假设分别用 t_n 和 t_{n+1} 表示两个相邻的离散时间，则图 3-1 的信号可以用下列逻辑函数关系式来描述：

$$Y(t_n) = F[X(t_n), Q(t_n)]$$

$$W(t_n) = G[X(t_n), Q(t_n)]$$

$$Q(t_{n+1}) = H[W(t_n), Q(t_n)]$$

由于 Y 表示电路的输出信号，所以称式 $Y(t_n)$ 为电路的输出方程；W 表示存储电路的输入（驱动）信号，称式 $W(t_n)$ 为存储电路的驱动方程，或激励方程；而 Q 是存储电路的输出信号，表示了存储电路的状态，因此将式 $Q(t_{n+1})$ 称为存储电路的状态方程。

若 $Q(t_n)$ 表示 t_n 时刻存储电路的当前状态，则 $Q(t_{n+1})$ 为存储电路的下一个状态。从上述三个方程可以看出，t_{n+1} 时刻电路的输出 $Y(t_{n+1})$ 是由 t_{n+1} 时刻的输入 $X(t_{n+1})$ 和存储电路在 t_{n+1} 时刻的 $Q(t_{n+1})$ 决定的；而 $Q(t_{n+1})$ 又是由 t_n 时刻存储电路的激励（输入）$W(t_n)$ 及在 t_n 时刻存储电路的状态 $Q(t_n)$ 决定的。因此，t_{n+1} 时刻电路的输出不仅取决于 t_{n+1} 时刻电路的输入，还取决于 t_n 时刻存储电路的激励 $W(t_n)$ 及存储电路在 t_n 时刻的状态，这充分反映了时序电路的特点。

为便于对时序逻辑电路进行描述和分析，引入现态（Present state）和次态（Next state）的概念。现态表示存储电路现在的状态，通常用 Q^n 表示；次态表示存储电路的输入发生变化后的输出状态，通常用 Q^{n+1} 表示。

时序电路按状态发生变化的原因分为同步时序逻辑电路和异步时序逻辑电路。同步时序逻辑电路是指存储电路状态的变化靠一个时钟脉冲同步更新，电路结构如图 3-2 所示。异步时序逻辑电路中的存储电路有的有时钟脉冲作用，有的没有时钟脉冲作用，即使有时钟脉冲作用的存储电路，其状态的更新也不是同步进行的，电路结构如图 3-3 所示。

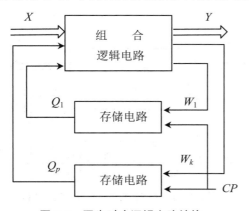

图 3-2　同步时序逻辑电路结构

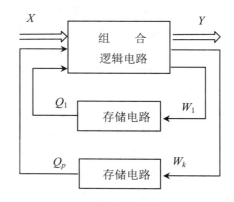

图 3-3　异步时序逻辑电路结构

3.1.2　时序逻辑电路的分类

时序电路通常按照电路的工作方式、电路输出与输入的关系、输入信号的形式进行分类。

按电路的工作方式可将时序电路分为同步时序逻辑电路（简称同步时序电路，图 3-2）和异步时序逻辑电路（简称异步时序电路，图 3-3）两种类型。在研究同步时序逻辑电路时，通常把时钟信号当成一个默认的时间基准，而不作为输入信号处理。为了使同步时序逻辑电路稳定、可靠地工作，要求时钟脉冲的宽度必须保证触发器可靠翻转；频率则必须保证前一个脉冲引起的电路响应完全结束后，后一个脉冲才到来。否则电路状态变化将发生混乱。

按输入信号的特性分为脉冲输入和电平输入两类。两类信号的波形如图 3-4 所示。

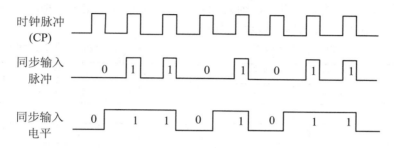

图 3-4　时序逻辑电路的同步输入信号波形

按电路输出与输入的关系可将时序电路分为 Mealy 型和 Moore 型两种类型。若电路输出（Y_1，Y_2，…，Y_j）是输入（X_1，X_2，…，X_n）和现态（Q_1，Q_2，…，Q_p）的函数，称为 Mealy 型时序逻辑电路。即

$$Y(t_n) = F[X(t_n), Q(t_n)]$$

若电路输出（Y_1，Y_2，…，Y_j）只是现态（Q_1，Q_2，…，Q_p）的函数，则称为 Moore 型时序逻辑电路。即

$$Y(t_n) = F[Q(t_n)]$$

若电路以其状态作为输出，即没有专门的外部输出信号时，可将其看作 Moore 型电路。

图 3-2 是一个典型的 Mealy 电路模型。Moore 电路模型如图 3-5 所示。

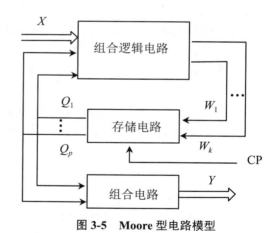

图 3-5　Moore 型电路模型

3.1.3　同步时序逻辑电路的描述方法

对电路进行描述是研究一个电路的基础。研究组合逻辑电路时，我们采用了逻辑函数表达式、真值表、卡诺图等描述手段。时序逻辑电路存在存储元件，因而描述方法和工具有所不同，除采用逻辑函数表达式外，通常还采用状态表、状态图、时间图（又称为波形图）等描述方法。

1. 逻辑函数表达式

从图 3-1 的电路模型可以看出，要完整地描述一个时序逻辑电路，需要用输出函数、激励

函数、次态函数三组逻辑函数表达式。

输出函数表达式描述了电路的输出 Y 与输入 X 和电路现态 Q^n 之间的关系。

激励函数表达式又称为控制函数，或称驱动方程。它描述了存储电路的输入 W 与电路输入 X 和电路现态 Q^n 之间的关系。

次态函数则描述了时序电路的次态 Q^{n+1} 与触发器激励 W 和电路现态 Q^n 之间的关系。

2. 状态表

状态表是状态转移表的简称，它是一张反映同步时序逻辑电路的输出 Y、次态 Q^{n+1} 与电路输入 X、现态 Q^n 之间关系的表格，因此能完全描述同步时序逻辑电路的功能。对于时序电路的两种类型，状态表的格式稍有差别，如表 3-1 和表 3-2 所示。

表 3-1　Mealy 型电路状态表格式

现态	次态/输出	
	输入 X	
Q^n	Q^{n+1}/Y	

表 3-2　Moore 型电路状态表格式

现态	次　态		输出
	输入 X		
Q^n	Q^{n+1}		Y

3. 状态图

状态图又称为状态转移图，是描述时序电路状态转移规律及相应输入、输出关系的有向图。图中用圆圈表示电路的状态，连接圆圈的有向线段表示电路状态的转移关系。有向线段的起点表示现态，终点表示次态。Mealy 型电路状态图的有向线段旁边标注发生该转换的输入条件及在该输入和现态条件下的输出，如图 3-6 所示。Moore 型电路状态图则将输出标注在圆圈内，如图 3-7 所示。

若有向线段起止于同一状态，表示在该输入下，电路状态保持不变。

用状态图描述时序电路的逻辑功能具有形象、直观等优点，是时序电路分析和设计的主要工具。

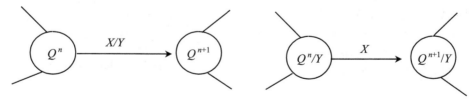

图 3-6　Mealy 型电路状态图　　　　图 3-7　Moore 型电路状态图

4. 时间图

时间图又称为波形图，将输入信号、输出信号和电路状态等信息在各时刻的对应关系以波形的形式描述出来，直观地反映了电路的转换关系。

3.2　基本时序电路

3.2.1　*R-S* 触发器

1. 基本 *R-S* 触发器

将两个门电路的输入和输出交叉连接，就可组成一个具有存储功能的基本 *R-S* 触发器。图 3-8 由两个或非门构成，其功能表见表 3-3。基本 *R-S* 触发器是构成其他类型触发器最基本的单元电路。

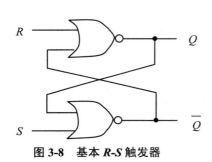

图 3-8　基本 *R-S* 触发器

表 3-3　基本 *R-S* 触发器功能表

R	S	Q	$\overline{Q}$	功能说明
0	0	Q	$\overline{Q}$	保持
0	1	1	0	置 1
1	0	0	1	置 0
1	1	×	×	不定

基本 *R-S* 触发器有 R 和 S 两个输入端，Q 和 $\overline{Q}$ 两个输出端。正常工作时，Q 和 $\overline{Q}$ 为互补关系。实际使用时，一般规定 Q 表示触发器的状态，即 $Q=1$、$\overline{Q}=0$ 时，称触发器处于"1"态；$Q=0$、$\overline{Q}=1$ 时，称触发器处于"0"态。下面以图 3-8 为例分四种输入情况来讨论基本 *R-S* 触发器的工作过程。

由其功能表 3-3 可知，当 $R=0$、$S=1$ 时，$Q=1$、$\overline{Q}=0$；当 $R=1$、$S=0$ 时，$Q=0$、$\overline{Q}=1$；当 $R=0$、$S=0$ 时，触发器将保持原有状态不变；当 $R=1$、$S=1$ 时，$Q=\overline{Q}=0$，破坏了触发器 Q 和 $\overline{Q}$ 的互补关系，若此时 R、S 同时产生负跳变，即同时由"1"变"0"，则触发器的状态将不确定。因此，在使用基本 *R-S* 触发器时，应加入约束条件 $RS=0$（即 S 和 R 不能同时为 1）来避免出现触发器状态不确定的情况。

一般将基本 *R-S* 触发器的 R 端称为置"0"端（Reset），S 端称为置"1"端（Set）。

表 3-3 所示的功能所反映的是输入与输出之间的关系，如果要描述触发器次态与现态及输入之间的关系，则必须采用次态真值表。由于触发器的输出变化是由输入 S 和 R 的变化直接引起的，因此，次态真值表中 S 及 R 的取值必须被认为是由其他取值变化过来的，也就是说，次态真值表反映的只是输入发生变化后，输出的变化规律。

注意到触发器在正常使用时，两个输出端的互补关系（不允许同时为 0 或为 1）。仍以图 3-8 为例，可得到基本 *R-S* 触发器的次态真值表见表 3-4。表中第五行有输入 $SR=10$ 现态 $Q=0$，按照功能表当 $SR=10$ 时，输出 Q 不可能为 0，而按照次态真值表，输入 $SR=10$ 表示 SR 由其他值变化过来，在变化前输出 Q 为 0，变化后，即 SR 已变成 10 时，输出应变成次态值 1。表 3-5 是次态真值表 3-4 的简化形式。

表 3-4　基本 *R-S* 触发器的次态真值表

S	R	Q^n	Q^{n+1}
0	0	0	0
0	0	1	1
0	1	0	0
0	1	1	0
1	0	0	1
1	0	1	1
1	1	0	ϕ
1	1	1	ϕ

表 3-5　基本 *R-S* 触发器简化次态真值表

R	S	Q^{n+1}
0	0	Q^n
0	1	1
1	0	0
1	1	ϕ

由次态真值表可得到次态卡诺图，见图 3-9。

由次态卡诺图可得到基本 *R-S* 触发器的次态方程为

$$Q^{n+1} = S + \overline{R}Q^n$$

约束条件为

$$S \cdot R = 0$$

基本 *R-S* 触发器的逻辑符号如图 3-10。

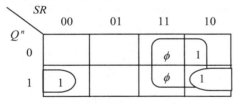

图 3-9　基本 *R-S* 触发器次态卡诺图

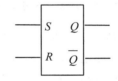

图 3-10　基本 *R-S* 触发器逻辑符号

2. 基本 $\overline{R}$-$\overline{S}$ 触发器

$\overline{R}$-$\overline{S}$ 触发器是由与非门构成的具有低电平有效置位及复位输入端的电路，如图 3-11 所示。

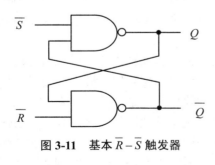

图 3-11　基本 $\overline{R}-\overline{S}$ 触发器

表 3-6　$\overline{R}$-$\overline{S}$ 触发器功能表

$\overline{R}$	$\overline{S}$	Q	$\overline{Q}$	功能说明
0	0	$\times$	$\times$	不定
0	1	0	1	置 0
1	0	1	0	置 1
1	1	Q	$\overline{Q}$	保持

它与 *R-S* 触发器有两个主要区别：

（1）$\overline{R}$、$\overline{S}$ 端都是低电平有效，因此，当 $\overline{R}=\overline{S}=1$ 时，触发器输出状态保持不变；

（2）当 $\overline{R}$、$\overline{S}$ 端同时有效时，$Q=\overline{Q}=1$，破坏了触发器 Q 和 $\overline{Q}$ 的互补关系，若此时 R、S 同时产生正跳变，即同时由"0"变"1"，则触发器的状态将不确定。因此，使用时应加入约束条件 $\overline{R}+\overline{S}=1$（即 $\overline{R}$、$\overline{S}$ 端不能同时为 0）来避免出现触发器状态不确定的情况。

因此，它的次态方程为

$$Q^{n+1} = S + \overline{R}Q^n$$

约束条件为

$$\overline{R} + \overline{S} = 1$$

基本 R-S 触发器电路简单，是其他类型触发器的基本组成单元，此外在计算机测控系统中广泛用于消除机械开关的抖动。由于机械触点存在弹性，这就决定了当它们合上的时候，会产生反弹的问题，反映在电信号上是一些不规则的脉冲信号。如果希望合上开关时电路输出就为低电平以便与其他电路连接，就须在电路上加以改进。由于基本 R-S 触发器具有连续出现多个置 1 或置 0 信号时，只有第一个置 1 或置 0 信号使触发器状态发生翻转的特点（如图 3-12 所示），所以可以将它用于机械触点信号的脉冲整形，如图 3-13 所示。

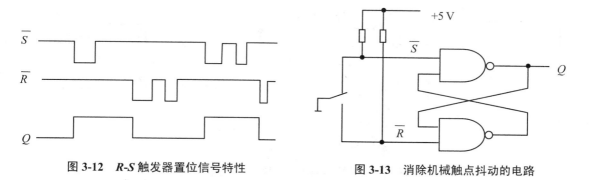

图 3-12　R-S 触发器置位信号特性　　　　图 3-13　消除机械触点抖动的电路

3. 钟控 R-S 触发器

基本 R-S 触发器的输入端信号在任何时刻都影响输出，而在实际数字系统中，为了协调各部分的工作状态，常常要求触发器按一定的时间节拍工作，这就需要用时钟脉冲信号 CP（Clock Pulse）进行控制，即当 CP 信号有效时，输入才影响输出。带时钟脉冲 CP 的基本 R-S 触发器称为时钟控制 R-S 触发器，简称钟控 R-S 触发器，其电路图及逻辑符号见图 3-14。

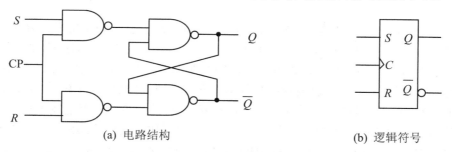

(a) 电路结构　　　　　　　　　　　　(b) 逻辑符号

图 3-14　钟控 R-S 触发器电路结构及逻辑符号

从图 3-14（a）钟控 R-S 触发器的电路结构可以看出，在 CP=0 时，S、R 取某定值；当

CP 由 0 变为 1 时，输出由现态 Q 变成次态 Q^{n+1}，在 CP $=1$ 期间，如果 S、R 变化，也会导致输出由 Q 变为 Q^{n+1}。所以，钟控 R-S 触发器的次态方程与基本 RS 触发器相同，也是 $Q^{n+1} = S + \overline{R}Q^n$，约束条件也是 $S \cdot R = 0$，即如果 S 与 R 同时等于 1，当 CP 由 1 变至 0 时，次态是不确定的，因此必须避免 S 与 R 同时等于 1 这种情况出现。

3.2.2　D 触发器

1. 钟控 D 触发器

R-S 触发器使用置位（S）、复位（R）两根输入线控制触发器的置 1、置 0 状态。实际工作中经常需要简单地触发一位二进制数，这时应用 D 触发器就更方便些。

用钟控 R-S 触发器及一个非门（反相器）就可以构成钟控 D 触发器，见图 3-15。若隐含 CP=1 的因素，有 $S=D$，$R=\overline{D}$，因此避免了 S、R 同时为 1 的情况。D 触发器的次态真值表见表 3-7。

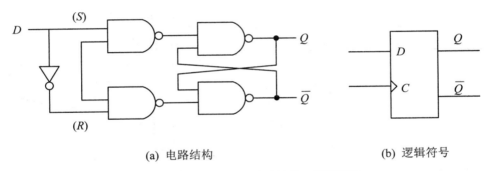

(a) 电路结构　　　　　　　　　　　　(b) 逻辑符号

图 3-15　钟控 D 触发器电路结构及逻辑符号

显然，钟控 D 触发器的次态方程为

$$Q^{n+1} = S + \overline{R}Q^n = D$$

由于钟控 D 触发器的次态（下一个状态）始终和输入端 D 一致，因此，常常称其为延迟（Delay）触发器。

上述钟控 R-S 触发器和 D 触发器的触发方式均为电位触发（或电平触发）。所谓电位触发，是指触发器的时钟信号 CP 为规定的逻辑电平时，输入信号才能被触发器接收并导致输出状态的变化；而当时钟信号为非规定逻辑电位时，触发器不接收输入信号且状态维持不变。这类触发器又称为电位触发器。电位触发器接收数据的条件是同步控制信号 CP 为约定的逻辑电位。在使用时要求 CP 脉冲有效期间，输入信号稳定不变，否则将会使触发器的输出状态产生错误。这一特性使得触发器的抗干扰能力大大降低，因此不宜用作计数器等部件。

电位触发器在 CP=1 的整个期间都接收输入信号的变化，若输入信号变化多次，则触发器的状态也随之多次翻转，通常把在同一 CP 脉冲下触发器发生两次或多次翻转的现象称为空翻。图 3-16 给出了一个钟控 D 触发器的空翻现象。

表 3-7　钟控 D 触发器次态真值表

CP	D	Q^{n+1}
0	ϕ	Q^n
1	0	0
1	1	1

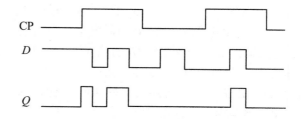

图 3-16　钟控 D 触发器的空翻现象

2. 边沿触发的 D 触发器

边沿触发器是指在控制信号（CP）的有效边沿时接收输入数据，而在 CP=0 及 CP=1 时不接收信号，输出不会产生错误动作。

有效边沿分为两种：一种是上升沿（又称前沿或正沿）；另一种是下降沿（又称后沿或负沿）。常见的边沿触发器有维持阻塞型触发器（如正沿 D 触发器）、传输迟延实现的边沿触发器（如负沿触发的 J-K 触发器）、CMOS 边沿触发器等。随着 CMOS 器件的广泛使用，实际应用中大都采用 CMOS 边沿触发器。

前沿触发的 D 触发器是在控制端 CP 脉冲的上升沿输出发生变化。此类触发器又称维持阻塞结构 D 触发器，简称 D 触发器，电路结构见图 3-17。其中非同步输入端 $\overline{S_d}$ 称为预置端(Preset)、$\overline{R_d}$ 称为清除端(Clear)，它们能将 D 触发器强制置 1 或置 0 状态而与 CP 及输入 D 无关。

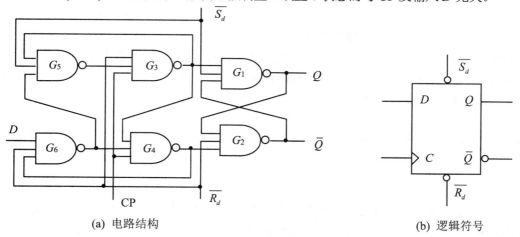

(a) 电路结构　　　　　　　　　　　　　　　　(b) 逻辑符号

图 3-17　D 触发器电路结构及逻辑符号

下面分析 D 触发器的工作原理。

（1）当 CP=0 时，门 G_3 和 G_4 的输出为 1，G_1 和 G_2 构成的 $\overline{R}$-$\overline{S}$ 触发器保持原状态。

（2）假设 D=0。由于 D=0，门 G_6 输出为 1，G_5 输出为 0。当 CP 从 0 变为 1，即 CP 从低电平变为高电平时，就使门 G_3 输出为 1，G_4 输出为 0，最终触发器输出 Q 为 0。

当 CP 固定为 1 时，由于将门 G_4 的输出低电平反馈到门 G_6 的输入端，就决定了即使输入 D 发生变化，触发器输出也不会随之变化。所以从门 G_4 的输出到门 G_6 的输入端的这根反馈线起了保持的作用，通常将其称为置"0"维持线。从门 G_6 的输出到门 G_5 的输入端的这根线阻止了触发器输出 1，因此将其称为置"1"阻塞线。

（3）假设 $D=1$。由于 $D=1$，而在 CP $=0$ 时，G_3，G_4 两个门的输出皆为 1，则门 G_6 输出为 0，而 G_5 输出为 1。当 CP 由低电平变为高电平时，致使门 G_3 输出为 0，G_4 输出为 1，同时门 G_3 的输出低电平反馈到 G_5 的输入端，将门 G_5 封锁住，即封锁了输入信号 D 对输出的影响，维持了触发器输出 1，因此称这根线为置"1"维持线；门 G_3 的输出 0 信号同时也引到 G_4 的输入端，使 G_4 在 CP $=1$ 期间保持高电平不变，起到阻止 G_4 变化的作用，所以这根线也被称为置"0"阻塞线。这就是"维持阻塞"名称的由来，它的波形图（通常称为时序图）如图 3-18 所示，次态真值表见表 3-8。

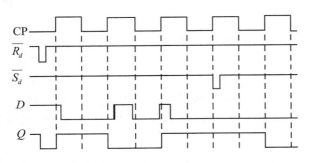

图 3-18　维持阻塞 D 触发器波形图

表 3-8　维持阻塞 D 触发器次态真值表

$\overline{S_d}$	$\overline{R_d}$	CP	D	Q^{n+1}
0	1	ϕ	ϕ	1
1	0	ϕ	ϕ	0
1	1	$\uparrow$	1	1
1	1	$\uparrow$	0	0
1	1	0	ϕ	Q^n

显然维持阻塞 D 触发器的次态方程为

$$Q^{n+1} = D$$

从上述分析可以看出，维持阻塞 D 触发器是一种前沿触发的边沿触发器，它保证了触发器的状态在时钟脉冲的一个作用周期只变化一次。维持阻塞 D 触发器不存在对输入的约束问题，克服了空翻现象，在时钟作用期间有维持阻塞作用，抗干扰能力强，可实现寄存、移位、计数等功能。但它只有 1 个输入端，某些情况下应用不方便。

3.2.3　J-K 触发器

1. 主从 R-S 触发器

顾名思义，主从触发器是由主触发器和从触发器两部分构成的。图 3-19（a）是用两个带使能端（CP 端）的 R-S 触发器构成的主从 R-S 触发器，主触发器和从触发器的使能端受一组互补脉冲控制。当触发信号 CP 上跳（上升沿）时，主触发器打开，从触发器被封锁保持输出不变，R、S 的状态决定主触发器的状态。当触发信号 CP 下跳（下降沿）时，主触发器被封锁并保持输出状态不变，从触发器打开并接收主触发器的状态，从而引起输出状态发生变化。也就是说，主从触发器的状态翻转是在 CP 脉冲下降沿进行的。

由于门电路传输延迟时间的影响，为保证能稳定地将 S、R 状态记入主从触发器，要求在触发脉冲下降沿到达前一段时间，S、R 值稳定。

由于主从触发器的输出状态在触发脉冲上升沿时并不马上改变，因此在逻辑符号的输出端应加输出限定符号"¬"表示延迟输出，如图 3-19（b）。此外，主从触发器虽然是在触发信号的下降沿改变输出状态，但它并不是后沿触发的边沿触发器。主从 R-S 触发器的次态真值表及次态方程与钟控 *R-S* 触发器相同。

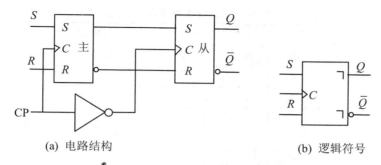

(a) 电路结构　　　　　　　　　(b) 逻辑符号

图 3-19　主从 *R-S* 触发器结构及逻辑符号

2. 主从 *J-K* 触发器

主从 *R-S* 触发器使用过程中不允许 *S*、*R* 输入同时有效，这给应用带来不便。*J-K* 触发器利用输出端 Q 及 $\bar{Q}$ 互补的特性，将输入 *J*、*K* 先分别同 Q 及 $\bar{Q}$ 相与后再输入到主触发器的 S 及 R 输入端，从而保证主触发器的 S 及 R 端不会同时有效，如图 3-20（a）。图 3-20（b）为主从 *J-K* 触发器的逻辑符号。

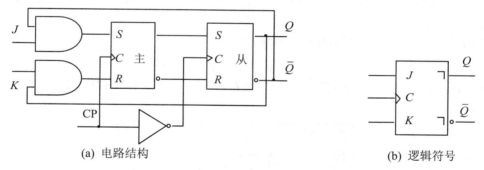

(a) 电路结构　　　　　　　　　(b) 逻辑符号

图 3-20　主从 *J-K* 触发器结构及逻辑符号

当 CP=1 时，输入端 *J*、*K* 的状态传送到主触发器，由于从触发器的控制端为低电平，从触发器状态保持不变。

当 CP 由 1 变为 0 时，因 CP = 0，输入端 *J*、*K* 的状态不能进入主触发器；而从触发器的控制端由 0 变为 1，从而将主触发器的输出状态输入进从触发器，使从触发器的状态等于主触发器的输出状态。

由逻辑结构图还可以分析出 *J-K* 触发器的有关特性。如当 *J*=*K*=0 时，触发器处于保持状态；而当 *J*=*K*=1 时，$Q^{n+1}=\bar{Q}$，触发器具有计数功能。其次态真值表见表 3-9。

由表 3-9 得 *J-K* 触发器的次态方程为

$$Q^{n+1} = J\overline{Q^n} + \overline{K}Q^n$$

为使触发器稳定工作，要求触发脉冲的最小宽度需大于主触发器的状态转换稳定时间，即大于 2 个门的传输延迟时间；触发脉冲的时间间隔（即触发脉冲 0 电平的持续时间）要大于 4 个门的传输时间。与主从 *R-S* 触发器一样，在触发脉冲后沿到达前一段时间，输入 *J*、*K*

信号值应持续不变。

表 3-9   主从 J-K 触发器次态真值表

J	K	Q^n	Q^{n+1}	功能描述
0	0	0	0	保持
0	0	1	1	
0	1	0	0	置0
0	1	1	0	
1	0	0	1	置1
1	0	1	1	
1	1	0	1	翻转
1	1	1	0	

3. 边沿触发的 J-K 触发器

主从结构的 J-K 触发器存在一次翻转现象，要求在时钟脉冲 CP 的下降沿到来之前，输入端 J、K 必须稳定较长时间，以便输入的变化能传送到主触发器的输出。边沿触发的 J-K 触发器类似于 D 触发器，也要求有建立时间和保持时间，但其建立时间较主从结构的 J-K 触发器短，因此应用更为广泛。

比较 D 触发器和 J-K 触发器的次态方程，令

$$D = J\overline{Q^n} + \overline{K}Q^n$$

就可得到用 D 触发器构成的边沿触发的 J-K 触发器的等价电路如图 3-21。其次态真值表见表 3-10。

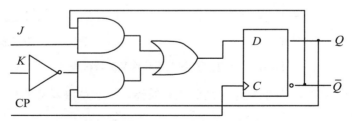

图 3-21   用 D 触发器构成的边沿触发 J-K 触发器电路

表 3-10   边沿 J-K 触发器次态真值表

J	K	CP	Q^{n+1}
∅	∅	0	保持
∅	∅	1	保持
0	0	↑	保持
0	1	↑	0
1	0	↑	1
1	1	↑	翻转

J-K 触发器常用于同步时序电路中，不过大部分时序电路采用的是 D 触发器，这是由于 D

触发器只需一个数据输入端，使得设计出的电路更加简单。因此，在大多数可编程逻辑器件 (PLD) 中，包含的只有 D 触发器。

3.2.4　T 触发器

T 触发器是将 J-K 触发器的两个输入端 J、K 连接在一起，并用字母 T 来表示构成的，因此可以很容易的导出其次态方程为

$$Q^{n+1} = T\overline{Q^n} + \overline{T}Q^n$$

根据上述次态方程，做出 T 触发器的次态真值表如表 3-11。

从表 3-11 可以看出，T 触发器的功能为：当输入端 T 为 1 时，每来一个时钟（控制）脉冲 CP，输出就翻转一次，相当于一个二进制计数器。因此，T 触发器又称为计数触发器。

T 触发器的 T 端实际是一个控制端，只有在 $T=1$ 时，触发器 T 才处于计数状态。因此特别适用于 $T=1$ 时计数、$T=0$ 时停止计数并保持以前计数结果的场合。此外，T 触发器还广泛用于构成计数器及分频器。

图 3-22 是 T 触发器的两种逻辑符号。

表 3-11　T 触发器的次态真值表

T	Q^n	Q^{n+1}	功能描述
0	0	0	保持
0	1	1	
1	0	1	翻转
1	1	0	

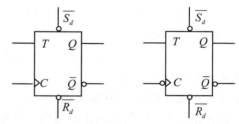

图 3-22　T 触发器的两种逻辑符号

3.2.5　触发器的功能变换

在集成触发器中，使用较广的主要是 D 触发器和 J-K 触发器，但有时需要将一种类型的触发器转换为其他类型的触发器。不同类型触发器相互转换的模型可用图 3-23 来描述。

1. D 触发器变换为 T 触发器

T 触发器的次态方程为

$$Q^{n+1} = T\overline{Q^n} + \overline{T}Q^n$$

D 触发器的次态方程为

$$Q^{n+1} = D$$

因此转换电路的逻辑式为

$$D = T\overline{Q^n} + \overline{T}Q^n$$

转换的逻辑电路如图 3-24 所示。

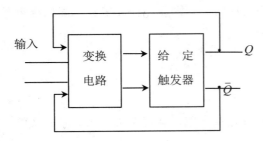

图 3-23　触发器功能变换模型

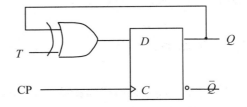

图 3-24　D 触发器变换为 T 触发器的电路

2. J-K 触发器变换为 T 触发器

J-K 触发器的次态方程为

$$Q^{n+1} = J\overline{Q^n} + \overline{K}Q^n$$

比较两个触发器的次态方程可得转换电路的逻辑式为

$$T = J = K$$

由此得转换逻辑电路如图 3-25 所示。

3. D 触发器转换为 J-K 触发器

要用 D 触发器实现 J-K 触发器的功能，只须找出转换电路的逻辑功能就行了，根据两个触发器的特征方程可得到

$$D = J\overline{Q^n} + \overline{K}Q^n$$

转换电路如图 3-21 所示。

4. J-K 触发器转换为 D 触发器

D 触发器和 J-K 触发器的输出与输入关系可用表 3-12 所示的激励表表示。

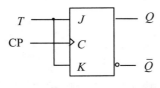

图 3-25　J-K 触发器到 T 触发器的转换电路

表 3-12　D 触发器和 J-K 触发器的激励表

Q^n	Q^{n+1}	D	J	K
0	0	0	0	×
0	1	1	1	×
1	0	0	×	1
1	1	1	×	0

根据上表可写出 J-K 与 D、Q 的关系如下，电路结构如图 3-26 所示。

$$J = D \qquad\qquad K = \overline{D}$$

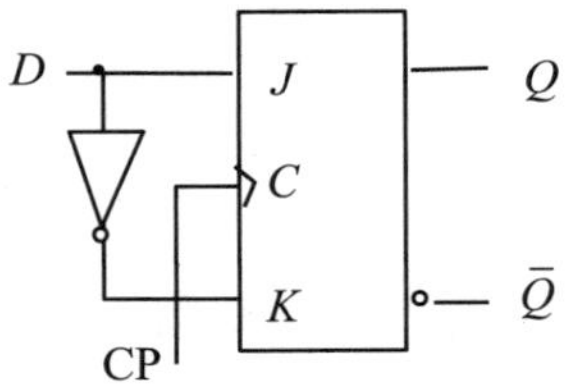

图 3-26　J-K 触发器到 D 触发器的转换电路

3.3　同步时序逻辑电路的分析

3.3.1　同步时序逻辑电路的分析方法

同步时序逻辑电路又称为时钟同步时序逻辑电路,是以触发器状态为标志的,所以有时又称为时钟同步状态机,简称状态机。它的状态存储电路是触发器,时钟输入信号连接到所有触发器的时钟控制端。这种状态机仅在时钟信号的有效触发边沿才改变状态,即同步改变状态。同步时序电路的一般模型如图 3-2 所示。

时序逻辑电路的分析是根据逻辑电路图,得到反映时序逻辑电路工作特性的状态表及状态图,有了状态表及状态图就可得到电路在某个输入序列下所产生的输出序列,进而理解电路的逻辑功能。同步时序电路是由组合电路和存储电路构成的,它的存储电路是触发器,触发器的特性是已知的,如果能分析出组合电路的功能,则时序电路的功能就可知道。因此分析工作首先从组合逻辑的分析着手,一般步骤如下:

(1) 列出激励函数及输出函数表达式,其中:

激励函数=G(输入,现态)

Mealy 型输出=F(输入,现态)

Moore 型输出=F(现态)

(2) 根据触发器的次态方程得到各个状态变量的次态方程。

次态=Q(输入,现态)

(3) 根据状态变量的次态方程填写二进制状态表。

(4) 根据输出表达式填写输出值的二进制状态表,从而得到二进制状态输出表。

(5) 每一个状态分配一个字母状态名,从而得到状态输出表。此状态表通常比二进制状态表更容易理解,这是因为在复杂的状态中,状态名具有一定的含义,而且由于状态表不能指出每一个状态变量的二进制值,因此该状态输出表所包含的信息少于二进制状态表。

(6) 根据状态输出表,画出状态图。

(7) 电路特性描述,确定电路的逻辑功能。

通常用状态图及状态表就能反映出电路工作的特性。但在实际应用中,各个输入、输出线都有一定的物理含义。为此应结合这些物理量的含义进一步说明线路的具体功能。有时需要画出典型时序图以说明时钟与输入、输出及内部变量之间的时间关系。

下面结合实例,对上述步骤作具体说明。

3.3.2　同步时序逻辑电路的分析举例

例 3.1　分析图 3-27 所示电路的特性。

解　从电路图可以看出，该电路的输出不仅与现态有关，而且与输入有关，因此属 Mealy 型时序电路。将电路的逻辑划分为输入逻辑、状态逻辑（触发器的次态、现态）及输出逻辑三部分，并确定激励信号线及现态信号线，标注在图上。分析步骤如下：

（1）列出激励函数及输出函数表达式。

$$D_0 = X\overline{Q_1} + \overline{X}\ \overline{Q_0}$$

$$D_1 = \overline{X}Q_0 + Q_1\overline{Q_0}$$

$$Z = XQ_1Q_0$$

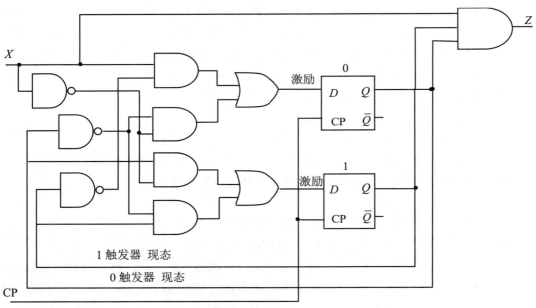

图 3-27　例 3.1 电路

（2）写出各状态变量的次态方程。由 D 触发器的次态方程 $Q^{n+1}=D$ 可得

$$Q_0^{n+1}=D_0$$
$$Q_1^{n+1}=D_1$$

代入 D_0、D_1 表达式得

$$Q_0^{n+1} = X\overline{Q_1} + \overline{X}\ \overline{Q_0}$$
$$Q_1^{n+1} = \overline{X}Q_0 + Q_1\overline{Q_0}$$

（3）填写二进制状态表，见表 3-13。

（4）填写二进制状态输出表，见表 3-14。

表 3-13　例 3.1 的二进制状态表

状态 Q_1Q_0 ＼ 输入	0	1
00	01	01
01	10	10
10	11	10
11	11	01

表 3-14　例 3.1 的二进制状态输出表

输出 Q_1Q_0 ＼ 输入	0	1
00	0	0
01	0	0
10	0	0
11	0	1

（5）写出状态输出表。设定 00=A，01=B，10=C，11=D，则可得到状态输出表如表 3-15。其中右边两列中 B、C、D 表示次态，表中左列 A、B、C、D 表示现态。

（6）根据状态输出表画出状态图，见图 3-28。

表 3-15　例 3.1 的状态输出表

状态 Q_1Q_0 ＼ 输入		0	1
A	00	B/0	B/0
B	01	C/0	C/0
C	10	D/0	C/0
D	11	D/0	B/1

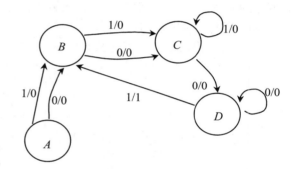

图 3-28　例 3.1 状态图

（7）电路特性描述。由状态图可看出，电路功能为：当输入出现"10"或"00"后，再输入"1"时，输出为 1，换句话说，就是对输入 10 和 00 进行鉴别，直到输入 1 结束。为了进一步说明电路特性，做出时间序列图。假设初态为 A，输入 X=10110010，按照状态图可列出状态响应序列如下：

时钟节拍	1	2	3	4	5	6	7	8
X	1	0	1	1	0	0	1	0
现态 S^n	A	B	C	C	C	D	D	B
次态 S^{n+1}	B	C	C	C	D	D	B	C
Z	0	0	0	0	0	0	1	0

注意：上一节拍的次态是本节拍的现态。

在上述分析中，没有考虑触发器是前沿触发还是后沿触发，也没有考虑输入是脉冲还是电平。读者可根据逻辑电路中所用的触发器类型及输入信号说明，按照上述状态响应序列画出时序波形图。

例 3.2　分析图 3-29 所示电路。

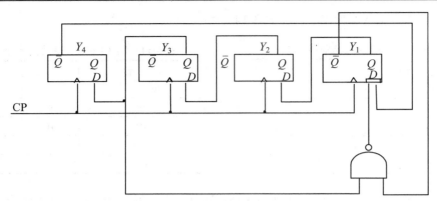

图 3-29　例 3.2 电路

解　从逻辑图可以看出，该电路由 Y_1、Y_2、Y_3、Y_4 4 个 D 触发器及一个与非门组成。时钟脉冲同时加在 4 个触发器上，无输入信号，输出为触发器的状态变量，因此，该电路属于 Moore 型同步时序电路。

（1）列出激励函数表达式。

$$D_4=Q_3$$
$$D_3=Q_2$$
$$D_2=Q_1$$
$$D_1 = \overline{\overline{Q_4}\ \overline{Q_3\overline{Q_1}}}$$

（2）列出状态变量的次态方程。

$$Q_4^{n+1}=D_4=Q_3$$
$$Q_3^{n+1}=D_3=Q_2$$
$$Q_2^{n+1}=D_2=Q_1$$
$$Q_1^{n+1} = D_1 = \overline{\overline{Q_4}\ \overline{Q_3\overline{Q_1}}}$$

（3）列出电路次态真值表，表的左边为现态，右边为次态，如表 3-16 所示。

表 3-16　例 3.2 次态真值表

Q_4^n	Q_3^n	Q_2^n	Q_1^n	Q_4^{n+1}	Q_3^{n+1}	Q_2^{n+1}	Q_1^{n+1}
0	0	0	0	0	0	0	1
0	0	0	1	0	0	1	1
0	0	1	0	0	1	0	1
0	0	1	1	0	1	1	1
0	1	0	0	1	0	0	0
0	1	0	1	1	0	1	1
0	1	1	0	1	1	0	0
0	1	1	1	1	1	1	1
1	0	0	0	0	0	0	0
1	0	0	1	0	0	1	0
1	0	1	0	0	1	0	0
1	0	1	1	0	1	1	0
1	1	0	0	1	0	0	0
1	1	0	1	1	0	1	0
1	1	1	0	1	1	0	0
1	1	1	1	1	1	1	0

（4）列出状态表及状态图。

设状态 $\quad\quad 0000=a_0, \quad\quad\quad 0001=a_1$

$\quad\quad\quad\quad 0010=a_2, \quad\quad\quad 0011=a_3$

$\quad\quad\quad\quad\quad \vdots \quad\quad\quad\quad\quad\quad \vdots$

$\quad\quad\quad\quad 1110=a_{14}, \quad\quad 1111=a_{15}$

代入图 3-16，得状态表 3-17。由表 3-17，可画出状态图，如图 3-30 所示。

表 3-17 例 3.2 状态表

$Q_4{}^nQ_3{}^nQ_2{}^nQ_1{}^n$	a_0	a_1	a_2	a_3	a_4	a_5	a_6	a_7	a_8	a_9	a_{10}	a_{11}	a_{12}	a_{13}	a_{14}	a_{15}
$Q_4{}^{n+1}Q_3{}^{n+1}Q_2{}^{n+1}Q_1{}^{n+1}$	a_1	a_3	a_5	a_7	a_8	a_{11}	a_{12}	a_{15}	a_0	a_2	a_4	a_6	a_8	a_{10}	a_{12}	a_{14}

（5）电路特性描述。由状态图（图 3-30）可以看出，该电路共有 16 个状态，只要电路的初始态为状态图闭合环中某一状态，在时钟脉冲作用下，电路将按箭头所指方向在闭合环中 8 个状态间循环。这类似于一个模 8 计数器，时钟脉冲便是计数信号，这 8 个状态称为"有效序列"。在闭环以外的 8 个状态称为"无效序列"，如果由于某种因素，如加电初始时，或其他外界异常因素使电路处于"无效序列"中某一状态，则在时钟脉冲作用下，经过若干脉冲，电路将进入有效序列。

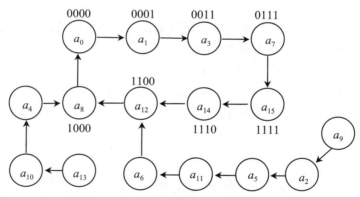

图 3-30 例 3.2 状态图

有效序列中状态的变化是：

$$0000 \rightarrow 0001 \rightarrow 0011 \rightarrow 0111$$

$$\uparrow \quad\quad\quad\quad\quad\quad\quad\quad \downarrow$$

$$1000 \leftarrow 1100 \leftarrow 1110 \leftarrow 1111$$

即

$$a_0 \rightarrow a_1 \rightarrow a_3 \rightarrow a_7 \rightarrow a_{15} \rightarrow a_{14} \rightarrow a_{12} \rightarrow a_8 \rightarrow a_0$$

可以看出，任意相邻状态之间仅有一位不同，因此它的计数编码属于 Gray 码的一种(称为步进码)。由于电路按 Gray 码编码方式对时钟脉冲进行计数，这种电路称为 Gray 码计数器或称为 Johanson 计数器。

从相邻状态变化规律可以发现，在时钟脉冲序列作用下，四位触发器的状态不断向左移动，唯有最高位 Q_4 是反向后再移到最低位 Q_1。因此，此电路又称为"扭环移位寄存器"。因该电路能从无效序列自动进入有效序列，因此也称为"自恢复扭环移位寄存器"。

如果将图 3-29 中的与非门取消(亦即取消 D_{12} 输入)，此时 Y_1 触发器 $D_1=D_{11}=\overline{Q_4}$，这时电路就成了单纯的扭环移位寄存器，它的状态图如图 3-31 所示。

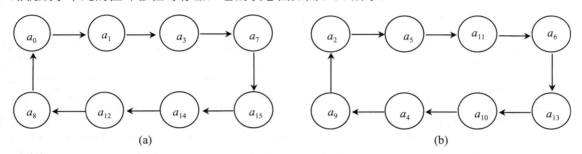

图 3-31　扭环移位寄存器状态图

图 3-31（a）中的状态循环符合 Gray 码编码规则，故为有效序列；图 3-31（b）中状态循环为无效序列。由于无效序列也是一个独立的闭合环，如果某种原因使电路进入无效序列，则电路无法自动进入有效序列，这种现象称为"挂起"。为防止电路处于"挂起"，只有采取强制措施。如在电路加电初始化时，对触发器强制置位或复位使之处于有效序列状态之一。

从上述分析可以看出，图 3-29 电路之所以有自恢复功能，是由于该电路中有与非门产生 D_{12} 的控制门，与此有关的控制线路称为"校正网络"。

由以上的两个例子可以看出，同步时序电路分析的关键，是要找出反映电路状态变化规律的状态表或状态图，据此，电路的逻辑功能特性就能描述出来。

在仅给出逻辑电路图，对电路功能未能理解的情况下，同步时序电路的分析方法可以帮助我们分析出电路特性。这在实际工作中是非常有用的。

3.4　同步时序逻辑电路的设计

在进行同步时序电路设计时，首先应根据文字描述的功能要求，建立时序电路的原始状态图和状态表，然后对原始的状态表加以化简，最后选择合适的集成电路器件或根据给定的集成电路器件来实现状态表，从而达到电路设计目的。需要强调指出的是，同步时序逻辑电路设计中，所有触发器的时钟输入均由一个公共的时钟脉冲所驱动（即同步时序）。

时序电路的设计是一个比较复杂的问题，虽然同步时序电路的设计在许多方面已有较为完善的方法可以遵循，但在某些方面（如状态化简，状态分配等）还没有完全成熟的方法，需要靠设计者的经验或从大量方法中进行比较选择。本章尽可能系统化介绍同步时序电路设计的主要步骤和方法，并通过一些例子来做进一步说明。

值得一提的是，目前中、大规模集成电路种类很多，通过对文字描述的逻辑功能要求做一定的分析，有时不必按照本章介绍的步骤一一套用，而是灵活地应用其中的一些思想及方法，就可以设计出简单、实用、可靠性高的电路。

从设计系统化的角度出发，同步时序电路的设计可归结为建立原始状态表、状态化简、状态分配（或称状态编码）、选择触发器类型、确定激励函数和输出函数、画出逻辑图、检查逻辑电路的功能等步骤。

1. 建立原始状态表

从文字描述的逻辑功能要求（命题），按照输入、输出及内部状态，形成原始状态图或原始状态表。表中所有的状态名都采用字母符号表示，并允许包含多余状态。

2. 状态化简

在不改变电路外部特性的情况下，应用状态化简技术，消去原始状态表中的多余状态，从而得到最小化状态表。

3. 状态分配

根据最小化状态表中的状态数，选择一套状态变量（每个状态变量对应一个触发器），并且给每个状态名分配一组状态变量的组合，从而得到二进制状态表。不同的分配方案，设计出电路的内部结构不同，合理的状态分配方案可设计出更为简单的电路。

4. 选择触发器类型

通常在开始设计时，已经初步选择了触发器。但这一步是最后确定最合适的触发器的类型。同一状态表选用不同类型的触发器，得到的电路复杂程度也不同。

5. 确定激励函数和输出函数

根据二进制状态表和被选用触发器的激励表，可得到激励函数和输出函数。

6. 画出逻辑图

根据激励函数和输出函数表达式，可画出逻辑电路图。

7. 检查逻辑电路的功能

注意：如果在所设计的电路中，状态变量（触发器）所能表示的状态多于该电路所需状态，就需对电路处于多余状态时是否被挂起进行检验。如有挂起现象，则还需在电路中加上校正网络，使其能自动转换到有效序列，以避免出现多余状态的死循环。

上述各步骤中，第一步是最重要的，这一步要完成从文字描述到逻辑符号描述的转换，在此步骤中经验、直觉和预见起着重要作用。但作为设计人员首要关心的是对于电路内部动作的描述必须是完整的、无二义性的。一旦完成了这步转换，下面的步骤就可用较为完善的设计方法进行，通常设计人员的首要任务是选择合理的设计方案。最佳设计这一概念，是随着设计要求及使用的环境不同而不同（即没有绝对意义的最佳）。但无论如何，所用触发器和门的数目最少、没有挂起现象总是衡量一个好的设计方案的首要指标。当使用可编程逻辑器件（PLD）进行设计时，大部分设计工作是由软件完成的，此时设计者的主要工作在于完成逻辑问题的转换以及对设计的结果进行判断和修正。

以上是同步时序电路设计的一般步骤。对于一些典型的或选用 MSI 芯片的电路设计，由于状态数、状态编码和触发器类型已给定，设计步骤将简化。下面就一般情况，通过具体例子说明设计的各个步骤。

3.4.1 建立原始状态表

建立原始状态表是同步时序电路设计过程中最重要的一步,整个过程是一个创造过程,它类似于编写计算机程序一样,有多种可能的方法。通常在建立原始状态表时应有下列考虑:

(1) 在文字描述中,关于输入、输出的描述往往是相当精确的,但它们之间关系的描述很有可能是模糊的,通常没有关于如何从输入获得输出的描述;

(2) 设计者有可能不得不识别和处理那些未包含在原始描述中的特殊情况;

(3) 由于设计过程不是一个代数求解过程,因而不能保证完成的状态表具有确定数量的状态;

(4) 如果不能保证电路在每一次工作时表现正常,则设计者必须对整个过程重新修改。

建立原始状态表的关键是要解决以下三个问题:① 所描述的电路应包括几个状态;② 状态之间是如何进行转换的;③ 输出情况怎样。

上述三个问题的解决是互相联系的,至今还没有一种系统算法,往往要用试凑法、枚举法逐步确定。工作的重点是要保证完整性和无二义性,即确保逻辑功能的正确性,而不必过于注意是否有多余状态。也就是说,如果对是否产生一个新的状态把握不准,那么就认为应该增加一个新的状态。这里的状态可理解为软件中的模块,是可以分解和合并的。

目前所采用的方法一般都是直观的经验法,常用的有直接构图(表)法、信号序列法、正则表达式法及 SM(时序机流程)图法,其中后两种方法有较强的规律可循,但仍需要设计者的经验和技巧。下面介绍比较简洁也实用的直接构图(表)法。

直接构图法的基本思想是:根据文字描述的设计要求,先假设一个初始状态,然后从这个初态出发,每加入一个输入就确定其次态,该次态可能是现态本身,或另一个已有的状态,或新增加的状态。不断重复这个过程,直至每一个现态向次态的转换都已被确定且不再产生新的状态。

原始状态表中的状态名通常为字符,可由设计者任意选取。为了便于进行正确性及完整性检查,在建立原始状态表的过程中,各个状态名最好用能直接反映该状态所代表的含义的英语单词或拼音表示。

由于状态图比状态表更直观,因此一般先导出状态图。但对于较明确的问题,则常常是直接写出状态表。

例 3.3 要设计一个五进制可逆计数器,当输入 X 为 0 时,进行加 1 计数;X 为 1 时,进行减 1 计数。试建立其原始状态表。

解 由题意可知,状态数已知是 5 个,假设状态名为 S_i(i=0, 1, …, 4),分别表示 0~4 共 5 个计数值,则可直接写出原始状态表,见表 3-18。

　　例 3.4　一个 "1101" 序列检测器，当输入 X 连续出现 "1101" 或在出现 "1101" 后，X 一直保持为 1 时，输出 $Z=1$；否则，输出 $Z=0$。

　　解　设初态 S_0 为未收到 "1101" 序列中的任意一个元素，并且分别用状态名 S_1、S_{11}、S_{110} 及 S_{1101} 表示已收到 1101 序列中的第 1～4 个元素。按题意要求形成 Moore 型状态图，形成过程见图 3-32。

表 3-18　例 3.3 的原始状态表

状态 S_i ＼ 输入 X	0	1
S_0	S_1	S_4
S_1	S_2	S_0
S_2	S_3	S_1
S_3	S_4	S_2
S_4	S_0	S_3

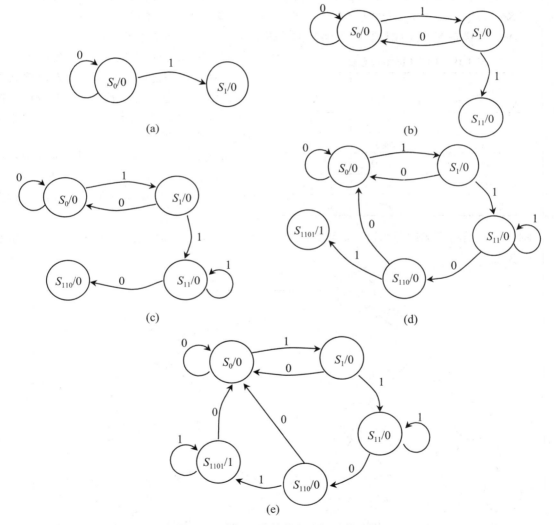

图 3-32　例 3.4 原始状态图的形成过程

　　（1）从初态 S_0 出发，此时输出 $Z=0$。若输入 $X=0$，由于第 1 个元素仍未到来，因此继续

停在初态 S_0；若输入 $X=1$，第 1 个元素已到来，进入新的状态 S_1，如图 3-32（a）。

（2）从状态 S_1 出发，此时输出 $Z=0$，若输入 $X=0$，则由于不是第 2 个元素，因此返回到初态 S_0；若输入 $X=1$，第 2 个元素已到来，进入新的状态 S_{11}，如图 3-32（b）。

（3）从状态 S_{11} 出发，此时输出 $Z=0$。若输入 $X=0$，第 3 个元素已到来，进入新的状态 S_{110}；若输入 $X=1$，由于不是第 3 个元素，而且上一次输入也是 1，因此可认为仍然是已收到第 2 个元素，继续停在状态 S_{11}，如图 3-32（c）。

（4）从状态 S_{110} 出发，此时输出 $Z=0$。若输入 $X=0$，由于不是第 4 个元素，而且也不能认为是已收到第 3 个元素，因此返回到初态 S_0；若输入 $X=1$，第 4 个元素已到来，进入新的状态 S_{1101} 并输出 $Z=1$，如图 3-32（d）。

（5）从状态 S_{1101} 出发，由于输入"1101"序列已检测完毕，输出 $Z=1$。若输入 $X=0$，返回初态 S_0；若输入 $X=1$，应继续停在状态 S_{1101} 以保持输出 $Z=1$，如图 3-32（e）。

上述原始状态图的形成过程可以清楚的体现直接构图法的基本思想。在本例中，完整的原始状态图如图 3-32（e）所示，它有 5 个状态，表达了状态之间的转换关系及转换条件和输出情况。为了进行下一步骤的设计，按图 3-32（e）所示的原始状态图，列出原始状态表如表 3-19 所示。

表 3-19　例 3.4 原始状态表

状态 S ＼ 输入 X	0	1
S_0	$S_0/0$	$S_1/0$
S_1	$S_0/0$	$S_{11}/0$
S_{11}	$S_{110}/0$	$S_{11}/0$
S_{110}	$S_0/0$	$S_{1101}/1$
S_{1101}	$S_0/0$	$S_{1101}/1$

例 3.5　设计一个 8421 码序列检测器，输入为串行的 8421 码，高位在前，低位在后，每四位为一组，当输入出现 8421 码时，输出 $Z=1$，否则，输出 $Z=0$。

解　状态图的形成过程与例 3.4 类似，读者可自行分析，下面仅给出最终结果。原始状态图见图 3-33。

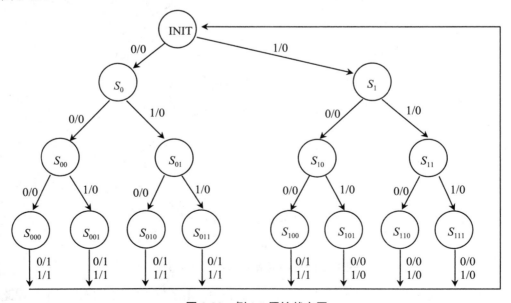

图 3-33　例 3.5 原始状态图

图中，初态 INIT 为未收到第 1 个元素。

由原始状态图可很容易地得到原始状态表，请自行画出。

例 3.6　设计一个同步时序电路，此电路有两个输入 X 和 Y 及一个输出 Z。如果 X 连续两次输入同样的值时，输出 $Z=1$，并且在此之后如果 Y 输入一直保持为 1，则输出 Z 保持为 1；否则，输出 $Z=0$。

解　假设初态 INIT 为没有收到任何输入，原始状态图的形成过程见图 3-34。

（1）从初态 INIT 出发，根据输入 X 的值分别进入状态 S_0（当 $X=0$）或 S_1（当 $X=1$），此时与输入 Y 的值无关，如图 3-34（a）。

（2）从状态 S_0 出发，如果输入 $X=0$，这是连续两次输入同样的值，则进入输出为 1 的新状态 S_{00}；如果 $X=1$，两次输入值不同，可以认为只收到一个"1"，则进入状态 S_1。同理可得，从状态 S_1 出发，当输入 $X=0$ 时，进入状态 S_0；当输入 $X=1$ 时，进入新状态 S_{11}，在上述情况下与输入 Y 的值无关，如图 3-34（b）。

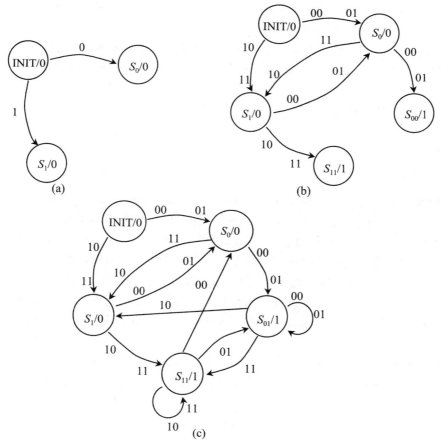

图 3-34　例 3.6 原始状态图

（3）从状态 S_{01} 出发。当输入 $XY=0$ 时，虽然输入 $Y=0$，但由于输入 X 仍然是连续两次输入同样的值，因此应继续停在状态 S_{01} 且输出为 1；当输入 $XY=01$ 时，由于输入 $Y=1$ 且本

次输入的 X 仍为 0，因此停在状态 S_{01}，且输出为 1；当输入 $XY=11$ 时，满足已连续两次 X 输入相同而 Y 输入为 1 的条件，所以输出 $Z=1$，但由于本次输入 $X=1$，如果下次输入为 $XY=00$ 时，应有输出 $Z=0$，因此不能停在状态 S_{01}，而是应进入状态 S_{11}；当输入 $XY=10$ 时，不满足 X 已连续输入相同后 Y 输入为 1 的条件，Z 应为 0，应进入状态 S_1。同理可得到从状态 S_{11} 出发的结果。图 3-34（c）为例 3.6 的原始状态图。由此图可列出原始状态表，如表 3-20 所示。

表 3-20　例 3.6 原始状态表

输入 XY 状　态	00	01	10	11
INIT	$S_0/0$	$S_0/0$	$S_1/0$	$S_1/0$
S_0	$S_{01}/0$	$S_{01}/0$	$S_1/0$	$S_1/0$
S_1	$S_0/0$	$S_0/0$	$S_{11}/1$	$S_{11}/1$
S_{01}	$S_{01}/1$	$S_{01}/1$	$S_1/0$	$S_{11}/1$
S_{11}	$S_0/0$	$S_{01}/1$	$S_{11}/1$	$S_{11}/1$

本例中，有 5 个状态，2 个输入变量。在上述分析过程中，对每一种状态都要考虑到下一个输入变量的可能组合。如本例中，输入有 4 种可能的组合。如果逻辑命题中有 n 个输入变量，就必须考虑 2^n 个可能的输入组合，这样才不会遗漏某种组合引起的状态变化。在实际问题中，常常对输入变量组合做某些条件限制，设计者必须细心地研究给出的输入条件（或情况），以便简化原始状态表。

3.4.2　状态化简

不同的状态表对应不同内部结构的逻辑电路，而同一个逻辑功能也可对应多个状态表（或逻辑电路）。在形成原始状态表时，设计者的主要目的是使原始状态表能正确地反映电路的逻辑要求，因此原始状态表中可能包含有多余的状态，即状态数不是最少的。一般来说，状态数越少，则对应的逻辑电路越简单。这就需要在不改变电路的外部特性的情况下，利用状态化简技术，将原始状态表中的多余状态消去，求得最小化状态表，这个过程称为状态化简。

所谓最小化状态表，是一个包含状态数目最少的状态表。它与原始状态表相比，虽然代表着不同内部结构的电路，但都具有相同的外部性能，即对于所有输入序列，它们有着同样的输出序列。

根据同步时序电路所对应的状态表中的次态或输出是否完全确定，同步时序电路可分为完全确定的时序电路和不完全确定的时序电路。二者的状态化简方法不同，但均必须保证不改变电路的外部特性。

1. 完全确定同步时序电路状态表的化简

（1）基于状态等价的状态化简

完全确定时序电路是指其状态表中所有的次态及输出都是确定的。

完全确定原始状态表的化简，是利用状态之间的等价关系进行的。下面给出等价的几个重要概念。

状态等价：设 S_1 和 S_2 是完全确定时序电路 M_1 和 M_2（M_1 和 M_2 可以是同一个电路）的两个状态，作为初态同时加入任意可能的输入序列，所产生的输出序列完全一致，则称状态 S_1 和状态 S_2 是等价的，记为（S_1，S_2）。等价状态可以合并为一个状态，这样并不会改变电路的外部特性。

等价的传递性：如果有状态 S_1 和 S_2 等价，状态 S_2 和 S_3 等价，则 S_1 和 S_3 也等价，记为

$$(S_1，S_2)，(S_2，S_3) \rightarrow (S_1，S_3)$$

等价类：所有状态都可相互构成等价对的等价状态的集合，称为等价类。若有等价类(S_1，S_2，S_3)，则有：(S_1，S_2)，(S_1，S_3)，(S_2，S_3)。反过来由等价的传递性可知，若有(S_1，S_2)，(S_2，S_3)，则有：(S_1，S_2，S_3)。

最大等价类：在一个原始状态表中，不能被其他等价类所包含的等价类称为最大等价类。

状态化简的目标就是在原始状态表中找出所有的最大等价类，并将每个最大等价类合并为一个状态。这样就可以得到简化的状态表。

根据状态等价的定义来判断两个状态是否等价显然是不现实的。事实上，在形成原始状态表时，对每个状态均考虑了在一位输入各种取值下的次态和输出，因此，从整体上讲，原始状态表已经反映了各状态在任意输入序列下的输出，从而可以根据状态表上所列出的一位输入各种组合下的次态和输出来判断某两个状态是否等效。判别原始状态表中两个状态是否等效的标准为：若有两个状态，对一位可能的输入都同时满足下列两个条件，则这两个状态等价。

条件一，它们的输出完全相同。

条件二，它们的次态必须满足下列情况之一：

a．次态相同；

b．次态交错；

c．后继状态等价；

d．次态循环。

图 3-35 为上述状态等价判别条件的图示说明。

① 图 3-35（a）中，状态 S_1 和 S_2 的输出相同，满足条件一；且对所有相同输入次态相同，满足条件二。如果分别以 S_1 和 S_2 作为初态，加入任意输入序列，则除了第一次状态转换外，其他的状态转换都是由同一个状态（S_3 或 S_4）出发而得到的，因此产生的输出序列完全一致。故状态 S_1 和 S_2 等价。

② 图 3-35（b）中，状态 S_1 和 S_2 的输出相同，满足条件一；如果分别以 S_1 和 S_2 作为初态，加入任意输入序列，如果输入值为 0，则产生的输出都为 0，且次态互为交错，一旦输入值变为 1，将产生输出 1，并且不论现态是 S_1 或 S_2 都将进入同一状态 S_3，因此所产生的输出序列必然完全一致，故状态 S_1 和 S_2 等价。

③ 图 3-35（c）中的情况类似于图 3-35（b）。它是次态交错的另一种情况。

④ 图 3-35（d）中，由于状态 S_3 和 S_4 等价，可合并为一个状态，从而导致状态 S_1 和 S_2 当输入值为 1 时次态相同，因此状态 S_1 和 S_2 等价。

⑤ 图 3-35（e）中，如果将状态 S_1 和 S_2，S_3 和 S_4 以及 S_5 和 S_6 分别看成状态对，可发现，第一，各状态对中，两个状态的输出相同。第二，状态对 S_1 和 S_2 是否等价取决于状态对 S_3

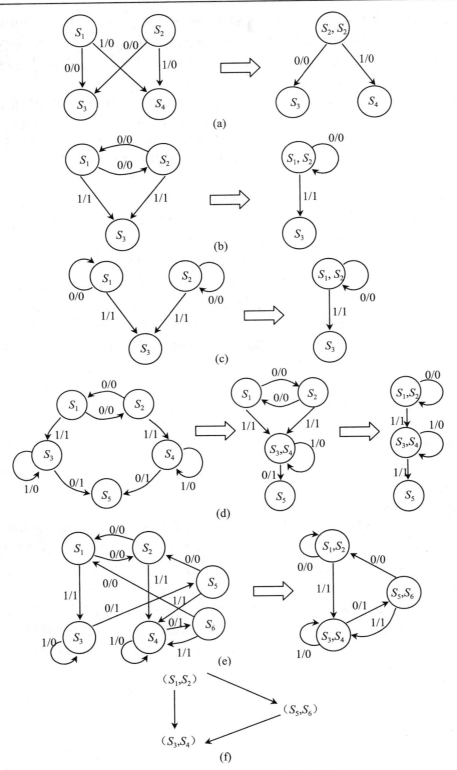

图 3-35　状态等价判别条件的图示说明

和 S_4 是否等价；状态对 S_3 和 S_4 的等价取决于状态对 S_5 和 S_6 是否等价；S_5 和 S_6 是否等价取决于状态对 S_1 和 S_2 是否等价，即次态循环，其他次态都相同或交错。第三，在同样的输入下，同一个状态对，如果分别以某个状态对中的两个状态作为初态，加入任意输入序列，虽然产生的状态转换规律可能不同，但产生的状态对的转换规律必然相同，故状态对为等价对。

⑥ 图 3-35（f）表达了各状态对是否等价对次态构成循环的依赖关系。

（2）基于隐含表的状态化简

上述状态化简需要找出原始状态表中所有的最大等价类，这就需要确定表中全部等价状态对。对于稍复杂一些的原始状态表，直接寻找等价对并不那么简单、直观。通常是利用隐含表来确定等价类，这是一种系统的比较方法。

隐含表是用来标注原始状态表中所有的状态之间按照等价的条件进行两两比较的一种表格。表格为直角梯形表，两直角边网格数相同，它等于原始状态表中状态数减 1。其坐标标注的特点为"缺头少尾"，即按照状态顺序，纵坐标从上到下标注且"缺头"（缺第一个状态），横坐标从左到右标注且"少尾"（缺末位状态），则纵横坐标交汇的一个格子决定了一对状态。

下面举例说明利用隐含表进行状态化简的步骤。

例 3.7　用隐含表化简表 3-21 所示的原始状态表。

解　（1）画隐含表格

表 3-21 所示的原始状态表中状态数为 8，根据隐含表的绘制方法定义，两直角边网格数应为 7。隐含表网格纵向从上到下的标注是按状态顺序"缺头"，网格横向从左至右的标注是按状态顺序"少尾"。从而得隐含表如图 3-36。

表 3-21　例 3.7 的原始状态表

输入 XY 状　态	00	01	10	11
A	$D/0$	$D/0$	$F/0$	$A/0$
B	$C/1$	$D/0$	$E/1$	$F/0$
C	$C/1$	$D/0$	$E/1$	$A/0$
D	$D/0$	$B/0$	$A/0$	$F/0$
E	$C/1$	$F/0$	$E/1$	$A/0$
F	$D/0$	$D/0$	$A/0$	$F/0$
G	$G/0$	$G/0$	$A/0$	$A/0$
H	$B/1$	$D/0$	$E/1$	$A/0$

（2）顺序比较

将隐含表纵横坐标所对应的两个状态按原始状态表所表达的关系进行比较，比较的结果填入相应的格子内，不能遗漏。比较的结果有三种可能：第一，输出不同，即不等价，则在相应格子内画"×"；第二，输出相同，次态全部为相同或交错，即等价，则在相应格内打"√"；第三，输出相同，次态不完全为相同或交错，而需要进一步确定其后继状态的等价关系，则在相应小方格内填入次态不相同也不交错的状态对名，见图 3-36。

（3）关联比较

在填满隐含表后，检查隐含表中填入的需要进一步确定的状态对是否等价。在检查过程中有时需进行多次追寻，多次反复，直到明确待查的状态对等价或不等价为止。例如，状态 B 和 C 对应的方格中为 AF，BC 是否等价取决于 AF 是否等价。从隐含表上看到 AF 是等价对，所以 BC 也是等价的。此时在 B 和 C 对应的方格中所填的 AF 不做更改，表明 BC 是等价的。又例如，A 和 D 对应的方格中有 AF 和 BD，即 AD 是否等价取决于 AF 和 BD 是否等价，由于 AF 是等价的，但 BD 不等价，因此 AD 也不等价。此时在 A 和 D 对应的方格中用"/"或"□"表示其不等价的结果。按上述的关联比较方法，将隐含表中未确定是否等价的状态逐个确定下来并标示在隐含表上，如图 3-37 所示。

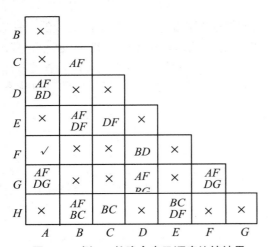

图 3-36 例 3.7 的隐含表及顺序比较结果

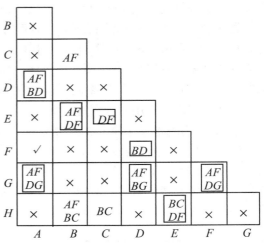

图 3-37 例 3.7 的隐含表关联比较结果

（4）列出最大等价类

在关联比较后，可以确定全部等价对，根据等价的性质构成等价对和最大等价类。本例中由隐含表可以列出以下等价对：

$$(A, F), (B, C), (B, H), (C, H)$$

它们共属两个等价类：(A, F) 和 (B, C, H)。

因此，本例原始状态表中所有的最大等价类是

$$(A, F), (B, C, H), (D), (E), (G)$$

其中，状态 D、E、G 没有与它们等价的状态，因此，各自单独构成一个最大等价类。

（5）最小化状态表

假设将最大等价类重新命名为

$$(AF) \qquad (BCH) \qquad (D) \qquad (E) \qquad (G)$$
$$\downarrow \qquad\qquad \downarrow \qquad\qquad \downarrow \qquad\qquad \downarrow \qquad\qquad \downarrow$$
$$A' \qquad\qquad B' \qquad\qquad C' \qquad\qquad D' \qquad\qquad E'$$

可得最小化状态表如表 3-22 所示。

表 3-22　例 3.7 的最小化状态表

输入 XY 状　态	00	01	10	11
A'	$C'/0$	$C'/0$	$A'/0$	$A'/0$
B'	$B'/1$	$C'/0$	$D'/1$	$A'/0$
C'	$C'/0$	$B'/0$	$A'/0$	$A'/0$
D'	$B'/1$	$A'/0$	$D'/0$	$A'/0$
E'	$E'/0$	$E'/0$	$A'/0$	$A'/0$

2. 不完全确定同步时序电路状态表的化简

（1）不完全确定的概念

在实际应用中，根据问题的要求所得到的原始状态表中常常包含有不确定的（或任意的）次态或输出，即含有无关项（d）。这种在原始状态表中包含无关项的电路，称为不完全确定时序电路。

之所以会出现不确定的次态或输出，是因为电路在正常工作时，一些次态或输出实际上是不会出现的，因而把它们看成是无关项。例如，用 4 位触发器构成一个十进制计数器时，4 位触发器有 16 个状态，而十进制计数器只需 10 个状态，显然有 6 个状态实际上不会出现。在所设计的原始状态表中就会有 6 个状态（或次态或输出）可标注为无关项。

在原始状态表中的无关项，可以任意指定次态或输出，这可使状态表被化得更简，但使状态表的化简过程变得复杂化了。由于无关项的存在，已不能采用完全确定时序电路中的等价概念，而是采用广义的等价——相容的概念进行原始状态表化简。

（2）相容的概念

相容是针对无关项而言的，它是一个广义的等价概念。下面给出相容的几个重要概念。

状态相容： 设 S_1 和 S_2 是不完全确定的时序电路 M_1 和 M_2（M_1 和 M_2 可以是同一电路）的两个状态，如果分别以状态 S_1 和 S_2 作为初态，同时加入预定的允许的输入序列（加入该序列后，电路除最后一个次态外，其他次态都是确定的），所产生的输出序列一致（认为确定的输出与对应的不确定的输出相同），则状态 S_1 和 S_2 是相容的，称 S_1 和 S_2 是相容对，记为：（S_1，S_2）。

状态相容反映在状态表上为：两个状态的确定部分相同，两个状态中的无关项按照确定的部分取同一值，则这两个状态也就变为等价状态。因此相容状态有可能变为等价，从而导致合并，如表 3-23 中，A 和 B 相容，A 和 C 也相容，即（A，B）、（A，C）也是相容对。

状态相容无传递性： 由状态 S_1 和 S_2 相容及 S_1 和 S_3 相容，不能认为状态 S_2 和 S_3 也相容，即（S_1，S_2）、（S_1，S_3）是相容对，但 S_2，S_3 不一定是相容对。如表 3-23 中，（A，B）、（A，C）是相容对，但（B，C）不是相容对。

相容类： 两两相容状态的集合称为相容类。由于相容无传递性，如要求（S_1，S_2，S_3）是相容类，必须（S_1，S_2）、（S_2，S_3）、（S_1，S_3）都是相容对。

最大相容类： 在原始状态表中，不能被其他相容类所包含的相容类，称为最大相容类。

在原始状态表中，判别两个状态是否相容的标准为：如果两个状态对一位可能的输入都同时满足下列两个条件，则这两个状态相容。

条件一，它们输出相同（一方输出给定，一方输出为无关项，均当作相同）。

条件二，它们的次态必须满足下列情况之一：

a．次态相同；

b．次态交错；

c．后继状态相容；

d．次态循环。

注意：一方确定，一方不确定的次态均当作相同。

按上述列判别条件，表 3-23 的状态表中的相容对为：(A, B)、(A, C)、(A, D)、(D, C)。

由于状态相容没有传递性，为了从各相容对中方便地找出相容类，通常采用一种"状态合并图"的工具。所谓状态合并图，是将时序电路中的状态以"点"的形式均匀地标示在一个圆周上，然后把所有"相容对"都用直线连接起来。所有顶点之间都有连线的多边形就构成了一个"相容类"，表 3-23 所示状态表的状态合并图如图 3-38 所示。从图上可看出有两个相容类 (A, B) 和 (A, C, D)。

表 3-23　不完全确定状态表

状态 S ＼ 输入 X	0	1
A	$A/\varnothing$	$B/\varnothing$
B	$A/0$	$\varnothing/0$
C	$\varnothing/1$	$B/0$
D	$\varnothing/1$	$A/0$

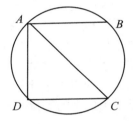

图 3-38　表 3-23 的状态合并图

从图 3-38 可看出，除了 (A, B) 和 (A, C, D) 外已无其他相容类，且 (A, B) 和 (A, C, D) 不相容，因此，表 3-23 的原始状态表中只存在两个最大相容类 (A, B) 和 (A, C, D)。

（3）最小化状态表

从最大相容类中选择出一组相容类，每一个相容类用一个状态符号表示，就可以构成最小化状态表。由于最小化状态表是从最大相容类中选择出的一组相容类构成的，因此所选择出的相容类集是否能包含原始状态表中所有的状态及可能的输入条件下的次态，是其是否为最小化状态表的必要条件。为此，所选择的相容类集必须满足下列三个条件：

① 覆盖性：该集能包含全部原始状态，这称为覆盖性。若不能满足覆盖性，则电路的外部特性将被改变；

② 闭合性：该集内的任一个相容类，在任一可能输入条件下所产生的次态应属于该集内一个相容类，这称为闭合性；

③ 最小化：能满足上列条件的相容类数目应选取最小，这称为最小化。

（4）状态化简

不完全给定状态表的化简过程为：

① 利用隐含表寻找相容对；

② 用状态合并图确定最大相容类；

③ 采用覆盖闭合表进行相容类集的选择，从而建立最小化状态表。

下面结合实例具体说明化简过程。

例 3.8　化简表 3-24 所示的原始状态表。

表 3-24　例 3.8 的原始状态表

输入 X 状态 S	0	1
A	$D/\varnothing$	$A/\varnothing$
B	$E/0$	$A/\varnothing$
C	$D/0$	$B/\varnothing$
D	$C/\varnothing$	$C/\varnothing$
E	$C/1$	$B/\varnothing$

解　（1）利用隐含表寻找相容对

隐含表的作法与完全确定时序电路中讨论的相似，差别仅在于"相容对"的判别条件。

隐含表见图 3-39，由此可得到相容对如下：

$(A，B)$、$(A，C)$、$(A，D)$、$(A，E)$、$(B，D)$、$(C，D)$、$(C，E)$

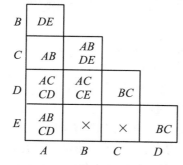

图 3-39　例 3.8 的隐含表

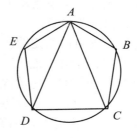

图 3-40　例 3.8 的状态合并图

（2）用状态合并图确定最大相容类

状态合并图见图 3-40，由此可得到最大相容类如下：

$(A，B，C)$、$(A，D，E)$、$(A，C，D)$

（3）做出最小化状态表

首先要从最大相容类中选择符合覆盖性及闭合性的一组相容类。对相容类进行直观选择是比较困难的，通常采用"覆盖闭合表"。该表包含两部分：一部分反映最大相容类对状态的覆盖情况；另一部分反映最大相容类的闭合关系。具体画法是在表的左边"最大相容类"栏列出所有最大相容类，在表的中间"覆盖"栏列出全部状态，在表的右边"闭合"栏列出所有输入条件。

覆盖闭合表的填写方法，是将每个最大相容类包含的所有状态填入覆盖栏的相应列，并将该最大相容类在每一输入条件下所有的次态列入闭合栏的相应列。

根据上述规则，可得例 3.8 的覆盖闭合表如表 3-25 所示。

表 3-25　例 3.8 的覆盖闭合表

相容类	覆盖性					闭合性	
	A	B	C	D	E	$X=0$	$X=1$
ABC	√	√	√			DE	AB
ADE	√			√	√	DC	ABC
ACD	√		√	√		DC	ABC
AB	√	√				DC	A
AC	√		√			D	AB
AD	√			√		DC	AC
AE	√				√	DC	AB
BC		√	√			DC	AB
CD			√	√		DC	BC
DE				√	√	C	BC

对覆盖闭合表进行分析，选择符合覆盖性及闭合性的相容类集，先从"覆盖性"考虑，由于状态 B 仅属于（A，B，C），状态 E 仅属于（A，D，E），而（A，B，C）和（A，D，E）覆盖了全部状态，因此可考虑选择（A，B，C）和（A，D，E）两个相容类。进一步对所选择的相容类进行"闭合性"检查：

（A，B，C）在 $X=0$ 时给定的次态是 DE，属于（A，D，E）；

（A，B，C）在 $X=1$ 时给定的次态是 AB，属于（A，B，C）；

（A，D，E）在 $X=0$ 时给定的次态是 DC，它既不属于（A，B，C），也不属于（A，D，E），因此它们不具有闭合性，所以不是一个最小闭覆盖。

当用最大相容类不能构成最小闭覆盖集时可从一般相容类中选取。由表求得相容（A，B，C）和（D，E）满足状态化简的三个条件要求，可构成最小闭覆盖集为（ABC，DE）。为建立最小状态表，设 A' 代表（A，B，C），B' 代表（D，E），得到最小化状态表，如表 3-26 所示。

表 3-26　例 3.8 的最小化状态表

输入 X 状态	0	1
A'	$B/0$	A/ϕ
B'	$A/1$	A/ϕ

从例 3.8 可以看出，选择全部最大相容类集不一定能满足最小化要求；选择部分最大相容类集又可能不满足要求；适当地选择最大相容类及相容类组成相容类集可以得到最小化状态表。目前尚没有一种系统化的唯一选择方法，需要设计者多次进行试探、优选。

在不完全确定时序电路中，得到最小化状态表以后的设计，可归并为完全确定时序电路的设计。

这里需强调指出，在不完全确定状态表中，两状态相容只对允许的输入序列有效，而不是对所有任意的输入序列有效。所谓某状态 S_i 的允许输入序列是指：以 S_i 为初态，若该输入序列中的每一个输入所建立的次态都是确定的（最后一次态除外），则该输入序列是对于状态 S_i 的允许序列。例如，在表 3.4.6 的原始状态表中，对于状态 B，输入序列 0010 是允许的，而输入序列 1000 则是不允许的。因为，输入序列 0010 所产生的次态是 $BAABA$，它是确定的；输入序列 1000 所产生的次态是 $B\emptyset\emptyset\emptyset\emptyset$，它是不确定的。在做状态化简时，为了考虑相容，人为地对无关项进行了指定，而设计出来的实际时序电路，在输入序列不是预定允许的序列时，电路的状态变化不一定按设计的状态变化规律进行，因而可能达不到预期的目的。

3.4.3　状态分配

同步时序电路的存储元件是触发器，每个触发器可保存一位二进制数，如果时序电路由 K 个触发器组成，这样该时序电路就有 2^K 个不同的二进制编码的状态。状态分配就是给最小化状态表中的每个用字母表示的状态指定一个二进制代码，这一过程又称为状态编码。状态分配将影响到所设计的同步时序电路的复杂程度和使用的器件多少，因此状态分配与状态化简具有同等重要的意义。

1．状态分配的一般问题

状态分配要解决两个问题：一是如何由状态数确定触发器的个数；二是如何选择状态分配方案。

（1）状态个数和触发器个数的关系

设状态个数为 n，触发器个数为 K，则 n、K 之间应满足下列关系：

$$2^K \geqslant n > 2^{K-1} \quad 或 \quad K = \log_2 n$$

式中 K 为不小于 $\log_2 n$ 的最小整数。

（2）选择状态分配方案

状态编码的位数确定以后，可供选择的分配方案有许多种，分配方案的不同，将会使得电路结构的复杂程度和网络结构不同。

为了寻求最佳分配方案，人们已做了大量研究工作，然而至今尚未找到一种普遍有效的方法。这是因为在触发器个数确定后，具体的分配方案是很多的，如果触发器个数为 K，则每一状态的二进制码的位数即为 K，K 个变量有 2^K 种组合，用 2^K 种组合来对 n 个状态进行分配时就有 N_A 种分配方案

$$N_A = \frac{2^K!}{(2^K - n)!}$$

当 $K \geqslant 3$ 时，这是一个很大的数目，例如，$K = 3$，$n = 5$，则 $N_A = 6720$。由于触发器有互为取反的两个输出端，状态变量取自触发器的 Q 端还是 $\overline{Q}$ 端，并不改变电路结构的复杂性，因此上述的 N_A 种分配方案并不都是独立的。去掉其中对于电路复杂性为等价的编码，Mecluskey 和 Unger 已在 1959 年证明真正独立的状态分配方案 N 为

$$N = \frac{(2^K - 1)!}{(2^K - n)! K!}$$

　　由上式可算出不同 n 下可能具有的状态编码方案数，见表 3-27。由表可知，若状态数 $n=4$，应选触发器数 $K=2$，其固有的不同编码方案有三种。显然，对于这三种编码方案均可先推得其控制函数及输出函数表达式，然后比较，从中确定最佳的一种。但当 $n=5$，$K=3$，则 $N=140$。要在如此多的方案中一一做出逻辑表达式再进行比较，从中选择出最佳方案，工作量十分巨大，甚至是不可能用人工进行的。

表 3-27　状态数、触发器数对应的独立编码方案数之间的关系

状态数 n	触发器数 K	编码方案数
2	1	1
3	2	3
4	2	3
5	3	140
6	3	420
7	3	840

　　人们已经研究出若干种寻找状态分配方案的方法，如建立通用程序法、相邻状态分配法、减少相关法等。这些方法的使用范围均有一定的局限性，所得结果也不一定是最佳的，但可认为是较好的，因而统称为次佳状态分配。下面介绍一种常用的方法，即相邻状态分配法。

2. 相邻状态分配法

　　相邻状态分配是基于以下思想：在选择状态编码时，尽可能命名次态和输出函数在卡诺图上"1"单元的分布为相邻，以便形成较大的卡诺圈，从而得到最简的次态和输出函数表达式。它的主要规则如下：

　　（a）在相同输入条件下，次态相同，现态相邻。即在相同输入条件下，具有相同次态所对应的现态，应给以相邻编码；

　　（b）在相邻的输入条件下，同一现态，次态相邻。即同一现态在相邻的输入条件下的次态，应给以相邻编码；

　　（c）输出完全相同，现态相邻。即在每一个可能的条件下，输出全部相同的现态，应给以相邻编码。

　　上述规则中的相邻编码，是指各二进制编码中只有一位元素不同。通常，次态表达式最简，所得到的激励函数表达式也最简，电路结构也必定较简单。要得到更简单的次态及输出函数逻辑表达式，不但要求卡诺图上"1"单元相邻情况最好，也同样要求"0"单元的相邻情况最好。上述规则中，规则（a）可以改善次态函数卡诺图上列向 1 单元（或 0 单元）的相邻情况。在有 K 个变量（触发器）的情况下，如果满足规则（a）一次，则可保证 K 个次态函数卡诺图中各有一对 1 单元（或 0 单元）列向相邻。规则（b）可改善次态函数卡诺图上行向 1 单元（或 0 单元）的相邻情况，在有 K 个状态变量的情况下，如果满足规则（b）一次，则可保证（$K-1$）个次态卡诺图中各有一对 1 单元（或 0 单元）行向相邻。规则（c）可改善输出函数卡诺图上列向 1 单元（或 0 单元）的相邻情况，如果在 p 个输入，q 个输出情况下，满足规则（c）一次，则可保证 q 个输出函数卡诺图上各有 p 对 1 单元（或 0 单元）列向相邻。

　　上述三条规则是从大量实践中总结出来的经验。三条规则分别实施，没有考虑三者之间

的联系和相互制约的关系。因此，即使同时满足三个规则的编码分配方案，也不一定是最佳的，尤其在状态大于 4 时，更难得出满意的方案。

相邻状态分配的计算比较简单，在一般情况下能得到较好的结果，因而是一种比较实用的状态分配方案。

根据状态表按照上述三个规则得到的相邻要求往往不能同时满足，有时很难判断应优先满足哪一种相邻要求。注意到一种相邻要求可能同时满足多个相邻规则，且满足各规则的次数也可能是多次。为了能从总体上判断各个相邻要求的满足对于次态及输出函数卡诺图上"1"的相邻情况的改善效果（简称改善效果），需对三个规则进行综合考虑。

假设一个状态表需采用 K 个状态变量且有 p 种输入组合，如果某对状态相邻要求满足规则（a）R 次，满足规则（b）m 次，满足规则（c）t 次，则该对状态相邻的改善效果为：

改善效果 A：为满足规则（a）的改善效果，满足 R 次意味着可保证次态函数卡诺图上有 $K \times R$ 对 "1"（或 "0"）相邻，记为

$$改善效果 \ A = K \times R$$

改善效果 B：为满足规则（b）的改善效果，满足 m 次意味着可保证次态函数卡诺图上有$(K-1) \times m$ 对 "1"（或 "0"）相邻，记为

$$改善效果 \ B = (K-1) \times m$$

改善效果 C：为满足规则（c）的改善效果，满足 t 次意味着可保证次态函数卡诺图上有$(p \times q) \times t$ 对 "1"（或 "0"）相邻，记为

$$改善效果 \ C = (p \times q) \times t$$

对该状态相邻要求的总改善效果为各个改善效果之和，记为

$$E_{S_1 S_2} = K \times R + (K-1) \times m + (p \times q) \times t$$

式中：$S_1 S_2$ 为状态名；K、$(K-1)$ 及$(p \times q)$分别为各改善效果的权值。

在状态分配过程中，应优先满足总改善效果大的状态对的相邻要求。在已根据上述原则确定了状态的相邻关系的基础之上，为了得到次态函数的最简与或式，应使出现在二进制状态表中的 "1" 尽可能地少（这样可减少次态方程中最小项的个数并最终有可能减少与项的数目）。给各状态分配二进制编码的步骤如下：

① 找出状态表中出现最多的次态 S_i^{n+1} 所对应的现态 S_i，并令 S_i 的二进制编码为全 0；

② 按已确定的相邻关系给其他状态分配二进制编码。

如果要得到的是次态函数的最简或与式，则应使出现在二进制状态中的 "0" 尽可能地少。

3.4.4　确定激励函数和输出函数

1．触发器类型的选择

各种类型触发器（R-S、D、J-K、T 等）均可选用。仅从时序电路的繁简考虑，触发器类型不同将决定电路中激励函数的繁简。因此，选择触发器类型的重要条件就是能使激励函数最简。选择的最简单办法是在二进制状态表形成后，列出每一种触发器的激励函数，然后选择激励函数最简的触发器类型。这种方法工作量很大，已经研究出的一些选择方法如卡诺图法等，仍需运用一些规则对各类触发器做一定的比较工作。

实际上，在当前中、大规模集成电路大量应用的情况下，组合电路中所用门的多少已不是主要问题。在进行时序电路设计时，或者是设计环境对选用元件类型的限定，或者是设计者本人的偏好，触发器类型常常是隐含给定的。在一般情况下，最常选用的是 D 触发器，其次是选用 T 触发器或 $J\text{-}K$ 触发器。在非计数型的时序电路中，有时可选用 $R\text{-}S$ 型触发器。在 PLD 器件中都只包含 D 触发器，因此在使用 PLD 器件时，也只能用 D 触发器。

2. 激励函数和输出函数的确定

一旦选定了触发器类型，就可以根据最小化的二进制状态表及该类型触发器的激励表获得时序电路中各触发器输入端的激励函数。为了能使激励函数及输出函数简化，通常是先做出激励函数及输出函数的卡诺图，利用卡诺图化简，再写出激励函数及输出函数的逻辑表达式。

下面用一个例子说明激励函数和输出函数的确定过程。

例 3.9 分别用 D 触发器和 $J\text{-}K$ 触发器确定表 3-28 所示二进制状态表所要求的激励函数和输出函数。

解 （1）用 D 触发器实现

从表 3-28 看出，有 4 个状态，需用两位触发器 Y_1、Y_0 来表示，它们的输入端分别为 D_1、D_0。根据表 3-29 所示的 D 触发器激励表分别做输入端 D_1、D_0 激励函数的卡诺图。卡诺图是以二进制状态表中的现态输入作为自变量，对应于每个现态、输入下的次态，按照 D 触发器的激励表找到触发器相应的输入（即 D 的输入值）填入激励函数卡诺图中，如图 3-41 所示。输出函数 Z 的卡诺图直接按表 3-28 状态表中的输出填入，如图 3-42 所示。

表 3-28 二进制状态表

输入 X 状态 Y_1Y_0	0	1
00	10/0	11/0
01	10/0	00/0
11	00/0	01/1
10	01/0	11/0

表 3-29 D 触发器激励表

Q	Q^{n+1}	D
0	0	0
0	1	1
1	0	0
1	1	1

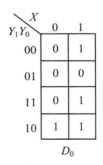

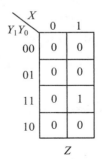

图 3-41 激励函数卡诺图   图 3-42 输出函数卡诺图

由图 3-41、图 3-42，可列出简化的用 D 触发器实现的激励函数和输出函数逻辑表达式：

$$D_1 = \overline{X}\,\overline{Y_1} + X\overline{Y_0} \quad D_0 = XY_1 + X\overline{Y_0} + Y_1\overline{Y_0}$$

$$Z = X \cdot Y_1 \cdot Y_0$$

（2）用 J-K 触发器实现

与用 D 触发器类似，先列出 J-K 触发器激励表，如表 3-30 所示，再分别做出控制端 J_1、K_1、J_0、K_0 的激励函数卡诺图，如图 3-43 所示。输出函数仅取决于状态表，与选用的触发器类型无关，因此用 J-K 触发器所确定的输出函数表达式与用 D 触发器所确定的输出函数表达式相同。

表 3-30 触发器激励表

Q	Q^{n+1}	J	K
0	0	0	d
0	1	1	d
1	0	d	1
1	1	d	0

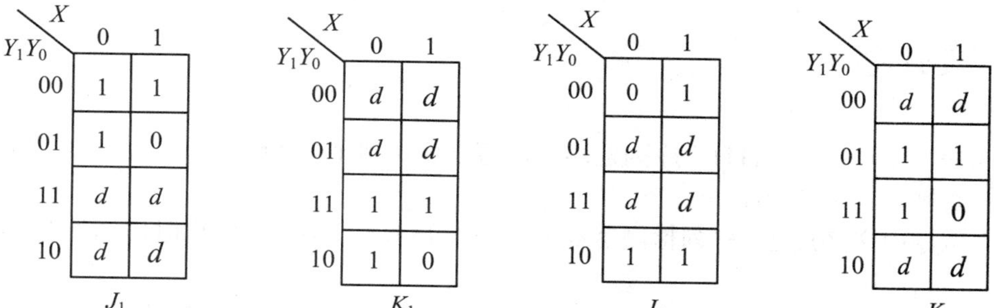

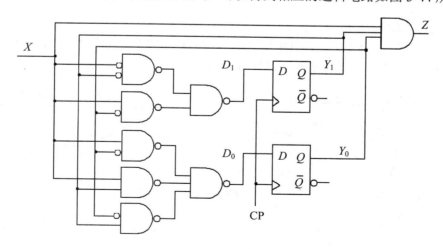

图 3-43 激励函数卡诺图

根据图 3-43 可列出简化的激励函数逻辑表达式如下：

$$J_0 = X + Y_1, \quad K_0 = \overline{X} + \overline{Y_1}; \quad J_1 = \overline{X} + \overline{Y_0}, \quad K_1 = \overline{X} + Y_0$$

根据激励函数及输出函数的逻辑表达式，可以得到相应的逻辑电路如图 3-44 所示。

图 3-44 用 D 触发器实现的时序电路图

通常设计完成后，还需要按设计要求验证设计出的逻辑电路是否正确。验证的过程相当于前面讨论的时序电路的分析过程，即按所给电路，画出状态图与设计的状态图进行比较。如果不一致，须仔细检查设计过程中是否有疏漏之处，尤其对具有多余状态的电路，一定要进行验证，看其是否有挂起现象，如有挂起现象，还需设计校正网络。校正网络的设计可以在激励函数的卡诺图上调整带有无关项 d 的卡诺图，以改变激励函数的逻辑表达式，或者是按挂起情况直接设计一个校正网络。总之，要避免挂起现象，保证电路正确可靠地工作。

需强调指出，由于中规模集成电路种类很多，市场上已较易购得，从实用角度考虑，在时序电路设计中应优先考虑选用与设计要求相应或大致相应的中规模集成电路，再加上一些补充电路，使设计出的电路完全符合设计要求，以降低电路成本，更好地保证电路的可靠性。还需指出，在某些情况下，按设计要求，设计过程中的某些环节（如状态图、状态化简、状态分配等）可以省略，设计者不必拘泥于上述设计全过程，可以灵活运用。

3.4.5　设计举例

例 3.10　设计一个"1111"序列检测器，当连续收到 4 个（或 4 个以上）"1"后，电路输出 $Z=1$；否则，输出 $Z=0$。

解　按题中文字描述，序列检测器框图如图 3-45 所示，输入、输出时序图如图 3-46 所示。

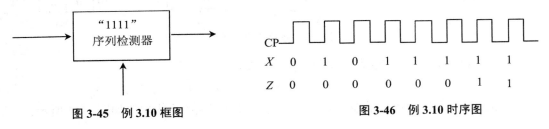

图 3-45　例 3.10 框图　　　　　　　图 3-46　例 3.10 时序图

（1）建立原始状态表

设初态 S_0 收到 1 个"0"，并且用 S_i（$i=1\sim4$）表示收到第 i 个"1"，由此可得到 Mealy 型原始状态图及原始状态表，见图 3-47 及表 3-31。

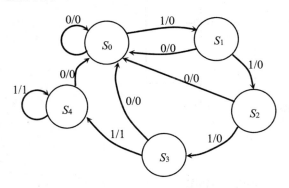

图 3-47　原始状态图

表 3-31　原始状态表

状态＼输入	0	1
S_0	$S_0/0$	$S_1/0$
S_1	$S_0/0$	$S_2/0$
S_2	$S_0/0$	$S_3/0$
S_3	$S_0/0$	$S_4/1$
S_4	$S_0/0$	$S_4/1$

（2）状态化简

制作隐含表如图 3-48，从隐含表可得到最大等效类并进行重命名。

由此可得到最小化状态表，见表 3-32。

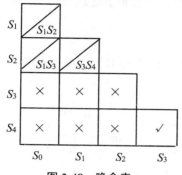

图 3-48　隐含表

表 3-32　最小化状态表

输入\状态	0	1
A	A/0	B/0
B	A/0	C/0
C	A/0	D/0
D	A/0	D/1

（3）状态分配

应用相邻状态分配法进行状态分配。状态表中有 4 个状态，应选用 2 个状态变量 Y_1、Y_0，因此状态变量数 $K=2$，输入组合数 $p=2$，输出函数 $q=1$，状态分配过程如下：

① 根据规则（a），注意到在 $X=0$ 时，各状态的次态全部相同，因此可统一忽略 $X=0$ 列对规则(a)的满足情况，这样对 $X=1$ 列，有 $R_{CD}=1$；

② 根据规则（b）有：$m_{AB}=1$，$m_{AC}=1$，$m_{AD}=1$；

③ 根据规则（c），注意到仅当现态为 D，输入 $X=1$ 时，才有输出 $Z=1$，其他情况下均为 $Z=0$，因此可忽略规则（c）的作用。

这样各相邻要求的总改善效果为：$E_{AB}=1$，$E_{AC}=1$，$E_{AD}=2$，$E_{CD}=2$。根据总改善效果的大小，可得到状态相邻图见图 3-49。由于状态表中出现最多的次态为 A，故令状态 A 的编码为 00，由此得到状态分配方案，见表 3-33，相应的二进制状态表见表 3-34。

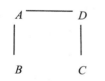

图 3-49　状态相邻图

表 3-33　状态分配方案

Y_1 \ Y_0	0	1
0	A	C
1	B	D

表 3-34　二进制状态表

状态 Y_1Y_0		输入 X　0	1
A	00	00/0	01/0
B	01	00/0	11/0
C	11	00/0	10/0
D	10	00/0	10/1

（4）选择 D 触发器，确定激励函数及输出函数逻辑表达式

选择 D 触发器，根据二进制状态表及 D 触发器激励表可得到激励函数及输出函数的卡诺图，见图 3-50。由此可得到表达式为

$$D_1 = XY_1 + XY_0, \quad D_0 = X\overline{Y_1}, \quad Z = XY_1\overline{Y_0}$$

（5）画逻辑电路图

假如全采用与非门实现组合逻辑，按照 D_1、D_0 及 Z 的逻辑表达式可得到逻辑电路图，见图 3-51。

（6）讨论

在激励函数及输出函数卡诺图中没有无关项出现，因此不会出现挂起状态，设计符合要求。

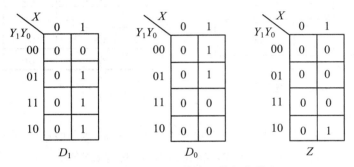

图 3-50　激励函数及输出函数的卡诺图

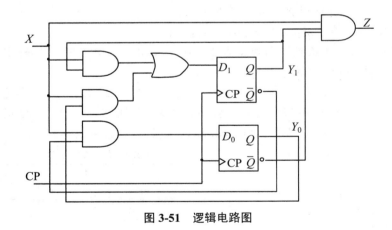

图 3-51　逻辑电路图

3.5　寄　存　器

常用的时序电路主要有寄存器、计数器等。目前均有中规模集成电路（MSI）产品。集成寄存器、计数器同样是由触发器构成的，只不过是将它们集成在一块芯片中。

寄存器按其功能特点分成数码寄存器和移位寄存器两类。数码寄存器用来存放一组二值

代码。而移位寄存器除了存储二值代码之外，还具有移位功能，能在移位脉冲的作用下，将二值代码左移或右移，左移和右移的方向是面对逻辑图而言的。下面分别加以讨论。

3.5.1　数码寄存器

数码寄存器有双节拍和单节拍两种工作方式。双节拍工作方式是指接收数码的过程分两步进行，第一步清零，第二步接收数码的工作方式。单节拍工作方式是指只需一个接收脉冲就可完成数码接收的工作方式。

因为数码寄存器的作用是将数码存放起来，需要时再取出，所以必须采用具有记忆作用的元件或电路——触发器。一个触发器有两种状态，可存储 0 或 1 两个数码，即一位二进制数；N 个触发器就可以组成一个能存放 N 位二进制数的寄存器。数码的存取由统一的命令控制。

用触发器构成数码寄存器的基本思想在于：让第 i 位的数码 D_i 通过某一控制方式作用于寄存器中第 i 位触发器的控制输入端，使该触发器的输出，即寄存器第 i 位的输出 $Q_i^{n+1} = D_i^n$。

图 3-52（a）所示的寄存器是由一个 D 触发器构成的一位二进制数码寄存器单元，由 CP 送入存数指令。若输入数码 $D_i = 0$ 时，存数指令到时，则 $Q^{n+1} = 0$；若输入数码 $D_i = 1$ 时，存数指令到时，则 $Q^{n+1} = 1$。这样在存数指令作用下，数码就存入到触发器中。

图 3-52（b）为一个基本型触发器构成的一位数码寄存器。存数指令经与非门加入，而与非门另一输入端为欲存数码 D_i。这里，存数指令未到（等于 0）时，$S_D = 1$，让 R_D 复位一下，即将 R_D 端加一负脉冲或 0 信号，然后保持 $R_D = 1$，此时 $Q = 0$ 不变。

若欲存数码 $D_i = 0$，当存数指令到达（等于 1）时，$S_D = 1$，$R_D = 1$，则 $Q^{n+1} = Q^n = 0$；若欲存数码 $D_i = 1$，当存数指令到达时，$S_D = 0$，R_D 仍为 1，则 $Q^{n+1} = 1$。可见，这类寄存器在存数指令到达之前必须预先清零（预清）才行。图 3-52（b）是一位双拍接收方式数码寄存器。双节拍接收方式的优点是电路简单，但使用操作不方便，而且限制了它的工作速度。

图 3-52（c）为一双端输入方式的数码寄存器。触发器 A 为数码寄存单元，触发器 B 为计数器单元。当 $Q_B = 0$ 时，存数指令到，$S_D = 1$，$R_D = 0$，则 $Q_A = 0$；当 $Q_B = 1$ 时，存数指令到，$S_D = 0$，$R_D = 1$，则 $Q_A = 1$。不管触发器 A 原来是什么状态，只要存数指令到达后，触发器 A 的下一状态就与触发器 B 的当前状态相同，即 $Q_A^{n+1} = Q_B^n$。

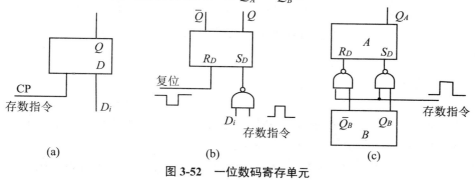

(a)　　　　　　(b)　　　　　　(c)

图 3-52　一位数码寄存单元

可见，图 3-52 中的（a）和（c）是单拍接收方式的数码寄存器。由于"单拍"是指存数前，电路不需先清零，一拍置数，故置数前 Q^n 可为任意值。

图 3-53 所示为由 D 触发器组成的 4 位数码寄存器，在存数指令脉冲作用下，输入的并行 4 位数码将同时存入到 4 个 D 触发器中。

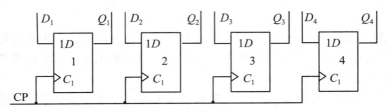

图 3-53   4 位数码寄存器

图 3-54 为中规模 74175(或 T1175)的逻辑图。它是用 D 触发器组成的四位二进制数码寄存器。在输入存数指令（CP 等于 1）后，四位数码 D_1、D_2、D_3、D_4 同时存入四级触发器中。CR=1 时电路清零。当 CP= 1 时，D_1、D_2、D_3、D_4 同时输入到触发器的控制端。每一位输出状态也是同时建立起来的，可以同时并行输出数据。通常把这种输入输出方式叫作并行输入、并行输出方式。

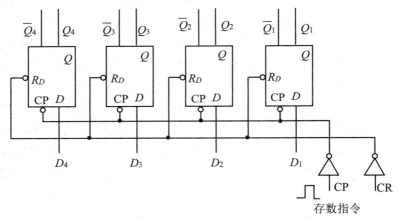

图 3-54   74175 四位数码寄存器

用 J-K 触发器构成数码寄存器时，数码也可以从 J、K 端输入，电路结构请自行分析。

74170（或 T460）是由 D 触发器组成的 4×4 寄存器堆，它由四个四位的数码寄存器及相应的输入、输出电路构成。典型的寄存器堆产品有 4×4 寄存器堆、8×2 多入口寄存器堆等。

3.5.2 移位寄存器

移位寄存器的作用是将寄存器中某一时刻（t_n）所存的二进制数码，在下一个时刻（t_{n+1}）来到瞬间移至紧邻的左边一位或右边一位寄存器中。

例如，t_n 时刻四位寄存器中的数码位 $Q_4Q_3Q_2Q_1$=1101。若为左移寄存器，则 t_{n+1} 时刻的数

码 $Q_4Q_3Q_2Q_1$=1010。最高位在 t_n 时刻的数码（Q_4=1）在左移过程中，因其左边无寄存器接收而丢失。最低位的数码左移后若无新数码输入则为 0；若有新数码 V_I 输入，则由 V_I 值决定。

图 3-55 是由四级 D 触发器构成的 4 位左移寄存器，由图可见：

$$Q_1^{n+1}=V_I \ ; \qquad Q_2^{n+1}=Q_1^n \ ; \qquad Q_3^{n+1}=Q_2^n \ ; \qquad Q_4^{n+1}=Q_3^n$$

即 $Q_i^{n+1}=Q_{i-1}^n$。在移位脉冲作用下，输入信息的当前数码存入到第一级触发器，第一级触发器的状态存入到第二级触发器，依此类推，第 $i-1$ 级触发器的状态存入到第 i 级触发器。这样就实现了数码在移存脉冲作用下向左逐位移存。同理可以构成右移移位寄存器。

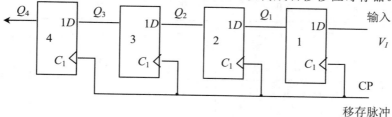

图 3-55 4 位左移移位寄存器

在计算机的运算器中，所使用的移位寄存器需要同时具有左移和右移的功能，即所谓双向移位寄存器。它是在一般移位寄存器的基础上加上左、右移存控制信号 M 构成的，如图 3-56 所示。

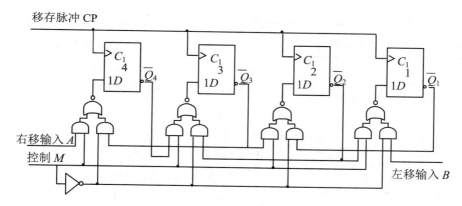

图 3-56 4 位双向移位寄存器

由图 3-56 可以写出各级 D 触发器的状态转移方程为

$$Q_4^{n+1}=\overline{[M A+\overline{M}\overline{Q_3^n}]} \qquad\qquad Q_3^{n+1}=\overline{[M\overline{Q_4^n}+\overline{M}\overline{Q_2^n}]}$$

$$Q_2^{n+1}=\overline{[M\overline{Q_3^n}+\overline{M}\overline{Q_1^n}]} \qquad\qquad Q_1^{n+1}=\overline{[M\overline{Q_2^n}+\overline{M}B]}$$

其中，A 为右移串行输入数码，B 为左移串行输入数码。当 M=1 时，$Q_4^{n+1}=\overline{A}$，$Q_3^{n+1}=Q_4^n$，$Q_2^{n+1}=Q_3^n$，$Q_1^{n+1}=Q_2^n$，因此在移存脉冲 CP 作用下，实现右移移位寄存功能；当 $M=0$ 时，$Q_4^{n+1}=Q_3^n$，$Q_3^{n+1}=Q_2^n$，$Q_2^{n+1}=Q_1^n$，$Q_1^{n+1}=\overline{B}$，因此在移存脉冲 CP 作用下，实现左移移位寄存功能。由于移位寄存器各级触发器是在同一时钟 CP 作用下发生状态转移，所以是同步时序逻辑电路。

为了扩展逻辑功能并增加使用的灵活性，在定型生产的移位寄存器集成电路上，又附加了数据并行输入（A、B、C、D 置入触发器中），保持，异步清零（复位）和左、右移控制的功能。74194（或 T1194）是中规模四位双向通用移位寄存器的典型产品，表 3-35 为 74194 功能表。

表 3-35　74194 功能表

S_1 S_0	D_{SR}	D_{SL}	$\overline{R_D}$	CP	输　出				功　能
					Q_A^{n+1}	Q_B^{n+1}	Q_C^{n+1}	Q_D^{n+1}	
× ×	×	×	0	×	0	0	0	0	异步清零
× ×	×	×	1	0	Q_A^n	Q_B^n	Q_C^n	Q_D^n	保　持
0　0	×	×	1	×	Q_A^n	Q_B^n	Q_C^n	Q_D^n	保　持
0　1	0	×	1	↑	0	Q_A^n	Q_B^n	Q_C^n	右　移
0　1	1	×	1	↑	1	Q_A^n	Q_B^n	Q_C^n	右　移
1　0	×	0	1	↑	Q_B^n	Q_C^n	Q_D^n	0	左　移
1　0	×	1	1	↑	Q_B^n	Q_C^n	Q_D^n	1	左　移
1　1	×	×	1	↑	A	B	C	D	并行输入

表 3-36　74194 工作方式

S_1	S_0	工作方式
0	0	无操作
0	1	右　移
1	0	左　移
1	1	置　数

由 74194 功能表可知，S_1 和 S_0 是工作方式控制输入。其四种工作方式概括于表 3-36。当 $S_1 = S_0 = 0$ 时，$Q_i^{n+1} = Q_i^n$，移位寄存器工作在"保持"状态；$S_1 = 0$，$S_0 = 1$，CP 上升沿到达时触发器被置成 $Q_A^{n+1} = D_{SR}$，$Q_B^{n+1} = Q_A^n$，$Q_C^{n+1} = Q_B^n$，$Q_D^{n+1} = Q_C^n$，这时移位寄存器处在"右移"工作状态；当 $S_1 = 1$，$S_0 = 0$ 时，CP 上升沿到达时触发器置成 $Q_A^{n+1} = Q_B^n$，$Q_B^{n+1} = Q_C^n$，$Q_C^{n+1} = Q_D^n$，$Q_D^{n+1} = D_{SL}$，这时移位寄存器工作在"左移"状态；当 $S_1 = S_0 = 1$ 时，CP 上升沿到达时触发器被置为 $Q_A^{n+1} = A$，$Q_B^{n+1} = B$，$Q_C^{n+1} = C$，$Q_D^{n+1} = D$，移位寄存器处于"数据并行输入"状态。D_{SR} 和 D_{SL} 分别为右移串行数据输入和左移串行数据输入，Q_A、Q_B、Q_C、Q_D 是四个触发器输出。A、B、C、D 是相应的四个并行数据输入，CP 为时钟脉冲输入，$\overline{R_D}$ 为"异步清零"输入端，平时应保持 $\overline{R_D} = 1$。若在 $\overline{R_D}$ 端加负脉冲，则不管 CP 和其他输入端处于何种状态，都实现 $Q_A Q_B Q_C Q_D$ 清零。

用 74194 组成多位移位寄存器的接法十分简单。例如在用两片 74194 组成八位双向移位寄存器时，只要将其中第 I 片的最后一位输出 Q_D 接至第 II 片的 D_{SR}，将第 II 片的 Q_A 接至第 I 片的 D_{SL}，同时将两片的 S_1、S_0、CP 和 $\overline{R_D}$ 并联就行了，如图 3-57 所示。当 $S_1 = 0$，$S_0 = 1$ 做八位右移寄存器时，数据送片 I 的右移输入端 D_{SR}，同时将片 I 的高位 Q_D 接片 II 的数据右移输入

端 D_{SR}；当 $S_1=1$，$S_0=0$ 左移时，数据送片II的 D_{SL}，同时将片II的低位 Q_A 接片I的 D_{SL}。

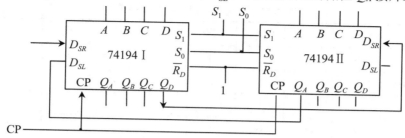

图 3-57 用两片 74194 接成八位双向移位寄存器

移位寄存器除了能对信息进行寄存和移位外，还可用作代码的串并行转换器、移位型计数器等。

1. 串行—并行转换器

图 3-58 是七位串行（高位在前、低位在后）代码转换成并行代码的转换器，它由两片 74194 型双向移位寄存器和 7404 型"非"门电路组成。片 I 的右移串行数据输入 D_{SR} 和并行输入端 A 都加串行输入数据。片 I 的输入端 B 加的是标志码 0，其余并行输入端均加 1。片II的 D_{SA} 接片 I 的输出 Q_4，并行输入端 $A=B=C=D=1$。图中 Q_8 为最高位，Q_1 为最低位，采用右移操作。片II的 Q_D 输出经反向后接到两片的 S_1 端，而每片的 S_0 接高电平。S_1、S_0 作为功能控制。这样，当 $Q_8=0$ 时，$S_1 S_0=11$，电路处于并行置数状态；而当 $Q_8=1$ 时，$S_1 S_0=01$，进行右移操作。

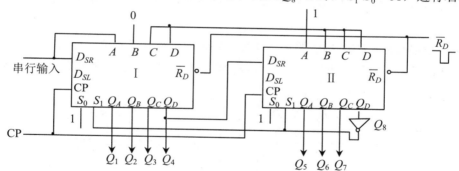

图 3-58 七位串行—并行代码转换器

下面讨论其工作过程。

首先送入清零脉冲，使片I、片II均清零，这时 $Q_8=0$，使 $S_1 S_0=11$，因而移位寄存器处于并行置数状态。在第一个时钟脉冲（移存指令）作用后，数据置入移存器，状态变为 $D_7 0111111$，这时 $Q_8=1$，$S_1 S_0=01$，因而电路将执行右移操作。第二个时钟脉冲作用后，右移一位，寄存器状态变为 $D_6 D_7 011111$，Q_8 仍为 1。以后，在 CP 的作用下，电路继续执行右移的功能，直至第七个时钟脉冲作用后，并行输出状态为 $D_1 D_2 D_3 D_4 D_5 D_6 D_7$ 0，这时 $Q_8=0$，即标志码已移到片II的最高位。一方面使寄存器功能控制 $S_1 S_0=11$，于是在下一个 CP 作用下，执行并入功能，从而开始新的一组（七位数码）的串行—并行转换。另一方面标志码转换已完成。如果将片II的 $\overline{Q_D}$ 作为数码寄存器的并行接收指令，则这七位并行输出数码就存入到数码寄存器中。这种串行—并行转换器常用于模数转换系统。移位寄存器的状态变换如表 3-37 所示。

表 3-37　移位寄存器的状态变换表

序号	Q_1	Q_2	Q_3	Q_4	Q_5	Q_6	Q_7	Q_8	$S_1=\overline{Q_8}$	S_0
0	0	0	0	0	0	0	0	0	1	1
1	D_7	0	1	1	1	1	1	1	0	1
2	D_6	D_7	0	1	1	1	1	1	0	1
3	D_5	D_6	D_7	0	1	1	1	1	0	1
4	D_4	D_5	D_6	D_7	0	1	1	1	0	1
5	D_3	D_4	D_5	D_6	D_7	0	1	1	0	1
6	D_2	D_3	D_4	D_5	D_6	D_7	0	1	1	1
7	D_1	D_2	D_3	D_4	D_5	D_6	D_7	0	1	1
8	D_7	0	1	1	1	1	1	1	0	1

若将逻辑图第 I 片的 B 改接为"1",而 A 接"0",串行输入代码只接 D_{SR},就构成八位串行代码转换为并行代码的转换器。

2. 并行—串行转换器

把二进制代码并行置入移位寄存器中,再用串行移位的办法把二进制代码取出来,就能实现并行代码到串行代码的转换。采用并入—串出移位寄存器或通用移位寄存器都能实现这种转换。

图 3-59 是用两片 74194 构成的七位并行代码转换电路。把七位并行代码 $D_1\sim D_7$ 加到转换器的并行输入端。片 I 的串行右移输入端 D_{SR} 加 1,并行输入端 A 加 0 作为标志码。工作状态控制端 S_0 接高电平,S_1 接反馈信号。

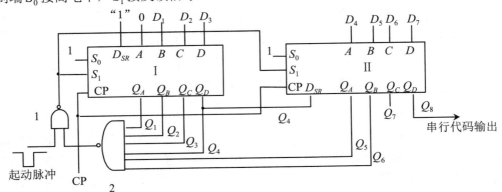

图 3-59　七位并行—串行代码转换器

当启动负脉冲输入时,门 1 输出为高电平"1",使两片的 S_1 均为高电平"1"。因此 74194 中 $S_1 S_0$ =11,处于并行置数状态。第一个时钟脉冲到来,并行输入数据进入移为寄存器,使 $Q_1 Q_2 \cdots Q_8$ 为 0 $D_1 \cdots D_7$。由于 Q_1 =0,因而门 2 输出为电平"1"。门 1 输入均为"1",其输出

为 "0" 使 $S_1 S_0 =01$，移位寄存器处于右移工作状态。第二个时钟到来，代码向右移动一位，移位寄存器状态变为 $10 D_1 \cdots D_6$。在 CP 作用下，一方面使并行输入数据由 Q_8 串行逐位输出，另一方面又不断地将 1 移入寄存器。等第七个时钟脉冲作用后，移位寄存器状态变为 $1111110 D_1$。这时，门 2 输入出现全 "1"，因而其输出为低电平 "0"，门 1 输出转变为 "1"，使 $S_1 S_0 =11$，移位寄存器又回到并行置数工作状态，并表示转换已经结束。若送入下一个时钟脉冲，又将开始第二组七位并行—串行代码转换。移位寄存器的状态变换如表 3-38 所示。

表 3-38　移位寄存器的状态变换表

序号	Q_1	Q_2	Q_3	Q_4	Q_5	Q_6	Q_7	Q_8	S_1	S_0
启动	×	×	×	×	×	×	×	×	1	1
1	0	D_1	D_2	D_3	D_4	D_5	D_6	D_7	0	1
2	1	0	D_1	D_2	D_3	D_4	D_5	D_6	0	1
3	1	1	0	D_1	D_2	D_3	D_4	D_5	0	1
4	1	1	1	0	D_1	D_2	D_3	D_4	0	1
5	1	1	1	1	0	D_1	D_2	D_3	0	1
6	1	1	1	1	1	0	D_1	D_2	0	1
7	1	1	1	1	1	1	0	D_1	1	1
8	0	D_1	D_2	D_3	D_4	D_5	D_6	D_7	0	1

图 3-60 所示为集成四位右移移位寄存器 74195（或 T1195）的逻辑图。它具有并行输入数据和双端串行输入右移移位的功能。A、B、C、D 为并行输入时数据输入端，J、$\overline{K}$ 为串行输入的双端输入端，J 与 $\overline{K}$ 输入至第一级。除了 Q_A、Q_B、Q_C、Q_D 输出外，末级还有 $\overline{Q_D}$ 输出。$\overline{R_D}$ 为置 "0" 端，S/L 为移位/置数功能控制端，CP 为移存脉冲输入端。

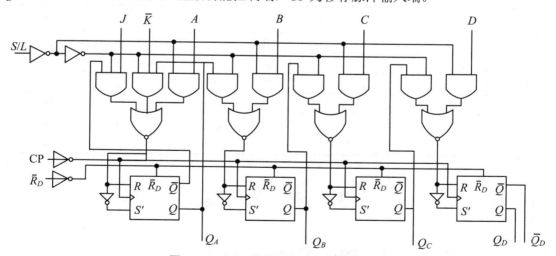

图 3-60　74195 集成四位右移移位寄存器

图 3-61 为 74195 的工作波形图。其功能见表 3-39。当 $S/L = 0$ 时，实现并行置数功能，A、B、C、D 被送入寄存器中；当 $S/L = 1$ 时，实现移位功能（并行置数被禁止）。每当移存脉冲的上升沿来到后，移位寄存器中的数据向右移一位。利用 74195 同样可以完成串行

一并行转换。

移位寄存器可以构成移存型计数器、序列信号发生器和脉冲分配器。

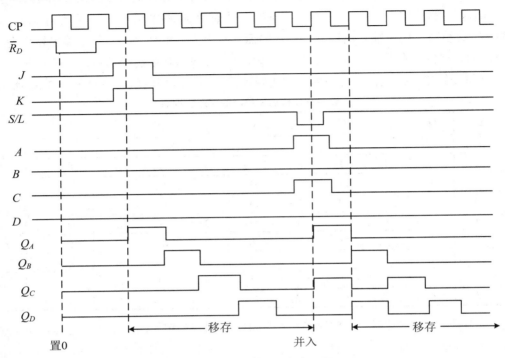

图 3-61　74195 的工作波形图

表 3-39　74195 的状态变换表

S/L	J	$\overline{K}$	$\overline{R_D}$	CP	Q_A^{n+1}	Q_B^{n+1}	Q_C^{n+1}	Q_D^{n+1}	功能
×	×	×	0	×	0	0	0	0	异步清零
1	0	1	1	↑	Q_A^n	Q_A^n	Q_B^n	Q_C^n	右移
1	1	0	1	↑	Q_A^n	Q_A^n	Q_B^n	Q_C^n	右移
1	0	0	1	↑	0	Q_A^n	Q_B^n	Q_C^n	右移
1	1	1	1	↑	1	Q_A^n	Q_B^n	Q_C^n	右移
0	×	×	1	↑	A	B	C	D	并行输入

3.6　计 数 器

计数器是一种累计时钟脉冲个数的逻辑部件。不仅用于时钟脉冲计数，还用于定时、分频、产生节拍脉冲以及数字运算等场合。计数器是应用最广泛的逻辑部件之一。

计数器的种类非常繁多。按触发方式可以把计数器分成同步计数器和异步计数器两种。对于同步计数器，输入时钟脉冲时触发器的翻转是同时进行的，而异步计数器中的触发器的翻转则不是同时的。

按计数器的容量方式可以分成二进制计数器、十进制计数器和任意进制计数器（如十二进制计数器、六十进制计数器等等）。

按计数值的增减方式可以把计数器分成加法计数器、减法计数器和可逆计数器（加/减计数器）。

3.6.1   同步计数器的分析与设计

1. 同步计数器的分析

在同步计数器中，所有触发器共用一个时钟脉冲源，且时钟脉冲就是计数脉冲，在计数脉冲作用下，各级触发器几乎同时翻转，因此工作速度较高。同步计数器又称并行计数器。

同步计数器的一般分析步骤是：

① 根据电路结构，确定各级触发器的输入激励信号，写出激励方程；

② 根据触发器的特征方程，写出各级触发器的状态转移方程，并写出输出函数表达式；

③ 确定电路的状态转移表或状态转移图；

④ 画出工作波形图，进行功能评述。

（1）同步二进制计数器的分析

图 3-62 所示为同步二进制加法计数器电路，它由四个 $J\text{-}K$ 触发器组成。由图 3-62 可写出各级触发器的激励信号为

$$J_1 = K_1 = 1$$
$$J_2 = K_2 = Q_1^n$$
$$J_3 = K_3 = Q_1^n Q_2^n$$
$$J_4 = K_4 = Q_1^n Q_2^n Q_3^n$$

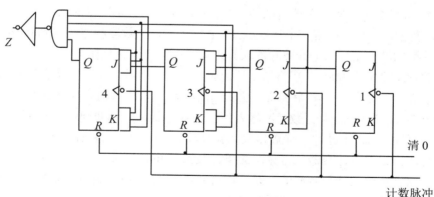

图 3-62   同步二进制加法计数器

可得各级触发器的状态转移方程为

$$Q_1^{n+1} = J_1 \overline{Q_1^n} + \overline{K_1} Q_1^n = \overline{Q_1^n} \qquad\qquad \text{CP}\downarrow$$
$$Q_2^{n+1} = J_2 \overline{Q_2^n} + \overline{K_2} Q_2^n = Q_1^n \overline{Q_2^n} + \overline{Q_1^n} Q_2^n \qquad\qquad \text{CP}\downarrow$$

$$Q_3^{n+1} = J_3 \overline{Q_3^n} + \overline{K_3} Q_3^n = Q_1^n Q_2^n \overline{Q_3^n} + \overline{Q_1^n Q_2^n} Q_3^n \qquad \text{CP} \downarrow$$

$$Q_4^{n+1} = J_4 \overline{Q_4^n} + \overline{K_4} Q_4^n = Q_1^n Q_2^n Q_3^n \overline{Q_4^n} + \overline{Q_1^n Q_2^n Q_3^n} Q_4^n \qquad \text{CP} \downarrow$$

输出方程为 $\qquad\qquad Z = Q_4^n Q_3^n Q_2^n Q_1^n$

由各级触发器的状态转移方程，可以做出状态转移表。所谓状态转移表就是将触发器的状态转移方程和输出方程用表格形式来描述，表示触发器的状态在时钟作用下的状态转移情况。状态转移表的做法是：左边列出各级触发器当前状态 $PS(t)$；右边列出时钟作用后的下一状态 $NS(t)$，即根据各级触发器的状态转移方程，求出在当前状态 $PS(t)$ 下，由于时钟的触发，各级触发器变更后的状态。状态转移表如表 3-40 所示。例如，假设各级触发器的当前状态 $S(t)$ 为 $Q_4^n Q_3^n Q_2^n Q_1^n = 0111$，则在时钟下降沿作用下，各级触发器的新状态为

$$Q_1^{n+1} = \overline{Q_1^n} = \overline{1} = 0$$

$$Q_2^{n+1} = Q_1^n \overline{Q_2^n} + \overline{Q_1^n} Q_2^n = 1 \cdot \overline{1} + \overline{1} \cdot 1 = 0$$

$$Q_3^{n+1} = Q_1^n Q_2^n \overline{Q_3^n} + \overline{Q_1^n Q_2^n} \cdot Q_3^n = 1 \cdot 1 \cdot \overline{1} + \overline{1 \cdot 1} \cdot 1 = 0$$

$$Q_4^{n+1} = Q_1^n Q_2^n Q_3^n \overline{Q_4^n} + \overline{Q_1^n Q_2^n Q_3^n} \cdot Q_4^n = 1 \cdot 1 \cdot 1 \cdot \overline{0} + \overline{1 \cdot 1 \cdot 1} \cdot 0 = 1$$

因此下一状态 $N(t)$ 为 $Q_4 Q_3 Q_2 Q_1 = 1000$。其余类推。

或者，从 J-K 触发器的真值表出发，当前状态为 0111 时，得出此时相应的各级触发器输入为

$$J_1 = K_1 = 1$$

$$J_2 = K_2 = Q_1^n = 1$$

$$J_3 = K_3 = Q_1^n Q_2^n = 1 \cdot 1 = 1$$

$$J_4 = K_4 = Q_1^n Q_2^n Q_3^n = 1 \cdot 1 \cdot 1 = 1$$

必将得出下一状态 $N(t)$ 为 1000。其余类推，得出与表 3-40 同样的结果。

由表 3-40 可以看出，假设在计数脉冲 CP 输入之前，各级触发器的状态由于 R_D 复位脉冲的作用，全部复位。那么，在第一个计数脉冲 CP 输入后，计数器状态转移到 0001，表示已经输入了一个计数脉冲。在第二个计数脉冲未到之前，更确切地说是在第二个 CP 下跳沿到来之前，计数器的状态稳定于 0001。在第二个计数脉冲 CP 作用后，计数器状态转移到 0010，表示已经输入了 2 个计数脉冲。其余类推，直到 $Q_D Q_C Q_B Q_A = 1111$ 时，表示计数器已输入了 15 个脉冲，输出 $Z=1$。当第 16 个计数脉冲输入后，计数器状态回到 0000，这表示完成了一个计数周期。以后每输入 16 个脉冲，计数器状态就循环一次，因此这种计数器通常称为模 16 计数器，或称为四位二进制计数器。可见，如果计数器从 0000 开始工作，则利用各级触发器的不同状态就可以表示输入计数脉冲的数目。倘若各级 Q 端与 $\overline{Q}$ 端再接入译码显示电路，则可直接显示出脉冲个数来。工作波形如图 3-63 所示。

计数器计数时所经历的独立状态总数称为模数 M。由 N 个触发器组成的计数器，最多具有 2^N 个独立状态。在计数时若这些状态全部出现，即模数 $M=2^N$，则该计数器称为模 2^N 计数器，每输入 2^N 个计数脉冲后，计数器的状态就要循环一次；若计数器的模值 $M<2^N$，则该计数器为非模 2^N 计数器。

表 3-40 4 位同步二进制加法计数器状态转移表

CP	$PS(t)$				$NS(t)$				Z
	Q_4^n	Q_3^n	Q_2^n	Q_1^n	Q_4^{n+1}	Q_3^{n+1}	Q_2^{n+1}	Q_1^{n+1}	
0	0	0	0	0	0	0	0	1	0
1	0	0	0	1	0	0	1	0	0
2	0	0	1	0	0	0	1	1	0
3	0	0	1	1	0	1	0	0	0
4	0	1	0	0	0	1	0	1	0
5	0	1	0	1	0	1	1	0	0
6	0	1	1	0	0	1	1	1	0
7	0	1	1	1	1	0	0	0	0
8	1	0	0	0	1	0	0	1	0
9	1	0	0	1	1	0	1	0	0
10	1	0	1	0	1	0	1	1	0
11	1	0	1	1	1	1	0	0	0
12	1	1	0	0	1	1	0	1	0
13	1	1	0	1	1	1	1	0	0
14	1	1	1	0	1	1	1	1	0
15	1	1	1	1	0	0	0	0	1

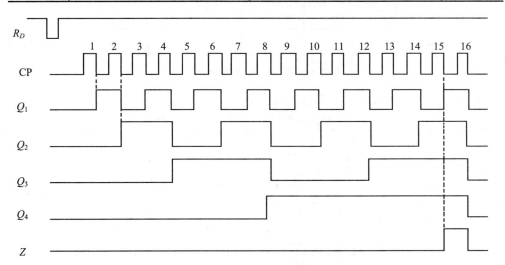

图 3-63 同步二进制加法计数器波形图

此外，由图 3-63 的波形图还可以看到，若 CP 的频率为 f_i，则 Q_1、Q_2、Q_3 和 Q_4 输出脉冲的频率将依次为 $\frac{1}{2}f_i$、$\frac{1}{4}f_i$、$\frac{1}{8}f_i$ 和 $\frac{1}{16}f_i$，或简单记为 $\div 2, \div 4, \div 8, \div 16$。针对计数器的这种分频功能，又把它叫作分频器。

从表 3-40 的四位二进制加法计数状态转移表可以看出，第一级触发器是每来一个计数脉冲翻转一次；第二级是每来两个计数脉冲翻转一次，也就是当 $Q_1 = 1$，来计数脉冲时，触发器发生翻转，因此 $J_2 = K_2 = Q_1$；第三级是每来四个脉冲翻转一次，也就是当 $Q_2 = 1, Q_1 = 1$，来计数脉冲时，触发器发生翻转，因此 $J_3 = K_3 = Q_2Q_1$。由此可归纳出各触发器激励（驱动）方程的一般形式为

$$J_n = K_n = Q_{n-1}Q_{n-2}\cdots Q_1$$

图 3-64 为同步二进制减法计数器电路。不难得出各级触发器的状态转移方程为

$$Q_1^{n+1} = \overline{Q_1^n} \qquad\qquad\qquad CP\downarrow$$

$$Q_2^{n+1} = \overline{\overline{Q_1^n}\,\overline{Q_2^n}} + Q_1^n Q_2^n \qquad\qquad CP\downarrow$$

$$Q_3^{n+1} = \overline{\overline{Q_2^n}\,\overline{Q_1^n}\,\overline{Q_3^n}} + \overline{\overline{Q_2^n Q_1^n}}\,Q_3^n \qquad CP\downarrow$$

$$Q_4^{n+1} = \overline{\overline{Q_3^n}\,\overline{Q_2^n}\,\overline{Q_1^n}\,\overline{Q_4^n}} + \overline{\overline{Q_3^n Q_2^n Q_1^n}}\,Q_4^n \qquad CP\downarrow$$

$$Z = \overline{Q_4^n}\,\overline{Q_3^n}\,\overline{Q_2^n}\,\overline{Q_1^n} \qquad\qquad 为借位信号$$

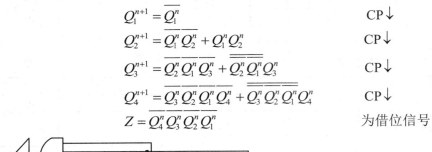
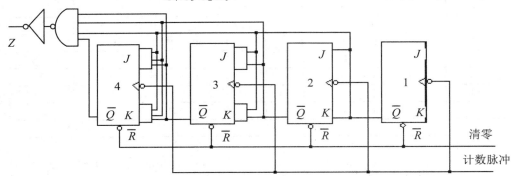

图 3-64　同步二进制减法计数器

计数器状态转移表如表 3-41。工作波形图略。

表 3-41　四位同步二进制减法计数器状态转移表

CP	$S(t)$				$N(t)$				Z
	Q_4^n	Q_3^n	Q_2^n	Q_1^n	Q_4^{n+1}	Q_3^{n+1}	Q_2^{n+1}	Q_1^{n+1}	
0	0	0	0	0	1	1	1	1	1
1	1	1	1	1	1	1	1	0	0
2	1	1	1	0	1	1	0	1	0
3	1	1	0	1	1	1	0	0	0
4	1	1	0	0	1	0	1	1	0
5	1	0	1	1	1	0	1	0	0
6	1	0	1	0	1	0	0	1	0
7	1	0	0	1	1	0	0	0	0
8	1	0	0	0	0	1	1	1	0
9	0	1	1	1	0	1	1	0	0
10	0	1	1	0	0	1	0	1	0
11	0	1	0	1	0	1	0	0	0
12	0	1	0	0	0	0	1	1	0
13	0	0	1	1	0	0	1	0	0
14	0	0	1	0	0	0	0	1	0
15	0	0	0	1	0	0	0	0	0

图 3-65 为可逆同步二进制计数器电路。将同步二进制加法计数器和减法计数器合并在一起，由控制信号 M 加以控制，当 $M=1$ 时，进行加法记数；当 $M=0$ 时，则进行减法记数。图中未画出清零信号。请读者自行分析其原理。

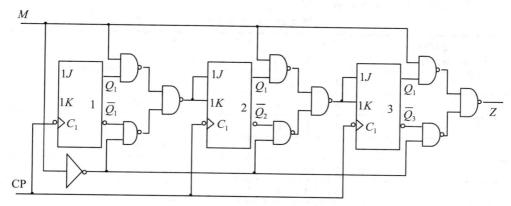

图 3-65　3 位同步二进制可逆计数器

（2）　同步十进制计数器的分析

在数字系统中，除了二进制计数器外，十进制计数器和其他进制的计数器也用得较多,其分析方法与上述二进制计数器分析方法基本相同。

图 3-66 为 5421 码同步十进制计数器。

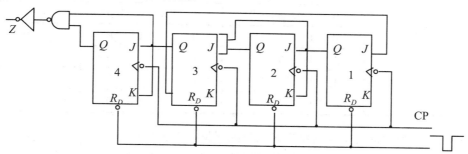

图 3-66　5421 码同步十进制计数器

由图 3-66 中可见，各级触发器的激励函数为

$$J_1 = \overline{Q_3^n} \qquad\qquad K_1 = 1$$

$$J_2 = Q_1^n \qquad\qquad K_2 = Q_1^n$$

$$J_3 = Q_1^n Q_2^n \qquad\qquad K_3 = 1$$

$$J_4 = Q_3^n \qquad\qquad K_4 = Q_3^n$$

输出函数为 $\qquad\qquad Z = Q_4^n Q_3^n$

各级触发器的状态转移方程为

$$Q_1^{n+1} = J_1 \overline{Q_1^n} + \overline{K_1} Q_1^n = \overline{Q_3^n}\, \overline{Q_1^n} \qquad\qquad\qquad \text{CP}\!\downarrow$$

$$Q_2^{n+1} = J_2 \overline{Q_2^n} + \overline{K_2} Q_2^n = Q_1^n \overline{Q_2^n} + \overline{Q_1^n} Q_2^n \qquad\qquad \text{CP}\!\downarrow$$

$$Q_3^{n+1} = J_3\overline{Q_3^n} + \overline{K_3}Q_3^n = Q_1^n Q_2^n \overline{Q_3^n} \qquad\qquad CP\downarrow$$

$$Q_4^{n+1} = J_4\overline{Q_4^n} + \overline{K_4}Q_4^n = Q_3^n \overline{Q_4^n} + \overline{Q_3^n}Q_4^n \qquad\qquad CP\downarrow$$

同样可以得出状态转移表如表 3-42。

表 3-42　状态转移表

$S(t)$ 表示的 十 进 制 数	$S(t)$				$N(t)$				Z
	Q_4	Q_3	Q_2	Q_1	Q_4	Q_3	Q_2	Q_1	
0	0	0	0	0	0	0	0	1	0
1	0	0	0	1	0	0	1	0	0
2	0	0	1	0	0	0	1	1	0
3	0	0	1	1	0	1	0	0	0
4	0	1	0	0	1	0	0	0	0
5	1	0	0	0	1	0	0	1	0
6	1	0	0	1	1	0	1	0	0
7	1	0	1	0	1	0	1	1	0
8	1	0	1	1	1	1	0	0	0
9	1	1	0	0	0	0	0	0	1
偏 离 状 态	0	1	0	1	1	0	1	0	0
	0	1	1	0	1	0	1	0	0
	0	1	1	1	1	0	0	0	0
	1	1	0	1	0	0	1	0	1
	1	1	1	0	0	0	1	0	1
	1	1	1	1	0	0	0	0	1

表 3-42 中计数器的各个当前状态 $S(t)$ 的四位二进制数码对应一个十进制码。例如,当前状态为 0011,代表十进制数 3,表示计数器已输入了 3 个计数脉冲。在第 4 个计数脉冲输入后,状态转移为 0100,因此用当前状态 0100 代表十进制数 4。若计数器当前状态为 1100 时,代表十进制数 9,输出 $Z = Q_4 Q_3 = 1$。当第 10 个计数脉冲输入后,计数器状态回到 0000。此时 Z 由 1 变 0 产生一个负跳变作为输出的进位信号,相当于十进制数逢十进一。

表 3-42 中其余 6 个状态,在计数器正常工作时是不会出现的,也就是计数器不使用这些状态,假如受到干扰,或有其他因素使计数器电路进入到这 6 个状态中,将按表中规律进行转移。我们称这 6 个不该出现的状态为无效状态或偏离状态。也就是说,四位二进制数码一共有 16 种不同的组合状态,其中用了 10 个状态,称为有效状态,其余 6 个状态为偏离状态。当计数器一旦进入偏离状态后,经过一个或一个以上计数脉冲输入后,计数器能进入有效序列的状态,我们说这种计数器具有自启动特性。根据表 3-42 可以做出状态转移图如图 3-67 所示。图 3-68 为该计数器工作波形图。

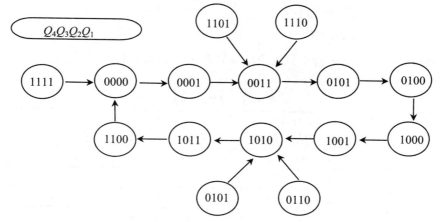

图 3-67 5421 码计数器状态转移图

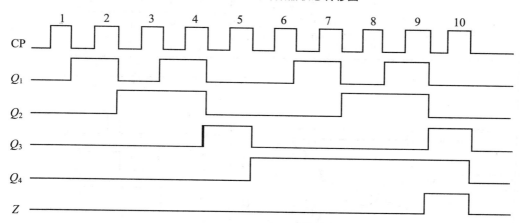

图 3-68 5421 码计数器工作波形图

（3）任意进制同步计数器的分析

分析图 3-69 所示的同步五进制计数器电路。

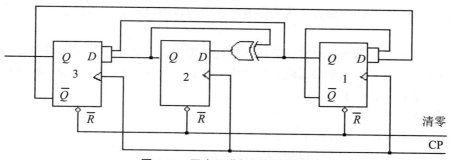

图 3-69 同步五进制加法计数器

它由三级 D 触发器构成。由图 3-69 可写出各级触发器的状态转移方程和输出方程为

$$Q_1^{n+1} = \overline{Q_1^n \, Q_3^n} \qquad\qquad \text{CP}\uparrow$$

$$Q_2^{n+1} = Q_1^n \oplus Q_2^n \qquad\qquad \text{CP}\uparrow$$

$$Q_3^{n+1} = Q_1^n Q_2^n \qquad\qquad CP\uparrow$$

$$Z = Q_3^n$$

由各级触发器状态转移方程可以求出状态转移表（如表 3-43）、状态转移图（如图 3-70）及工作波形图（如图 3-71）。

表 3-43   状态转移表

五进制数	PS（t）			NS（t）			Z
	Q_3	Q_2	Q_1	Q_3	Q_2	Q_1	
0	0	0	0	0	0	1	0
1	0	0	1	0	1	0	0
2	0	1	0	0	1	1	0
3	0	1	1	1	0	0	0
4	1	0	0	0	0	0	1
偏离状态	1	0	1	0	1	0	
	1	1	0	0	1	0	
	1	1	1	1	0	0	

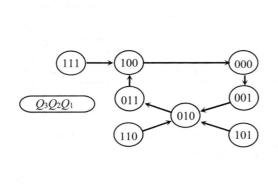

图 3-70   同步五进制加法计数器状态转移图

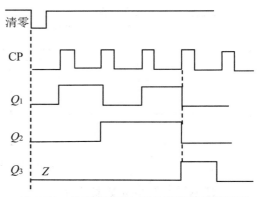

图 3-71   同步五进制加法计数器工作波形图

该计数器也称为模五计数器。从工作波形图中可以看出，状态转移发生在计数脉冲上升沿到达时刻。

综上所述，同步计数器的分析就是根据给定的逻辑图，先找出各级触发器的激励函数，然后由状态转移方程（或触发器真值表）找出一个完整周期的状态转移表和状态转移图，此时要注意计数器的自启动性。

2．同步计数器的设计

同步计数器的设计，一般按下列步骤进行：

① 确定级数并根据设计要求列出状态转移表；

② 选择触发器类型，求各级触发器的激励函数；

③ 检查自启动性，如不能自启动，则重新设计，修改激励函数；

④ 画出逻辑电路图。

下面通过实例具体说明如何设计同步计数器。

例 3.11　用主从 J-K 触发器设计 8421 码十进制同步计数器。

解　十进制计数器应用四级触发器实现。四级触发器共 16 种状态，其中 10 种为有效状态，6 种为偏离状态。根据 8421 码的编码表得出状态转移表，再由状态转移表及 J-K 触发器的激励表，列出对应每一种状态转移所需要的输入，如表 3-44 所示。

由表 3-44 看出，J_1、K_1 列的值没有 0，除了 1 就是 $\emptyset$，故 $J_1 = K_1 = 1$。然后做卡诺图（图 3-72），由图求 J、K 和 Z。

表 3-44　对应每一种状态转移所需要的输入表

$S(t)$ 十进制数	$PS(t)$ $Q_4\ Q_3\ Q_2\ Q_1$	$NS(t)$ $Q_4\ Q_3\ Q_2\ Q_1$	J_4	K_4	J_3	K_3	J_2	K_2	J_1	K_1	Z
0	0　0　0　0	0　0　0　1	0	$\emptyset$	0	$\emptyset$	0	$\emptyset$	1	$\emptyset$	0
1	0　0　0　1	0　0　1　0	0	$\emptyset$	0	$\emptyset$	1	$\emptyset$	$\emptyset$	1	0
2	0　0　1　0	0　0　1　1	0	$\emptyset$	0	$\emptyset$	$\emptyset$	0	1	$\emptyset$	0
3	0　0　1　1	0　1　0　0	0	$\emptyset$	1	$\emptyset$	$\emptyset$	1	$\emptyset$	1	0
4	0　1　0　0	0　1　0　1	0	$\emptyset$	$\emptyset$	0	0	$\emptyset$	1	$\emptyset$	0
5	0　1　0　1	0　1　1　0	0	$\emptyset$	$\emptyset$	0	1	$\emptyset$	$\emptyset$	1	0
6	0　1　1　0	0　1　1　1	0	$\emptyset$	$\emptyset$	0	$\emptyset$	0	1	$\emptyset$	0
7	0　1　1　1	1　0　0　0	1	$\emptyset$	$\emptyset$	1	$\emptyset$	1	$\emptyset$	1	0
8	1　0　0　0	1　0　0　1	$\emptyset$	0	0	$\emptyset$	0	$\emptyset$	1	$\emptyset$	0
9	1　0　0　1	0　0　0　0	$\emptyset$	1	0	$\emptyset$	0	$\emptyset$	$\emptyset$	1	1

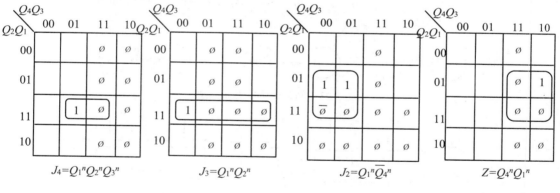

$$J_4 = Q_1^n Q_2^n Q_3^n \qquad J_3 = Q_1^n Q_2^n \qquad J_2 = Q_1^n \overline{Q_4^n} \qquad Z = Q_4^n Q_1^n$$

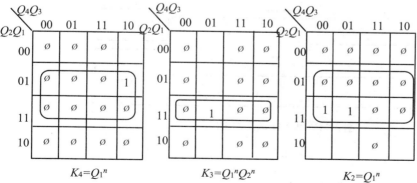

$$K_4 = Q_1^n \qquad K_3 = Q_1^n Q_2^n \qquad K_2 = Q_1^n$$

图 3-72　例 3.11 的激励和输出函数卡诺图

检查自启动特性,将 6 种偏离状态根据已求出的激励函数求得对应的下一状态,如表 3-45。表中有*的 $N(t)$ 状态为有效状态。

表 3-45 偏离状态转移表

S(t)				N(t)			
Q_4	Q_3	Q_2	Q_1	Q_4	Q_3	Q_2	Q_1
1	0	1	0	1	0	1	1
1	0	1	1	0	1	0	0*
1	1	0	0	1	1	0	1
1	1	0	1	0	1	0	0*
1	1	1	0	1	1	1	1
1	1	1	1	0	0	0	0*

从表中分析可知,该设计具有自启动特性,其状态转移图、工作波形图、逻辑图分别如图 3-73、图 3-74、图 3-75 所示。

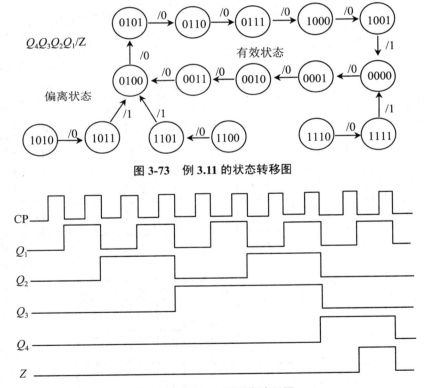

图 3-73 例 3.11 的状态转移图

图 3-74 例 3.11 的工作波形图

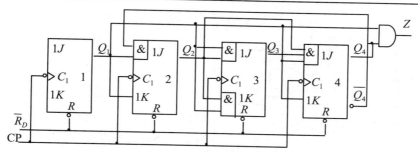

图 3-75 例 3.11 的逻辑图

例 3.12 设计模 6 同步计数器。

解 模 6 计数器要求有 6 个记忆状态,且逢六进一。由此可以做出如图 3-76 所示的原始状态转移图。由于模 6 计数器必须要有 6 个记忆状态,所以不需要再简化。

由于状态数为 6,因此取状态代码位数 $n=3$。假设令 $S_0=000$,$S_1=001$,$S_2=011$,$S_3=111$,$S_4=110$,$S_5=100$,则可列出状态转移表,如表 3-46 所示。

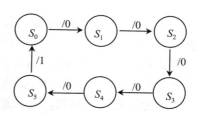

图 3-76 原始状态转移图

表 3-46 状态转移表

PS(t)			NS(t)			
Q_3^n	Q_2^n	Q_1^n	Q_3^{n+1}	Q_2^{n+1}	Q_1^{n+1}	$Z(t)$
0	0	0	0	0	1	0
0	0	1	0	1	1	0
0	1	1	1	1	1	0
1	1	1	1	1	0	0
1	1	0	1	0	0	0
1	0	0	0	0	0	1

由表 3-46 可以做出次态卡诺图及输出函数的卡诺图,如图 3-77 所示。

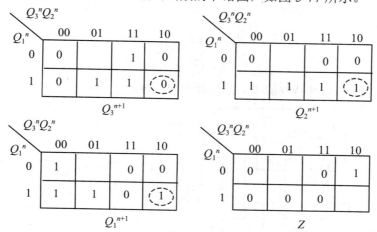

图 3-77 例 3.12 的次态及输出函数卡诺图

由于在状态转移表中 010 和 101 两个状态未出现(偏离状态),所以图 3-77 中为空格,做

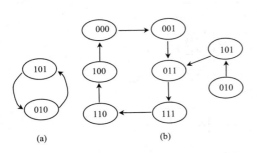

图 3-78　状态转移图

任意项处理，由图 3-47 可求出

$$\begin{cases} Q_3^{n+1} = Q_2^n \\ Q_2^{n+1} = Q_1^n \\ Q_1^{n+1} = \overline{Q_3^n} \end{cases}$$

输出函数　　　$Z = Q_3^n \overline{Q_2^n}$

确定状态转移方程后，可以检验是否具有自启动特性。由于 3 位二进制代码一共有 8 种代码组合，现只选用了 6 种，尚有 010 和 101 为偏离状态。假设计数器处于状态 010，根据状态转移方程，下一状态为 101，状态 101 仍为偏离状态，再代入状态转移方程，在时钟作用下，下一状态为 010，其偏离状态的转移图如图 3-78（a）所示。因此，一旦计数器受了干扰，进入了 010 或 101 状态后，在时钟作用下，出现了这两个状态的循环，始终进不到有效状态中去，这种情况称为计数器出现了堵塞现象，这样的计数器不具有自启动特性。

为了消除计数器的堵塞，可以加清零或置位信号，强迫计数器脱离堵塞循环序列而进入有效序列。另外，在设计时，应该使其具有自启动特性，一般是修改设计。其方法是，打断偏离状态的循环，使其某一偏离状态在时钟作用下转移到有效序列中去。因为在原来设计时，这些偏离状态都作为任意项处理，没有确定的转移方向。现在要使某一偏离状态有确定的转移。例如，打断 101 到 010 的转移，令 101 转移到有效状态 011，在图 3-77 对应的卡诺图中分别填入（图 3-77 中虚线所示）。重新化简，因此各级触发器的状态转移方程为

$$\begin{cases} Q_3^{n+1} = Q_2^n \\ Q_2^{n+1} = Q_1^n \\ Q_1^{n+1} = \overline{Q_3^n} + \overline{Q_2^n} Q_1^n \end{cases}$$

按上式检验偏离状态，具有了自启动特性，其状态转移图如图 3-78（b）所示。若采用 D 触发器，由状态转移方程组可求得

$$\begin{cases} D_3 = Q_2^n \\ D_2 = Q_1^n \\ D_1 = \overline{Q_3^n} + \overline{Q_2^n} Q_1^n \end{cases}$$

由此可画出具有自启动特性的模 6 同步计数器的逻辑电路，如图 3-79 所示。

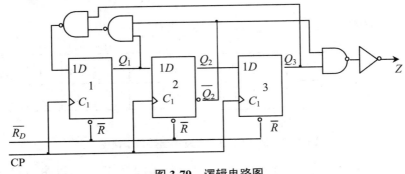

图 3-79　逻辑电路图

例 3.13 设计一个可变模值的同步计数器，当控制信号 $M=0$ 时，实现模 7 计数，当 $M=1$ 时，实现模 5 计数。

解 根据要求，在控制信号 M 作用下，其原始状态转移图如图 3-80 所示。图中带箭头转移线上方的 0／0 或 1／0 等标注表示转移条件 M 和输出 Z，即 $M／Z$。由于最大计数模值为 7，现初始态共 7 个状态 $S_0 \sim S_6$，因此无需再简化。

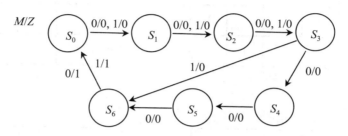

图 3-80 原始状态转移图

由于最大模值为 7，因此必须取代码位数 $n=3$。假设令 $S_0=000$，$S_1=001$，$S_2=011$，$S_3=110$，$S_4=101$，$S_5=010$，$S_6=100$，则可以做出状态转移表，如表 3-47 所示。

表 3-47 例 3.13 的状态转移表

序号	$S(t)$			$N(t)$						$Z(t)$	
				$M=0$			$M=1$				
	Q_3	Q_2	Q_1	Q_3^{n+1}	Q_2^{n+1}	Q_1^{n+1}	Q_3^{n+1}	Q_2^{n+1}	Q_1^{n+1}	$M=0$	$M=1$
0	0	0	0	0	0	1	0	0	1	0	0
1	0	0	1	0	1	1	0	1	1	0	0
2	0	1	1	1	1	0	1	1	0	0	0
3	1	1	0	1	0	1	1	0	0	0	0
4	1	0	1	0	1	0	×	×	×	0	0
5	0	1	0	1	0	0	×	×	×	0	0
6	1	0	0	0	0	0	0	0	0	1	1

由表 3-47 可做出相应的状态转移卡诺图及输出函数卡诺图，如图 3-81 所示，经卡诺图化简，得各级触发器的状态转移方程为

$$\begin{cases} Q_3^{n+1} = Q_2^n \\ Q_2^{n+1} = Q_1^n \\ Q_1^{n+1} = (\overline{Q_3^n\,\overline{Q_2^n}} + \overline{M}Q_3^nQ_2^n)\overline{Q_1^n} + \overline{Q_3^n}\,\overline{Q_2^n}Q_1^n \end{cases}$$

输出函数

$$Z = Q_3^n\,\overline{Q_2^n}\,\overline{Q_1^n}$$

$n=3$，共有 8 个状态，在 $M=0$ 执行模 7 计数时，有一个偏离状态（111），在 $M=1$ 执行模 5 计数时，有 3 个偏离状态（111）、（101）、（010），而其中（101）和（010）在 $M=0$ 时为有效状态。根据状态转移方程式和输出函数检验这些偏离状态的情况，如表 3-48 所示。由表 3-48 可见，偏离状态能自动进入到有效状态，具有自启动特性，其状态转移图如图 3-82 所示。

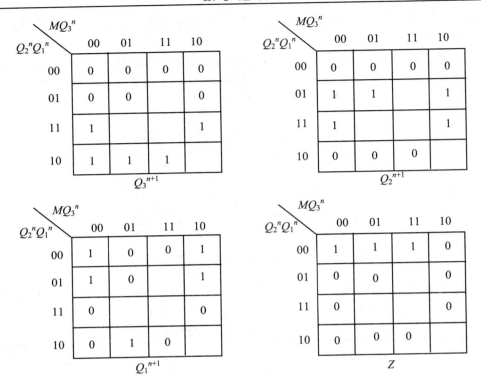

图 3-81　状态转移卡诺图及输出函数卡诺图

表 3-48　例 3.13 偏离状态的检验

$S(t)$			$N(t)$					
			$M = 0$			$M = 1$		
Q_3^n	Q_2^n	Q_1^n	Q_3^{n+1}	Q_2^{n+1}	Q_1^{n+1}	Q_3^{n+1}	Q_2^{n+1}	Q_1^{n+1}
1	1	1	1	1	0	1	1	0
1	0	1				0	1	0
0	1	0				1	0	0

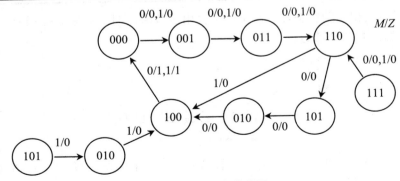

图 3-82　状态转移图

若采用 $J\text{-}K$ 触发器，由状态转移方程式和输出函数，可以求得

$$J_3 = Q_2^n \qquad\qquad\qquad K_3 = \overline{Q_2^n}$$

$$J_2 = Q_1^n \qquad\qquad K_2 = \overline{Q_1^n}$$

$$J_1 = \overline{M} Q_3^n Q_2^n + \overline{Q_3^n} \, \overline{Q_2^n} \qquad K_1 = \overline{\overline{Q_3^n} \, \overline{Q_2^n}}$$

由此可画出其逻辑电路图，如图 3-83 所示。

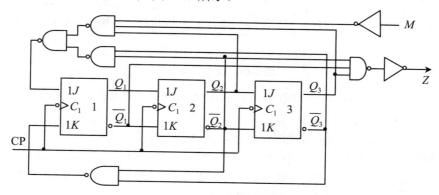

图 3-83　逻辑电路图

3．移位寄存型计数器

移位计数器是一种特殊形式的同步计数器。它是在移位寄存器的基础上加上反馈电路构成的。常用的移位计数器有环形计数器和扭环形计数器（也称约翰逊计数器）。

（1）环形计数器

四个 D 触发器构成的四位环形计数器如图 3-84 所示。

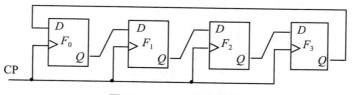

图 3-84　四位环形计数器

它是将移位寄存器的串行输出端 Q_3 直接反馈到它的串行输入端 D_0 构成的。由图可知各触发器的驱动方程为

$$D_0 = Q_3^n \ , \quad D_1 = Q_0^n \ , \quad D_2 = Q_1^n \ , \quad D_3 = Q_2^n$$

则电路的状态方程为

$$Q_0^{n+1} = Q_3^n, \quad Q_1^{n+1} = Q_0^n, \quad Q_2^{n+1} = Q_1^n, \quad Q_3^{n+1} = Q_2^n$$

设计数器初态为

$$Q_0^n Q_1^n Q_2^n Q_3^n = 1000$$

在 CP 脉冲作用下，状态转换顺序将为

$$1000 \rightarrow 0100 \rightarrow 0010 \rightarrow 0001 \rightarrow 1000 \rightarrow \cdots$$

其特点是能将数码循环右移。四位环形计数器共有 16 个状态，除了上述 4 个有效状态外，还有 12 个无效状态。根据环形计数器的特点或状态方程，可以得到如图 3-85 所示的状态转换图。其中图 3-85（a）为有效循环，图 3-85（b）、（c）、（d）、（e）、（f）为无效循环。电路一旦进入无效状态，就不能自动回到有效循环中去。

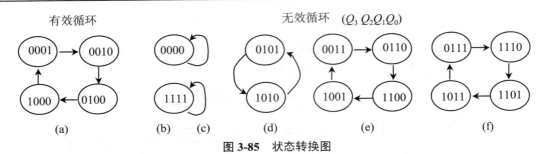

图 3-85　状态转换图

显然，这是一个不能自启动的电路。为了使计数器能正常工作，必须设法消除这些无效循环，常采用以下两种方法：

① 修改输出与输入之间的反馈逻辑，使电路具有自启动能力；

② 当电路进入无效状态时，利用触发器的异步置位、复位端，把电路置成有效循环。

通过修改反馈逻辑的方法得到能够自启动的电路如图 3-86 所示，其反馈逻辑为 $D_0 = \overline{Q_0 + Q_1 + Q_2}$。图 3-87 为其状态转换图。

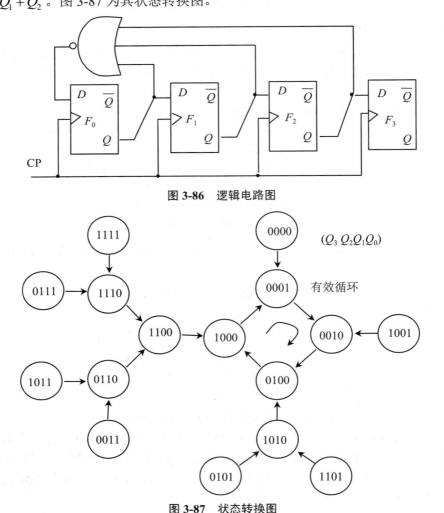

图 3-86　逻辑电路图

图 3-87　状态转换图

环形计数器的优点是结构简单，循环移位一个 1，其输出状态不需译码器即可区分。但 n 位环形计数器只有 n 个有效状态，其余（$2^n - n$）个状态未被利用，触发器的利用率太低。

（2）扭环型计数器

为了既保持移位寄存器的特点，又能使触发器的利用率提高，可以采用图 3-88 所示的扭环形计数器，它是将移位寄存器末级的 Q 端反馈到第一级的输入端构成的，即 $D_0 = \overline{Q_3^n}$。图 3-89 画出了它的状态转换图，如果设 3-89（a）为有效循环，则 3-89（b）为无效循环。显然，这是一个不能自启动的电路。如果我们将反馈逻辑修改为 $D_0 = \overline{\overline{Q_1}\ \overline{Q_2}Q_3}$，那么电路将具有自启动能力，从而得如图 3-90 的电路和图 3-91 的状态转换图。

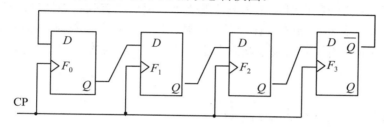

图 3-88　扭环形计数器

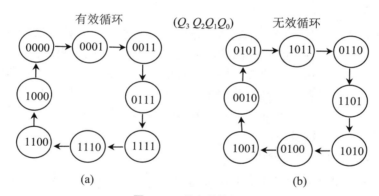

有效循环　　　　　($Q_3 Q_2 Q_1 Q_0$)　　　无效循环

(a)　　　　　　　　　　　　　　　(b)

图 3-89　状态转换图

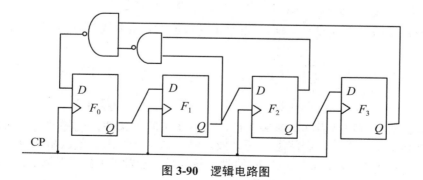

图 3-90　逻辑电路图

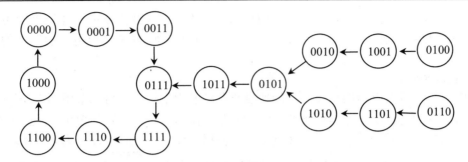

图 3-91　状态转换图

在移位寄存器的级数相同时，扭环形计数器可以提供的有效状态比环形计数器多一倍，即 n 个触发器可构成模 $2n$ 个状态的计数器，但要识别这些状态，必须另加译码电路。扭环形计数器在状态改变时只有一个触发器状态发生变化，因此不存在译码干扰问题，且译码电路简单。

3.6.2　异步计数器的分析与设计

1．异步计数器的分析

异步计数器的分析步骤与同步计数器的分析步骤基本相同，只是在异步计数器中各级触发器的时钟不是都来源于计数脉冲，因此，分析此类电路时要特别注意状态方程有效的时钟条件。在计数脉冲作用下电路的状态转换时，各状态方程的表达式有的具备时钟条件，有的不具备时钟条件，只有具备了时钟条件的表达式才是有效的，可以按状态方程计算次态，否则保持原状态不变。除了上述不同之处外，异步计数器的分析步骤与同步计数器的分析步骤是一样的。下面举两例加以说明。

（1）异步二进制计数器的分析

TTL 集成电路 T1393 是一个用 T' 触发器组成的异步二进制加法计数器，如图 3-92（a）所示，图 3-92（b）为引出端功能图。它是双四位计数器，采用串行进位，每四位有一个清零端 C_r，当 $C_r = 1$ 时，$Q_A \sim Q_D$ 均为 0。下面以一个四位计数器为例进行分析。

由 T' 触发器的特征方程 $Q^{n+1} = \overline{Q^n}$ 可以写出各级触发器的状态转移方程，同时标出时钟条件：

$$Q_A^{n+1} = \overline{Q_A^n} \ (\text{CP} \downarrow), \qquad Q_B^{n+1} = \overline{Q_B^n} \ (Q_A \downarrow)$$

$$Q_C^{n+1} = \overline{Q_C^n} \ (Q_B \downarrow), \qquad Q_D^{n+1} = \overline{Q_D^n} \ (\overline{Q_D^n} \downarrow)$$

首先要看各状态方程是否具备时钟条件，若具备了时钟条件，就将初态代入状态方程求得次态；若不具备时钟条件，则状态方程无效，触发器保持原态。依次从低位到高位进行计算。设初态为 $Q_D^n Q_C^n Q_B^n Q_A^n = 0000$，因为 F_A 的时钟条件是计数脉冲 CP 有下降沿，当计数脉冲输入时这个条件总是具备的，所以 $Q_A^{n+1} = \overline{Q_A^n} = 1$；$Q_A$ 从 $0 \rightarrow 1$，没有下降沿，故 F_B 不具备时钟条件，其状态方程无效，$Q_B^{n+1} = \overline{Q_B^n} = 0$，使 F_C、F_D 也不具备时钟条件，触发器保持原态。所以在计数脉冲作用下，电路的状态转换到 0001。又假设初态为 $Q_D^n Q_C^n Q_B^n Q_A^n = 0001$，$F_A$ 具备时钟条件，所以 $Q_A^{n+1} = \overline{Q_A^n} = 0$；$Q_A$ 从 $1 \to 0$，有下降沿，F_B 具备时钟条件，其状态方程成立，$Q_B^{n+1} = \overline{Q_B^n} = 1$，$Q_B$ 由 $0 \to 1$，没有下降沿，故 F_C 不具备时钟条件，其状态方程无效，触发器保持原态。同时使 F_D 亦保持原态。所以在计数脉冲作用下，电路转换到 0010。将此过程一直进行下去，就可得到该电路的状态转换表，如表 3-49 所示。表中，假定具备时钟条件 CP 为 1，不具备时钟条件 CP 为 0。图 3-93 和图 3-94 为其状态转换图和时序图。

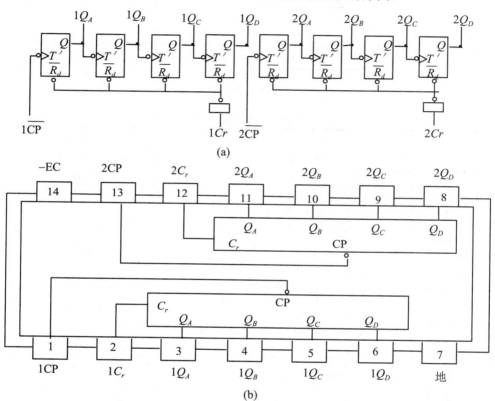

图 3-92　集成电路 T1393

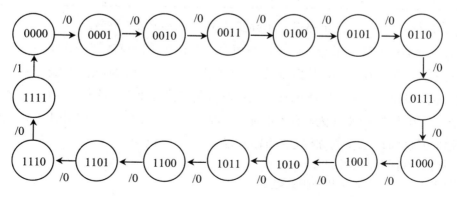

图 3-93　状态转换图

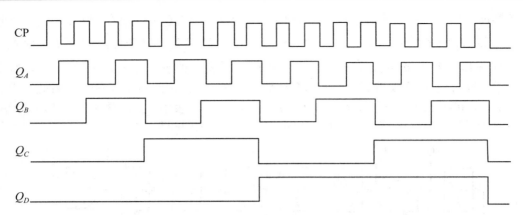

图 3-94 时序图

表 3-49 状态转换表

输入计数脉冲数	$S(t)$				$N(t)$				时钟信号			
	Q_D^n	Q_C^n	Q_B^n	Q_A^n	Q_D^{n+1}	Q_C^{n+1}	Q_B^{n+1}	Q_A^{n+1}	CP_D	CP_C	CP_B	CP_A
1	0	0	0	0	0	0	0	1	0	0	0	1
2	0	0	0	1	0	0	1	0	0	0	1	1
3	0	0	1	0	0	0	1	1	0	0	0	1
4	0	0	1	1	0	1	0	0	0	1	1	1
5	0	1	0	0	0	1	0	1	0	0	0	1
6	0	1	0	1	0	1	1	0	0	0	1	1
7	0	1	1	0	0	1	1	1	0	0	0	1
8	0	1	1	1	1	0	0	0	1	1	1	1
9	1	0	0	0	1	0	0	1	0	0	0	1
10	1	0	0	1	1	0	1	0	0	0	1	1
11	1	0	1	0	1	0	1	1	0	0	0	1
12	1	0	1	1	1	1	0	0	0	1	1	1
13	1	1	0	0	1	1	0	1	0	0	0	1
14	1	1	0	1	1	1	1	0	0	0	1	1
15	1	1	1	0	1	1	1	1	0	0	0	1
16	1	1	1	1	0	0	0	0	1	1	1	1

至此，可以得出结论，此电路是一个异步四位二进制加法计数器。

由以上分析不难发现：最低位触发器是每来一个计数脉冲就改变一次状态，而其余触发器状态的变化一定发生在相邻低位触发器 Q 端的状态由 $1 \rightarrow 0$ 的时刻。因此，由下降沿触发的 T' 触发器构成异步 n 位二进制加法计数器时，其连接规律为：除 $CP_0 = CP$（计数脉冲）外，均可将相邻低位的 Q 端作为高位 CP 的输入端，即 $Q_{i-1} \rightarrow CP_i$；若改用上升沿触发的触发器，则将相邻低位的 $\overline{Q}$ 端作为高位 CP 的输入端，即 $\overline{Q_{i-1}} \rightarrow CP_i$。

（2）异步十进制计数器的分析

分析图 3-95 所示的异步十进制计数器。

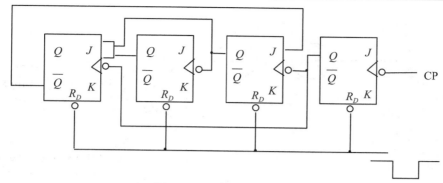

图 3-95　异步十进制计数器

该计数器由四级 $J\text{-}K$ 触发器构成。触发器 1 的时钟是 CP，触发器 2 的时钟是 Q_1^n，触发器 3 的时钟是 Q_2^n，触发器 4 的时钟是 Q_1^n，根据 $J\text{-}K$ 触发器的特征方程 $Q^{n+1} = J\overline{Q^n} + \overline{K}Q^n$，可写出各级触发器的状态转移方程为

$$
\begin{aligned}
Q_1^{n+1} &= Q_1^n & \text{CP}\downarrow \\
Q_2^{n+1} &= \overline{Q_4^n}\,\overline{Q_2^n} & Q_1^n\downarrow \\
Q_3^{n+1} &= \overline{Q_3^n} & Q_2^n\downarrow \\
Q_4^{n+1} &= Q_2^n Q_3^n \overline{Q_4^n} & Q_1^n\downarrow
\end{aligned}
$$

由状态转移方程，得出状态转换表 3-50。如果计数器从 $Q_4Q_3Q_2Q_1 = 0000$ 状态开始计数，那么在输入第 8 个计数脉冲以前，触发器 1、2、3 的 J 和 K 始终为 1，因而工作过程和前述的异步二进制计数器相同。在此期间 Q_1 输出的脉冲虽然也送给了触发器 4，但由于每次 Q_1 下降沿到达时，$J_4 = Q_2Q_3 = 0$，所以 Q_4 保持 0 状态不变。

当第 8 个计数脉冲输入时，由于 $J_4 = K_4 = 1$，所以 Q_1 的下降沿到达时，Q_4 由 0 变成 1。同时，J_2 也随 $\overline{Q_4}$ 变成 0 状态。第 9 个计数脉冲输入后，电路状态变为 $Q_4Q_3Q_2Q_1 = 1001$。第 10 个计数脉冲输入后，Q_1 翻回 0 状态，同时 Q_1 的下降沿将 Q_4 置 0，从而使电路从 1001 返回到 0000。

表 3-50　状态转换表

十进制数	$S(t)$				$N(t)$			
	Q_4^n	Q_3^n	Q_2^n	Q_1^n	Q_4^{n+1}	Q_3^{n+1}	Q_2^{n+1}	Q_1^{n+1}
0	0	0	0	0	0	0	0	1
1	0	0	0	1	0	0	1	0
2	0	0	1	0	0	0	1	1
3	0	0	1	1	0	1	0	0
4	0	1	0	0	0	1	0	1
5	0	1	0	1	0	1	1	0
6	0	1	1	0	0	1	1	1
7	0	1	1	1	1	0	0	0
8	1	0	0	0	1	0	0	1
9	1	0	0	1	0	0	0	0

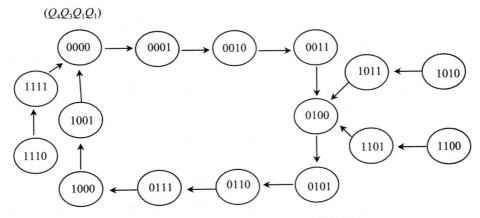

图 3-96 异步十进制计数器的状态转换图

当电路的起始状态处于 0000～1001 以外的某一状态时，经过几个时钟信号作用后均可进入 0000～1001 这个循环中去，图 3-96 所示为状态转换图。

（3）N 进制异步计数器的分析

除二进制和十进制计数器外，还有其他任意进制（如 3、5、6、7、9 等）的计数器，称为 N 进制计数器，它们的分析方法与上面介绍的方法完全相同。现以图 3-97 所示逻辑电路为例，分析其逻辑功能。

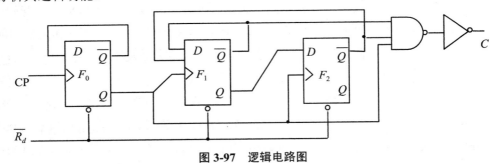

图 3-97 逻辑电路图

① 根据电路写出方程。

　　时钟方程：$CP_0 = CP, CP_1 = Q_0, CP_2 = Q_0$。

　　驱动方程：$D_0 = \overline{Q_0^n}, D_1 = \overline{Q_2^n}\,\overline{Q_1^n}, D_2 = Q_1^n$。

　　输出方程：$C = \overline{Q_2^n Q_1^n Q_0^n}$。

② 求电路的状态方程。

$$Q_0^{n+1} = D_0(CP_0) = \overline{Q_0}, CP_2 = Q_0 \qquad (CP\uparrow)$$

$$Q_1^{n+1} = D_1(CP_1) = \overline{Q_2^n}\,\overline{Q_1^n}\,Q_0 \qquad (Q_0\uparrow)$$

$$Q_2^{n+1} = D_2(CP_2) = Q_1^n \qquad (Q_0\uparrow)$$

③ 求状态转移表。

如表 3-51 所示。画出状态转换图和时序图如图 3-98 和图 3-99 所示。

表 3-51　状态转移表

输入计数脉冲数	$S(t)$			$N(t)$			C	时 钟 信 号		
	Q_2^n	Q_1^n	Q_0^n	Q_2^{n+1}	Q_1^{n+1}	Q_0^{n+1}		CP_2	CP_1	CP_0
1	0	0	0	0	1	1	0	1	1	1
2	0	1	1	0	1	0	0	0	0	1
3	0	1	0	1	0	1	0	1	1	1
4	1	0	1	1	0	0	0	0	0	1
5	1	0	0	0	0	1	0	1	1	1
6	0	0	1	0	0	0	1	0	0	1
	1	1	0	1	0	1	0	1	1	1
	1	1	1	1	1	0	0	0	0	1

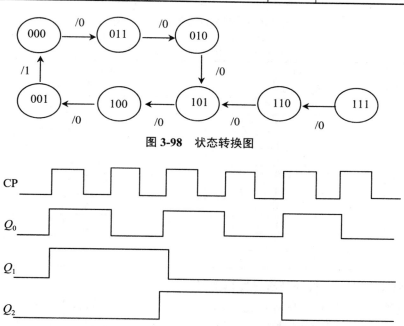

图 3-98　状态转换图

图 3-99　时序图

④ 结论。

此电路为异步六进制计数器，触发器的翻转是逐级进行的，因此工作速度比较低。而且如将某些状态译码时，输出端有时还会因竞争-冒险而产生尖峰脉冲。但由于它的电路结构简单，所以在很多场合仍被采用。

相比之下，同步计数器工作频率比较高，传输延迟时间短，但电路结构要比异步计数器复杂。

2. 异步计数器的设计

异步计数器的设计步骤与同步计数器设计步骤相同。但由于它是异步工作方式，因此就必须合理地选择各级触发器的时钟信号。下面通过实例来说明具体的设计步骤。

例 3.14　设计 8421 BCD 二一十进制异步计数器。

解　由于要求设计的是二一十进制计数器，所以其原始状态转移图如图 3-100 所示。采用 8421 BCD 码，即 $S_0 = 0000$，$S_1 = 0001$，$S_2 = 0010$，$S_3 = 0011$，$S_4 = 0100$，$S_5 = 0101$，$S_6 = 0110$，$S_7 = 0111$，$S_8 = 1000$，$S_9 = 1001$。这样可以得到状态转移表，如表 3-52 所示。

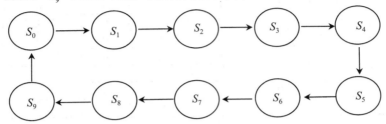

图 3-100　例 3.14 原始状态转移图

表 3-52　例 3.14 状态转移表

序号	$S(t)$				$N(t)$				$Z(t)$
	Q_4^n	Q_3^n	Q_2^n	Q_1^n	Q_4^{n+1}	Q_3^{n+1}	Q_2^{n+1}	Q_1^{n+1}	
0	0	0	0	0	0	0	0	1	0
1	0	0	0	1	0	0	1	0	0
2	0	0	1	0	0	0	1	1	0
3	0	0	1	1	0	1	0	0	0
4	0	1	0	0	0	1	0	1	0
5	0	1	0	1	0	1	1	0	0
6	0	1	1	0	0	1	1	1	0
7	0	1	1	1	1	0	0	0	0
8	1	0	0	0	1	0	0	1	0
9	1	0	0	1	0	0	0	0	1

（1）由状态转移表，选择各级触发器的时钟信号

选择各级触发器时钟信号的原则是：第一，在该级触发器的状态需要发生变更（即由 0 至 1 或由 1 至 0）时，必须有时钟信号触发沿到达；第二，在满足第一原则的条件下，其他时刻到达该级触发器的时钟信号触发沿越少越好，这样有利于该级触发器的激励函数的简化。

对于第一级触发器，接收计数脉冲，因此其时钟来自计数脉冲。第二级触发器的时钟触发信号可以来自计数脉冲，也可以来自第一级触发器的输出 Q_1（$\overline{Q_1}$）。第三级触发器的时钟触发信号可以在计数脉冲、第一级输出 Q_1（$\overline{Q_1}$）、第二级输出 Q_2（$\overline{Q_2}$）中选取。依此类推，第 i 级触发器的时钟触发信号可以在计数脉冲和第 i 级以前的所有各级触发器的输出 Q（$\overline{Q}$）中选取。根据触发器的时钟触发信号的选取原则，来选取本例中各级触发器的时钟。

第一级触发器的时钟：CP_1＝计数输入脉冲 CP。

第二级触发器的时钟：从表 3-52 可见，Q_2 的状态变更发生在序号 1→2、3→4、5→6、7→8 时刻。在这些时刻，计数脉冲和 Q_1 输出有下降沿产生（$\overline{Q_1}$ 有上升沿产生），因此可在计数脉冲和 Q_1（或 $\overline{Q_1}$）中选择。若选择计数脉冲，则在序号 0→1、2→3、4→5、6→7、8→9、9→0 这些时刻计数脉冲也有下降沿触发第二级触发器，而这些时刻第二级触发器 Q_2 的状态又不应发生变化，这些时刻的触发是"多余"的或无效的。若选择第一级触发器输出 Q_1，只有在 $9\to0$ 时刻 Q_1 的跳变沿是"多余"触发。根据原则二，选择 Q_1（或 $\overline{Q_1}$）比选择计数脉冲好，因此 $CP_2 = Q_1$（或 $\overline{Q_1}$）。

第三级触发器的时钟：从表 3-52 可见，Q_3 的状态变更发生在序号 $3\to4$、$7\to8$ 的时刻，在这些时刻计数脉冲、Q_2（$\overline{Q_2}$）、Q_1（$\overline{Q_1}$）有跳变沿产生。但由于 Q_2（$\overline{Q_2}$）没有多余触发，因此选择 $CP_3 = Q_2$（$\overline{Q_2}$）。

第四级触发器的时钟：从表 3-52 可见，Q_4 的状态变更发生在序号 $7\to8$、$9\to0$ 时刻，在这两个时刻计数脉冲和 Q_1（$\overline{Q_1}$）有跳变沿产生，而 Q_2、Q_3 在序号 $9\to0$ 的时刻没有跳变沿产生，根据原则一，从计数脉冲和 Q_1 输出中选取，而 Q_3、Q_2 不能作为第四级的时钟，Q_1（$\overline{Q_1}$）的"多余"触发比计数脉冲少，因此选择 $CP_4 = Q_1$（$\overline{Q_1}$）。

（2）做简化状态转移表

在选择了各级触发器的时钟信号后，可以根据各个触发器的时钟信号求出各级触发器的转移情况。

计数脉冲作为时钟信号触发触发器 1。每来一个计数脉冲的下降沿（或上升沿），触发器发生一次状态的变化。可得表 3-53 中 Q_1^{n+1} 的转移。

Q_1 下降沿（或 $\overline{Q_1}$ 上升沿）作为时钟信号触发触发器 2 和触发器 4。在序号 1、3、5、7、9 这些时刻受计数脉冲触发后，Q_1 会产生下降沿（或 $\overline{Q_1}$ 产生上升沿）触发触发器 2 和触发器 4，因此，可以在序号 1、3、5、7、9 做出触发器 2 和触发器 4 的转移，在其余时刻，由于 Q_1 不会产生下降沿（或 $\overline{Q_1}$ 不会产生上升沿）触发触发器 2 和触发器 4，因此触发器 2 和触发器 4 不会发生状态的变化，其转移状态可以做任意处理，如表 3.6.14 中 Q_2^{n+1} 和 Q_4^{n+1} 下的 × 号。

Q_2 下降沿（$\overline{Q_2}$ 上升沿）作为时钟触发触发器 3，在序号 3 和 7 时刻，Q_2 受 Q_1 触发后，会产生跳变沿触发触发器 3，因此可做出在序号 3 和 7 时的转移 Q_3^{n+1}。在其余时刻，Q_3 转移状态作任意态处理。如表 3-53 中 Q_3^{n+1} 下的 × 号。

表 3-53　例 3.14 简化状态转移表

序号	$S(t)$				$N(t)$				
	Q_4^n	Q_3^n	Q_2^n	Q_1^n	Q_4^{n+1}	Q_3^{n+1}	Q_2^{n+1}	Q_1^{n+1}	$Z(t)$
0	0	0	0	0	×	×	×	1	0
1	0	0	0	1	0	×	1	0	0
2	0	0	1	0	×	×	×	1	0
3	0	0	1	1	0	1	0	0	0
4	0	1	0	0	×	×	×	1	0
5	0	1	0	1	0	×	1	0	0
6	0	1	1	0	×	×	×	1	0
7	0	1	1	1	1	0	0	0	0
8	1	0	0	0	×	×	×	1	0
9	1	0	0	1	0	×	0	0	1

这样就得到表 3-53 中的 Q_4^{n+1}、Q_3^{n+1}、Q_2^{n+1}、Q_1^{n+1}。

（3）根据表 3-53 做出各级触发器的次态卡诺图

如图 3-101 所示。卡诺图中空格（未填任何符号者）为状态编码中的偏离状态，X 为任意态，以上两种情况在卡诺图化简时可做任意项处理。

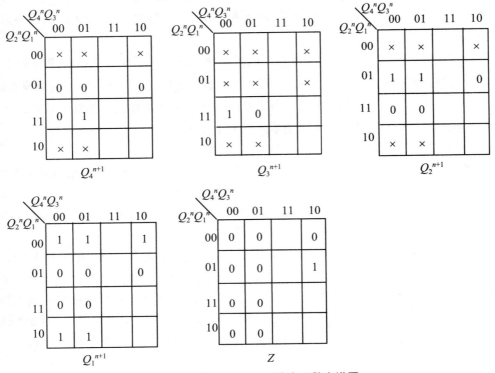

图 3-101　例 3.14 次态及输出函数卡诺图

由图 3-101，可以求得

$$\begin{cases} Q_4^{n+1} = [Q_3^n Q_2^n \overline{Q_4^n}] \cdot Q_1 \downarrow \\ Q_3^{n+1} = [\overline{Q_3^n}] \cdot Q_2 \downarrow \\ Q_2^{n+1} = [\overline{Q_4^n} \, \overline{Q_2^n}] \cdot Q_1 \downarrow \\ Q_1^{n+1} = [\overline{Q_1^n}] \cdot CP \downarrow \end{cases}$$

由图 3-101 中输出函数 Z 的卡诺图，可得

$$Z = Q_4^n Q_1^n$$

（4）检验是否具有自启动特性

本例中一共有 1010、1011、1100、1101、1110、1111 六个偏离状态，假设计数器处于当前状态 1011，则根据次态方程组可以确定，在下一个计数脉冲作用下，Q_1 由 $1 \to 0$，Q_1 的下降沿触发触发器 2 和触发器 4，使 Q_2 由 $1 \to 0$，Q_4 由 $1 \to 0$；而 Q_2 的下降沿触发触发器 3，使 Q_3 由 $0 \to 1$。这样在计数脉冲输入后，偏离状态由 1011 转移到状态 0100，0100 为有效状态。其余类同，见表 3-54。电路具有自启动性。

表 3-54 偏离状态检验

Q_4^n	Q_3^n	Q_2^n	Q_1^n	Q_4^{n+1}	Q_3^{n+1}	Q_2^{n+1}	Q_1^{n+1}
		S(t)				N(t)	
1	0	1	0	1	0	1	1
1	0	1	1	0	1	0	0
1	1	0	0	1	1	0	1
1	1	0	1	0	1	0	0
1	1	1	0	1	1	1	1
1	1	1	1	0	0	0	0

由表 3-52 和表 3-54 可以做出状态转移图如图 3-102 所示。

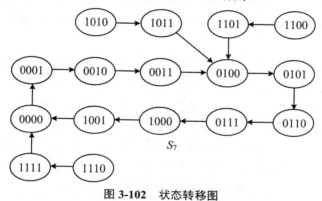

图 3-102　状态转移图

（5）画逻辑电路图

由次态方程式和输出函数式，利用 *J-K* 触发器可以做出逻辑电路，如图 3-103 所示。如果采用 *D* 触发器，由脉冲上升沿触发，其逻辑电路如图 3-104 所示。

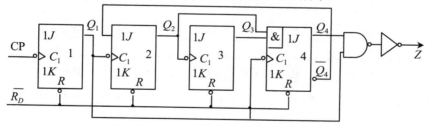

图 3-103　采用 *J-K* 触发器的逻辑电路图

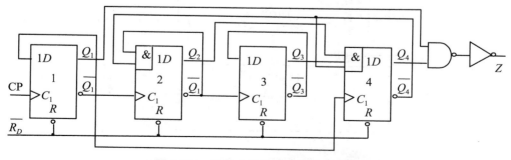

图 3-104　采用 *D* 触发器的逻辑电路图

由此例可以看出，异步计数器的设计步骤和同步计数器设计步骤相同。由于在选择各级触发器时钟时，可能有不同的方案，因此电路结构不同（主要是各级触发器激励函数不同）。对于这种异步时序电路，时钟的选择除去影响电路结构外，如果触发器的时钟和激励输入同时发生变化，还要防止可能出现的竞争现象。

3.6.3　采用 MSI 实现任意模值计数器

应用 N 进制中规模集成器件（MSI）实现任意模值 M（$M<N$）计数分频器时，主要是从 N 进制计数器的状态转移表中跳越（$N-M$）个状态，从而得到 M 个状态转移的 M 计数分频器。通常利用中规模集成器件的清零端（复位法）和置数端（置数法）来实现。

1．复位法

当中规模 N 进制计数器从 S_0 状态开始计数时，计数脉冲输入 M 个脉冲后，N 进制计数器处于 S_M 状态。如果利用 S_M 状态产生一个清零信号，加到计数器的清零端，使计数器返回到 S_0 状态，这样就跳越了（$N-M$）个状态，从而实现模值为 M 的计数分频。

例 3.15　应用 4 位二进制同步计数器实现模 10 计数分频器。

解　CT54161 是 4 位二进制同步计数器，其功能表见表 3-55。模 10 计数分频要求在输入 10 个脉冲后电路返回到 0000，且产生一个输出脉冲。

表 3-55　CT54161/CT74161 功能表

	输			入					输		出	
$\overline{CR}$	$\overline{LD}$	CT_T	CT_P	CP	D_0	D_1	D_2	D_3	Q_0	Q_1	Q_2	Q_3
0	×	×	×	×	×	×	×	×	0	0	0	0
1	0	×	×	↑	d_0	d_1	d_2	d_3	d_0	d_1	d_2	d_3
1	1	1	1	↑	×	×	×	×	计　　　数			
1	1	0	×	×	×	×	×	×	触发器保持，$C_0=0$			
1	1	×	0	×	×	×	×	×	保　　持			

CT54161 共有 16 个状态。模 10 计数分频器只需 10 个状态，因此在 CT54161 基础上，外加判别和清零信号产生电路。图 3-105 所示为应用 CT54161 构成的模 10 计数分频器电路。

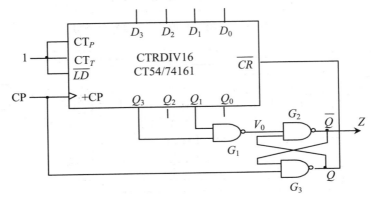

图 3-105　CT54161 构成的模 10 计数分频器电路

图 3-105 中门 G_1 为判别门，当第 10 个计数脉冲上升沿输入后，CT54161 的状态进入到 1010，则门 G_1 输出 $V_0 = \overline{Q_3 Q_1}$，输出低电平，作用于门 G_2 和 G_3 组成的基本触发器，使 Q 端为 0，作用于 CT54161 的 $\overline{CR}$ 端，则使 CT54161 清零。

在计数脉冲 CP 下降沿到达后，又使门 G_3 输出 $Q=1$，$\overline{Q}=0$。这样 Z 输出一个脉冲。此后又在计数脉冲作用下，从 0000 开始计数，每当输入 10 个脉冲电路进入到 1010，就通过 $\overline{CR}$ 端使电路复零，输出一个脉冲。其工作波形如图 3-106 所示，实现模 10 计数分频。

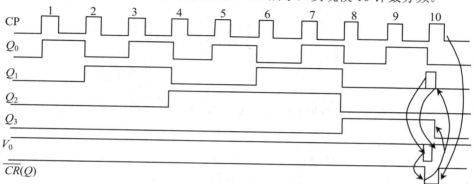

图 3-106　工作波形图

图 3-105 所示电路中门 G_2 和 G_3 组成 R-S 触发器的目的，是保持门已产生的清除信号 V_0，保证可靠清零。如果没有门 G_2 和 G_3 组成的 R-S 触发器，用门 G_1 的输出 V_0 直接加到 $\overline{CR}$ 端，从原理上看也是可以实现清零的。但是如果集成器件各触发器在翻转过程中，由于速度不等，就可能不能使全部触发器置 0。采用了由门 G_2 和 G_3 组成的 R-S 触发器后，Q 端输出的清零信号宽度和计数脉冲 CP =1 的持续时间相同。实现模 10 计数时，4 位二进制计数器不可能达到满值，所以不能由 C_0 输出，而由 $\overline{Q}$ 端产生模 10 计数输出信号。

这种方法比较简单，复位信号的产生电路是一种固定的结构形式，由门 G_1、G_2、G_3 组成。在利用二进制计数器中规模集成器件时，只需将计数模值 M 的二进制代码中 1 的输出连接至门 G_1 的输入端，即可实现模值为 M 的计数分频器。

这种方法在对分频比要求较大的情况下，应用更加方便。例如，图 3-107 所示为用 3 片二～十进制同步计数器 CT54160 构成模值为 853 计数分频电路。CT54160 的功能见表 3-56。3 片 CT54160 十进制计数器串接最大计数值为 999。当计数脉冲输入到第 853 个时，这时片 III 状态为（1000），片 II 状态为（0101），片 I 状态为（0011），门 G_1 产生清除信号，使片 III、片 II、片 I 的 $\overline{CR}$ 都为 0，从而实现 853 计数分频。

表 3-56　同步二～十进制计数器 CT54160 功能表

输　　入									输　　出			
$\overline{CR}$	$\overline{LD}$	CT_P	CT_T	CP	D_3	D_2	D_1	D_0	Q_3	Q_2	Q_1	Q_0	C_0
0	×	×	×	×	×	×	×	×	0	0	0	0	0
1	0	×	×	↑	d_3	d_2	d_1	d_0	d_3	d_2	d_1	d_0	
1	1	1	1	↑	×	×	×	×	计　　　数				
1	1	0	×	×	×	×	×	×	保　　　持				
1	1	×	0	×	×	×	×	×	保　　　持				0

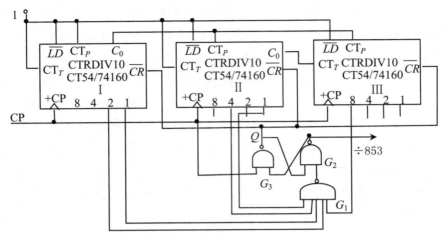

图 3-107 采用 3 片 CT54160/CT74160 构成的 853 计数分频器

2. 置位法

置位法是利用中规模集成器件的置数控制端，以置入某一固定二进制数值的方法，使 N 进制计数跳越（N-M）个状态，实现模值为 M 的计数分频。

例 3.16 用 4 位二进制同步计数器 CT54161，实现模 10 计数分频器。

解 由 CT54161 功能表 3-55 可见，当置数控制端 $\overline{LD}=0$ 时，执行同步置数功能。由于 4 位二进制计数器共有 16 种状态，现需实现模 10 计数，因此要跳越（16−10）=6 个状态。以 4 位二进制计数器的满值输出 $\overline{C_0}$ 作为 $\overline{LD}$ 的置数控制信号，将数据输入端 $D_3 \sim D_0$ 接 0110(6)。这样当 CT54161 计到满值时，$\overline{C_0}=0$，在下一时钟作用下，CT54161 内各触发器状态置入为 $Q_3Q_2Q_1Q_0 = 0110$，以后在计数脉冲作用下，按表 3-57 所示状态转移表正常完成模 10 计数分频。如图 3-108 所示。

表 3-57 电路状态转移表

序号	Q_3	Q_2	Q_1	Q_0
0	0	1	1	0* ←
1	0	1	1	1
2	1	0	0	0
3	1	0	0	1
4	1	0	1	0
5	1	0	1	1
6	1	1	0	0
7	1	1	0	1
8	1	1	1	0
9	1	1	1	1

*为置入输入数据

这种置位预置方法，电路结构也是一种固定结构。在改变模值 M 时，只需要改变置入输入端 $D_3 \sim D_0$ 的输入数据即可。其置入输入数据为（$2^n - M$）的二进制代码。这种由满值输出

$\overline{C_0}$ 作为置数控制信号，一般计数顺序中不是从 0000 开始，也就是它所跳越的（$2^n - M$）个状态是从 0000 开始跳越的。

例 3.17　用 CT54161 四位二进制同步计数器，实现模 12 计数分频器。要求计数器从 0000 开始计数。

解　根据要求，可用图 3-109 的电路来实现。

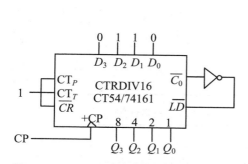 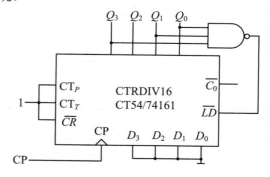

图 3-108　CT54161 构成的模 10 计数分频器　　　图 3-109　从 0000 开始的模 12 计数分频器

3.　用集成移位寄存器实现任意模值 M 的计数分频器

移位寄存器的状态转移是按移存规律进行的，因此构成任意模值的计数分频器时状态转移必然符合移存规律，一般称为移存型计数器。常用的移存型计数器有环形计数器和扭环计数器。

图 3-110 所示为应用 4 位移位寄存器 CT54195 构成的环形计数器。由 CT54195 的功能表 3-58 可知，当 $SH / \overline{LD}$ 移位／置数控制端为低电平时，执行同步并行置数操作，当 $SH / \overline{LD}$ 为高电平时，执行右移操作。由图 3-110 可见，并行输入信号 $D_0 D_1 D_2 D_3 = 0111$，输出 Q_3 反馈接至串行输入端。这样，在时钟作用下其状态转移如表 3-59 所示。首先在启动信号作用下，实现并入操作，使 $Q_0 Q_1 Q_2 Q_3 = 0111$，以后执行右移操作，实现模 4 计数。这种移存型计数器，每一个输出端轮流出现 0（或 1），称为环形计数器。由于其没有自启动特性，所以需外加启动信号。如果将输出 $\overline{Q_3}$ 反馈接至串行输入端，则可得到如表 3-60 所示的状态转移，能够实现模 8 计数。一般 n 位移存器，可实现模值 n 的环形计数及模值（$2n$）的扭环计数。

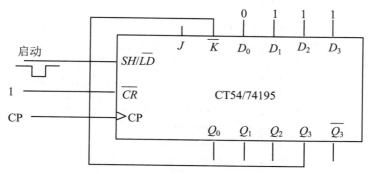

图 3-110　移位寄存器构成环形计数器

表 3-58　CT54S195/CT74S195 功能表

输　　　入									输　　　出				
$\overline{CR}$	$SH/\overline{LD}$	CP	J	$\overline{K}$	D_0	D_1	D_2	D_3	Q_0	Q_1	Q_2	Q_3	$\overline{Q_3}$
0	×	×	×	×	×	×	×	×	0	0	0	0	1
1	0	↑	×	×	d_0	d_1	d_2	d_3	d_0	d_1	d_2	d_3	$\overline{d_3}$
1	1	↑	0	1	×	×	×	×	Q_0^n	Q_0^n	Q_1^n	Q_2^n	$\overline{Q_2^n}$
1	1	↑	0	0	×	×	×	×	Q_0^n	Q_0^n	Q_1^n	Q_2^n	$\overline{Q_2^n}$
1	1	↑	1	0	×	×	×	×	$\overline{Q_0^n}$	Q_0^n	Q_1^n	Q_2^n	$\overline{Q_2^n}$
1	1	↑	1	1	×	×	×	×	1	Q_0^n	Q_1^n	Q_2^n	$\overline{Q_2^n}$
1	1	0	×	×	×	×	×	×	Q_0^n	Q_1^n	Q_2^n	Q_3^n	$\overline{Q_3^n}$

表 3-59　环形计数

Q_0	Q_1	Q_2	Q_3
0	1	1	1
1	0	1	1
1	1	0	1
1	1	1	0

表 3-60　扭环计数

Q_0	Q_1	Q_2	Q_3
0	1	1	1
0	0	1	1
0	0	0	1
0	0	0	0
1	0	0	0
1	1	0	0
1	1	1	0
1	1	1	1

应用移位寄存器 $SH/\overline{LD}$ 控制端，选择合适的并行输入数据值和适当的反馈网络，可以实现任意模值 M 的同步计数分频。

例 3.18　应用 CT54195 四位移位寄存器，实现模 12 同步计数。

解　图 3-111 所示为 CT54195 构成的模 12 计数器。并行数据输入全部为 0，由 Q_3 作为串行数据输入 $\overline{K}$，$\overline{Q_3}$ 作为 J 输入。$SH/\overline{LD}=\overline{Q_2Q_1Q_0}$，在时钟 CP 作用下，其状态转移如表 3-61 所示。

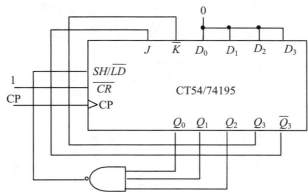

图 3-111　移位寄存器构成模 12 计数器

如果要构成其余不同模值，只需改变并行输入数据即可，其他结构不变。表 3-62 给出了各种不同模值的并行输入数据。

表 3-61 例 3.18 状态转移表

$S(t)$				$SH/\overline{LD}$	$N(t)$			
Q_3	Q_2	Q_1	Q_0		Q_3	Q_2	Q_1	Q_0
0	0	0	0	1	0	0	0	1
0	0	0	1	1	0	0	1	0
0	0	1	0	1	0	1	0	1
0	1	0	1	1	1	0	1	0
1	0	1	0	1	0	1	0	0
0	1	0	0	1	1	0	0	1
1	0	0	1	1	0	0	1	1
0	0	1	1	1	0	1	1	0
0	1	1	0	1	1	1	0	1
1	1	0	1	1	1	0	1	1
1	0	1	1	1	1	1	1	1
0	1	1	1	0	0	0	0	0

表 3-62 不同模值输入数据

计数模值	D_3	D_2	D_1	D_0
15	1	1	1	0
14	1	1	0	0
13	1	0	0	0
12	0	0	0	0
11	0	0	0	1
10	0	0	1	0
9	0	1	0	1
8	1	0	1	0
7	0	1	0	0
6	1	0	0	1
5	0	0	1	1
4	0	1	1	0
3	1	1	0	1
2	1	0	1	1
1	0	1	1	1

应用移位寄存器和译码器可以构成程序计数分频器。图 3-112 所示为由 3～8 线译码器和两片 CT54195 构成的程序计数分频器。图中片I为 3～8 译码器,它用来编制分频比。所需分频比由 CBA 来确定。片II和片III为集成移位寄存器 CT54195。改变片I的输入地址 CBA,可改变分频比。

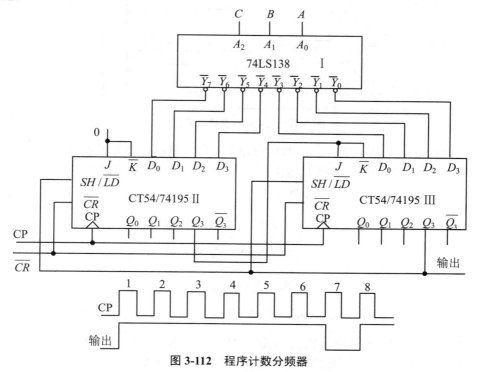

图 3-112 程序计数分频器

3.7   脉冲异步时序电路的分析

脉冲异步时序电路的分析步骤基本上与同步电路一样，但在分析方法上有下列差异：

① 输入变量取值为"1"表示有脉冲信号，取值为"0"表示无脉冲信号。触发器的时钟端也按此规定；

② 控制函数包括触发器的控制输入及触发器的时钟输入；

③ 两个或两个以上的输入变量不能同时为"1"。输入变量全为 0 时，电路状态不变。因此，在状态图和状态表中仅反映有效输入的情况，这将大大压缩状态真值表、次态真值表和状态表的信息量，使得这些表得到简化。

下面举例说明脉冲异步时序电路的分析步骤及方法。

例 3.19   试分析图 3-113 所示的逻辑电路。

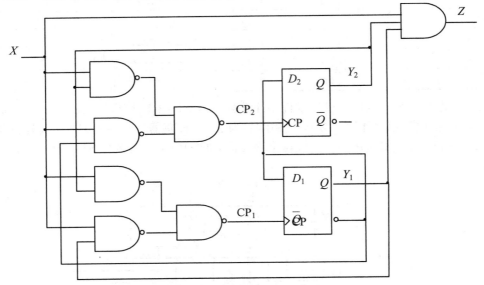

图 3-113   例 3.19 逻辑电路图

解   该电路无统一时钟脉冲，为异步时序电路；输出直接与输入 X 相关故为 Mealy 型。

（1）列出输出函数和控制函数表达式：

$$D_1 = \overline{Y_1}$$

$$D_2 = \overline{Y_1}$$

$$CP_1 = X \cdot Y_1 + X \cdot Y_2$$

$$CP_2 = X \cdot Y_2 + X \cdot \overline{Y_1}$$

$$Z = X \cdot Y_1 \cdot Y_2$$

（2）列出状态真值表及次态真值表。列次态真值表的原则是当 $CP=0$ 时，$Q^{n+1}=Q$；当 $CP=1$ 时，$Q^{n+1}=D$。注意到 $X=0$ 时，电路状态不变。因此，仅列出 $X=1$ 的情况，见表 3-63。

表 3-63　例 3.19 的状态真值表及次态真值表

现态	输入	组合电路输出					次态
Y_2Y_1	X	CP_2	CP_1	D_2	D_1	Z	$Y^{n+1}Y_1^{n+1}$
00	1	1	0	1	1	0	10
01	1	0	1	0	0	0	00
10	1	1	1	1	1	0	11
11	1	1	1	0	0	1	00

（3）画出状态表（表 3-64）和状态图（图 3-114）。

表 3-64　例 3.19 的状态表

Y_2Y_1 ＼ X	0	1
00	00/0	10/0
01	01/0	00/0
10	10/0	11/0
11	11/0	00/1

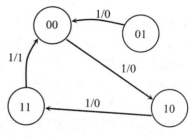

图 3-114　例 3.19 的状态图

（4）电路功能说明。假设该电路初态为 00，可得如下状态改变序列：

节　拍	1	2	3	4	5	6
X	1	1	1	1	1	1
$Y^n=Y_2Y_1$	00	10	11	00	10	11
$Y^{n+1}=Y_2^{n+1}Y_1^{n+1}$	10	11	00	10	11	00
Z	0	0	1	0	0	1

分析后可以看出，该电路是一个带进位（进位端为 Z）的模 3 计数器。且从状态图可以看出，此电路具有自恢复功能，不会出现挂起现象。

（5）画出时间序列（波形）图，如图 3-115。

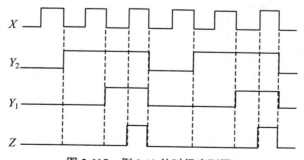

图 3-115　例 3.19 的时间序列图

画异步时序电路的时序图时，必须考虑电路中的延迟。例如，在图 3-115 中，若不考虑 Y_2、Y_1 相对 X 有时延，则输出 Z 无法产生具有一定宽度的脉冲。为了方便时间图的画出，在不影响对电路功能正确描述的前提下，可做如下假设：

① 电路中所有组合逻辑电路无延迟；

② 电路中所有的延迟均集中于从现态转换到次态的过程中；

③ 所有的延迟时间均认为相同。

按上述假设得到的信号时间图与实际的输出波形相比，其变化规律完全一致，而实际波形可能仅与延迟几个门的延迟时间的脉冲宽度有所差异。

3.8   脉冲异步时序电路的设计

脉冲异步时序电路的设计步骤基本上与同步时序电路的设计步骤一样。由于脉冲异步时序电路的特点，设计时需做下列补充考虑：

① 输入信号及触发器的时钟信号取值为：0——无脉冲，1——有脉冲；

② 采用简化的状态表和状态图；

③ 在确定控制函数时，不仅要确定各触发器的控制输入信号，而且还需确定各触发器的时钟信号。时钟信号应是现态及输入的函数。各触发器的输入控制信号应尽量使其仅为现态的函数，以使其具有能保证电路正常工作所需的建立和保持时间。为此，必须控制输入脉冲传至各触发器的数据端和时钟的时间差，避免出现"竞争"现象；

④ 状态不变时（状态由 $0 \to 0$，或 $1 \to 1$），令 CP=0，这样，触发器的数据端变量就可认为是无关最小项，这有利于函数的化简。

下面举例说明设计的步骤和方法。

例 3.20   用 D 触发器设计一个"X_1–X_2–X_3"序列检测器。

解   按题意该检测器有 X_1、X_2 两个输入端和一个输出端 Z。当输入出现 X_1–X_2–X_3 序列时就产生一个输出脉冲（$Z=1$），并且此脉冲应与 X_2 脉冲在时间上重合。

（1）建立原始状态图和原始状态表。按题意及上述分析，做出原始状态图（图 3-116），按原始状态图做出原始状态表（表 3-65）。在图 3-116 中，初态 A 为已收到一个 X_1 脉冲。

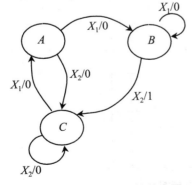

表 3-65   例 3.20 的原始状态表

Y \ X_1X_2	X_1	X_2
A	$B/0$	$C/0$
B	$B/0$	$C/1$
C	$A/0$	$C/0$

图 3-116   例 3.20 的原始状态图

（2）状态化简。通过分析可以看出表 3-65 的状态表已是最简。

（3）状态分配。按同步时序电路的状态分配原则进行状态分配，得二进制状态表 3-66。

（4）确定控制函数及输出函数。

分别做出 CP_1、D_1、CP_2、D_2 的卡诺图，如图 3-117（a）、（b）、（c）、（d）所示。做图时按下列原则进行：

① 无输入时（即 $X_1X_2 = 00$），电路状态不改变，因此，CP 卡诺图中对应列填 0（但 $Y_1Y_2 = 10$ 行除外，因为 $Y_1Y_2 = 10$ 不存在，故填$\varnothing$），D 卡诺图中对应列填$\varnothing$；

② 多个输入中有两个以上的输入同时为 1 时（如 $X_1X_2 = 11$），则其对应列全部填$\varnothing$（因为 $X_1X_2 = 11$ 不允许存在）；

表 3-66　例 3.20 的状态分配表

Y ＼ X_1X_2	X_1	X_2
A 00	01/0	11/0
B 01	01/0	11/1
C 11	00/0	11/0

③ 次态与现态相同时，CP 卡诺图中对应小方格内填 0，D 卡诺图中对应小方格内填$\varnothing$。例如，从二进制状态表上看，$Y_1Y_2 = 11$，输入 X_1，次态 Y_1^{n+1} 为 1，这属于次态与现态相同的情况，则在 CP_1 卡诺图中对应 $Y_1Y_2 = 11$，$X_1X_2 = 10$ 的小方格内填 0，在 D_1 卡诺图中对应小方格内填$\varnothing$；

④ 次态与现态不相同时，CP 卡诺图中对应小方格内填 1，D 卡诺图中对应小方格内填次态值。例如，二进制表中，$Y_1Y_2 = 00$，输入 X_2，次态 $Y_2^{n+1} = 1$，则在 CP_2 卡诺图中对应 $Y_1Y_2 = 00$，$X_1X_2 = 01$ 的小方格内填 1，在 D_2 卡诺图对应小方格内填 1。

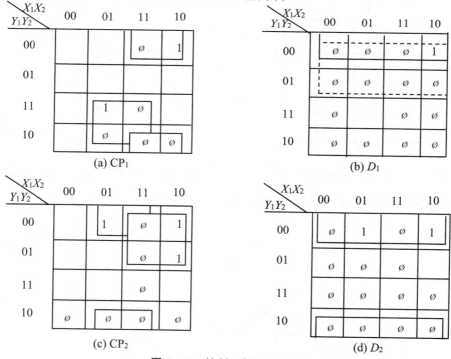

图 3-117　控制函数的卡诺图

输出函数 Z 的卡诺图做法与上述原则相似，见图 3-118。

根据卡诺图得到

$$CP_1 = X_2Y_1 + X_1Y_2$$

$$D_1 = Y_2$$

$$CP_2 = X_1Y_1 + X_2Y_2$$

$D_2 = Y_2$

$Z = X_2 Y_1$

（5）讨论。在设计中未出现 $Y_1 Y_2 = 10$ 的状态，现需讨论如遇某种干扰使电路处于 $Y_1 Y_2 = 10$ 状态的情况：

① 当 $Y_1 Y_2 = 10$ 时，若 $X_1 = 1$，则 $CP_1 = 1$，$D_1 = 1$，$CP_2 = 0$，$D_2 = 1$，$Z = 0$，其次态仍为 10，输出为 0；

② 当 $Y_1 Y_2 = 10$ 时，若 $X_2 = 1$，则 $CP_1 = 1$，$D_1 = 1$，$CP_2 = 0$，$D_2 = 0$，$Z = 1$，其次态仍为 10，输出为 1。

显然，当由于偶然干扰，电路进入 $Y_1 Y_2 = 10$ 后，状态将不再变化，即电路处于挂起状况。为避免此情况发生，应修改原设计。

在图 3-117（b）D_1 卡诺图上重新画卡诺圈，如虚线所示，得到 $D_1 = Y_1$，为避免产生不正确的输出，在图 3-118 Z 卡诺图中重新画卡诺圈，如虚线所示，得到 $Z = X_2 Y_1 Y_2$。

按上述修改，画出自启动设计状态图（见图 3-119）。从图中看出已无挂起状况且输出符合要求。

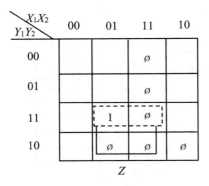

图 3-118　输出函数的卡诺图

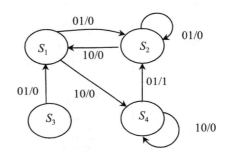

图 3-119　例 3.20 自启动设计状态图

（6）画出电路逻辑图。根据上述控制函数及输出函数表达式，用两个 D 触发器及与非门组成逻辑电路图，如图 3-120 所示。

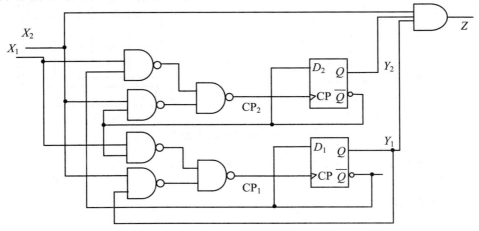

图 3-120　例 3.20 的逻辑电路图

在上述设计中，D_1、D_2 均不是 X_1、X_2 的函数，因此不会出现 D 与 CP 的时间配合问题。如果设计中出现 D 是输入 X 的函数，则应修改设计或增加时钟脉冲 CP 到达时钟端的延迟（可用 n 个门串接）以保证 D 触发器正常工作所需的建立时间。同样，在采用 J-K 触发器进行设计时，也应注意上述时间配合问题。

3.9　异步时序电路中的冒险

在组合逻辑电路中，由于门电路存在延迟，实际工作时，若某一个或几个输入变量变化，变化前后的输出肯定是相同的，但在输入变量变化期间可能出现一次瞬时的错误输出（毛刺），这种现象称为静态逻辑冒险。若有多个输入变量同时发生变化，且变化前后电路的输出是相同的，这时也可能出现瞬时错误输出，这种现象称为静态功能冒险。

事实上，冒险现象仅仅发生在输入信号变化的瞬间。采用选通脉冲，使选通脉冲出现的时间与输入信号变化的时间错开，就可以有效地抑制任何冒险毛刺脉冲的输出，从而消除任何形式的冒险现象。但是加入选通脉冲后，输出将不再是电位信号，而是脉冲信号，图 3-121 给出了组合逻辑电路中加入选通脉冲的两种方式，在选通脉冲存在时间内，当输出电路有脉冲时，表示组合逻辑电路输出为 1，无脉冲输出时，表示输出为 0。

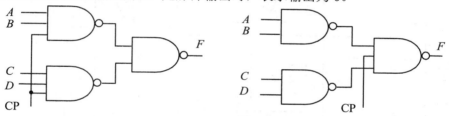

图 3-121　在组合逻辑电路中加选通脉冲的方式

3.9.1　异步时序逻辑电路中的冒险

在图 3-122 所示的异步时序逻辑电路中，若将反馈线断开，就变成组合逻辑电路。因此组合逻辑中的冒险现象，在异步时序逻辑中仍然存在。

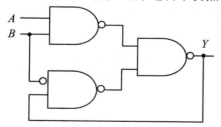

Y ＼ AB	00	01	11	10
0	⓪	⓪	1	⓪
1	①	0	①	①

图 3-122　异步时序逻辑电路的冒险现象示例及其状态转移图

图 3-122 所示电路的状态方程为

$$Y = AB + \overline{B}Y$$

其状态转移表形式与组合逻辑的真值表类似。由此可知，当 $Y=1$，$A=1$，而 B 发生 $0\to1$ 或 $1\to0$ 变化时会有静态逻辑冒险。若是组合逻辑，其结果表现为在 $Y=1$ 的稳定输出期间可能出现 $Y=0$ 的毛刺。但现在考虑的是异步时序逻辑，输出 Y 又反馈到输入端作为 Y 信号再作用于电路，所产生的结果就大不一样了：当 B 由 $0\to1$ 时，在 $AB=11$ 这一列，只有一个稳态，静态冒险只表现为瞬时的 Y 值为 0；然而当 B 由 $1\to0$ 时，在 $AB=10$ 这一列，有 0 和 1 两个稳态，在 B 变化时产生的瞬间 $Y=0$ 的值，又反馈到输入端使 $Y=0$，结果就使电路稳定在 $Y=0$ 状态，而不是预期的 $Y=1$ 状态，造成了稳定的错误输出。因此在异步时序逻辑中，要更加注意冒险的存在和消除。

异步时序电路中还有另外一种特有的冒险现象，称为本征冒险。假设图 3-123 所示的异步时序电路处于全状态 $X_1X_2=01$，$Y_1Y_2=00$。然后，输入由 $X_1X_2=01$ 转换成 11。设电路中的时延分布能使 Y_1 很快地响应 X_1 的变化，使得 Y_1 很快地由 0 变到 1，并且反馈回来使 $Y_1=1$。但由于时延 τ 较大，X_1 的变化还没有传递过来时，Y_1 的变化却已使门 2 的输出变为 0，进而使 Y_2 也变为 1，这样即使 X_1 经过 τ 延迟传递过来，也不能使 Y_2 改变，从而最终稳定在全状态 $X_1X_2=11$，$Y_1Y_2=11$，而不是原来所预期的 $Y_1Y_2=10$。这种本征冒险，是由于输入变化对电路的作用落后于状态变化的作用而产生的。

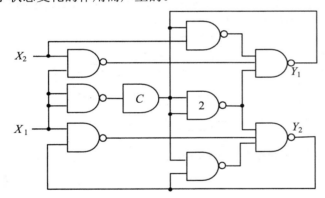

图 3-123 本征冒险及其状态转移表示例

鉴别本征冒险的方法是：先做出电路的状态表，然后从某个稳态出发，使某一个输入变量改变三次取值（如 $0\to1$，$1\to0$，$0\to1$），如果第三次变化后所达到的稳定状态和第一次变化后达到的稳定状态不相同，则有本征冒险存在。例如上述状态表中，从 00 行与 01 列所对应的稳态出发，并让 X_1 改变三次，则第一次改变后到达稳态 10，而第三次改变后到达稳态 11，所以有本征冒险。

消除本征冒险的方法是：在适当的反馈回路中加上足够的时间延迟，使得输入变量能在状态变量改变之前全部通过整个电路。但是，这样会增加整个电路的时间延迟，降低工作速度。

3.9.2 异步时序逻辑电路中的竞争

图 3-124 是一个异步时序电路的状态转移表。它有两个变量 X_1X_2 和两个内部状态 Y_1Y_2。

假设电路现在处于 $Y_1Y_2 = 00$，$X_1X_2 = 01$ 的状态，并且，输入 X_1X_2 由 01 转变成 00。此时发现状态点水平移动后，两个状态变量同时发生变化，即 Y_1Y_2 从 00 转变成 11。这种由于输入变量变化引起一个以上状态变量同时发生变化的现象叫作竞争。这时，如果两个状态变量能够完全地同时变化，则最终会稳定在状态表所指定的值上。但实际电路中，由于各个集成块的延时不同，状态变量总不能同时变化。因此当 Y_1Y_2 从 00→11 时，实际有两种变化的可能：①若 Y_2 变化得快，则为 Y_1Y_2 由 00→01→11，状态点的移动如图 3-124（a）中实线所示，最后稳定在 $Y_1Y_2 =11$；②若 Y_1 变化得快，则变化过程为 Y_1Y_2 由 00→10→11，如图 3-124（a）所示，最后也稳定在 $Y_1Y_2 = 11$。这种最后达到的稳态与状态变量变化的次序无关的竞争称为非临界竞争。

Y_1Y_2 ╲ X_1X_2	00	01	11	10
00	11	⑩⓪	10	01
01	11	00	11	⑩①
10	11	⑪①	00	10	⑪①
11	11	⑩⓪	⑩⓪	11

(a)

Y_1Y_2 ╲ X_1X_2	00	01	11	10
00	⑩⓪	10	01	⑩⓪
01	00	*10	⑩①	00
10	*00	⑪①	10	⑪①
11	⑩⓪	⑩⓪	⑩⓪	11

(b)

Y_1Y_2 ╲ X_1X_2	00	01	11	10
00	⑩⓪	10		
01	00	00	⑩①	
10	01	⑪①		
11		⑩⓪		

(c)

图 3-124　异步时序电路的竞争示例

还有一种竞争叫临界竞争。它是由于状态变量变化的次序不同，导致最终的稳态也不同。例如，在图 3-124(b)所示的状态表中有三种情况会出现临界竞争。

$Y_1Y_2 =11$，X_1X_2 由 01→00 时，若 Y_1 先变化，则终止于稳态 00；若 Y_2 先变化，则终止于稳态 10，发生临界竞争。

$Y_1Y_2 =11$，X_1X_2 由 10→00 时，情况和上述相同。

$Y_1Y_2 = 01$，X_1X_2 由 11→01 时，若 Y_1 先变化，则终止于稳态 11；若 Y_2 先变化，则终止于稳态 10，发生临界竞争。

临界竞争是异步时序逻辑中的不稳定现象，在正常工作中是不允许的。为消除临界竞争，可考虑利用转移过程中的两个不稳态（图 3-124（b）中带*状态）来控制转移的方向，即将不稳态 00 改为 01，另将不稳态 10 改为 00，结果如图 3-124（c）所示，原有的临界竞争全部消除。

3.10　用 Verilog 描述时序逻辑电路

时序逻辑电路因为包含记忆元件，存在输出向输入的反馈，从而导致其行为不同于组合电路。一般稍微复杂一点的计算机电路，都属于时序逻辑电路。同样，用 Verilog 可以描述各种时序逻辑电路（从简单的 D 触发器到复杂的状态机），EDA 软件可以综合出相应功能的电路。下面是具体的描述实例。

3.10.1　D 触发器

图 3-125 所示是一个带有异步复位端和异步置位端的 D 触发器，程序清单 3.1 给出了其 Verilog 描述。

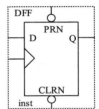

图 3-125　D 触发器

程序清单 3.1（dff1.v）

```
1    module dff1(
2      input clk,
3      input d,
4      input prn,
5      input clrn,
6      output reg q
7    );
8
9      always @(posedge clk,negedge prn,negedge clrn)
10      begin
11       if(!clrn)q<=0;
12       else if(!prn)q<=1;
13            else q<=d;
14      end
15    endmodule
```

其中，第 9 行开始的 always 块表示每当出现 clk 的上升沿（posedge）或 prn 的下降沿（negedge）或 clrn 的下降沿时，都会导致 begin 和 end 之间的语句被执行一次。由于敏感信号列表中置位信号 prn、复位信号 clrn 并列于时钟信号 clk，而且在 if 结构判断时优先于 clk，从而导致异步复位和异步置位效果；当 prn 和 clrn 皆无效时，clk 的上升沿将输入 d 导入到输出端 q，并且 q 的改变只有当下一次 clk 上升沿才能发生。

此电路的仿真结果如图 3-126 所示。

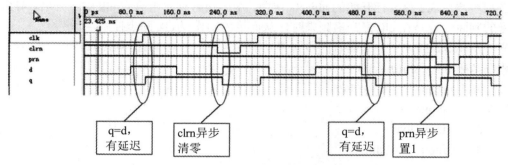

图 3-126　dff1.v 仿真结果

3.10.2　寄存器

程序清单 3.2 给出了一个带有同步清零端的 8 位基本寄存器。

程序清单 3.2（reg8s.v）

```
1    module reg8s(
2      input reset,
3      input clk,
4      input [width-1:0] d,
5      output reg[width-1:0] q
6    );
7      parameter width=8;
8      always @(posedge clk)
9      begin
10       if(reset)q<={width{1'b0}};
11       else q<=d;
12     end
13   endmodule
```

其仿真结果如图 3-127 所示。

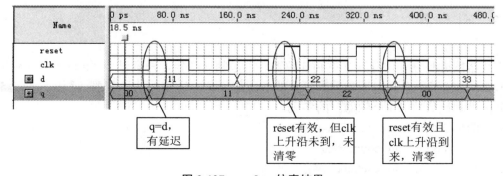

图 3-127　reg8s.v 仿真结果

在程序清单 3.2 第 8 行开始的 always 块中，敏感信号列表中只有 clk 的上升沿，导致对清零信号的判断一定是在 clk 上升沿到来时，从而清零动作受 clk 同步控制。

程序清单 3.3 描述了一个具有同步预置功能的 8 位右移移位寄存器。

程序清单 3.3（shiftr_reg8.v）

```
1    module shiftr_reg8(
2      input clk,
3      input load,
4      input [7:0] din,
5      output reg [7:0] q,
6      output dout
7    );
8
9      always @(posedge clk)
10     if(load)
11       q<=din;
12     else
13       q[6:0]<=q[7:1];
14       assign dout=q[0];
15   endmodule
```

在 Verilog 中，默认把高位移向低位定义为"右移"。

其仿真结果如图 3-128 所示。

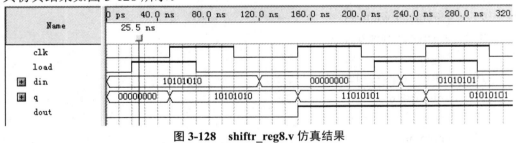

图 3-128　shiftr_reg8.v 仿真结果

3.10.3　计数器

计数器按进制划分，分为二进制计数器、十进制计数器、任意进制（n 进制）计数器。程序清单 3.4 描述了一个同步清零同步预置的参数化 n 位二进制加法计数器，程序清单 3.5 给出了一个 n 进制计数器（n 分频器）的实现。

程序清单 3.4（bin_counter_n.v）

```
1    module bin_counter_n(
2      input load,reset,clk,
```

```
3      input [n-1:0] d,
4      output reg[n-1:0] q,
5      output cout
6      );
7
8      parameter n=8;
9
10     assign count=&q;
11     always @(posedge clk)
12       begin
13        if(reset)q<=0;
14        else if(load)q<=d;
15             else q<=q+1;
16       end
17     endmodule
```

程序清单 3.5（div_n.v）

```
1    module div_n(
2     input clk,
3     output reg [counter_bits:1] q=0,
4     output cout
5     );
6   //counter_bits>=log2n
7     parameter n=10;
8     parameter counter_bits=4;
9
10     assign cout=(q==(n-1));
11     always @(posedge clk)
12       begin
13         if(q==(n-1))q<=0;
14         else q<=q+1;
15       end
16    endmodule
```

需要注意的是，程序清单 3.5 中应满足 counter_bits>=log$_2$n。

下面以 24 进制 BCD 计数器为例，介绍 BCD 计数器的描述。该 24 进制计数器的端口形态如图 3-129，其功能如表 3-67 所示。

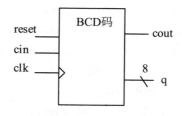

图 3-129　24 进制 BCD 计数器端口特征

表 3-67　24 进制 BCD 计数器功能要求

Reset	Cin	Clk	功能
1	X	上升沿	同步清零
0	0	上升沿	保持
0	1	上升沿	计数

根据 BCD 码计数特点，该 24 进制计数器的计数规则如下：

（1）状态＝23，下一状态为 0；

（2）状态≠23，个位=9 时，下一状态：个位为 0，十位加 1；

（3）状态≠23，个位≠9 时，下一状态：个位加 1，十位保持。

由此可得程序清单 3.6 所示的 Verilog 描述。

程序清单 3.6（counter_bcd_2.v）

```
1    module counter_bcd_2(
2      input cin,reset,clk,
3      output reg[7:0] q,
4      output cout
5    );
6
7      parameter MODULUS=8'h23;
8
9      assign count=(q==MODULUS)&cin;
10     always @(posedge clk)
11      if(reset)q<=0;
12      else if(cin)
13         begin
14           if(q==MODULUS)q<=0;
15           else if(q[3:0]==9)
16             begin
17              q[3:0]<=0;
18              q[7:4]<=q[7:4]+1;
19             end
20           else
21              q[3:0]<=q[3:0]+1;
22         end
23   endmodule
```

其仿真结果如图 3-130 所示。通过改变程序清单 3.6 第 7 行的参数 MODULUS 可实现计数容量不超过 99 的 2 位 BCD 计数器。

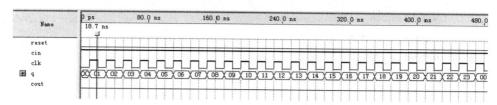

图 3-130　counter_bcd_2.v 仿真结果

3.10.4　有限状态机

有限状态机 FSM 是由寄存器组和组合逻辑构成的硬件时序电路，其状态（即由寄存器组的 1 和 0 的组合状态所构成的有限个状态）只可能在同一时钟跳变沿的情况下才能改变，究竟转向哪一个状态还是留在原状态取决于输入值和当前所在状态（指 mealy 型状态机，对 Moore 型状态机而言，只取决于当前状态）。

某"111"序列检测器的输入输出特征如图 3-131 所示，经过逻辑抽象，得到该序列检测器的状态转换图如图 3-312 所示。

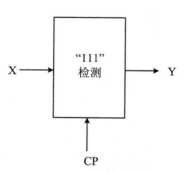

图 3-131　"111"序列检测器的端口特征

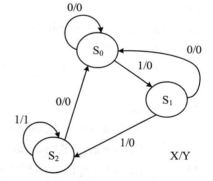

图 3-132　"111"序列检测器的状态转换图

参照图 3-133 所示的 mealy 模型和图 3-132 所示的状态转换图，可写出程序清单 3.7 所示的"111"序列检测器实现。

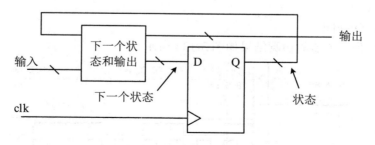

图 3-133　以 DFF 作为存储元件的 mealy 模型

程序清单 3.7（check_111.v）

```
1    module check_111(
2      input clk,reset,X,
3      output reg Y
4      );
5
6      parameter S0=2'b00,
7                      S1=2'b01,
8                      S2=2'b10;
9    //ps--present state
10   //ns--next state
11     reg[1:0] ps,ns;
12
13   //DFF part
14     always @(posedge clk)
15      if(reset)begin ps<=S0;end
16      else ps<=ns;
17
18   //next state and output part
19     always @(*)
20      begin
21        Y<=0;
22        case(ps)
23        S0:if(X)ns<=S1;else ns<=S0;
24        S1:if(X)ns<=S2;else ns<=S0;
25        S2:if(X)begin ns<=S2;Y<=1;end
26            else    ns<=S0;
27        default:ns<=S0;
28        endcase
29      end
30     endmodule
```

此 "111" 序列检测器的仿真结果如图 3-134 所示。

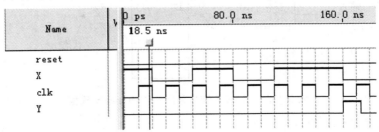

图 3-134　check_111.v 的仿真结果

从上述实例可以看出，用 Verilog 来描述有限状态机，可以充分发挥硬件描述语言的抽象建模能力。具体的逻辑化简以及从逻辑电路到触发器的映射均可由 EDA 软件完成。

习　　题

1. 触发器有哪些主要技术指标？

2. 由两个与非门组成的基本触发器能否实现钟控？试说明理由。

3. 试说明描述触发器逻辑功能的几种方法，分别叙述 D 触发器、$J\text{-}K$ 触发器、$R\text{-}S$ 触发器、T 触发器的逻辑功能。

4. 假设一组主从 $J\text{-}K$ 触发器的输入端波形，试画出相应地输出端工作波形。

5. 时序逻辑电路有什么特点？它和组合逻辑电路的主要区别在什么地方？

6. 分析图 3-135 所示的时序电路的逻辑功能，写出电路驱动方程、状态转移方程和输出方程，画出状态转移图，并说明电路是否具有自启动特性。

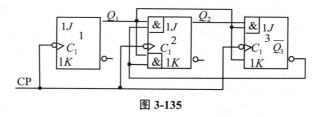

图 3-135

7. 分析图 3-136 所示的时序电路的逻辑功能，写出电路驱动方程、状态转移方程和输出方程，画出状态转移图，并说明电路是否具有自启动特性。

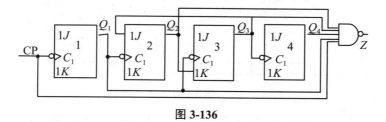

图 3-136

8. 分析图 3-137 所示的时序电路的逻辑功能，写出电路驱动方程、状态转移方程和输出方程，画出状态转移图，并说明电路是否具有自启动特性。

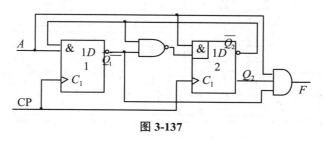

图 3-137

9. 分析图 3-138 所示的时序电路，写出电路驱动方程、状态转移方程和输出方程，画出状态转移图。

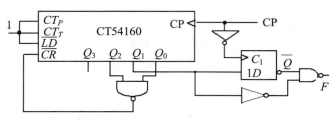

图 3-138

10. 分析图 3-139 所示的时序电路，写出电路驱动方程、状态转移方程和输出方程，画出状态转移图及在时钟 CP 作用下 Q_1、Q_2、Q_3、Q_4 和 F 的工作波形。

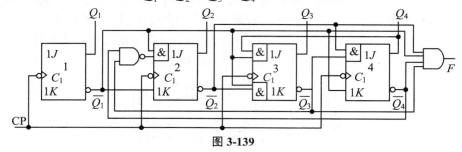

图 3-139

11. 分析图 3-140 所示的时序电路，画出状态转移图，并说明该电路的逻辑功能。

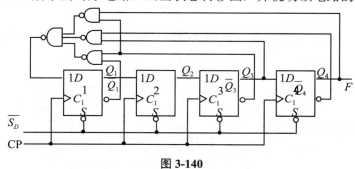

图 3-140

12. 分析图 3-141 所示的时序电路的逻辑功能，写出状态转移方程，画出在时钟 CP 作用下，输出 a、b、c、d、e、f 及 F 的各点波形。并说明电路完成什么功能。

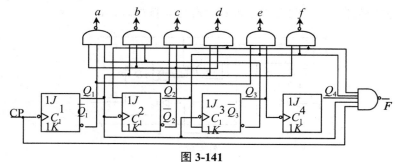

图 3-141

13. 试设计 2421 码十进制同步计数器（触发器可自选）。

14. 试设计模 7 同步计数器（触发器可自选）。

15. 按下列给定状态转移表，设计同步计数器。

(1)

序号	A	B	C	D
0	0	0	0	0
1	0	0	0	1
2	0	0	1	0
3	0	0	1	1
4	0	1	0	0
5	0	1	0	1
6	0	1	1	0
7	1	0	0	0
8	1	0	0	1
9	1	0	1	0

(2)

序号	A	B	C	D
0	0	0	0	0
1	0	0	0	1
2	0	1	0	0
3	0	1	0	1
4	0	1	1	0
5	0	1	1	1
6	1	0	0	0
7	1	0	0	1
8	1	1	0	0
9	1	1	0	1
10	1	1	1	0
11	1	1	1	1

(3)

序号	A	B	C	D
0	0	0	0	0
1	0	0	0	1
2	0	0	1	1
3	0	0	1	0
4	0	1	1	0
5	0	1	1	1
6	0	1	0	1
7	0	1	0	0
8	1	1	0	0
9	1	0	0	0

16. 试设计模 7 异步计数器。

17. 按下列给定状态转移表，设计异步计数器。

(1)

序号	A	B	C	D
0	0	0	0	0
1	0	0	0	1
2	0	0	1	0
3	0	0	1	1
4	0	1	0	0
5	0	1	0	1
6	0	1	1	0
7	1	0	0	0
8	1	0	0	1
9	1	0	1	0

(2)

序号	A	B	C	D
0	0	0	0	0
1	1	1	1	1
2	1	1	1	0
3	1	1	0	1
4	1	1	0	0
5	0	1	1	1
6	0	1	1	0
7	0	0	1	1
8	0	0	1	0
9	0	0	0	1

18. 采用 D 触发器设计移存型具有自启动特性的同步计数器：

（1）模 5 同步计数器；

（2）模 12 同步计数器。

19. 设计移存型序列信号发生器，要求产生的序列信号为：

（1）11110000、11110000、…；

（2）1111001000、1111001000、…。

20. 设计一个可控同步计数器，M_1、M_2 为控制信号，要求：

  （1）$M_1M_2 = 00$ 时，维持原状态；

  （2）$M_1M_2 = 01$ 时，实现模 2 计数；

  （3）$M_1M_2 = 10$ 时，实现模 4 计数；

  （4）$M_1M_2 = 11$ 时，实现模 8 计数。

21. 设计一个用 M 信号控制的五进制同步计数器，要求：

  （1）当 $M = 0$ 时，在时钟 CP 作用下，按加 1 顺序计数；

  （2）当 $M = 1$ 时，在时钟 CP 作用下，按加 2 顺序计数（即 0、2、4、6、…）。

22. 对下列原始状态转移表进行化简，并设计其时序逻辑电路。

  （1）

$S(t)$	$N(t)$		$Z(t)$	
	$X = 0$	$X = 1$	$X = 0$	$X = 1$
A	A	B	0	0
B	C	A	0	1
C	B	D	0	1
D	D	C	0	0

  （2）

$S(t)$	$N(t)$		$Z(t)$	
	$X = 0$	$X = 1$	$X = 0$	$X = 1$
A	B	H	0	0
B	E	C	0	1
C	D	F	0	0
D	G	A	0	1
E	A	H	0	0
F	E	B	1	1
G	C	F	0	0
H	G	D	1	1

23. 图 3-142 所示是两片 CT54161 中规模集成电路组成的计数器电路，试分析该计数器的模值是多少，列出其状态转移表。

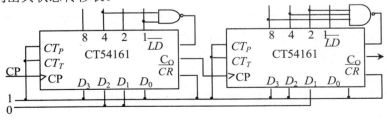

图 3-142

24. 试分析图 3-143 所示计数器电路的分频比。

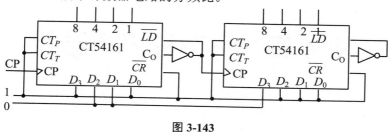

图 3-143

25. 试分析图 3-144 所示计数器电路，说明是多少进制计数器，列出状态转移表。

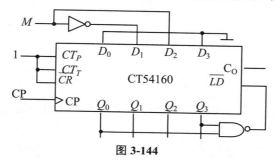

图 3-144

26. 图 3-145 所示是可变进制计数器，试分析当控制 A 为 1 和 0 时，各为几进制计数器，列出状态转移表。

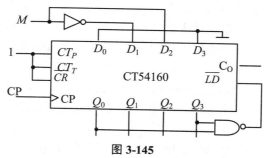

图 3-145

27. 试用中规模集成十六进制同步计数器 CT54161，接成一个十三进制计数器，可以附加必要的门电路。

28. 试用中规模集成十进制同步计数器 CT54160，接成一个 365 进制计数器，可以附加必要的门电路。

29. 设计一个时序电路，只有在连续两个或两个以上时钟作用期间，两个输入信号 X_1 和 X_2 一致时输出信号才是 1，其他情况输出皆为 0。

30. 设计一个字长为 5 位（包括奇偶校验位）的串行奇偶校验位电路，要求每当收到 5 位码是奇数个 1 时，就在最后一个校验位时刻输出 1。

第 4 章　可编程逻辑器件

4.1　概　　述

4.1.1　引言

随着半导体集成技术的不断发展，大规模集成电路 LSI（Large Scale Integrated Circuit）继小规模集成电路 SSI（Small Scale Integrated Circuit）和中规模集成电路 MSI（Medium Scale Integrated Circuit）之后得到了迅速发展和广泛应用。从应用的角度上，LSI 可以划分为通用型和专用型。

通用型 IC 是被定型为标准化、系列化的产品，能在许多不同的数字设备中使用，如各种型号的存储器、微处理器、单片计算机等。一方面因为是大批量生产，所以此类产品的价格可以很低；另一方面，基于产量和成本的考虑，迄今为止 LSI 系列化产品的品种仍然十分有限，在组成各种专用设备时不得不使用相当数量的 MSI 和 SSI 器件，这在搭建复杂系统时对提高整个系统的可靠性是不利的。

专用型 IC 即 ASIC（Application Specific Integrated Circuit ），是面向特定用户、具有专门用途的芯片，并以此区别于通用芯片。与通用集成电路相比，ASIC 在构成系统时具有以下几方面的优越性：

（1）缩小体积，减轻重量，降低功耗。一个复杂系统只要一片或数片 ASIC 即可实现，因此更容易满足小体积和低功耗的要求；

（2）提高可靠性。用 ASIC 进行系统集成后，外部连线减少，可靠性明显提高；

（3）易于获得高性能。ASIC 针对专门的用途而设计，容易获得更高的性能；

（4）增强保密性。ASIC 相当于一个"黑盒子"，可以起到保护设计者知识产权的作用。

ASIC 可分为全定制电路（Full-custom design IC）和半定制电路（Semi-custom design IC）两类。全定制电路无论从功能、结构上讲都是完全为某个用户而设计的，它由用户提出要求，工厂负责生产，在用量不大的情况下，设计和制造这样的专用集成电路不仅成本很高，而且设计、制造的周期也很长。半定制电路是由厂家生产出标准的半成品，再由用户根据要求进行编程实现特定功能。可编程逻辑器件 PLD（Programmable Logic Device）就属于这种结构上具有通用性、功能上具有专用性的半定制 ASIC。

PLD 如同一张白纸或是一堆积木，在 EDA 软件的支持下设计者可以通过原理图、状态机、布尔方程、硬件描述语言等方法来表达设计思想，经一系列编译或转换程序，生成相应的目标文件,再由编程器或下载电缆将设计结果写入到目标器件中,这时 PLD 就可以作为满足用户要求的专用集成电路使用了。PLD 能完成任何数字器件的功能,上至高性能 CPU,下至简单的 74 系列 SSI 电路,都可以用 PLD 来实现。

采用 PLD 的设计除了具有基于 ASIC 设计的优势以外,还有如下优点:

(1)加快了电子系统的设计速度。一方面由于 PLD 集成度的提高,减少了电子产品设计中的器件安装和布线时间,另一方面由于基于 PLD 的设计是利用计算机进行辅助设计的,可以通过计算机的辅助设计软件对设计的电路进行仿真和模拟,减少了传统设计过程中的调试电路的时间;

(2)成本低。一方面由于 PLD 在电路结构上通用,可以形成批量生产,因此比全定制电路具有更低的成本;另一方面由于 PLD 是可擦除和可编程的,修改硬件设计可以通过修改软件设计和重新编程来实现,在设计过程中,可以多次反复地修改设计方案,增添新的逻辑功能,但不需要增加器件,从而节省了传统设计方法重复制板的成本。

由此可见,PLD 适宜于小批量生产的系统,或在系统开发研制过程中采用。因此在计算机硬件、自动化控制、智能化仪表、数字电路系统等领域中得到了广泛的应用。

4.1.2　PLD 的发展

从 20 世纪 70 年代初至今,PLD 的工艺和结构经历了一个不断发展变革的过程。

20 世纪 70 年代推出的 PLD 主要有可编程只读存储器 PROM(Programmable Read Only Memory)、可编程逻辑阵列 PLA(Programmable Logic Array)和可编程阵列逻辑 PAL(Programmable Array Logic)。初期推出的 PROM 由一个与阵列和一个或阵列组成,与阵列是固定的,或阵列是可编程的。中期出现了 PLA。PLA 同样由一个与阵列和一个或阵列组成,但其与阵列和或阵列都是可编程的。末期出现了 PAL。PAL 的与阵列是可编程的,而或阵列是固定的,它有多种输出和反馈结构,因而给逻辑设计带来了很大的灵活性。

20 世纪 80 年代,PLD 的发展十分迅速,先后出现了通用阵列逻辑 GAL(Generic Array Logic)、复杂可编程逻辑器件 CPLD(Complex PLD)和现场可编程门阵列 FPGA(Field Programmable Gate Array)等可编程器件。这些器件在集成规模、工作速度以及设计的灵活性等方面都有显著提高。与此同时,相应的支持软件得到了迅速发展。

20 世纪 90 年代,出现了在系统编程 ISP(In System Programmable)技术。在系统编程是指用户具有在自己设计的目标系统中或线路板上为重构逻辑而对逻辑器件进行编程或反复改写的能力。ISP 器件为用户提供了传统的 PLD 技术无法达到的灵活性,带来了极大的时间效益和经济效益,使可编程逻辑技术产生了质的飞跃。

4.1.3　PLD 的一般结构

任何一个组合逻辑电路都可以用与-或逻辑表达式描述,而任何一个时序逻辑电路总可以用组合逻辑电路、触发器和必要的反馈信号来实现。因此,如果 PLD 包含了与门阵列(简称与阵列)、或门阵列（简称或阵列）、触发器和反馈机制，就可以实现任意逻辑电路的功能。PLD 的一般结构如图 4-1 所示，它由输入电路、与阵列、或阵列和输出电路组成。

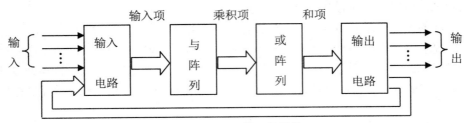

图 4-1   PLD 的一般结构

图 4-1 中，输入电路起缓冲作用，并形成互补的输入信号送到与阵列。与阵列接收互补的输入信号，并将它们按一定的规律连接到各个与门的输入端，产生所需与项作为或阵列的输入。或阵列将接收的与项按一定的要求连接到相应或门的输入端，产生输入变量的与-或函数表达式。输出电路既有缓冲作用，又提供不同的输出结构，如输出寄存器、内部反馈、输出宏单元等。其中，与阵列和或阵列是 PLD 的基本组成部分，各种不同的 PLD 都是在与阵列和或阵列的基础上，附加适当的输入电路和输出电路构成的。

4.1.4 PLD 的电路表示法

由于 PLD 的阵列规模大，用逻辑电路的一般表示法很难描述其内部电路结构，这给 PLD 的设计和应用带来了诸多不便。为了在芯片的内部配置和逻辑图之间建立一一对应关系，构成一种紧凑且易于识读的描述形式，对描述 PLD 基本结构的有关逻辑符号和规则做出了某些约定。下面简单介绍这些约定。

组成 PLD 的基本器件是与门和或门。图 4-2 给出了三输入与门的两种表示法。传统表示法（见图 4-2（a））中，与门的 3 个输入 A、B、C 在 PLD 表示法（见图 4-2（b））中称为 3 个输入项，而输出 F 称为与项。同样，或门也采用类似方法表示。

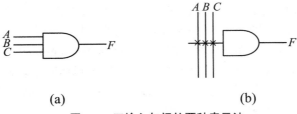

(a)   (b)

图 4-2   三输入与门的两种表示法

图 4-3 所示为 PLD 的典型输入缓冲器。它的两个输出是 A 和 $\overline{A}$。

图 4-3   PLD 的输入缓冲器

图 4-4（a）给出了 PLD 阵列交叉点上的 3 种连接方式。实点 "·" 表示硬线连接，也就是固定连接；"×" 表示可编程连接；没有 "×" 也没有 "·" 表示两线不连接。图 4-4（b）中所示的输出 $F = A \cdot C$。

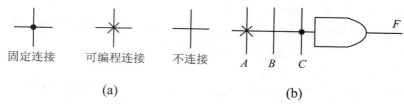

固定连接　　可编程连接　　不连接

(a)　　　　　　　　　　　(b)

图 4-4　PLD 连接方式的表示法

4.1.5　PLD 的分类

PLD 有多种结构形式和制造工艺，产品种类繁多，存在着不同的分类方法。通常可按集成度，编程工艺以及与、或阵列的编程特性进行分类。

1. 按集成度分类

根据集成度，PLD 分为低密度可编程逻辑器件 LDPLD（Low Density PLD）和高密度可编程逻辑器件 HDPLD（High Density PLD）两大类。

低密度可编程逻辑器件是指集成度小于 1000 门的可编程逻辑器件。例如：PROM、PLA、PAL 和 GAL 等，都属于低密度可编程逻辑器件。

高密度可编程逻辑器件是指集成度达到 1000 门以上的可编程逻辑器件。例如：CPLD 和 FPGA 等，都属于高密度可编程逻辑器件。

2. 按编程工艺分类

根据编程工艺，PLD 可分为熔丝编程 PLD、浮栅编程 PLD 和静态存储器（SRAM）编程 PLD。

熔丝编程的 PLD 在每个可编程连接点上都接有熔丝开关，熔丝开关在接点需要连接时保留熔丝，在接点需要断开时用编程大电流将熔丝烧断。由于熔丝断开后不能再恢复，故属于非易失一次性编程器件。例如，早期生产的 PROM 和 PAL 属于这类器件。

浮栅编程的 PLD 是采用悬浮栅储存电荷的方法来保存数据的。它是在 MOS 管绝缘层中埋置一个悬浮栅，编程时加编程电压脉冲对悬浮栅注入电子使悬浮 MOS 管截止；擦除时则将悬浮栅中的电子泄放掉，使悬浮栅管恢复导通。浮栅编程的 PLD 属于非易失可重复编程器件。例如，GAL 和 CPLD 等都属于这类器件。

在 SRAM 编程的 PLD 中，SRAM 的作用是存储决定系统逻辑功能和互连的配置数据。由于 SRAM 属于易失性元件，所以在每次系统加电时，都必须先将编程数据加载到 SRAM 中。采用 SRAM 技术可以方便地装入新的配置数据，实现在线重置。例如，FPGA 中使用了该技术。

3. 按与、或阵列的编程特性分类

根据与阵列和或阵列是否可编程，PLD 可分为下面三种类型。

（1）与阵列固定、或阵列可编程的 PLD

这类 PLD 的与阵列固定输出输入变量的全部最小项，由或阵列编程实现函数的标准或表达式。其缺点是芯片面积利用率低，PROM 属于这类 PLD。

（2）与阵列和或阵列均可编程的 PLD

与阵列和或阵列均可编程的 PLD 可有效地缩小芯片面积、提高芯片的利用率，但制造工艺复杂、器件工作速度较慢，PLA 属于这类 PLD。

（3）与阵列可编程、或阵列固定的 PLD

与阵列可编程、或阵列固定的 PLD 不仅可以简化制造工艺，提高工作速度，而且能较灵活地实现各种逻辑功能，PAL 属于这类 PLD。

4.2   低密度可编程逻辑器件

根据 PLD 中与、或阵列的编程特点和输出结构的不同，低密度可编程逻辑器件(LDPLD) 有四种主要类型：可编程只读存储器 PROM；可编程逻辑阵列 PLA；可编程阵列逻辑 PAL；通用阵列逻辑 GAL。

下面分别介绍这四种器件，重点讨论其逻辑结构以及在逻辑设计中的应用。

4.2.1   可编程只读存储器 PROM

PROM 是组成数字计算机和其他数字设备的一种重要逻辑器件，作为存储器，它用于存储需要重复读出而不需要改变的信息。作为可编程逻辑器件，它可以单独使用，用于实现逻辑函数。PROM、EPROM、E^2PROM 作为可编程逻辑器件已经成为逻辑设计中一种新型而重要的器件。

1. PROM 基本结构和工作原理

从存储器角度来看，PROM 的基本结构可看成由地址译码器和只读不写的存储体组成，如图 4-5 所示。图中的输入 $A_0 \sim A_{k-1}$ 是存储器的地址输入线，地址译码器是根据输入地址选中相应的存储单元，并有选择地驱动 $W_0 \sim W_{2^k-1}$，以使该存储单元中的信息传送到输出端 $F_1 \sim F_m$，从而读出该单元的信息。通常把存储体的输入线 $W_0 \sim W_{2^k-1}$ 称作字线，输出线 $F_1 \sim F_m$ 称作位线。一个 PROM 存储体的大小不但与输入地址线数目有关，而且与存储单元的位数数目有关。如果存储器地址输入线数目为 k，每个存储单元的位数为 m，则存储体有 2^k 个存储单元，存储器容量为 $2^k \times m$ 位。

存储体通过在字线与位线的交叉点处是否设置耦合元件的方式，决定该位存储的信息是 0 还是 1。早期采用的耦合元件除二极管之外，还有电阻、电感、电容等无源元件。现在中、大规模集成 PROM 都采用双极型晶体管或 MOS 场效应管等有源元件，如图 4-6 所示。图 4-7 展示了采用双极型晶体管作为耦合元件的 PROM 结构，图中在字线与位线的每个交叉点处都设有双极型晶体管，晶体管的发射极通过熔丝并联到位线上。编程过程中，当某一位要存一个 0 时，该位置处的熔丝被熔断，使该晶体管不起作用，从而代表存储 0 信息；否则熔丝被保留，代表存储 1 信息。PROM 一经编程便像掩膜型 ROM 一样，具有永久固定的存储内容。虽然可以补充信息，但是存储内容的改变或者消去是不可能的，在运行期间只能读出已存入的信息。

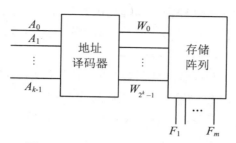

图 4-5　2^k 字 m 位 PROM 结构框图

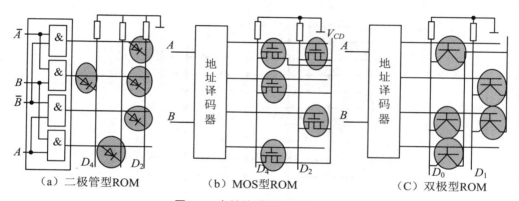

（a）二极管型ROM　　　（b）MOS型ROM　　　（C）双极型ROM

图 4-6　存储体采用的耦合元件

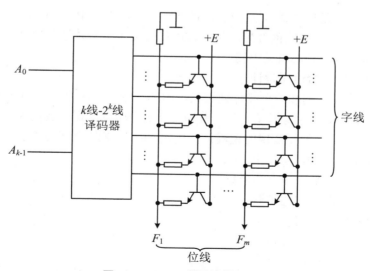

图 4-7　PROM 典型结构原理图

从组合逻辑的角度来说，PROM 可以认为是由一个固定连接的与门阵列和一个可编程连接的或门阵列组成。译码器作为与门阵列产生输入变量（对应只读存储器的地址线）所有的最小项，存储体作为可编程的或门阵列组合需要的最小项形成多输出的逻辑函数，存储体的每一位对应一个逻辑函数。由于与阵列的输出是固定的，只要改变或阵列上连接"点"的数量和位置，每个输出端就可以排出任何一种最小项组合，实现任意变量的逻辑函数，这就是这种阵列逻辑的灵活性。但是，这种全译码阵列虽然与阵列可以做得很大，但阵列愈大，开关延迟时间愈长，速度就愈慢，故只有小规模 PROM 才能成功地用作逻辑器件，大规模的PROM 一般做存储器用。

图 4-8 给出了一个 8×3（与门数×或门数）的 PROM 阵列逻辑图。图中虚线上面 6 根水平线分别表示 A、$\bar{A}$，B、$\bar{B}$，C、$\bar{C}$ 的输入线，而将每个与门、或门（包括门的输入和输出）简化成一根线，与门阵列中的 8 根垂直线表示 8 个与门，或门阵列中标有 Q_1、Q_2、Q_3 的 3 根水平线表示 3 个或门。

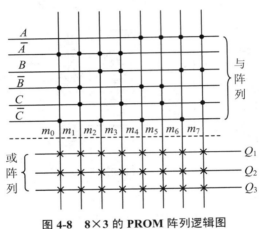

图 4-8 8×3 的 PROM 阵列逻辑图

可编程只读存储器是出现最早的 PLD，目前市场上提供的 PROM，一个芯片的最高密度可达 8×512 k 位，当需要更大的存储容量时，可以使用多个芯片进行存储容量的扩展，相关内容可参见计算机组成原理的有关书籍。

2. 采用 PROM 的组合逻辑设计

PROM 是由一个与阵列和一个或阵列组成，因此理论上可用 PROM 来实现任意组合逻辑函数。通常，用 PROM 进行逻辑设计时，首先要通过逻辑抽象得到真值表，然后把真值表的输入作为 PROM 的输入，把要实现的逻辑函数用对 PROM 或阵列进行编程的代码来代替，画出相应的阵列逻辑图。具体说，一般步骤为：

（1）确定输入变量数和输出端个数；

（2）将函数化为最小项之和形式；

（3）确定存储体或阵列的大小；

（4）确定各存储单元的内容；

（5）画出相应的阵列图。

例 4.1 用 PROM 设计一个代码转换电路，将 4 位二进制码转换为 Gray 码。

解 设 4 位二进制码输入为 $B_3B_2B_1B_0$，4 位 Gray 码输出为 $G_3G_2G_1G_0$，其对应关系如表

4-1 所示。可选容量为 $2^4 \times 4$ 的 PROM 实现给定功能。根据表 4-1 可直接画出该转换电路的 PROM 阵列图，如图 4-9 所示。

表 4-1　4 位二进制码到 Gray 码的转换真值表

二	进	制	码	GARY 码			
B_3	B_2	B_1	B_0	G_3	G_2	G_1	G_0
0	0	0	0	0	0	0	0
0	0	0	1	0	0	0	1
0	0	1	0	0	0	1	1
0	0	1	1	0	0	1	0
0	1	0	0	0	1	1	0
0	1	0	1	0	1	1	1
0	1	1	0	0	1	0	1
0	1	1	1	0	1	0	0
1	0	0	0	1	1	0	0
1	0	0	1	1	1	0	1
1	0	1	0	1	1	1	1
1	0	1	1	1	1	1	0
1	1	0	0	1	0	1	0
1	1	0	1	1	0	1	1
1	1	1	0	1	0	0	1
1	1	1	1	1	0	0	0

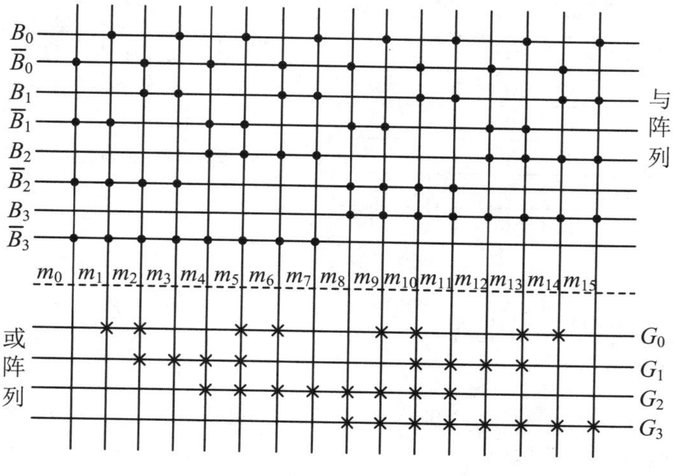

图 4-9　代码转换电路的 PROM 阵列图

例 4.2　用 PROM 设计一个 π 发生器，其输入为 4 位二进制码，输出为 8421 码。该电路串行地产生常数 π。若取小数点后 15 位小数，则 π=3.141592653589793，其逻辑电路框图如图 4-10 所示。

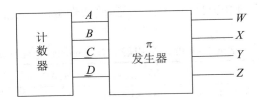

图 4-10 π 发生器的逻辑框图

解 根据题意，可用一个 4 位同步计数器控制 PROM 的地址输入端，使其地址码按 4 位二进制递增的顺序进行周期性地变化，以便对所有存储单元逐个进行访问。π 发生器的输入为与同步计数器输出状态对应的 4 位二进制码，而输出则为 8421 码。π 发生器输入/输出的关系可用表 4-2 所示的真值表来表示。根据表 4-2 画出 π 发生器的 PROM 阵列图如图 4-11 所示。

表 4-2 π 发生器的真值表

输 入				输 出				
A	B	C	D	W	X	Y	Z	π
0	0	0	0	0	0	1	1	3
0	0	0	1	0	0	0	1	1
0	0	1	0	0	1	0	0	4
0	0	1	1	0	0	0	1	1
0	1	0	0	0	1	0	1	5
0	1	0	1	1	0	0	1	9
0	1	1	0	0	0	1	1	2
0	1	1	1	0	1	1	0	6
1	0	0	0	0	1	0	1	5
1	0	0	1	0	0	1	1	3
1	0	1	0	0	1	0	1	5
1	0	1	1	1	0	0	0	8
1	1	0	0	1	0	0	1	9
1	1	0	1	0	1	1	1	7
1	1	1	0	1	0	0	1	9
1	1	1	1	0	0	1	1	3

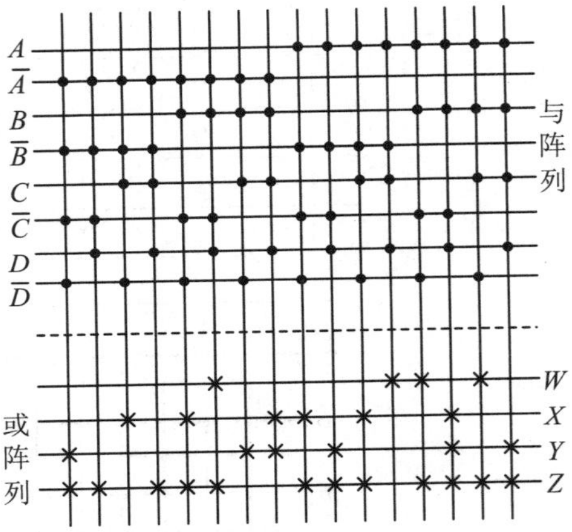

图 4-11 π 发生器的 PROM 阵列图

4.2.2 可编程逻辑阵列 PLA

从前面的介绍可知，PROM 的地址译码器采用全译码方式，n 个地址码可选中 2^n 个不同的存储单元，而且地址码与存储单元有一一对应的关系。因此，即使有多个存储单元存放的内容完全相同也必须重复存放，无法节省这些单元。从实现逻辑函数的角度看，PROM 的与阵列固定地产生 n 个输入变量的全部最小项，而对于大多数逻辑函数而言，并不需要使用全部最小项，有许多最小项是无用的，尤其对于包含约束条件的逻辑函数，许多最小项是不可能出现的。因此，PROM 的与阵列未能获得充分利用而造成硬件浪费，使得芯片面积的利用率不高。为了解决此问题，出现了可编程逻辑阵列 PLA。

可编程逻辑阵列 PLA 是一个其内部的与阵列和或阵列都可编程的 PLD。针对逻辑函数的最简与-或式，PLA 中的与阵列被编程产生所需的全部与项（通常与项数量远远小于最小项的数量），而 PLA 中或阵列被编程完成相应与项的或运算并产生输出。这样，就大大提高了芯片面积的有效利用率。

相同型号的 PLA，其输入端数目（n）、输出端数目（m）及与项的数目（p）都是确定的，称为具有 p 个与项的 $n \times m$ PLA（容量表示为 $p\text{-}n\text{-}m$）。一种 $n \times m$ PLA 不能实现任意的 n 输入的逻辑功能（受到与项数目的限制），但在绝大部分场合下，都可选择到适当的 PLA 完成所需功能。

图 4-12 为具有 6 个与项的 4×3 PLA 的逻辑图，图中包含 p 个 $2n$ 输入的与门和 m 个 p 输入或门，与门可通过编程产生任意与项，或门可通过编程与任一个与门的输出相连，在输出函数之间可以共享一个与门的输出。

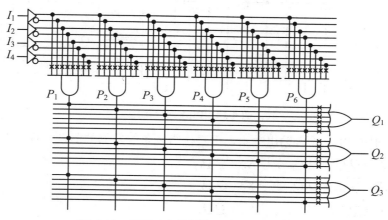

图 4-12　具有 6 个与项的 4×3 PLA 逻辑图

例 4.3　用 PLA 实现 4 位二进制码转化为 Gray 码的电路。

解　由表 4-1 的真值表，利用卡诺图化简方法可得到最简与或表达式如下（也可由二进制码转化为典型 Gray 码的规律直接得到）：

$$G_3 = B_3$$
$$G_2 = \overline{B_3}B_2 + B_3\overline{B_2}$$
$$G_1 = \overline{B_2}B_1 + B_2\overline{B_1}$$
$$G_0 = \overline{B_1}B_0 + B_1\overline{B_0}$$

根据最简与或表达式得到 PLA 的阵列图如图 4-13 所示。

这是具有 7 个与项的 4×4 PLA，共有编程点为：与阵列 7×8=56 个，或阵列 7×4=28 个，合计 84 个。而如果用 PROM

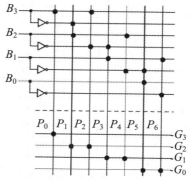

图 4-13　4 位二进制码转化为 Gray 码的 PLA 阵列图

实现同样的功能，则编程点的数目为或阵列 16×4=64 个。另外，固定的与阵列中有不可编程点 8×16=128 个（这些点也占用芯片面积）。用 PLA 实现，虽然有可能增加编程点的数目，但总的位数仍然远远小于 PROM 中的位数。因此，芯片面积的利用率提高了。

例 4.4 分析图 4-14 所示 PLA 组成的时序逻辑电路功能。

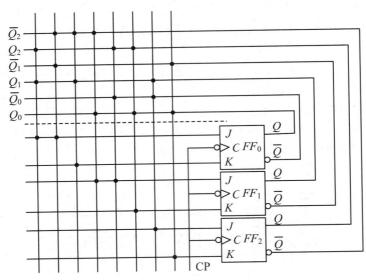

图 4-14 PLA 时序电路

解 （1）根据 PLA 输入输出关系，可直接得到各触发器的驱动方程，即：

$$J_0 = Q_2Q_1 + \overline{Q_2}\,\overline{Q_1} \qquad K_0 = \overline{Q_2}Q_1$$
$$J_1 = \overline{Q_2}Q_0 + Q_2\overline{Q_0} \qquad K_1 = Q_2Q_0$$
$$J_2 = Q_1\overline{Q_0} \qquad\qquad K_2 = \overline{Q_1}Q_0$$

（2）列状态转换真值表，如表 4-3 所示。

（3）画出此电路的状态转换图如图 4-15 所示。

表 4-3 PLA 时序电路状态转换真值表

Q_2^n	Q_1^n	Q_0^n	Q_2^{n+1}	Q_1^{n+1}	Q_0^{n+1}
0	0	0	0	0	1
0	0	1	0	1	1
0	1	0	1	1	0
0	1	1	0	1	0
1	0	0	1	1	0
1	0	1	0	0	1
1	1	0	1	1	1
1	1	1	1	0	1

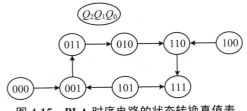

图 4-15 PLA 时序电路的状态转换真值表

由图 4-15 可见，此电路为能够自启动的同步 Gray 码六进制计数器。

利用 PLA 可以设计出各种组合逻辑电路和时序逻辑电路，电路的功能越复杂，采用 PLA 的优点越明显。但是，在以往实际应用中，由于没有成熟的编程工具、缺少高质量支持软件、器件价格相对比较高、运行速度比较慢等因素，限制了 PLA 像 PAL 和 GAL 那样得到广泛的应用。

4.2.3　可编程阵列逻辑 PAL

可编程阵列逻辑 PAL 是 20 世纪 70 年代末期由美国 MMI 公司率先推出的一种可编程逻辑器件。其内部的与或阵列是由固定的或阵列及可编程的与阵列（与 PROM 相反）构成的，如图 4-16 所示。

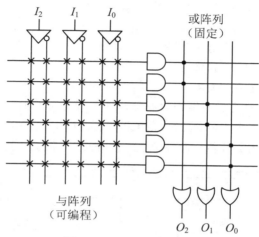

图 4-16　PAL 的阵列结构

与同样位数的 PLA 相比，PAL 不但减少了编程点数（或阵列固定），而且也简化了编程工作（仅对与阵列编程，工作更加单一）。这样，就更有利于辅助设计系统的开发，这一点对于 PLD 而言是非常重要的。

PAL 器件可分为组合 PAL 和时序 PAL 两大类。

组合 PAL 器件的输出不带有寄存器，其基本结构如图 4-17 所示。

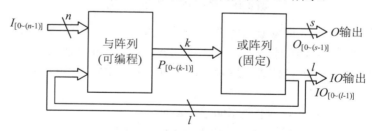

图 4-17　组合 PAL 的基本结构

组合 PAL 器件的输出引脚分为两类：纯组合输出（O 输出）和输入/输出（IO 输出），每一个 O 输出或 IO 输出都对应一个独立的可编程与阵列和固定的或阵列。这样，图 4-17 中应有 $s+l$ 个独立的与或阵列。每个可编程与阵列可根据 $I_{[0\sim(n-1)]}$ 和 $IO_{[0\sim(l-1)]}$ 生成一组任意的输出 $P_{[0\sim(k-1)]}$（与项，通常为 7~8 个）。每组与阵列的输出被固定连接到一个或阵列（或门）的输入端。因此，或阵列（或门）之间不能共享与门的输出。

组合 PAL 的型号说明中主要指明三个特征：

（1）与阵列的输入变量数。它既是反映 PAL 器件内部与阵列大小的重要依据之一，又是用户判断该器件能实现某一逻辑函数功能所包含变量数多少的依据；

（2）输出的形式。它决定了该器件的应用场合和编程方式；

（3）输出数（独立的与阵列数）。它是反映 PAL 器件内与阵列大小的重要依据之一，而且也是用户判断该器件最多能实现逻辑函数功能数多少的依据。

例如：

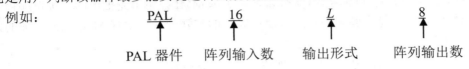

	PAL	16	L	8
	PAL 器件	阵列输入数	输出形式	阵列输出数

其中：

$$输出形式 \begin{cases} L——低有效 \\ H——高有效 \\ C——互补 \end{cases}$$

时序 PAL 器件的部分输出具有输出寄存器，即与或阵列的输出连到 D 触发器（DFF）的数据输入端 D，PAL 中的多个 DFF 受统一的 CP 控制。DFF 的输出端接到 PAL 的外部输出引脚，因此，触发器称为输出寄存器，时序 PAL 又称寄存器 PAL，其基本结构如图 4-18 所示。

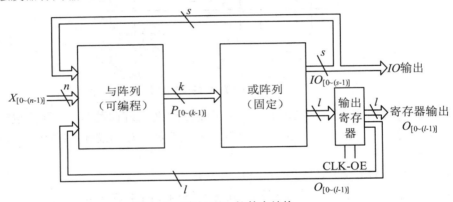

图 4-18　时序 PAL 的基本结构

时序 PAL 器件的输出引脚可分为两类：IO 输出和寄存器输出。每一个输出对应一个独立的可编程与阵列和固定的或阵列。通常一个时序 PAL 期间内各个独立的与、或阵列大小一致。根据时序 PAL 期间内是否带有异或（XOR）门，可将时序 PAL 分为两大系列：R 系列和 X 系列（带异或门）。

在时序 PAL 的型号说明中，主要指明三个特征：

（1）与阵列的输入变量数。这一点与组合 PAL 器件相同；

（2）产生次态逻辑的电路结构，又称输出形式；

（3）寄存器输出的个数。值得注意的是，这里并不是全部输出（独立与或阵列）的个数，全部输出还应包括 IO 输出。

例如：

	PAL	16	R	6
	PAL 器件	阵列输入数	输出形式	寄存器输出数

其中：

表 4-4　双向移位寄存器功能表

S_1	S_0	CP	功能
0	0	↑	保持
0	1	↑	右移
1	0	↑	左移
1	1	↑	并入

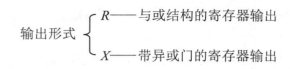

输出形式 $\begin{cases} R——与或结构的寄存器输出 \\ X——带异或门的寄存器输出 \end{cases}$

图 4-19 为用 PAL16R6 实现的 4 位双向移位寄存器（功能表如表 4-4 所示）。

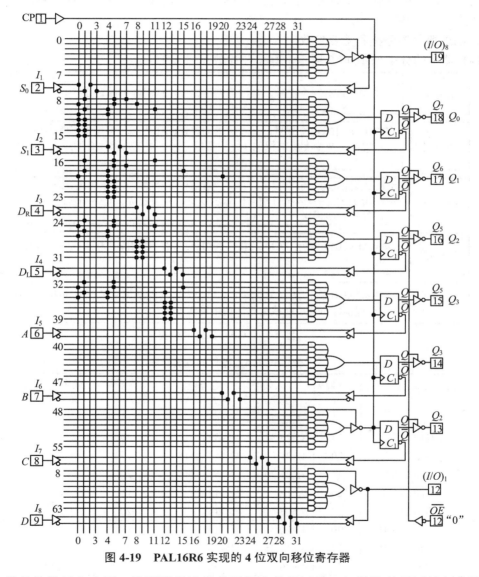

图 4-19　PAL16R6 实现的 4 位双向移位寄存器

PAL 器件的发展和应用，给逻辑设计提供了很大的灵活性，但是这种灵活性仍有很大的局限性。例如，PAL 采用的是熔丝工艺，编程节点编程后不能再改写，使用户感到应用不方便；PAL 的输出结构是不可编程的 I/O 结构，因此，用户必须根据不同输出结构的需求，选用不同型号的 PAL 器件。

4.2.4 通用阵列逻辑 GAL

通用阵列逻辑 GAL 器件是美国 Lattice 公司于 1985 年首先推出的另一种可编程逻辑器件。它在 PAL 的基础上结合了 E²CMOS（Electrical Erasable CMOS）技术。GAL 器件与 PAL 器件完全兼容，同时增加了 PAL 器件所没有的可擦除、可重新编程及结构可组态等特点。这些特点保证了器件的可测试性和高可靠性，且具有更大的灵活性。因此，GAL 器件已经成为应用最广泛的 PLD 产品之一。

1. GAL 器件的分类和主要参数

GAL 器件的分类如图 4-20 所示，其主要参数见表 4-5。

普通型	有GAL16V8等6个型号，与门阵列可编程，或门阵列固定连接。
通用型	有GAL18V10等3个型号，基本结构与普通GAL相同，但增加了阵列规模，并向用户提供了两个专用乘积项（异步复位，同步置位），比普通型有更好的灵活性。
异步型	如GAL20RA10。每个逻辑宏单元（OLMC）中都有8个乘积项，其中4个实现与或逻辑函数，另外4个分别用作异步复位、异步置位、时钟和输出使能。适用于实现异步时序逻辑。
FPLA型	如GAL6001。采用E²CMOS技术和PLA结构，与门阵列和或门阵列都是可编程的。
在系统可编程型	如ispGAL16E8，具有在系统可编程能力，其内部集成了一个功能块，不需专门的编程器即可完成在线编程，使用灵活方便。

图 4-20　GAL 器件的分类

表 4-5　GAL 器件的主要参数

器件类型		引脚数	最大传输时延(ns)	电源电流 I_{cc}(mA)	最多可用输入数	最多可用输出数	阵列规模
普通型	GAL16V8	20	15,25,35	45,90	16	8	64×32
	GAL20V8	24	15,25,35	45,90	20	8	64×40
	GAL16V8A	20	15,25,20,10	55,90,115	16	8	64×32
	GAL20V8A	24	15,25,20,10	55,90,115	20	8	64×40
	GAL16V8B	20	7,5,10	115	16	8	64×32
	GAL20V8B	24	7,5,10	115	20	8	64×40
通用型	GAL18V10	20	15,20	115	18	10	96×36
	GAL22V10	24	10,15,25	130	22	10	132×44
	GAL26CV12	28	15,20	130	26	12	122×52
异步型	GAL20RA10	24	12,15,20,30	100	20	10	80×10
FPLA 型	GAL6001	24	30,35	150	21	10	78×6432
在系统可编程型	ispGAL16E8	24	20,25	90	16	12	64×32

2. GAL 器件的基本结构

GAL 器件的基本结构与 PAL 器件类似，由一个可编程的与阵列去驱动一个固定的或阵列，所不同的是，在每个输出端都集成有一个输出逻辑宏单元 OLMC，允许使用者通过编程定义每个输出的结构和功能。以 GAL6V8 为例，其逻辑结构如图 4-21 所示。其中包括：

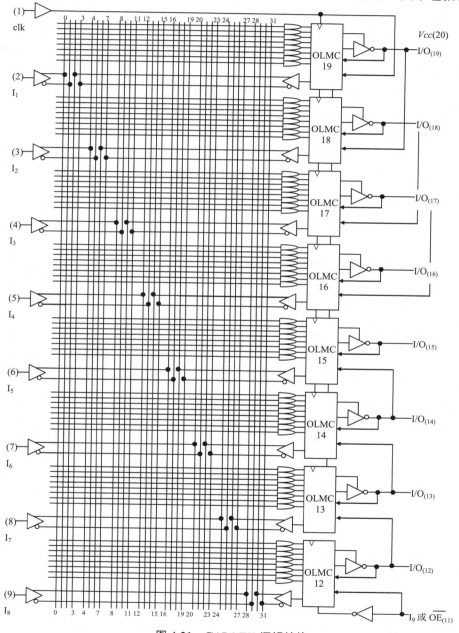

图 4-21　GAL16V8 逻辑结构

- 输入缓冲器（左边 8 个）：对输入信号提供原变量和反变量，并送到与门阵列。
- 输出缓冲器（右边 8 个）：提供输出信号和反馈信号，后者包括本级和相邻级。

•输出反馈/输入缓冲器（中间 8 个）：本级输出或相邻级输出作为输入信号送到与门阵列，以便产生乘积项。

• 时钟输入信号缓冲器（引脚 1）：可以提供触发器输入时钟信号，也可以选择为电位信号模式。

• 输出选通信号缓冲器（引脚 11）：用来提供输出三态门的控制使能信号。

• 与门阵列：8×8=64 个与门组成，最多形成 64 个乘积项，每个与门有 32 条输入线（16个原变量，16 个反变量），但每一个变量在编程时只能取其一，故每个与门（一个乘积项）的实际最大变量数为 16。

• 输出逻辑宏单元（OLMC）：共 8 个，每个 OMLC 是一个逻辑单元，其中有或门、触发器、多路开关，通过编程，GAL16V8 最多有 16 个引脚作为输入端，8 个输出端。

3. 输出逻辑宏单元 OLMC

GAL 作为比 PAL 新一代的 PLD，其许多优点都源于 OLMC。图 4-22 是 GAL16V8 芯片的 OLMC 的内部结构。它由 1 个 8 输入或门、1 个极性选择异或门、1 个 D 触发器（DFF）、4个多路选择器（MUX）组成。

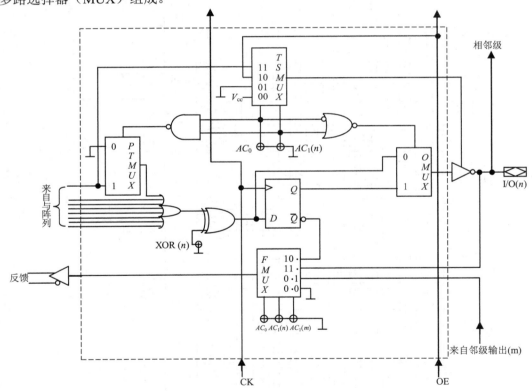

图 4-22　OLMC 的内部结构

或门的每个输入对应一个来自与阵列的与项，输出形成与-或函数表达式。

异或门控制输出信号的极性。当异或门的控制变量 XOR（n）（其中，n 为 OLMC 输出引脚号）为 0 时，异或门的输出与输入相同；当 XOR（n）为 1 时，异或门的输出与输入相反。

当乘积项之和多于 9 个时，采用异或门来控制或门输出信号的极性。即当 XOR（n）=1

时，异或门起反向器的作用，将或门输出信号变反。这相当于把或运算变为等价的与运算，从而解决了或门输入端数目少的问题。

D 触发器对输出状态起寄存作用，使 GAL 适用于时序逻辑电路。

4 个多路选择器的功能如下：

（1）与项选择多路选择器 PTMUX 用于控制第一个与项。来自与阵列的 8 个与项当中有 7 个直接作为或门的输入，另一个作为 PTMUX 的输入；PTMUX 的另一输入接地。在 AC_0 和 AC_1（n）控制下（$\overline{AC_0 \cdot AC_1(n)}$），PTMUX 选择该与项或"地"作为或门的输入；

（2）输出选择多路选择器 OMUX 用于选择输出信号是来自组合逻辑还是来自时序逻辑。由异或门输出的所需极性的与或逻辑结果，在送至 OMUX 一个输入端的同时通过时钟信号 CLK 送入 D 触发器，触发器的 Q 输出送至 OMUX 的另一个输入端。OMUX 在 AC_0 和 AC_1（n）控制下，由 $\overline{AC_0} + AC_1(n)$ 选择组合型或寄存器型结果作为输出；

（3）输出允许控制选择多路选择器 TSMUX 用于选择三态缓冲期的选通信号。在 AC_0 和 AC_1（n）控制下，TSMUX 选择 V_{CC}、"地"、OE 或者一个与项（PT）作为允许输出的控制信号；

（4）反馈选择多路选择器 FMUX 用于控制反馈信号的来源。在 AC_0 和 AC_1（n）控制下，FMUX 选择"地"、相邻位的输出、本位的输出或者触发器的输出 $\overline{Q}$ 作为反馈信号，送回与阵列作为输入信号。

由 OLMC 的各部分功能可知，只要适当地给出各控制信号的值，就能形成 OLMC 的不同组态。可以说，在满足不同要求方面，OLMC 给设计者提供了最大的灵活性。具体各控制信号的值是由 GAL 结构控制字中的相应可编程位的状态决定的。

4. 工作模式

GAL16V8 由一个 82 位结构控制字控制着器件的各种功能组合状态。控制字中各位的含义如图 4-23 所示。图中，XOR（n）和 AC_1（n）字段中的数字 n 分别对应器件的输出引脚号，指相应引脚号对应的宏单元。

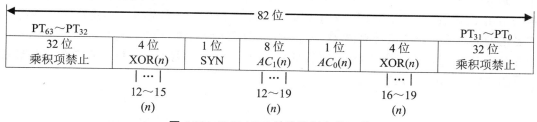

图 4-23　GAL16V8 结构控制字的组成

结构控制字中各位的功能如下：

• 同步位 SYN：它的值确定器件是具有寄存器输出能力或者是纯粹只具有组合输出能力。当 SYN=0 时，GAL 器件具有寄存器输出能力；SYN=1 时，GAL 为一个纯粹组合逻辑器件。此外，为了保证与 PAL 型器件结构完全兼容，在图 4-21 所示逻辑图的最外层两个宏单元 OLMC（12）和 OLMC（19）中，用 $\overline{SYN}$ 代替 AC_0，SYN 代替 AC_1（n）作为多路选择器 FMUX 的选择控制端。

• 结构控制位 AC_0：该位对于 8 个 OLMC 是公共的，它与 AC_1（n）配合控制各个

OLMC（n）中的多路选择器。

· 结构控制位 AC_1：它共有 8 位，每个 OLMC（n）有单独的 AC_1（n）。

· 极性控制位 XOR（n）：它通过 OLMC（n）中的异或门控制逻辑操作结果的输出极性。当 XOR（n）=0 时，输出信号 O（n）低电平有效；XOR（n）=1 时，输出信号 O（n）高电平有效。

· 与项（乘积项）禁止位：共 64 位，分别控制与阵列的 64 行（PT_0～PT_{63}），以便屏蔽某些不用的与项。

通过编程结构控制字中的 SYN、AC_0 和 AC_1（n），输出逻辑宏单元 OLMC（n）可以组成以下 5 种组态。

（1）当 SYN=1、AC_0=0、AC_1（n）=1 时，OLMC（n）工作在专用输入模式，简化电路结构如图 4-24（a）所示。这时 I/O（n）只能为输入使用，加到 I/O（n）上的输入信号作为相邻 OLMC 时，来自邻级输出（n）信号经过 FMUX（反馈数据选择器）接到邻级与逻辑阵列的输入上。

（2）当 SYN=1、AC_0=0、AC_1（n）=0 时，OLMC（n）工作在专用组合型输出模式，简化电路结构如图 4-24（b）所示。这时输出三态缓冲器处于选通（工作）状态，异或门的输出 OMUX（输出数据选择器）送到三态缓冲器。

（3）当 SYN=1、AC_0=1、AC_1（n）=1 时，OLMC（n）工作在反馈组合输出模式，简化电路结构如图 4-24（c）所示。它与专用组合输出模式的区别在于三态缓冲器是由第一乘积项选通的，而输出信号经过 FMUX 又反馈到逻辑阵列的输入线上。

（4）当 SYN=0、AC_0=1、AC_1（n）=1 时，OLMC（n）工作在时序电路中的组合输出模式，简化电路结构如图 4-24（d）所示。这时 GAL16V8 构成一个时序逻辑电路，这个 OLMC（n）是时序电路中的组合逻辑部分的输出，而相邻的 OLMC 中至少会由一个寄存器输出模式。在这种工作模式下，异或门的输出不经过触发器而直接送往输出端。

（5）当 SYN=0、AC_0=1、AC_1（n）=0 时，OLMC（n）工作在寄存器输出模式，简化电路结构如图 4-24（e）所示。这时，异或门的输出作为 D 触发器的输入，触发器的 Q 端经三态缓冲器送到输出端。反馈信号来自 Q 端。三态缓冲器由外加的 OE 信号控制。时钟信号由 1 脚输入，11 脚接三态控制信号 OE。时钟信号 CLK 和选通信号 OE 是供给工作在寄存器输出模式下的那些 OLMC 公共使用。

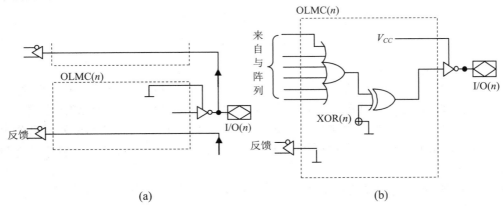

(a)　　　　　　　　　　　　　　　　　(b)

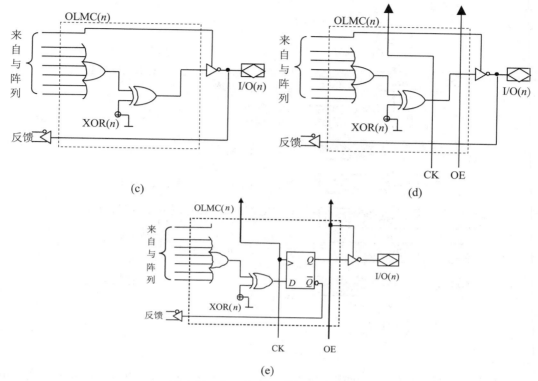

图 4-24 OLMC 的 5 种组态结构方式

综上所述，只要给 GAL 器件写入不同的结构控制字，就可以得到不同类型的输出电路结构。这一结构完全可以取代 PAL 器件的各种输出电路结构。

5. GAL 器件的开发工具

要使用 GAL 器件，就要先进行设计。GAL 器件的开发工具包括硬件开发工具和软件开发工具。硬件开发工具有编程器，软件开发工具有 ABEL-HDL 程序设计语言和相应的编译程序。编程器的主要用途是将开发软件生成的熔丝图文件按 JEDEC 格式的标准代码写入选定的 GAL 器件。

典型的 GAL 设计流程图如图 4-25 所示。

6．GAL 的优点和缺点

GAL 除与 PAL 一样具有上电复位和可加密的功能外，还具有以下特点：

（1）通用性。GAL 的优点首先体现在通用，它的每个宏单元均可根据需要任意组态，因而既可实现组合电路又可实现时序电路；既可实现摩尔型时序电路又可实现密勒型时序电路。当输入引脚不够使用时，还可将 OLMC 组态为输入端，因而使用十分灵活；

（2）100%可编程。GAL 大多都用 E²CMOS 工艺制成，可重复编程是它的一大特点，通常可擦写百次以上，甚至上千次。正因为编程出现错误时可以擦去重编，反复修改总能得到正确结果，因而可达 100%编程，同时也将设计者承担的风险降为零；

（3）100%测试。GAL 的宏单元接成时序状态，测试时测试软件可对它们的状态进行预置，从而可以随意将电路置于某一状态，以缩短测试过程，保证电路在编程后对编程结果 100%

地可测；

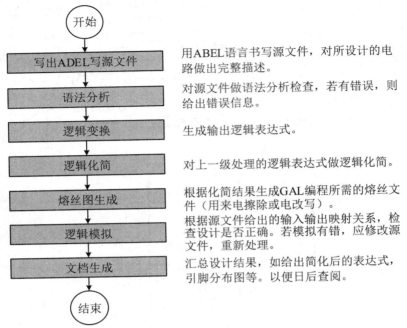

用ABEL语言书写源文件，对所设计的电路做出完整描述。

对源文件做语法分析检查，若有错误，则给出错误信息。

生成输出逻辑表达式。

对上一级处理的逻辑表达式做逻辑化简。

根据化简结果生成GAL编程所需的熔丝文件（用来电擦除或电改写）。

根据源文件给出的输入输出映射关系，检查设计是否正确。若模拟有错，应修改源文件，重新处理。

汇总设计结果，如给出简化后的表达式，引脚分布图等。以便日后查阅。

图 4-25　GAL 设计流程

（4）进一步减少备件。从生产管理方面考虑，由于 GAL 品种更少，使用更灵活，可以做到一片百用；

（5）GAL 和 PAL 一样都属于低密度器件，它们共同的缺点是规模小，每片相当于几十~几百个等效门，只能代替 4~10 片 MSI 电路，远远达不到 LSI 和 VLSI 专用集成电路的要求。且因为阵列规模小，人们不对阵列读取也可通过测试等方法将阵列的信息分析出来，事实上现在市场上就有 GAL 解密软件在流通，因而使 GAL 加密的优点不能充分地发挥。

例 4.5　用 GAL16V8 设计一个十进制加法计数器。

解　① 逻辑抽象，得出状态表，如表 4-6 所示。设进位信号为 C_0，当有进位信号时 $C_0=1$，否则 $C_0=0$；十进制应该有十个状态：S_0、S_1、S_2、S_3、S_4、S_5、S_6、S_7、S_8、S_9。

② 状态编码。

表 4-6　十进制加法计数器状态表

状 态	Q_3	Q_2	Q_1	Q_0	C_0
S_0	0	0	0	0	0
S_1	0	0	0	1	0
S_2	0	0	1	0	0
S_3	0	0	1	1	0
S_4	0	1	0	0	0
S_5	0	1	0	1	0
S_6	0	1	1	0	0
S_7	0	1	1	1	0
S_8	1	0	0	0	0
S_9	1	0	0	1	1

③ 确定触发器的类型和个数。根据题意可知，要求状态数 $M =10$，且 $2^3<10<2^4$，故应取触发器的个数 $n=4$，触发器的类型取 J-K 触发器。

④ 根据编码后的状态表，列出状态转换表，如表 4-7 所示。

表 4-7　十进制加法计数器状态转换表

Q_3^n	Q_2^n	Q_1^n	Q_0^n	Q_3^{n+1}	Q_2^{n+1}	Q_1^{n+1}	Q_0^{n+1}	C_0
0	0	0	0	0	0	0	1	0
0	0	0	1	0	0	1	0	0
0	0	1	0	0	0	1	1	0
0	0	1	1	0	1	0	0	0
0	1	0	0	0	1	0	1	0
0	1	0	1	0	1	1	0	0
0	1	1	0	0	1	1	1	0
0	1	1	1	1	0	0	0	0
1	0	0	0	1	0	0	1	0
1	0	0	1	0	0	0	0	1

⑤ 配置 GAL16V8 的引脚。

⑥ 编写 ABEL 源文件。

```
MODULE counter
TITLE'M=10 counter'
IC23 DEVICE'GAL16V8';
CLK,Rd PIN 1,2;
Q3,Q2,Q1,Q0 PIN,14,15,16,17,19;
EQUATIONS
CO=Q3&Q0;
Q3=Q0&Q1&Q2&!Q3#!Q0&Q3;
Q2= Q0&Q1&!Q2#!Q0&Q2#!Q1&Q2;
Q1=Q0&!Q1&!Q3#!Q0&Q1;
Q0=!Q0;
END
```

⑦ 编译处理 ABEL 源文件。

⑧ 对 GAL16V8 编程。

4.3　高密度可编程逻辑器件

高密度可编程逻辑器件（HDPLD）是指集成度达到 1000 门以上的可编程逻辑器件。这里所谓的"门"是等效门（Equivalent Gate），每个门相当于 4 只晶体管（注：美国 ALTERA 公司用可使用门（Useable Gate）来衡量可编程逻辑器件的集成规模，每个可使用门约等于 2 个等效门）。HDPLD 主要包括两种形态，即复杂可编程逻辑器件（Complex Programmable Logic

Device，简称 CPLD）和现场可编程门阵列（Field Programmable Gate Array，简称 FPGA）。

4.3.1　复杂的可编程逻辑器件(CPLD)

CPLD 可以看作多个 PAL/GAL 器件的集成，一个典型的 CPLD 通常包含 18~256 个宏单元，可以取代 2~62 块 SPLD 或几十片 74 系列的标准逻辑器件。其内部包含一个很大的布线阵列来实现宏单元以及 I/O 之间的连接。相对于 FPGA 来说，CPLD 的宏单元数大，器件拥有的触发器少，器件给出的引脚到引脚的延时是确定的，一般通过 JTAG（IEEE1149）实现对器件的编程。

要弄清 CPLD 的结构，必须了解以下三个问题：① 一个宏单元里有多少个乘积项；② 一个宏单元里的乘积项是否能被分配或借给另一个宏单元；③ 开关矩阵是全部内连还是部分内连。

在一般情况下，用宏单元的个数来描述 CPLD 的性能，而不沿用传统的门阵列数进行描述。CPLD 采用 EPROM、EEPROM 和 FLASH 这三种制造工艺，内部多采用乘积项结构。

1. 基于乘积项（Product-Term）的 CPLD 结构

采用这种结构的 CPLD 芯片有：Altera 的 MAX7000 系列及 MAX3000 系列（EEPROM 工艺），Xilinx 的 XC9500 系列（Flash 工艺）和 Lattice、Cypress 的大部分产品（EEPROM 工艺）。

以 MAX7000 为例，这种 CPLD 的总体结构如图 4-26 所示。其他型号的结构与此相似。

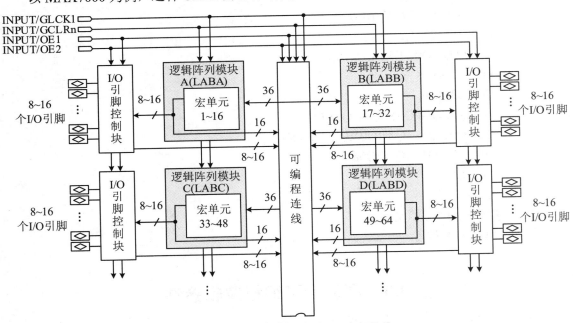

图 4-26　基于乘积项的 CPLD 内部结构

这种结构的 CPLD 包括三个主要结构模块：宏单元（MacroCell）、可编程连线阵列（PIA）和 I/O 控制块。宏单元是 CPLD 的基本结构，由它来实现基本的逻辑功能。图 4-26 中 LAB A 至 LAB D 是多个宏单元的集合。可编程连线负责信号传递，连接所有的宏单元。I/O 控制块负责输入输出的电气特性控制，比如可以设定集电极开路输出、三态输出等。INPUT/GCLK1、

INPUT/GCLRn、INPUT/OE1、INPUT/OE2 是全局时钟、清零和输出使能信号，这几个信号有专用连线与 CPLD 的每个宏单元相连，信号到每个宏单元的延时相同并且延时最小。

宏单元的具体结构如图 4-27 所示。

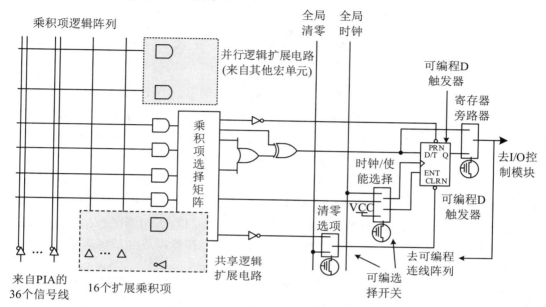

图 4-27　宏单元结构

在图 4-25 中左侧是乘积项阵列，实际上就是一个与阵列，每一个交叉点都是一个可编程连接，如果导通就是实现"与"逻辑，后面的乘积项选择矩阵是一个或阵列，两者一起完成组合逻辑。图右侧是一个可编程 D 触发器，它的时钟、清零输入都可以编程选择，可以使用专用的全局清零和全局时钟，也可以使用内部逻辑（乘积项阵列）产生的时钟和清零。如果不需要触发器，也可以将此触发器旁路，信号直接输给 PIA 或 I/O 引脚。

2. 乘积项结构 CPLD 的逻辑实现原理

下面以一个简单的电路为例，具体说明 CPLD 是如何利用以上结构实现逻辑的，电路如图 4-28 所示。

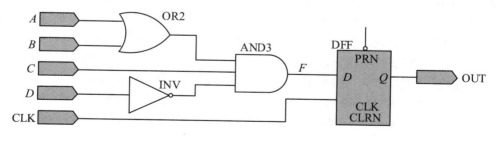

图 4-28　简单逻辑电路

假设组合逻辑（AND3）的输出为 F，则有 $F = (A+B)C\overline{D} = AC\overline{D} + BC\overline{D}$。CPLD 将以图 4-29 所示方式来实现组合逻辑 F。

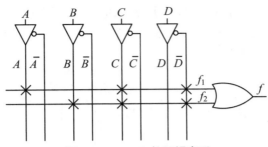

图 4-29　CPLD 的逻辑实现

A、B、C、D 由 CPLD 芯片的管脚输入后进入可编程连线阵列（PIA），在内部会产生 A 及 $\overline{A}$，B 及 $\overline{B}$，C 及 $\overline{C}$，D 及 $\overline{D}$ 8 个信号。图中的叉表示可编程导通，所以得到

$$f = f_1 + f_2 = AC\overline{D} + BC\overline{D}$$

这样组合逻辑就实现了。图 4-28 电路中 D 触发器的实现比较简单，直接利用宏单元中的可编程 D 触发器来实现。时钟信号 CLK 由 I/O 脚输入后进入芯片内部的全局时钟专用通道，直接连接到可编程触发器的时钟端。可编程触发器的输出与 I/O 脚相连，把结果输出到芯片管脚。这样 CPLD 就完成了图 4-28 所示电路的功能。以上这些步骤都是由 EDA 软件自动完成的，不需要人为干预。

图 4-28 所示的电路只是一个很简单的例子，只需要一个宏单元就可以完成。对于一个复杂的电路，一个宏单元往往是不能实现的，这就需要通过并联扩展项和共享扩展项将多个宏单元相连，宏单元的输出也可以连接到可编程连线阵列，作为另一个宏单元的输入。这样，CPLD 就可以实现更复杂的逻辑。

4.3.2　现场可编程门阵列(FPGA)

现场可编程门阵列（Field Programmable Gate Array，简称 FPGA）是 20 世纪 80 年代中期以后发展起来的一种高密度可编程逻辑器件，最初由 Xilinx 公司提出。

FPGA 容量通常大于 CPLD，其内部结构与 CPLD 完全不同。FPGA 具有类似门阵列的结构，通常是可编程的逻辑单元排成阵列，位于器件的中央，四周有可编程 I/O 焊盘围绕，每行和每列之间有可编程的互联资源实现逻辑单元以及 I/O 之间的连接，以便实现各种复杂的逻辑运算。一般的 FPGA 都含有成千上万的逻辑单元（又称逻辑块），还有一定数量的触发器。FPGA 的逻辑块有粗粒度和细粒度之分。粗粒度结构的逻辑块较大，含有 2 个以上的查找表和触发器，这种 FPGA 器件比较适合高性能应用；细粒度结构的逻辑块相对较小，含有一个 2 输出功能逻辑块、一个 4 选 1 多路选择器和一个触发器，这种器件具有时钟功能，常用于可综合逻辑设计。相对 CPLD 来说，FPGA 的逻辑单元扇入小，触发器数量大，布局和布线的延时是不确定但可知的。常见 FPGA 的结构主要有三种类型：查找表结构、多路开关结构和多级与非门结构。

1. 查找表(Look-Up-Table)型 FPGA

查找表型 FPGA 的可编程逻辑块是查找表（Look-Up-Table，简称 LUT），由查找表构成函数发生器，通过查找表实现逻辑函数，查找表的物理结构是静态存储器（SRAM）。M 个输入项的逻辑函数可以由一个 2^M 位容量的 SRAM 实现，函数值存放在 SRAM 中，SRAM 的地址线起输入线的作用，地址即输入变量值，SRAM 的输出为逻辑函数值，由连线开关实现与其他功能块的连接。

当用户通过原理图或硬件描述语言描述了一个逻辑电路以后，FPGA 开发软件会自动计算逻辑电路的所有可能的结果，并把结果事先写入 SRAM，这样，每输入一组信号进行逻辑运算就等于输入一个地址进行查表，找出地址对应的内容，然后输出即可。表 4-8 是一个 4 输入与非门的例子。

表 4-8　4 输入与非门的查找表实现

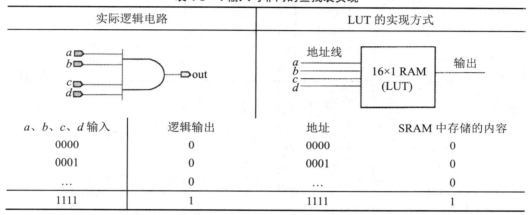

a、b、c、d 输入	逻辑输出	地址	SRAM 中存储的内容
0000	0	0000	0
0001	0	0001	0
…	0	…	0
1111	1	1111	1

理论上讲，只要能够增加输入信号线和扩大存储器容量，查找表就可以实现任意多输入函数。但事实上，查找表的规模受到技术和经济因素的限制。每增加一个输入项，查找表 SRAM 的容量就需要扩大一倍，当输入项超过 5 个时，SRAM 容量会剧增。因此，实际的 FPGA 器件的查找表输入项不超过 5 个，对多于 5 个输入项的逻辑函数则由多个查找表逻辑块组合或级联实现。此时逻辑函数也需要做些变换，以适应查找表的结构要求，这一过程在器件设计中称为逻辑分割。至于怎样用最少数目的查找表实现逻辑函数，是一个求最优解的问题，针对具体的结构有相应的算法来解决这一问题。这在 EDA 技术中属于逻辑综合的范畴，可由工具软件来进行。

采用这种结构的 FPGA 有 Altera 的 FLEX、ACEX、APEX 系列和 Xilinx 的 Spartan、Virtex 系列。Altera 的 FLEX/ACEX 芯片的结构如图 4-30 所示，其中主要包括逻辑阵列块（LAB）、I/O 块、RAM 块（未表示出）和可编程行/列连线（又称快速互联通道）。在 FLEX/ACEX 中，一个 LAB 包括 8 个逻辑单元（LE），每个 LE 包括一个 LUT、一个触发器和相关逻辑。LE 是 FLEX/ACEX 芯片实现逻辑的最基本结构，逻辑单元（LE）的内部结构如图 4-31 所示。

仍以图 4-28 所示的逻辑电路为例说明查找表型 FPGA 的逻辑实现原理。此时，A、B、C 和 D 由 FPGA 芯片的管脚输入后进入可编程连线，然后作为地址线连到 LUT，LUT 中已经事先写入了所有可能的逻辑结果，通过地址查到相应的数据然后输出，这样组合逻辑就实现了。该电路中 D 触发器就用 LUT 后面的 D 触发器实现。时钟信号 CLK 由 I/O 脚输入后进入芯片内部的时钟专用通道，直接连接到触发器的时钟输入端。触发器的输出与 I/O 脚相连，把结果输出到芯片管脚。这样，FPGA 就完成了图 4-28 所示电路的功能。以上这些步骤都是由 EDA

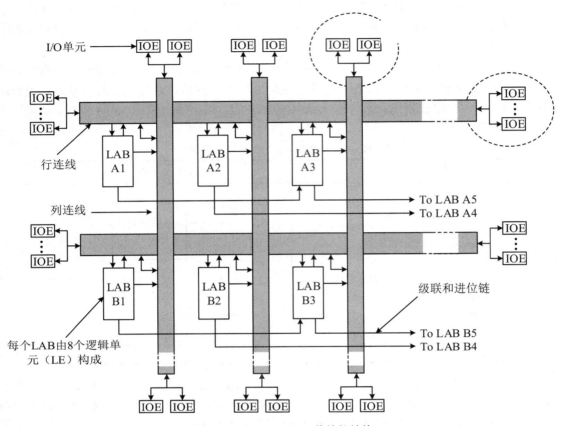

图 4-30 FLEX/ACEX 芯片的结构

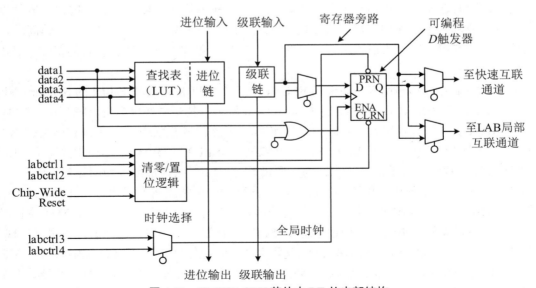

图 4-31 FLEX/ACEX 芯片中 LE 的内部结构

软件自动完成的，不需要人为干预。这个电路是一个很简单的例子，只需要一个 LUT 加上一个触发器就可以实现。对于一个 LUT 无法完成的电路，就需要通过进位逻辑将多个单元相连，这样 FPGA 就可以实现复杂的逻辑了。

2. 多路开关型 FPGA

在多路开关型 FPGA 中，可编程逻辑块是可配置的多路开关。利用多路开关的特性对多路开关的输入和选择信号进行配置，接到固定电平或输入信号上，从而实现不同的逻辑功能。例如，2 选 1 多路开关的选择输入信号为 S，2 个输入信号分别为 a 和 b，则输出函数为

$$F = Sa + \overline{S}b$$

如果把多个多路开关和逻辑门连接起来，就可以实现数目巨大的逻辑函数。

多路开关型 FPGA 的代表是 Actel 公司的 ACT 系列 FPGA。以 ACT-1 为例，它的基本宏单元由 3 个 2 输入的多路开关和一个或门组成，如图 4-32 所示。

这个宏单元共有 8 个输入和 1 个输出，可以实现的函数为

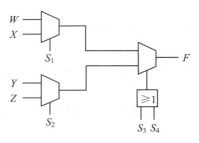

图 4-32　多路开关型 FPGA 逻辑块

$$F = \overline{(S_3 + S_4)}(\overline{S_1}W + S_1X) + (S_3 + S_4)(\overline{S_2}Y + S_2Z)$$

对 8 个输入变量进行配置，最多可实现 702 种逻辑函数。例如，当

$$W = A_n, X = \overline{A_n}, S_1 = B_n, Y = \overline{A_n}, Z = A_n, S_2 = B_n, S_3 = C_n, S_4 = 0$$

时，输出等于全加器本位和输出 S_n，即

$$S_n = \overline{(C_n + 0)}(\overline{B_n}A_n + B_n\overline{A_n}) + (C_n + 0)(\overline{B_n}\overline{A_n} + B_nA_n) = A_n \oplus B_n \oplus C_n$$

除了上述多路开关结构外，还存在多种其他形式的多路开关结构。在分析多路开关结构时，必须选择一组 2 选 1 的多路开关作为基本函数，然后再对输入变量进行配置，以实现所需的逻辑函数。在多路开关结构中，同一函数可以用不同的形式来实现，取决于选择控制信号和输入信号的配置，这是多路开关结构的特点。

3. 多级与非门型 FPGA

采用多级与非门结构的器件是 Altera 公司的部分 FPGA。其与非门结构基于一个与-或-异或逻辑块，如图 4-33 所示。

这个基本电路可以用一个触发器和一个多路开关来扩充。多路开关选择组合逻辑输出、寄存器输出或锁存器输出。异或门用于增强逻辑块的功能，当异或门输入端分离时，它的作用相当于或门，可以形成更大的或函数，用来实现其他算术功能。

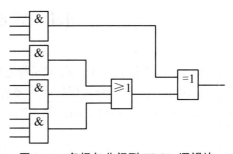

图 4-33　多级与非门型 FPGA 逻辑块

Altera 公司 FPGA 的多级与非门结构同 SPLD 的与或阵列很类似，它是以"线与"形式实现与逻辑的。在多级与非门结构中线与门可编程，同时起到逻辑连接和布线的作用，而在其他 FPGA 结构中，逻辑和布线是分开的。

4.3.3　FPGA/CPLD 开发应用选择

　　CPLD 和 FPGA 同属可编程 ASIC 器件，都具有用户现场可编程特性，都支持边界扫描技术，但两者的发展过程明显不同，CPLD 是简单 PLD 逐步发展过来的，而 FPGA 起源于门阵列的思想。由于两者在结构上的不同，决定了 CPLD 和 FPGA 在性能和应用上各有特点，主要表现在以下几个方面。

　　（1）集成度：FPGA 可以达到比 CPLD 更高的集成度，同时具有更复杂的布线结构和逻辑实现；

　　（2）FPGA 更适合于触发器丰富的结构，而 CPLD 更适合于触发器有限而积项丰富的结构；

　　（3）CPLD 通过修改具有固定内连电路的逻辑功能来编程，FPGA 主要通过改变内部连线的布线来编程；FPGA 可在逻辑门下编程，而 CPLD 是在逻辑块下编程，在编程上 FPGA 比 CPLD 具有更大的灵活性；

　　（4）从功率消耗上看，CPLD 的缺点比较突出。一般情况下，CPLD 的功耗要比 FPGA 大，且集成度越高越明显；

　　（5）从速度上看，CPLD 优于 FPGA。FPGA 是门级编程，且逻辑阵列块 LAB 之间是采用分布式互连；而 CPLD 是宏单元级编程，且其宏单元互连是集中式的。因此，CPLD 比 FPGA 有较高的速度和较大的时间可预测性，产品可以给出引脚到引脚的最大延迟时间；

　　（6）从编程方式来看，目前 CPLD 主要是基于 EEPROM 或 FLASH 存储器编程，编程次数达 1 万次。其优点是在系统断电后，编程信息不丢失。FPGA 大部分是基于 SRAM 编程，其缺点是编程数据信息在系统断电后丢失，每次上电时，需从器件外部的存储器或计算机中将此编程数据读入 SRAM 中。

　　经过多年的发展，CPLD 和 FPGA 相互之间取长补短，它们的差异不断缩小，在应用时的差异越来越模糊，不需要刻意地进行区别。

4.4　先进的编程和测试技术

　　20 世纪 90 年代以来，在可编程逻辑器件的技术发展中，除了继续提高器件的集成度和速度等指标外，在器件的编程技术和器件的测试技术方面更取得了划时代的进步，出现了"在系统编程技术"和"边界扫描测试技术"。

4.4.1　在系统编程技术

　　在系统可编程（In System Programmability，简称 ISP）是 20 世纪 90 年代初美国 Lattice 公司首先提出的一种先进的编程技术，指的是对器件、电路板或整个数字系统的逻辑功能可随时进行修改或重构。这种重构或修改可以在产品设计、制造过程的任何一个环节，甚至是在交付用户以后进行。

在系统编程技术使 PLD 的编程变得非常容易，而且允许用户先制板、装配，后编程，然后进行系统的调试。如果在调试中发现问题，可以在基本不改动硬件电路的前提下，只修改 PLD 芯片内的设计，然后重新对器件进行在线编程，就实现改动，非常方便。

图 4-34 所示为在系统编程示意图。可以看出，具备在系统编程的条件是编程软件、编程接口和电缆、具备 ISP 功能的 PLD。

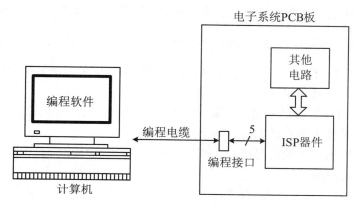

图 4-34 在系统编程示意图

下面以 Lattice 公司的 ispLSI 为例，具体说明在系统编程的原理。

1. 编程（写入）原理

在系统编程与普通编程的基本操作一样，都是逐行编程。图 4-35 为 ispLSI 器件编程原理示意图。

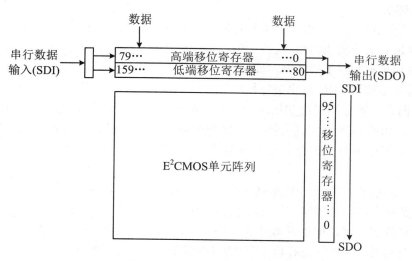

图 4-35 ispLSI 器件的编程结构

其中地址由 96 位的移位寄存器给出，数据由 160 位的移位寄存器（分高、低两部分）给出。由于受芯片引脚数限制，编程的地址和数据都是串行输入芯片内部的。

ispLSI 器件由 E^2CMOS 存储元阵列组成，共有 n 行。其地址用一个 n 位的地址移位寄存器来选择，即地址移位寄存器的某一位与阵列中的某一行一一对应。例如，对第 0 行编程时，先将欲写入该行的数据串行移入水平移位寄存器，并将地址移位寄存器中与 0 行对应的位置置 1，其余置 0，则第 0 行被选中。在编程脉冲的作用下，将水平移位寄存器中的数据写入该行。然后将地址移位寄存器移动一位，选中下一行（第 1 行），并将新的编程数据置入水平移位寄存器，进行写入。依此类推。

2. 五线编程接口

ispLSI 器件通过五线编程接口，用来实现对器件的写入操作。各信号线的含义为：

（1）$\overline{\text{ispEN}}$：编程使能端。当为高电平时，器件处于正常模式。当为低电平时，器件处于编程模式，器件所有 I/O 端的三态门皆处于高阻状态，从而切断了芯片与外电路的联系，避免了编程芯片与外电路的相互影响；

（2）SDI：串行数据输入端。在编程模式下，SDI 完成两种功能：一是作为串行移位寄存器的输入，二是作为编程状态机的一个控制信号；

（3）MODE：方式控制信号端。MODE 为低时，SDI 作为串行移位寄存器的输入；MODE 为高时，SDI 作为控制信号；

（4）SDO：串行数据输出端。将水平移位寄存器的输出反馈给计算机，对编程数据进行校验；

（5）SCLK：串行时钟输入端。它用来提供串行移位寄存器和片内时序机的时钟信号。

当 $\overline{\text{ispEN}}$ 为高电平即正常模式时，编程控制脚 SDI、MODE、SDO、SCLK 可作为器件的直通输入端。

3. 编程状态机

编程状态机实质上是一个专用的编程控制器。对某一行的编程操作分三步：

（1）按地址和命令将 JEDEC 文件中的二进制码数据自 SDI 端串行输入数据寄存器；

（2）将编程数据写进 E^2CMOS 逻辑单元；

（3）将写入数据自 SDO 移出进行校验。

同一行数据寄存器分高段位和低段位，它们的编程靠不同的命令进行。整个芯片的编程还有其他操作，如整体擦除或部分擦除、保密位编程等。所有这些操作，都必须在计算机的命令下按一定顺序进行。因此，在 ispLSI 芯片中安排了一个编程状态机来控制编程操作的执行。

编程状态机的状态转换图如图 4-36 所示。三个状态分别为闲置状态、移位状态和执行状态。闲置状态是状态机的初始状态，此时状态控制信号 MODE 和 SDI 均为低电平，器件正常工作，不进行移位和读写，但可对器件的 8 位识别码读出。其操作过程是先令 MODE 为高，SDI 为低，将识别码装入移位寄存器，当 MODE 回到低时，水平移位寄存器动作，将装入的串行识别码读出，这是每次编程的第一步。当 MODE 和 SDI 皆为高时，状态机进入移位状态。将由 SDI 送入的命令或数据装入移位寄存器，命令是一个 5bit 的信号，它被移入移位寄存器后，状态机在执行状态将根据此命令完成相应的动作。当 MODE、SDI 再次同为高时，进入执行状态，每个编程操作均在此时完成。

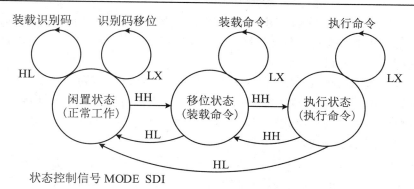

图 4-36　编程状态机的状态转换图

4. 多芯片 ISP 编程

（1）并联方式

如果一块电路板上装有多块 ISP 器件，可对它们总的安排一个接口即可。图 4-37 是一种并联方式，各 ISP 器件的 4 个编程控制信号并行接在一起，但信号对各器件分别使能，使它们逐个进入编程状态。在这种情况下，处于正常模式下的器件仍可继续完成正常的系统工作，而处于编程模式下的器件则处于编程状态。

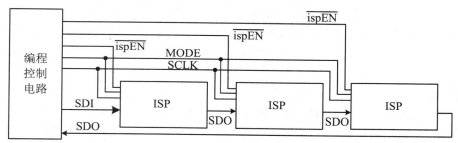

图 4-37　并联方式实现多芯片编程

（2）串联方式

图 4-38 是一种串联方式，又称菊花链结构，其特点是各不同芯片共用一套 ISP 编程接口。

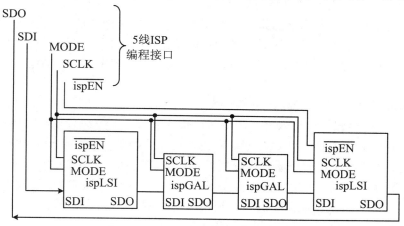

图 4-38　串联方式实现多芯片编程

每片的 SDI 输入端和前面一片的 SDO 输出端相连，最前面一片的 SDI 端和最后一片的 SDO 端与 ISP 编程接口相连，构成一个类似移位寄存器的链形结构。链中的器件数可以很多，只要不超过接口的驱动能力即可。

各器件的编程状态机受 MODE 和 SDI 信号控制。当 MODE 为高电平时，器件内的移位寄存器被短路，SDI 直通 SDO 端，由接口送出的控制信号可以从一个器件传到下一个器件。使各个器件的状态机同时处于闲置状态、移位状态或执行状态。至于每个器件执行什么操作，则由各器件所接收的指令来决定。

当 MODE 为低电平时，各器件中的移位寄存器都嵌入菊花链中，相互串联在一起，可以将指令或数据从 SDI 输入，移位传送到此链中的某一位置；也可以将某一器件读出的数据经此链移位送到最后一个器件的 SDO 端，供校验使用。

用户对某个器件编程时，应知道该器件在链中的位置。每种 ISP 器件都有一个 8 位识别码，只要将这些识别码装入移位寄存器，通过移位传递送入计算机即可。

在系统编程为 PLD 的开发应用带来了巨大的优越性，为电子系统的设计、调试和修改提供了方便。归纳起来，ISP 技术有如下几个特点：

（1）全面实现了硬件设计与修改的软件化

ISP 技术使硬件设计变得和软件设计一样方便。设计时可由用户按编程方法构建各种逻辑功能，并且对器件实现的逻辑功能可以像软件一样随时进行修改和重构。这不仅实现了数字系统中硬件逻辑功能的软件化，而且实现了硬件设计和修改的软件化。从根本上改变了传统的硬件设计方法与步骤，成功地实现了硬、软件技术的有机结合，形成了一种全新的硬件设计方法。

（2）简化了设计与调试过程

由于采用了 ISP 技术，所以在用器件实现预定功能时，省去了利用专门的编程设备对器件进行单独编程的环节，从而简化了设计过程。并且，利用 ISP 技术进行功能修改时，可以在不从系统中取下器件的情况下直接对芯片进行重新编程，故方案调整验证十分方便，能够及时处理那些设计过程中无法预料的逻辑变动，因此，可大大缩短系统的设计与调试周期。

（3）容易实现系统硬件的现场升级

采用常规逻辑设计技术构造的系统，要想对安装在应用现场的系统进行硬件升级一般是非常困难的，往往要付出很高的代价。但采用 ISP 技术设计的系统，则可利用系统本身的资源和 ISP 软件，通过新的器件组态程序，由微处理器 I/O 端口产生 ISP 控制信号及数据，立即实现硬件现场升级。

（4）可降低系统成本，提高系统可靠性

ISP 技术不仅使逻辑设计技术产生了变革，而且推动了生产制造技术的发展。利用 ISP 技术可以实现多功能硬件设计，即将具有一种或几种功能的硬件设计成可以实现多种系统级功能的硬件，从而大大减少在同一系统中使用的不同部件数目，使系统成本显著下降。由于 ISP 器件支持为系统测试而进行的功能重构，因此，可以在不浪费电路板资源或电路板面积的情况下进行电路板级的测试，从而提高电路板级的可测试性，使系统可靠性得以改善。此外，利用 ISP 技术还可以简化标准 PLD 制造流程，降低生产成本等。

（5）器件制造工艺先进

由于 ISP 逻辑器件采用 E^2CMOS 工艺制造，因此，不仅具有集成度高、可靠性高、速度快、功耗低、可反复改写等优点，而且有 100%的参数可测试性及 100%的编程正确率。编程或擦除次数可达 1000 次以上，编程内容 20 年不丢失。ISP 器件还具有加密功能，用来防止对片内编程模式的非法复制。

4.4.2 边界扫描测试技术

随着器件变得越来越复杂，对器件的测试也变得越来越困难。ASIC 电路生产批量小，功能千变万化，很难用一种固定的测试策略和测试方法来验证其功能。此外，表面组装技术（SMT）和电路板制造技术的进步，使得电路板变小变密，这样一来，传统的测试方法（比如使用物理探针）就很难实现。

为了解决超大规模集成电路（VLSI）的测试问题，自 1986 年开始，IC 领域的专家成立了联合测试行动组（Joint Test Action Group，简称 JTAG），并制定了 IEEE1149.1 边界扫描测试（Boundary Scan Test，简称 BST）技术规范。该规范规定了进行边界扫描所需要的硬件和软件。边界扫描测试技术提供了有效地测试高密度引线器件的能力。目前，高密度 PLD 已普遍应用了 JTAG 技术。

从硬件结构上看，JTAG 接口包括两部分：JTAG 端口和控制器。与 JTAG 接口兼容的器件可以是微处理器（MPU）、微控制器（MCU）、PLD、CPL、FPGA、ASIC 或其他符合 IEEE1149.1 规范的芯片。IEEE1149.1 标准中规定对应于数字集成电路芯片的每个引脚都设有一个移位寄存单元，称为边界扫描单元 BSC。它将 JTAG 电路与内核逻辑电路联系起来，同时隔离内核逻辑电路和芯片引脚。由集成电路的所有边界扫描单元构成边界扫描寄存器 BSR。边界扫描寄存器电路仅在进行 JTAG 测试时有效，在集成电路正常工作时无效，不影响集成电路的功能。

JTAG 边界扫描测试原理如图 4-39 所示。由图 4-39 可见，这种测试方法提供了一个串行扫描路径，能捕获器件的核心逻辑，测试符合 JTAG 规范的器件之间的引脚连接情况，还可以在器件正常工作时捕获功能数据。测试数据从左边的一个边界扫描单元串行移入，捕获的数据从右边的一个边界扫描单元串行移出，然后同标准数据进行比较，就能够知道芯片性能的好坏了。

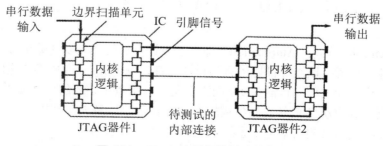

图 4-39 JTAG 边界扫描测试示意图

1. JTAG BST 的结构

在 JTAG BST 模式中，共使用 5 个引脚来测试芯片，其中的 TRST 引脚为可选引脚。这个引脚的功能如表 4-9 所示。

表 4-9　JTAG 引脚说明

引脚	名称	功　　　　　能
TDI	测试数据输入	指令和测试数据的串行输入引脚，数据在 TCLK 的上升沿时刻移入
TDO	测试数据输出	指令和测试数据的串行输出引脚，数据在 TCLK 的下降沿时刻移出；如果没有数据移出器件，此引脚处于高阻态
TMS	测试模式选择	选择 JTAG 指令模式的串行输入引脚，在正常状态下，TMS 应为高电平
TCLK	测试时钟输入	时钟引脚
TRST	测试电路复位	低电平有效，用于初始化或异步复位边界扫描电路

JTAG 边界扫描测试由测试访问端口 TAP（Test Access Port）控制器管理，该 TAP 控制器驱动 3 个寄存器：1 个 3 位的指令寄存器用来引导扫描测试数据流；1 个 1 位的旁路数据寄存器用来提供旁路同路（不进行测试时）；1 个大型的边界扫描测试数据寄存器位于器件的周边。

2. 边界扫描寄存器

边界扫描寄存器是一个大型的串行移位寄存器，它使用 TDI 引脚作为输入，使用 TDO 引脚作为输出。图 4-40 所示为边界扫描寄存器的结构。

从图中可以看出测试数据是如何沿着器件的周边作串行移位的。边界扫描寄存器由一些 3 位的周边单元组成，它们可以是 I/O 单元（IOE）、专用输入，也可以是一些专用的配置引脚。用户可以使用边界扫描寄存器测试外部引脚的连线，或是在器件运行时捕获内部数据。

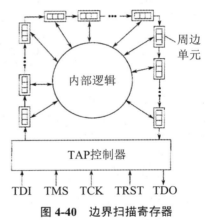

图 4-40　边界扫描寄存器

JTAG 最初是用来对芯片进行测试的，自从 1990 年批准后，IEEE 分别于 1993 年和 1995 年对该标准做了补充，形成了现在使用的 IEEE1149.1a-1993 和 IEEE1149.1b-1994，现在，JTAG 接口不但是一个测试接口，同时也是实现 ISP 在系统编程的一种编程接口。

4.4.3　应用于 FPGA/CPLD 的 EDA 开发流程

EDA（Electronic Design Automation）即电子设计自动化，是以计算机为工作平台、以相应软件工具为开发环境、以硬件描述语言为设计语言、以 ASIC（专用集成电路）为实现载体的电子产品自动化设计过程。目前 EDA 的主要层面是指数字系统的自动化设计，而 EDA 开发工具则是汇集了计算机图形学、拓扑逻辑学、计算数学以及人工智能等多种计算机应用学科的最新成果而开发出来的用于电子系统自动化设计的应用软件。

全球的 EDA 软件供应商有近百家之多，大体上可以分成两类：一类是专业的 EDA 软件公司，如 Mentor Graphics、Synopsys 和 Protel 等；另一类是为销售产品而开发 EDA 工具的半导体器件厂商，如 Altera、Xilinx 和 Lattice 等。专业的 EDA 软件公司独立于半导体厂商，推出的 EDA 工具在标准化和兼容性方面做得较好，一般将这类工具称为第三方工具；而半导体器件厂商开发的 EDA 工具则能够针对自己器件的特点优化设计。

基于 EDA 工具的 FPGA/CPLD 开发流程如图 4-41 所示。

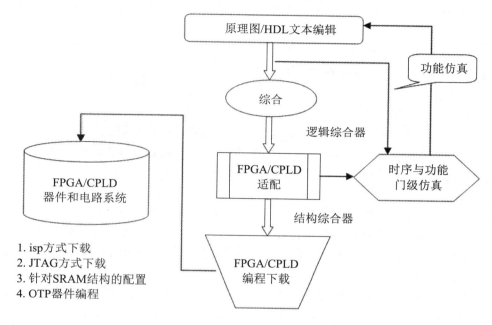

图 4-41　应用于 FPGA/CPLD 的 EDA 开发流程

1. 设计输入

设计开始首先利用 EDA 工具的文本或图形编辑器将设计者的设计意图用文本方式（如 VHDL、Verilog HDL 程序等）或图形方式（原理图、状态图等）表达出来。完成设计描述后即可通过编译器进行排错编译，变成特定的文本格式，为下一步的综合做准备。在此，对于多数的 EDA 软件来说，最初的设计究竟采用哪一种输入方式是可选的，也可混合使用。一般原理图输入方式比较容易掌握，直观方便，所画的电路原理图与传统的器件连接方式完全一致，很容易被接受，而且编辑器中有许多现成的单元器件可供利用，用户自己也可以根据需要设计元件（元件的功能可用 HDL 表达，也可仍用原理图表达）。最一般化、最具普适性的输入方法是 HDL 程序的文本方式，这种方式与计算机程序编辑输入基本一致。

2. 综合

综合是将软件设计与硬件的可实现性挂钩，这是将软件设计转化为硬件电路的关键步骤。综合器对源文件的综合是针对某一 FPGA/CPLD 供应商的产品系列的，因此，综合后的结果具有可实现性。在综合后，HDL 综合器一般可生成 EDIF、XNF 或 VHDL 等格式的网表文件，它们从门级描述了最基本的电路结构。有的 EDA 软件，如 Synplify，具有为设计者将网表文件画成不同层次的电路图的功能。综合后，可利用产生的网表文件进行仿真，以便了解设计描述与设计意图的一致性。

3. 适配

综合通过后必须通过 FPGA/CPLD 布局/布线适配器将综合后的网表文件针对某一具体的目标器件进行逻辑映射操作，其中包括底层器件配置、逻辑分割、逻辑优化、布局布线。适配完成后，EDA 软件将产生针对此项设计的多项结果，主要有：

（1）适配报告，内容包括芯片内资源分配与利用、引脚锁定、设计的布尔方程描述情况等；

（2）时序仿真的网表文件；

（3）下载文件，如 JED 或 POF 文件；

（4）适配错误报告等。

4. 时序仿真与功能仿真

在编程下载前必须利用 EDA 工具对适配生成的结果进行模拟测试，就是所谓的仿真。仿真就是让计算机根据一定的算法和一定的仿真库对 EDA 设计进行模拟，以验证设计、排除错误。可以完成两种不同级别的仿真测试：

（1）功能仿真

功能仿真是直接对 HDL（硬件描述语言）、原理图或其他形式描述的逻辑功能进行测试模拟，以了解其实现的功能是否满足原设计要求的过程，仿真过程不涉及任何具体的器件的硬件特性，不经历综合和适配阶段，在设计项目编译后即可进入门级仿真器进行模拟测试。

（2）时序仿真

时序仿真就是接近真实器件运行特性的仿真，仿真过程中已将器件硬件特性考虑进去了，因此仿真精度要高得多，时序仿真的网表文件中包含了较为精确的延迟信息。但时序仿真的仿真文件必须来自针对具体器件的综合器和适配器。

通常的做法是：首先进行功能仿真，待确认设计文件所表达的功能满足设计要求时，再进行综合、适配和时序仿真，以便把握设计项目在硬件条件下的运行情况。

5. 编程下载

编程下载是指将编程数据放到具体的可编程器件中去。如果以上的所有过程，包括编译、综合、布线/适配和行为仿真、功能仿真、时序仿真都没有发现问题，即满足原设计的要求，就可以将适配器产生的配置/下载文件通过 FPGA/CPLD 编程器或下载电缆载入目标芯片 FPGA 或 CPLD 中，对 CPLD 器件来说是将.pof（Programmer Object File）文件"编程"到 CPLD 器件中去，对 FPGA 来说是将.sof（SRAM Object File）文件"配置"到 FPGA 中去。

器件编程需要满足一定的条件，如编程电压、编程时序和编程算法等。普通的 CPLD 器件和一次性编程的 FPGA 需要专门的编程器完成器件的编程工作，基于 SRAM 的 FPGA 可以由 EPROM 或其他存储器进行配置，支持在系统编程的器件只要一根下载编程电缆就可以了。

器件在编程完毕后，可以用编译时产生的文件对器件进行检验、加密等工作。对于具有边界扫描测试能力和在系统编程能力的器件来说，测试起来就更加方便。

6. 硬件测试

最后是将含有载入了设计的 FPGA 或 CPLD 的硬件系统进行统一测试，以便在更真实的环境中检验设计的运行情况。

习　题

1. 可编程逻辑器件有哪些种类？它们的共同点是什么？

2. 试分析图 4-42 的逻辑电路，写出输出逻辑函数表达式。

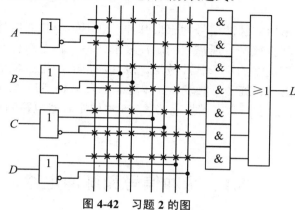

图 4-42　习题 2 的图

3. 用 PROM 产生如下一组组合逻辑函数，画出阵列图：

$$\begin{cases} Y_1 = \overline{I_1} \\ Y_2 = \overline{I_4}I_3\overline{I_2}I_1 + \overline{I_4}I_3I_2\overline{I_1} + I_4\overline{I_3}\overline{I_2}I_1 + I_4\overline{I_3}I_2\overline{I_1} \\ Y_3 = \overline{I_4}I_3I_2I_1 + I_4\overline{I_3}\,\overline{I_2}\,\overline{I_1} + I_4\overline{I_3}\,\overline{I_2}I_1 + I_4\overline{I_3}I_2\overline{I_1} \\ Y_4 = I_4\overline{I_3}I_2I_1 + I_4I_3\overline{I_2}I_1 \end{cases}$$

4. 用 PROM 实现下列代码转换：

（1）8421 码到 2421 码；

（2）二进制码到余 3 码；

（3）典型 Gray 码到余 3 码。

5. 用 PROM 设计一个 3 位二进制平方器，并指出实现该平方器需要的 PROM 容量。

6. 用 PROM 设计一个 e 发生器。e 发生器的输入为 4 位二进制加 1 计数器的状态（初始状态为 0000），输出为 8421 码。该电路串行地产生常数 $e=2.718281828459045$（取小数点后 15 位数字），试列出 PROM 的地址与内容对应关系的真值表，并画出阵列图。

7. 查阅 Altera 公司技术资料，了解 MAX7000 系列器件和 FLEX10K 系列器件。

8. 熟悉 Max+PlusII 软件的使用。

9. 试用 Max+PlusII 设计一个 3-8 译码器。

10. 用 Max+PlusII 设计一个 4 位二进制可控计数器。要求在控制信号 $M_1M_0 = 11$ 时为保持状态；在控制信号 $M_1M_0 = 10$ 时为减法计数；在控制信号 $M_1M_0 = 01$ 时为加法计数；在控制信号 $M_1M_0 = 00$ 时为复位状态。C_0 为进位输出信号。

11. CPLD 与 FPGA 在结构上有何异同？编程配置方法上有何不同？

12. 查阅资料了解 Altera ByteBlaster 下载电缆的构造。

13. 简述 ISP 技术的主要特点。

第 5 章　脉冲波形的产生与整形

数字逻辑电路中常用的脉冲信号为矩形脉冲，获得矩形脉冲信号的方法有两种，一种是利用矩形脉冲产生电路直接产生所需要的脉冲波形，另一种是对已有的脉冲信号进行整形、变换得到所需的边沿较陡峭的矩形脉冲波形。脉冲波形的产生、整形和定时电路的几种基本单元电路包括多谐振荡器、施密特触发器、单稳态触发器和 555 集成定时器。本章重点介绍单稳态触发器、施密特触发器、多谐振荡器、555 集成定时器电路的特点、工作原理、基本功能和典型应用。

5.1　脉冲信号和脉冲电路

5.1.1　脉冲信号

脉冲信号通常是指一种持续时间极短的电压和电流波形，凡不具有连续正弦波形状的信号，几乎都可以称为脉冲信号。如图 5-1 所示的各种波形，图中有尖顶脉冲、矩形脉冲、方波脉冲、梯形脉冲、锯齿波脉冲、三角波脉冲、钟形脉冲、阶梯形脉冲等。这些脉冲波形都是时间函数，但它们的幅值变化有的有突变点，有的有缓慢变化部分和快速变化部分，有的有变化部分和不变部分。

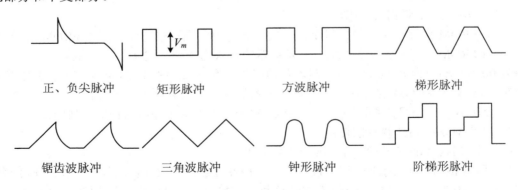

正、负尖脉冲　　　　矩形脉冲　　　　方波脉冲　　　　梯形脉冲

锯齿波脉冲　　　　三角波脉冲　　　　钟形脉冲　　　　阶梯形脉冲

图 5-1　常见的几种脉冲波形图

最常见的脉冲电压波形是方波和矩形波。理想的方波和矩形波突变部分是瞬时的，不占用时间。但实际中，脉冲电压从零值跃升到最大值时，或从最大值降到零值时，都需要经历一定的时间。图 5-2 所示为矩形脉冲信号的实际波形图，其中，V_m 是脉冲信号的幅度；t_r 是脉

冲信号的上升时间，又称前沿，它被定义为脉冲信号由 $0.1V_m$ 上升至 $0.9V_m$ 所经历的时间；t_f 是脉冲信号的下降时间，又称后沿，是指脉冲信号由 $0.9V_m$ 下降至 $0.1V_m$ 所经历的时间；T 为脉冲信号的周期；t_w 是脉冲信号持续时间，又称脉宽，它是指脉冲信号从上升至 $0.5V_m$ 处到又下降到 $0.5V_m$ 之间的时间间隔。在一个周期中，$(T-t_w)$ 称为脉冲休止期。此外，将高电平与脉冲周期的比值称为占空比，占空比为 50%的矩形波称为方波。

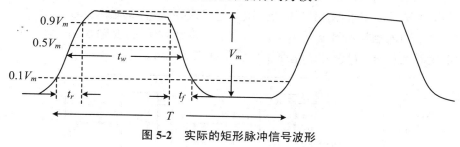

图 5-2 实际的矩形脉冲信号波形

5.1.2 脉冲电路

脉冲电路是用来产生和处理脉冲信号的电路。脉冲电路可以用分立晶体管、场效应管作为开关和 RC 或 RL 电路构成，也可以由集成门电路或集成运算放大器和 RC 充、放电电路构成。常用的有脉冲波形的产生、变换、整形等电路，如双稳态触发器、单稳态触发器、自激多谐振荡器、射极耦合双稳态触发器（施密特电路）及锯齿波电路等。

图 5-1 中所示的矩形脉冲信号波形是理想的，即波形的上升沿与下降沿均是跳变的且波形幅度保持不变（一直保持幅度为 V_m）。而由实际脉冲电路产生的矩形脉冲信号波形无理想跳变，顶部也不平坦。

5.2 脉冲波形发生器及整形电路

5.2.1 单稳态触发器

单稳态触发器是一种脉冲整形电路，多用于脉冲波形的整形、延时和定时。单稳态触发器可以由集成门和 RC 电路组成，也可以由 555 集成定时器和 RC 电路组成，还有集成单稳态触发器等，但无论哪类电路，都需要外接电阻 R 和电容元件 C，通过 RC 的充放电过程决定暂稳态过程的长短。由集成门组成的单稳态触发器按 RC 电路的不同接法又可分为微分型和积分型。

单稳态触发器的主要特点是：

（1）电路有一个稳定状态和一个暂稳状态；

（2）电路只有在外来触发信号作用下发生翻转，由稳态进入暂稳态。暂稳态经过一段时间后，自动返回到稳态；

（3）暂稳态维持的时间由电路中的定时元件参数 RC 决定，而与触发信号无关，触发信号只起触发作用。

1. 微分型单稳态触发器

由 TTL "与非" 门构成的微分型单稳态触发器电路如图 5-3 所示。电路中两个 "与非" 门 G_1 和 G_2 交叉连接，G_1 门的输出经过 RC 微分电路接到 G_2 门的输入，G_2 门的输出反馈到 G_1 门的 A 输入端。输入触发信号 u_i 经 C_1、R_1 微分电路接到 G_1 门的 B 输入端。单稳态触发器的暂稳态时间由定时元件 R、C 决定，电路工作波形如图 5-4 所示。

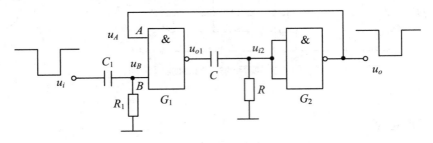

图 5-3 TTL 微分型单稳态触发器电路

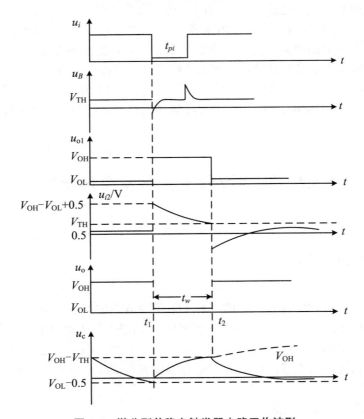

图 5-4 微分型单稳态触发器电路工作波形

对 TTL 门电路，由于输入端有电流，当输入端对地外接电阻 R 时，若 $R<R_{OFF}$（R_{OFF} 为门

的关门电阻，一般小于 0.7kΩ），稳定时输入端在 R 上的电压大约为 0.5V，视为低电平；若 $R_1 > R_{ON}$（R_{ON} 为门的开门电阻，一般大于 1kΩ），稳定时输入端在 R 上的电压大约为 1.4V，视为高电平。图 5-3 所示的 TTL 微分型单稳态触发器电路中，要求 $R < R_{OFF}$，$R_1 > R_{ON}$。对 CMOS 门电路，由于输入端电流很小，一般无此要求。

（1）稳定状态

设电源接通时输入触发信号 u_i 为高电平，由于 G_1 门的 B 输入端通过电阻 R_1 接地，$R_1 > R_{ON}$，使 G_1 门的 B 输入端 $u_B \approx 1.4$V，视为高电平。对 G_2 门由于 $R < R_{OFF}$，使 G_2 门的输入端 $u_{i2} \approx 0.5$V，视为低电平，使电路输出 $u_o \approx 3.6$V，为高电平。u_o 反馈到 G_1 门的 A 输入端，使 G_1 门的输出为低电平，$u_{o1} \approx 0.3$V。电容 C 两端的电压 $u_c = u_{o1} - u_{i2} \approx 0.3 - 0.5 = -0.2$V，此时，电路处于稳定状态，$G_1$ 门开通，G_2 门关闭，输出电压 $u_o \approx 3.6$V 为高电平。

（2）由稳态向暂稳态触发翻转

触发信号 u_i 的负脉冲到来后，电容 C_1 上的电压不能突变，使触发负脉冲经过微分电路 R_1、C_1 产生一个负尖脉冲加到 G_1 门的 B 输入端，使 G_1 门翻转，u_{o1} 输出由低电平 0.3V 跃变为高电平 3.6V。u_{o1} 经过电容 C 耦合到 G_2 门的输入端，u_{i2} 由原来的低电平输入 0.5V 上升到 3.8V，使 G_2 门输出低电平，$u_o = 0.3$V，u_o 反馈到 G_1 门的 A 输入端，使 u_A 为低电平，这时即使触发负脉冲消失，G_1 门仍然维持关闭状态，电路进入输出为低电平 0.3V 的暂稳态过程。

（3）暂稳态过程

电路进入暂稳态后，G_1 门关闭，G_2 门开通，即 $u_o = 0.3$V 的 G_1 门输出的高电平 3.6V 通过电阻 R 对电容 C 充电，随着 C 两端电压的升高，G_2 门的输入电压由 $V_{OH} - V_{OL} + 0.5 = 3.8$V 呈指数规律下降，但只要 $u_{i2} > V_{TH} = 1.4$V，电路仍保持输出 u_o 为低电平的状态，这个过程称为暂稳态。

（4）暂稳态结束，自动返回到稳定态

输入触发信号 u_i 经微分电路 C_1、R_1 接到 G_1 门的 B 输入端，当 u_i 触发负脉冲沿到来时，由于电容电压不能突变，使 u_B 为负尖脉冲；当触发负脉冲撤除时，u_B 为正尖脉冲。在暂稳态过程中随着电容 C 的充电，当电容 C 两端的电压 $u_C = V_{OH} - V_{OL} \approx 3.6 - 1.4 = 2.2$V，使 u_{i2} 下降到小于 $V_{TH} = 1.4$V 时，G_2 门翻转，输出 u_o 由低电平 0.3V 跃变为高电平 3.6V，u_o 再反馈到 G_1 的 A 输入端。此时，无论 u_i 触发负脉冲是否消失，由于微分电路 C_1、R_1 的作用，G_1 门的 u_B 早已恢复为 $V_{TH} = 1.4$V，所以，当输出 u_o 由低电平 0.3V 跃变为高电平 3.6V 再反馈到 G_1 的 A 输入端时，保证电路有正反馈，使 G_1 门输出翻转为低电平 0.3V，u_{o1} 跳变幅度为 $0.3 - 3.6 = -3.3$V，这一变化经电容 C 耦合到 G_2 门的输入端，使 u_{i2} 由 $V_{TH} = 1.4$V 跃变为 -1.9V，G_2 门输出由低电平 0.3V 跳变到高电平 3.6V，至此暂稳态结束。

暂稳态的持续时间为：

$$t_w = RC \ln \frac{V_{OH}}{V_{TH}}$$

（5）稳态恢复

暂稳态结束时，$u_{o1} = 0.3$V，$u_{i2} = -1.9$V，电容 C 两端的电压为 2.2V，C 通过 G_1 门放电，

u_{i2} 开始上升，当达到 0.5V 时，电路恢复到起始的稳态。电容放电时间常数为

$$\tau_{放} = (R//R_{i2} + R_{o1})\ C \approx R//R_{i2}C$$

其中 R_{o1} 为 G_1 门输出低电平时的输出电阻，R_2 为 G_2 门输入为低电平时的输入电阻。电路由暂稳态开始结束到恢复至起始稳态的时间称为恢复时间 t_{re}，一般取恢复时间 $t_{re} = (3\sim5)RC$，不能太小。

（6）微分电路 C_1、R_1 的作用

当 u_i 触发负脉冲的脉宽 t_{pi} 小于正常暂稳态时间 t_w 时，微分电路 C_1、R_1 可省略。当 u_i 触发负脉冲的脉宽 t_{pi} 大于正常暂态时间 t_w 时，若没有微分电路 C_1、R_1，当电路被触发进入暂稳态过程后，电容 C 充电，随着电容 C 两端的电压升高，u_{i2} 下降到小于 $V_{TH}=1.4V$ 时，G_2 门翻转，使输出 u_o 由低电平变为高电平，再反馈到 G_1 的 A 输入端时，由于 u_i 触发负脉冲没有消失，G_1 门输出对 u_o 的反馈没有响应，G_1 门输出 U_{o1} 不跳变仍为高电平，电容 C 继续充电，不能形成上面（4）中所述的正反馈，当暂稳态结束时输出 u_o 波形的边沿变缓。

可见，微分电路 C_1、R_1 的作用是，当 u_i 触发负脉冲的脉宽 t_{pi} 大于正常暂稳态时间 t_w 时，使 G_1 门的 u_B 早已恢复为 $V_{TH} = 1.4V$，即 u_B 上升到 V_{TH} 的时间远小于输入触发脉冲低电平持续时间 t_{pi} 和 t_w，当输出 u_o 由低电平变为高电平时，保证电路有正反馈，使暂稳态不受 u_i 触发负脉冲持续时间的影响自动地恢复到稳定态，且使电路输出波形 u_o 的边沿很陡。

总之，微分型单稳态触发器的触发脉冲宽度要求小于暂稳态宽度，若大于暂稳态宽度，虽不影响暂稳态的自动恢复，但输出脉冲的边沿较差，此时，在输入端增加 C_1、R_1 微分电路，可改善输出波形边沿。C_1、R_1 微分电路可以保证输入触发脉冲宽度大于暂稳态宽度时，触发器仍能正常工作，输出较好波形。

2. 积分型单稳态触发器

由 CMOS "或非" 门组成的积分型单稳态触发器如图 5-5 所示，工作波形图如图 5-6 所示。

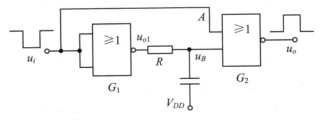

图 5-5　CMOS 积分型单稳态触发器

积分型单稳态触发器由 G_1、G_2 两个 "或非" 门及 RC 积分延时电路组成。

（1）稳定状态

在电源接通时，设输入触发脉冲 u_i 为高电平，则 G_1 门输出低电平，G_2 门输出也为低电平，电源 V_{DD} 经 R 和 G_1 门的输出端对电容 C 充电，使 G_2 门 B 输入端点电位降低，稳定时 $u_B \approx 0V$ 为低电平。

（2）触发翻转进入暂稳态

当输入触发负脉冲到来时，G_1 门输出翻转为高电平。由于 C 两端的电压不能突变，使 u_B

仍为低电平，此时 G_2 门输入端 u_A 也为低电平，所以 G_2 门输出翻转为高电平，电路进入暂稳态。

（3）暂稳态过程

电路进入暂稳态后，G_1 门输出为高电平、G_2 门输出为高电平，此时电源通过 G_1 门的输出电阻 R_{o1}、电阻 R 对电容 C 进行放电，电容两端电压下降，使 u_B 逐渐升高，但在到达 $u_B = V_{TH} = 1/2 V_{DD}$ 前，若触发负脉冲没有被撤除，则电路仍处于暂稳态。

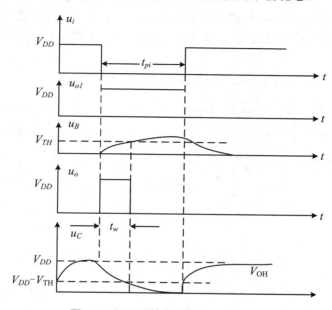

图 5-6　积分型单稳态触发器工作波形

（4）自动返回到稳定态

当 u_B 逐渐升高到 $u_B = V_{TH} = 1/2 V_{DD}$ 时，G_2 门输出翻转为低电平，暂态结束自动返回到稳定态，而电容 C 继续放电使 u_B 继续上升。

暂稳态持续时间为：

$$t_w \approx RC \ln \frac{V_{DD}}{V_{DD} - V_{TH}} \approx RC \ln 2$$

（5）稳态恢复

暂态结束后触发负脉冲 u_i 撤除，G_1 门导通输出为低电平，G_2 门输出仍为低电平。此时，电源经 R 和 G_1 门的输出端对电容 C 充电，使 G_2 门输入端 B 点电位降低，当降低到 $u_B \approx 0V$ 时，电路完全恢复至起始稳态。当下一个触发负脉冲到来时电路又进入暂稳态。

积分型单稳态触发器的触发脉冲宽度要求一定大于暂稳态的时间 t_w，否则，电路相当于"非"门。积分型单稳态触发器是一种窄脉冲形成电路，抗干扰能力较强，但因为积分型单稳态触发器不存在正反馈，输出波形的边沿不如微分型单稳态触发器好。

3. 集成单稳态触发器

集成单稳态触发器作为一个标准器件，将元器件集成于同一芯片上，并且在电路上采取了温漂补偿措施，所以电路的稳定度高。器件内部通常附加上升沿和下降沿的控制和置零等功能，同时可对外接电阻和电容进行调节，使用非常方便。常用的集成单稳态触发器，TTL型有 SN74121，CMOS 型有 CC4098 和 CC14528 等产品。下面以 TTL 集成单稳态触发器 SN74121 为例进行分析。

（1）电路结构

典型的集成 TTL 单稳态触发器 SN74121 的逻辑电路如图 5-7 所示。电路由四部分组成：

- 触发输入：由 G_1 和 G_2 组成的电路用于实现上升沿触发或下降沿触发的控制。
- 窄脉冲形成：由 G_3 和 G_4 组成的 RS 触发器是一个触发窄脉冲形成电路。
- 基本单稳态触发器：由 G_5、G_6、G_7 和外接电阻 R_{exT}（或内部的定时电阻 R_{int}）、外接电容 G_{exT} 组成。
- 输出级：由 G_8 和 G_9 组成的电路用于提高电路的带负载能力。

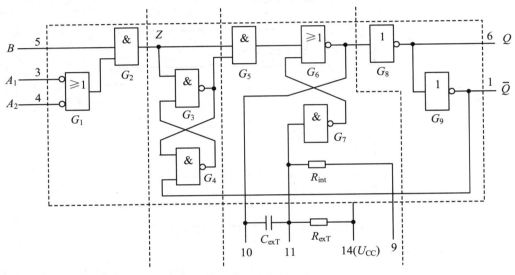

图 5-7　SN74121 集成单稳态触发器

脉冲的宽度由定时电路的元件决定，定时电路的元件是外接的。定时电容连接在芯片的 10 和 11 引脚之间。定时电阻有两种选择方式：

① 利用芯片内部的定时电阻 R_{int} (R_{int} 的阻值不能太大，约为 2kΩ)。此时，芯片的 9 号引脚应连接到电源 U_{CC} 端(14 号引脚)。

② 利用外接电阻（阻值应在 1.4～40kΩ 之间），此电阻应接在 11 号和 14 号引脚之间，9 号引脚应悬空。

（2）电路工作原理

① 电路的稳定状态。当没有触发信号输入时，图 5-7 中的 Z 点不产生上升沿，即 $Z=0$，电路处于稳定状态。此时，由于 $Z=0$，则 G_5 门的输出为 "0"，G_6 门的输出为 "1"，故电路的输出 $Q=0$，$\overline{Q}=1$。

若电路受随机干扰使 $Q=1$，则电路可以通过内部反馈途径，使 Q 端迅速地恢复为 "0"，其电路的内部反馈途径是：随机干扰→$Q=1$→$\overline{Q}=0$→$G_4=1$→$G_5=0$（无论 G_2 为 0 或 1）→由于 G_7 门的输入电阻>开门电阻，$G_7=0$→$G_6=1$→$Q=0$。

② 电路经触发翻转到暂稳态。SN74121 集成单稳态触发器有 3 个触发输入端（A_1、A_2 和 B），只要有如下两种触发方式，电路均可由稳定状态翻转到暂稳状态。

- A_1 和 A_2 有 1 个（或两个）为低电平，B 产生 0 到 1 的正跳变。
- A 和 B 均为高电平，A 中有 1 个（或两个）产生 1 到 0 的负跳变。

电路经触发，图 5-7 中 Z 点便产生由 0 到 1 的正跳变，使与门 G_5 的输出也产生 0 到 1 的正跳变，芯片内的基本单稳态触发器由稳态翻转到暂稳态（即 Q 由 0→1，而 $\overline{Q}$ 由 1→0），此时的 $\overline{Q}=0$ 又使由 G_3 和 G_4 与非门组成的 RS 触发器的 G_3 门输出为 0，从而使与门 G_5 输出一个窄脉冲。由此可见，芯片内的 RS 触发器是一个触发窄脉冲形成电路。

③ 电路自动返回到初始稳态。电路经触发进入暂稳态后，外接定时电容 C_{exT} 充电，经 0.7 $R_{exT}C_{exT}$ 时间后，电路自动返回到初始稳定状态($Q=0$，$\overline{Q}=1$)。所以 SN74121 集成单稳态触发器输出脉冲的宽度为：

$$t_w = R_{exT}C_{exT}\ln 2 \approx 0.7R_{exT}C_{exT}$$

SN74121 集成单稳态触发器的功能如表 5-1 所示。

表 5-1　SN74121 集成单稳态触发器的功能

输　入			输　出	
A_1	A_2	B	Q	$\overline{Q}$
0	×	1	0	1
×	0	1	0	1
×	×	0	0	1
1	1	×	0	1
1	↓	1	⊓	⊔
↓	1	1	⊓	⊔
↓	↓	1	⊓	⊔
0	×	↑	⊓	⊔
×	0	↑	⊓	⊔

4. 单稳态触发器应用

单稳态触发器是数字系统中最常用的单元电路，常用于以下几方面：

（1）脉冲展宽

由 SN74121 集成单稳态触发器构成的脉冲展宽电路如图 5-8 所示，图 5-9 为其工作波形。该电路触发方式可以概括为以下三种：

① 在 A_1 或 A_2 端使用触发脉冲信号的下降沿触发。此时，另外两个触发输入端必须为高电平；

② 在 A_1、A_2 端同时使用触发脉冲信号的下降沿触发。要求 B 端为高电平；

③ 在 B 端用触发脉冲信号的上升沿触发，且 A_1、A_2 所加信号中至少有一个是低电平。

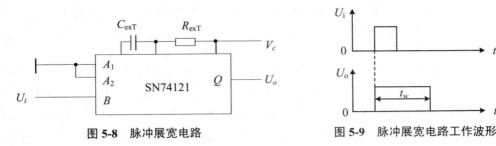

图 5-8　脉冲展宽电路　　　　　　　图 5-9　脉冲展宽电路工作波形

由图 5-8 可见，触发输入端 $A_1=A_2=0$，在触发输入端 B 加一个正向窄脉冲 U_i，在电路的输出端 Q 就可得到一个宽脉冲。其简要工作过程是当 U_i 由 0 跳变到 1 时，单稳态电路被触发进入暂稳态，经 $0.7\,R_{exT}C_{exT}$ 时间后，电路将自动返回到初始稳定状态。输出端 Q 输出一个脉宽可由外接元件 R_{exT}、C_{exT} 调节的脉冲信号，其脉冲宽度为：

$$t_w \approx 0.7R_{exT}C_{exT}$$

（2）脉冲延迟

由 CC4098 单稳态触发器构成的脉冲延迟电路如图 5-10（a）所示，其工作波形如图 5-10（b）所示。

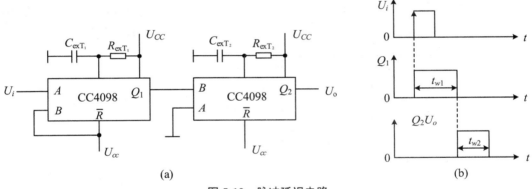

（a）　　　　　　　　　　　　　　　　　　　（b）

图 5-10　脉冲延迟电路

CC4098 有两组独立的单稳态触发器，每组触发器有两个触发输入端，分别是上升沿触发输入端 A 和下降沿触发输入端 B，$\overline{R}$ 端为清零端。

当输入脉冲 U_i 加到单稳态触发器的上升沿触发输入端 A，在 Q_1 端得到一个展宽的正向脉冲，脉冲宽度为 t_{w1}，在 t_{w1} 下降沿又触发另一个单稳态触发器，在 Q_2 端输出一个脉宽为 t_{w2} 的正向脉冲，该电路对输入脉冲 U_i 的延迟时间为：

$$t_{w1}+t_{w2}=0.7R_{exT_1}C_{exT_1}+0.7R_{exT_2}C_{exT_2}$$

可通过调节外接电阻和电容的值来调节延迟时间。

（3）脉宽鉴别

由 SN74121 集成单稳态触发器构成的脉宽鉴别电路（俗称噪声消除电路）如图 5-11（a）所示输入信号以加到单稳态触发器输入端 B、D 触发器的数据端和置"0"端。

调节外接定时元件 R_{exT} 和 C_{exT}，使单稳态触发器的输出脉冲宽度略大于噪声脉冲的宽度而小于信号脉冲的宽度。

当带有噪声的输入信号 U_i 的上升沿触发单稳态触发器时，在其 $\overline{Q}$ 输出端输出一个脉宽大于噪声脉冲宽度而小于信号脉冲宽度的负脉冲，作为 D 触发器的时钟信号。

这样，当 $\overline{Q}$ 上升沿来到时，若有信号输入（U_i=1），D 触发输出端 U_o=1，当信号消失（即 U_i=0），D 触发器被置零（即 U_o=0）。

若信号 U_i 中含有噪声尖脉冲，其尖脉冲上升沿触发单稳电路。由于单稳态触发器产生的输出脉冲的宽度大于噪声脉冲宽度，所以当单稳电路 $\overline{Q}$ 端输出上升沿时，噪声脉冲消失，从而消除了信号中的噪声成分，其工作波形如图 5-11（b）所示。

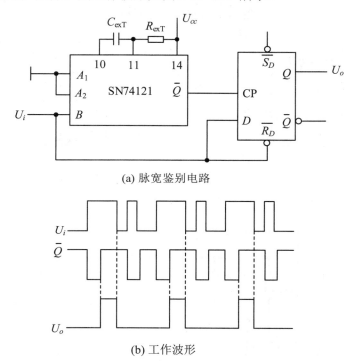

(a) 脉宽鉴别电路

(b) 工作波形

图 5-11　单稳态噪声消除电路

单稳态触发器还可用于构成定时电路、方波产生电路等等。

5.2.2　施密特触发器

施密特触发器（Schmitt Trigger）是另一种广泛应用的脉冲波形变换电路，它可以将连续变化缓慢的波形变换成边沿陡峭的矩形波，常用于波形的变换、整形、幅度鉴别以及构成多谐振荡器、单稳态触发器等。

施密特触发器可以看成具有不同输入阈值电压的逻辑门电路，它既有门电路的逻辑功能，又有滞后电压传输特性。同相与反相输出的施密特触发器的电路图、逻辑符号如图 5-12（a）、（b）所示；同相与反相输出的施密特触发器的电压传输特性曲线如图 5-13（a）、（b）所示；带"与非"门的施密特触发器的电路和逻辑符号如图 5-14 所示。

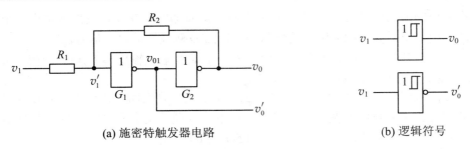

(a) 施密特触发器电路　　　　　　　　　(b) 逻辑符号

图 5-12　电路图、逻辑符号

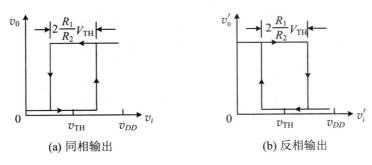

(a) 同相输出　　　　　　　　　(b) 反相输出

图 5-13　电压传输特性曲线

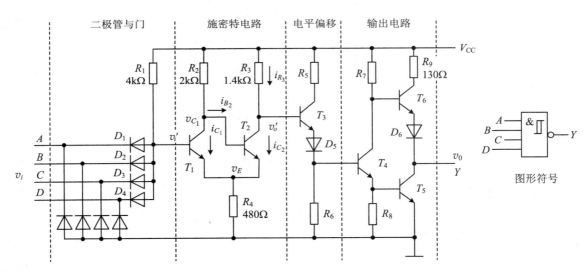

图 5-14　带"与非"门的施密特触发器的电路和逻辑符号

施密特触发器具有如下两个重要特性：

① 属于电平触发，具有两个稳定状态。缓慢变化的信号也可以作为输入信号，只要输入信号达到某一特定值，它的电路输出电压波形的边沿变得很陡，即发生突变；

② 两个稳态之间转换的输入电平阈值不同。输入信号由低电平上升过程中电路状态转换对应的输入电平，与输入信号由高电平降低过程中电路状态转换对应的输入电平不同，较大的输入阈值电平称为正向阈值电压 V_{T+}，较小的输入阈值电平称为负向阈值电压 V_{T-}，两个阈

值电平之差称为回差电平 ΔV_T，电路具有迟滞特性。回差电平越大抗干扰能力越强，但回差越大，鉴幅、触发灵敏度越差。

1. TTL 与非门构成的施密特触发器

图 5-15（a）所示电路是用三个 TTL 与非门和一个二极管构成的施密特触发器。门 G_1 为反相器，门 G_2、G_3 组成基本 RS 触发器，二极管 D 起电平偏移作用。

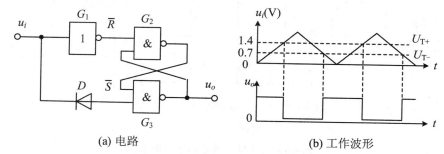

(a) 电路　　　　　　　　　　　　　　　　(b) 工作波形

图 5-15　施密特触发器电路

当 u_i =0V 时，门 G_1 截止输出高电平，$\overline{R}$ =1。而 $\overline{S}$ 端的电位比 u_i 高一个二极管正向压降（V_{DD}=0.7V），但仍低于与非门的阈值电压 U_T（U_T=1.4V），故门 G_3 截止，Q=1。使 G_2 导通、$\overline{Q}$ =0。基本 RS 触发器处于 1 状态。

当 u_i 逐渐升高到 U_{T-} 时，$\overline{S}$ =U_T(=1.4V)，Q 状态不变，因为 $\overline{Q}$=0，维持 u_o 不变，u_o =0。u_i 继续升高到 U_{T+}=U_T 时，门 G_1 导通，输出为低电平，$\overline{R}$ =0。使门 G_2 截止，$\overline{Q}$ =1，Q=0，即 u_o =0。u_i 再继续升高，$\overline{R}$ =0，$\overline{S}$ =1，基本 RS 触发器显然保持 0 状态不变，u_o =0。

当 u_i 从最高电位逐渐减小，而 u_i 处在 U_{T+}>u_i > U_{T-}时，则门 G_1 导通，$\overline{R}$ =1、$\overline{S}$ =1。基本 RS 触发器保持原态，Q =0、$\overline{Q}$ =1，u_o =0。u_i 继续减小到 u_i < U_{T-}(=0.7V)，$\overline{S}$ 端电位小于 U_T，则基本 RS 触发器由 0 状态又翻转到 1 状态，Q =1、$\overline{Q}$ =0。

图 5-15（b）是 u_i 为三角波时，输出 u_o 随 u_i 变化的工作波形图。

2. 集成施密特触发器

由于施密特触发器的广泛应用，所以无论是在 TTL 还是 CMOS 电路中，都有集成施密特触发器产品。下面以典型的 TTL 集成施密特触发器 SN7413 为例进行分析。

典型的 TTL 集成施密特触发器 SN7413 的逻辑电路如图 5-16（a）所示，图 5-16（b）为逻辑符号图。该电路由如下四部分组成：

- 输入级：由二极管与门电路构成，可完成对输入信号逻辑与的功能。
- 施密特电路：由 VT_1 和 VT_2 管构成的射极耦合触发电路。
- 倒相放大级：由 VT_3、VT_4、VD_5 管构成，完成电平的偏移和倒相。
- 输出级：由 VT_5 和 VT_6 构成推拉输出级。

电路的输入级附加了与逻辑功能，在电路的输出级附加了反相的逻辑功能，所以它又称为施密特触发器与非门。

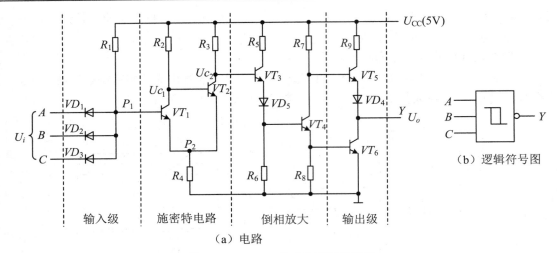

（a）电路

图 5-16 SY7413 集成施密特触发器

从图 5-16 的电路结构可以看出，整个电路的核心部分是由 VT_1、VT_2、R_3 和 R_4 组成的施密特电路。设电路的输入电压为三角波，如图 5-17（a）所示。其工作原理如下：

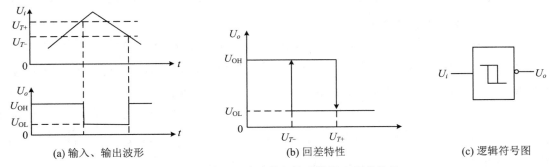

图 5-17 SN7413 电路输入输出波形及回差特性

① 当输入电压 U_i 为低电平时，电路中 P_1 点为低电平，VT_1 管截止，VT_2 管饱和导通，VT_2 管的发射极电流在电阻 R_4 上的电压 $U_{R_4} = I_{e_2} R_4$，即为 P_2 点的电压，VT_2 管的集电极电压 $U_{c_2} (= U_{ces_2} + I_{e_2} R_4)$ 使 VT_3、VD_5、VT_4 和 VT_6 管均截止（因为此时 $U_{c_2} < U_{bes_3} + U_{D_5} + U_{bes_4} + U_{bes_6}$），电路的输出 U_o 为高电平；

② 当输入电压 U_i 由低电平逐渐上升，并使 VT_1 管的 $U_{be_1} \geqslant 0.7V$ 时，VT_1 管转为导通。电路发生的正反馈反应过程如下：

$$U_i \uparrow \rightarrow U_{P_1} \uparrow \rightarrow i_{c_1} \uparrow \rightarrow U_{c_1} \downarrow \rightarrow i_{c_2} \downarrow \rightarrow U_{P_2} \downarrow \rightarrow U_{be_1} \uparrow \rightarrow$$

导致电路迅速翻转到 VT_1 管导通，VT_2 管截止的状态。

此时，流过 R_3 的电流使 VT_3 管饱和导通，i_{e_3} 在 R_6 上的压降足以使 VT_4、VT_6 管饱和导通。所以此时电路的输出电压 U_o 为低电平。

由以上分析可知，电路的上限触发阈值电平为

$$U_{T+} = U_{R_4} + U_{be_1} - U_D \approx U_{R_4} = I_{e_2} R_4$$

若输入电压 U_i 继续上升，电路的状态不会改变，输出电压 U_O 仍为低电平；

③ 输入电压 U_i 达最高值后开始下降，当下降到 $U_i=U_{T+}$ 时，电路的状态仍保持不变，这是因为此时 VT_1 管饱和导通，$U_{R_4}=I_{e_1}R_4$，而电路中选 $R_2>R_3$，所以 VT_2 管饱和导通时的 I_{e_2} 大于 VT_1 管饱和导通时的 I_{e_1}，即 $I_{e_2}>I_{e_1}$。因此，在输入电压 U_i 下降到 $I_{e_2}R_4$ 时，仍能维持 VT_1 管导通，VT_2 管截止的状态，使电路依旧处于输出为低电平的状态；

④ 当输入电压 U_i 继续下降到 $U_i=U_{T-}=I_{e_1}R_4$ 时，电路又发生另一个正反馈反应过程：

$$U_i\downarrow\rightarrow U_{P_1}\downarrow\rightarrow i_{c_1}\downarrow\rightarrow U_{c_1}\uparrow\rightarrow i_{c_2}\uparrow\rightarrow U_{P_2}\uparrow\rightarrow U_{be_1}\downarrow\rightarrow$$

导致电路迅速返回到 VT_1 管截止，VT_2 管导通的状态，电路的输出电压 U_O 由低电平跃跳到高电平。

若 U_i 继续下降，电路仍然保持在这种状态。

由上述分析可知，输入电压在上升和下降过程中，电路发生状态转换的阈值电平的值是不同的，则称电路有滞后电压传输特性，如图 5-17（b）所示，其滞后电压为：

$$\triangle U_T=U_{T+}-U_{T-}=I_{e_2}R_4-I_{e_1}R_4$$

此关系曲线就是施密特触发器的电压传输特性，施密特触发器的状态转换要由输入信号来触发，同时输出的高、低电平也依赖输入信号的高、低电平来维持。有时也用图 5-17（c）表示施密特触发器的逻辑符号。

3．施密特触发器的应用

（1）用于波形变换

施密特触发器能将正弦波、三角波及各种周期性的不规则波形变换为边沿陡峭的矩形脉冲输出。

图 5-18 所示就是将直流分量和三角波叠加的信号，经施密特触发器变换成同频率的矩形脉冲信号的例子。

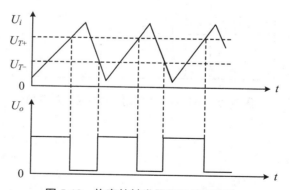

图 5-18　施密特触发器用于波形变换

（2）用于脉冲整形

若施密特触发器的输入信号是一种在脉冲的顶部和前后沿均受到严重干扰、发生畸变的周期性不规则信号，如图 5-19（a）所示，通过适当调节施密特触发器的 U_{T+} 和 U_{T-}，就可得到如图 5-19（b）所示的矩形脉冲波。可见利用施密特触发器的回差特性，可以提高电路的抗干扰能力，收到满意的整形效果。

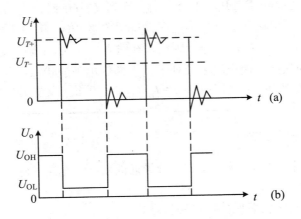

图 5-19 施密特触发器用于脉冲整形

（3）用于脉冲信号的鉴幅

当施密特触发器的输入信号是一串幅度不等的脉冲时，可通过调整电路的 U_{T+} 和 U_{T-}，使只有当输入信号的幅度超过 U_{T+} 的脉冲时才能使施密特触发器的状态翻转，从而得到所需的矩形脉冲信号。施密特触发器能将幅度大于 U_{T+} 的脉冲选出，具有脉冲鉴幅的能力。施密特触发器用于脉冲幅度鉴别电路的输入、输出波形如图 5-20 所示。

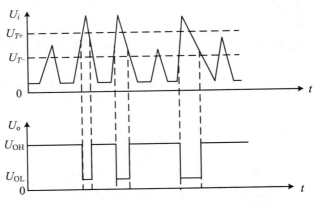

图 5-20 施密特触发器用于脉冲信号的鉴幅

5.2.3 多谐振荡器

1. 环形振荡器

环形振荡器是利用门电路的传输延迟时间，将奇数个反相器首尾相连而构成的。最简单的环形振荡器由三个反相器首尾相连构成，如图 5-21 所示。

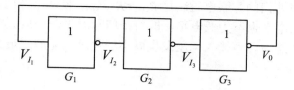

图 5-21 最简单的环形振荡器

该电路振荡周期为 $T=6t_{pd}$，它的输出波形如图 5-22 所示。

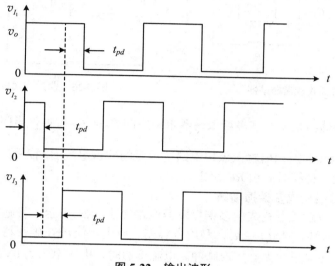

图 5-22 输出波形

2. RC 环形多谐振荡器

将大于或等于 3 个的奇数个反相器首尾相连可构成环形振荡器，产生自激振荡，且振荡周期为 $T=2nt_{pd}$。n 为反相器的个数。图 5-23 是在上述电路基础上改进得到的实用型环形振荡器电路。其中，R_1C 组成电路的延迟环节，R_2 是保护电阻。

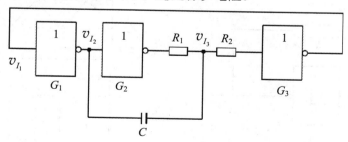

图 5-23 环形振荡器电路

在门电路构成的多谐振荡器电路中，主要有两种形式，对称式（如图 5-24 所示）和非对称式（如图 5-25 所示），下面进行简要介绍。

两个非门 G_1 和 G_2 分别通过两个电容交叉耦合成正反馈环路，每个非门的输入、输出之间并联一个电阻，电容的充放电不断地改变非门的输入、输出电平，从而形成自激振荡。

对 TTL 电路，要求非门的并联电阻满足 $R_{OFF}<R<R_{ON}$，使两个非门在电源刚接通时工作在转折区，输出既不为高电平也不为低电平，即每个门相对于一个放大能力很强的放大器，对输入信号有很强的放大能力。当输入电压发生微小变化时可能产生很大的输出电压变化，从而保证电路能够可靠起振。

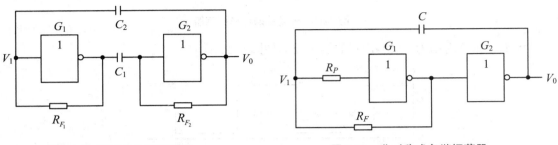

图 5-24 对称式多谐振荡器   图 5-25 非对称式多谐振荡器

非对称多谐振荡器是将对称多谐振荡器电路中的 R_{F_2}、C_1 省掉，电阻 R_P 是为了减少电容充、放电过程中 CMOS 反相器输入保护电路所承受的冲击电流而加入的，忽略 R_P 对电路振荡周期的作用，暂稳态持续时间由 RC 决定。

3. 施密特触发器构成多谐振荡器

利用反相施密特触发器构成的多谐振荡器电路如图 5-26 所示。将施密特触发器的输出通过 R、C 反馈到输入端，使 $u_C = u_i$，利用电容充、放电，使 u_i 在施密特触发器的两个阈值电平之间反复变化，在输出端得到矩形脉冲。电源接通时，电容电压为 0V，电路输出 u_o 为高电平，输出通过 R 对 C 充电，输入端 u_i 呈指数规律升高，达到正阈值电平 V_{T+} 时，触发器输出翻转为低电平，电容 C 又通过 R 对输出端放电，使 u_i 下降，当 u_i 低于负阈值电平 V_{T-} 时，电路输出又一次翻转为高电平，形成多谐振荡。其工作波形如图 5-27 所示。

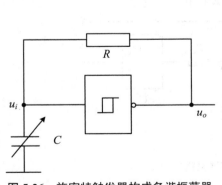

图 5-26 施密特触发器构成多谐振荡器

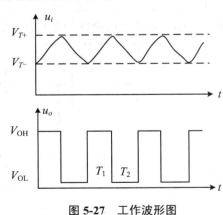

图 5-27 工作波形图

电容充电所需时间 $T_1 = RC\ln\dfrac{V_{OH}-V_{T-}}{V_{OH}-V_{T+}}$，放电所需时间 $T_2 = RC\ln\dfrac{V_{T+}}{V_{T-}}$，输出的波形周期

$$T = RC\ln\frac{V_{OH} - V_{T-}}{V_{OH} - V_{T+}} \cdot \frac{V_{T+}}{V_{T-}}$$

调整 R、C 可以改变振荡周期 T，对于集成施密特触发器 74LS 系列，一般取 V_{T-}= 0.8V，V_{T+}=1.6V，输出电压摆幅为 3V。

4. 石英晶体多谐振荡器

前面介绍的多谐振荡器的振荡频率主要取决于时间常数 RC，同时与门电路的阈值电平 U_{TH} 及集成电路内部元件的参数有关，并受温度和电压的影响较大，因而振荡频率不够稳定，不适合对频率稳定性要求较高的场合。而石英晶体的频率稳定性极高，性能非常稳定品质因数 Q 很大，选频特性非常好，其符号、阻抗频率特性曲线如图 5-28 所示。

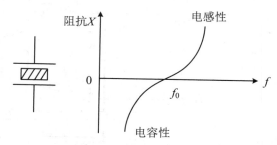

图 5-28　符号、阻抗频率特性曲线

在一片薄石英晶片的两侧镀上两个电极就可以制成石英晶体谐振器。

当信号频率 f 等于石英晶体本身的固有谐振频率 f_0 时，信号容易通过石英晶体，石英晶体阻抗最小，呈纯电阻性；当 $f > f_0$ 时，石英晶体呈现感性阻抗；$f < f_0$ 时，石英晶体呈现容性阻抗。

5.3　集成 555 定时器

5.3.1　集成 555 定时器的工作原理

集成 555 定时器的用途很广，经常用来构成矩形波发生器与整形电路。另外，在测量与控制、家用电器和电子玩具等许多领域中都得到了广泛的应用。

集成 555 定时器有双极型和 CMOS 型两类电路。两类电路结构和工作原理相似，逻辑功能与外部引线排列完全相同。下面以双极型定时器 5G555 为例进行介绍。

1. 电路组成结构

图 5-29 表示 5G555 定时器的原理电路图。

由图 5-29 可知，5G555 定时器由电阻分压器、比较器、基本 RS 触发器、三极管开关和输出缓冲器等五部分组成。

（1）分压器

分压器由三个阻值均为 5k 的电阻串联连接构成，为比较器 C_1 和 C_2 提供参考电压 U_{R_1} 和 U_{R_2}，C_1 的同相输入端 $U_+=U_{R_1}$=2/3 U_{cc}，C_2 的反相输入端 $U_-=U_{R_2}$ = 1/3 U_{cc} 如果在电压控制端

5 另加控制电压，则可改变比较器 C_1 和 C_2 的参考电压 V_{R_1} 和 V_{R_2} 的值。若工作中不使用控制端 5 时，则控制端 5 可通过一个 $0.01\mu\text{F}$ 的电容接地，以旁路高频干扰。

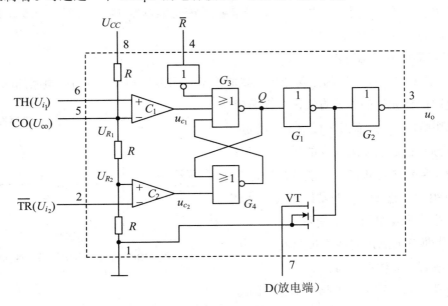

图 5-29　集成 5G555 定时器原理电路图

（2）比较器

C_1 和 C_2 是两个比较器，分别由集成运算放大器构成。C_1 的同相输入端接"＋"接到参考电压 U_{R_1} 端上，即电压控制端 5，反相输入端接"－"用 TH 表示，称为高触发端 6，C_2 的反相输入端"－"接到参考电压 U_{R_2} 端上，同相输入端接"＋"用 TL 表示，称为低触发端 2。同相输入端电压 U_+ 大于反相输入端电压 $U_-(U_+ < U_-)$ 时，比较器输出为低电平。

（3）基本 RS 触发器

基本 RS 触发器由两个与非门构成，$\overline{R}$ 是专门设置的可从外部进行置"0"的复位端 4，当 $\overline{R} = 0$ 时，使 $Q = 0$、$\overline{Q} = 1$，工作时触发器的状态受比较器输出端 u_{c_1} 和 u_{c_2} 控制。

（4）放电开关管和输出驱动电路

放电开关管 VT 是一个 NMOS 管，当栅极为高电平时，VT 导通，放电端的外接电容便放电；当栅极为低电平时，VT 截止。输出端的反相器 G_1 是一个互补形式的输出驱动门，用来增强电路的输出缓冲器带负载能力，隔离负载对定时器的影响。非门 G_2 的输出为定时器的输出端 3（u_o）。

5G555 定时器有八个引出端：① 地端；② 低触发端；③ 输出端；④ 复位端；⑤ 电压控制器；⑥ 高触发端；⑦ 放电端；⑧ 电源端。

2. 工作原理

由图 5-29 的原理电路，可以得到 5G555 定时器的功能表，如表 5-2 所示。表中"×"表示可以任意，"不变"表示保持原来状态，"0"表示低电平，"1"表示高电平。

表 5-2　5G555 定时器的功能表

TH	TL	$\overline{R}$	v_o	T
×	×	0	0	导通
>2/3 V_{cc}	×	1	0	导通
<2/3 V_{cc}	>1/3 V_{cc}	1	不变	不变
<2/3 V_{cc}	<1/3 V_{cc}	1	0	导通

只要 $\overline{R}$=0，则 $\overline{Q}$=1，v_o=0，T 处于导通状态；当 TH>2/3 V_{CC} 时，即 V$-$>V+，则 v_{c_1}=0，$\overline{Q}$=1，v_o=0，T 导通；若 TH<2/3 V_{CC}、TL>1/3 V_{CC} 时，则 v_{c_1}=1、v_{c_2}=1，基本 RS 触发器保持原来状态，因此输出 v_o 和三极管 T 也保持原来状态；当 TH<2/3 V_{CC}、TL<1/3 V_{CC} 时，则 v_{c_1}=1、v_{c_2}=0，Q = 1，v_o = 1，T 截止。

5.3.2　集成 555 定时器的应用

1. 555 定时器构成单稳态触发器

由 555 定时器构成的单稳态触发器电路如图 5-30（a）所示。图中 R 是 7 脚输出与电源之间所接的外接电阻，使放电管构成反相器正常工作，同时 R、C 是定时元件，构成由 7 脚输出到阈值输入端 6 脚的反馈，用来控制暂态维持的时间。C_1 是旁路电容，避免 5 脚受外界干扰。触发信号负脉冲加在 2 脚 $\overline{TR}$ 端，电路产生的矩形波信号由 3 脚输出。

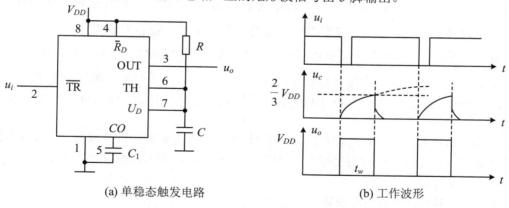

（a）单稳态触发电路　　　　　　　　　　（b）工作波形

图 5-30　555 定时器构成单稳态触发器电路

电源接通以后，电容上的电压 u_C = 0V，此时若触发脉冲 u_i 的负脉冲还没有到来，u_i 为高电平，且应大于 1/3 V_{DD}，则 U_{A_1}=0、U_{A_2}=0、初态 Q=0 保持不变，输出 u_O 为低电平，放电管 T 导通，电容上的电压 u_C 近似为 0V，电路进入稳定状态，电路状态保持不变。

当触发脉冲 u_i 的负脉冲到来时，u_i 为低电平且应小于 1/3 V_{DD}，则 U_{A_1}=0、U_{A_2}=1，使触发器 Q=1、$\overline{Q}$=0，输出变为高电平，放电管 T 截止，电源通过 R 向电容 C 充电，电路进入暂态。

（1）触发脉冲 u_i 的负脉冲持续期小于暂稳态持续期。设当电容 C 充电到 $u_C > 2/3\ V_{DD}$ 之前触发负脉冲已经过去，u_i 变为高电平，当电容 C 充电到 $u_C = 2/3\ V_{DD}$ 时，$U_{A_1}=1$、$U_{A_2}=0$、$Q=0$、$\overline{Q}=1$，使输出变为低电平，暂稳态结束。此时，放电管 T 导通，电容 C 通过放电管 T 放电，因为 $u_C < 2/3\ V_{DD}$，$U_{A_1}=0$、$U_{A_2}=0$，使 $Q=0$、$\overline{Q}=1$ 保持不变，使电路输出低电平保持不变，电路进入稳定状态。

当触发脉冲 u_i 的负脉冲沿再次到来时，电路又进入暂稳态，输出为高电平，电容 C 又开始进行充电，当电容充电到 $2/3 V_{DD}$ 时输出变为低电平，暂稳态结束；电容 C 又开始进行放电，电路进入稳定态。这样，电路在触发脉冲 u_i 的控制下，其暂稳态持续的时间 t_w 由 RC 的充电时间决定，$t_w = RC\ln3 \approx 1.1RC$。工作波形如图 5-30（b）所示。

（2）触发脉冲的负脉冲持续期小于暂稳态时间，且在暂稳态持续期间不止一个触发负脉冲作用，当第一个触发脉冲沿到来时，u_i 变为低电平，使 $U_{A_1}=0$、$U_{A_2}=1$，使触发器 $Q=1$、$\overline{Q}=0$，输出 u_o 变为高电平，放电管 T 截止，电源通过 R 向电容 C 充电，电路进入暂稳态。若电容 C 充电到 $u_C > 2/3\ V_{DD}$ 之前触发负脉冲已经撤除，u_i 变为高电平，$U_{A_1}=0$、$U_{A_2}=0$，电路保持暂稳态；电容 C 继续充电，若此时第二个触发负脉冲沿又到来，u_i 变为低电平，$U_{A_1}=0$、$U_{A_2}=1$，使 $Q=1$、$\overline{Q}=0$ 保持不变，电容 C 仍进行充电。可见，在暂稳态进行过程中，第二个触发脉冲沿对电路无影响，但是，必须保证在电容充电到 $2/3 V_{DD}$ 时无触发负脉冲作用，暂稳态才能在电容充电到 $2/3 V_{DD}$ 时正常结束。

（3）触发负脉冲持续期大于暂稳态时间。当触发脉冲下降沿到来时，u_i 变为低电平，使 $U_{A_1}=0$、$U_{A_2}=1$，触发器 $Q=1$、$\overline{Q}=0$，输出变为高电平，电路进入暂稳态。此时，放电管 T 截止，电源通过 R 向电容 C 充电，当电容 C 充电到 $2/3 V_{DD}$ 时，若触发负脉冲 u_i 没撤除，则 $U_{A_1}=1$，$U_{A_2}=1$，使 $Q=0$、$\overline{Q}=0$，放电管 T 仍截止，输出仍为高电平，电容 C 仍充电；当 $u_C > 2/3\ V_{DD}$ 时，电路仍为暂稳态，暂稳态不能正常结束。直到触发负脉冲撤除后 $U_{A_1}=1$，$U_{A_2}=0$，使 $Q=0$、$\overline{Q}=1$，使输出变为低电平，电路暂稳态才结束。此时，放电管 T 导通，电容 C 通过放电管 T 放电，电路恢复为稳态。暂稳态持续时间等于触发负脉冲持续时间，输出脉冲宽度不能由 $t_w \approx 1.1RC$ 决定。

由上面分析可知：由 555 定时器组成的单稳态触发器对触发脉冲宽度有一定要求，通常要求输入触发脉冲宽度小于输出暂稳态持续时间 $t_w \approx 1.1RC$，若输入触发脉冲宽度大于 t_w，应在输入端加微分电路。

2. 555 定时器构成施密特触发器

如果将 555 集成定时器的阈值输入端（TH 端）和触发器输入端（$\overline{TR}$ 端）连接在一起，作为触发信号输入端，可构成施密特触发器，电路如图 5-31（a）所示。

图中 R_1 和 R_2 组成分压器，调节 R_1 和 R_2 可改变输入电压 u_i 的触发值，从而改变输出脉冲的占空比。电容 C 是耦合电容，其容抗应足够小。

设输入信号为三角波，并设定时器的控制电压端（5 端）悬空。电路的工作过程如下：

① 当 u_i 升高，在 $U_A < 1/3\ U_{CC}$ 时，定时器中 RS 触发器置"1"（$Q=1$），电路输出 U_O 为高电平；

② u_i 继续升高，使 U_A= 2/3 U_{CC} 时，定时器中 RS 触发器置"0"（Q=0），电路输出 U_O 从高电平跳变到低电平；

③ u_i 经峰值后下降，U_A 也随着下降，当 U_A 下降到 1/3 U_{CC} 时，片内 RS 触发器重新被置成"1"（Q=1），电路输出 U_O 又从低电平跳变到高电平。

从以上分析可知，该电路的上限触发阈值电平为 2/3 U_{CC}，下限触发阈值电平为 1/3 U_{CC}，故这种施密特触发器的回差电压为：

$$\Delta U_T = U_{T^+} - U_{T^-} = 1/3\ U_{CC}$$

电路波形及所构成施密特触发器电压传输特性分别如图 5-31（b）、（c）所示。

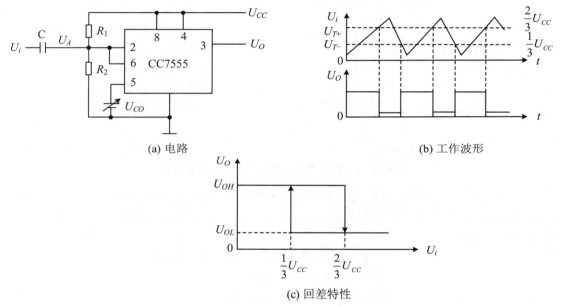

(a) 电路 (b) 工作波形

(c) 回差特性

图 5-31 555 定时器构成施密特触发器

若在定时器的控制电压端外接一个电压 U_{CO}，则电路的 $U_{T^+}=U_{CO}$，$U_{T^-}=1/2U_{CC}$ 改变外接控制电压 U_{CO}，就能调节电路的回差特性。

最后应该注意的是 CMOS 集成定时器与双极型集成定时器有相同的功能、相同的引脚排列，两脚兼容，可以互换。但 CMOS 集成定时器功耗低，带载能力弱，而双极型集成定时器功耗高，带载能力强，在使用时应根据实际情况加以选择。

3. 555 定时器构成多谐振荡器

由 555 集成定时器构成的多谐振荡器如图 5-32（a）所示。

图中 R_1、R_2 和 C 为外接电阻和电容，是定时元件。电路的工作过程如下：

（1）电路接通电源时，由于定时电容 C 上的电压 U_C=0，比较器 C_2 输出为"1"，使 RS 触发器置"1"（Q=1），G_1 门输出为低电平，放电管 VT 截止，电路输出 U_o 为高电平；

（2）电源 U_{CC} 经电阻 R_1 和 R_2 对电容 C 充电，当 U_C 上升到 2/3 U_{CC} 时，比较器 C_2 输出为"0"。但不影响 RS 触发器的"1"状态，放电管 VT 仍然截止，U_C 逐渐上升，当 U_C 上升到 2/3 U_{CC} 时，比较器 C_1 输出为"1"，RS 触发器被复位（Q=0），G_1 门输出变为高电平，放电管 VT 导通，电路输出 U_O 从高电平跳变到低电平；

（3）放电管导通后，电容 C 通过电阻 R_2、放电管 VT 放电，这样 U_C 由 $2/3U_{CC}$ 开始逐渐下降，比较器 C_1 输出变为"0"，但不影响 RS 触发器的"0"状态，放电管 VT 仍然导通，电容 C 继续放电，直到 U_C 下降到略低于 $1/3U_{CC}$ 时，比较器 C_2 输出为"1"，RS 触发器置位（$Q=1$），电路输出 U_O 又从低电平跳变到高电平。放电管 VT 截止，电源 U_{CC} 又重新对电容 C 充电，如此周而复始形成自激振荡，输出矩形波。

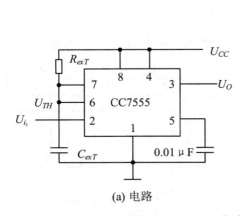

(a) 电路

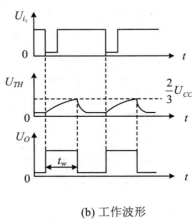

(b) 工作波形

图 5-32　CC7555 集成定时器构成的多谐振荡器

图 5-32（b）所示为其工作波形，由它可以方便地计算出电路振荡周期：$T=T_1+T_2$，T_1 是 U_c 从 $1/3\,U_{CC}$ 充电到 $2/3\,U_{CC}$ 所经历的时间，T_2 是 U_c 从 $2/3U_{CC}$ 放电到 $1/3\,U_{CC}$ 所经历的时间。其近似计算公式为

$$T_1\approx（R_1+R_2）C\ln2\approx0.7（R_1+R_2）C$$
$$T_2\approx R_2C\ln2\approx0.7R_2C$$
$$T=T_1+T_2\approx0.7（R_1+2R_2）C$$

电路的振荡频率为

$$f=\frac{1}{T}=\frac{1}{0.7(R_1+2R_2)C}$$

电路输出脉冲的占空比为

$$q=\frac{T_1}{T}=\frac{R_1+R_2}{R_1+2R_2}$$

若希望构成占空比可调的多谐振荡器，可采用图 5-33 所示电路。

电路利用了二极管 VD_1 和 VD_2 的单向导电特性使电容器 C 的充、放电回路分开。充电时，二极管 VD_1 导通，VD_2 截止，充电时间为

$$T_1\approx R_1C\ln2\approx0.7R_1C$$

放电时，二极管 VD_1 截止，VD_2 导通，放电时间为

$$T_2\approx R_2C\ln2\approx0.7R_2C$$

因此，该电路输出脉冲的占空比为

$$q = \frac{R_1}{R_1 + R_2}$$

若取 $R_1 = R_2$，则 $q = 50\%$，就形成方波发生器。

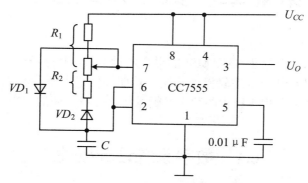

图 5-33　占空比可调的多谐振荡器

习　　题

1. 用于产生矩形脉冲的电路可分为几类？

2. 施密特触发器有何特点？主要用途有哪些？

3. 请说明单稳态触发器的工作特点和主要用途。

4. 使用 SN74121 集成单稳态触发器，设定时电阻用片内电阻，要求输出脉冲的宽度为 3.5ms，试求外接电容的值，并画出接线图。

5. 试用 CC7555 集成定时器设计一个振荡频率为 500kHz，输出脉冲占空比 $q = 1/2$ 的多谐振荡器。（要求画出电路图）

6. 图 5-31（a）所示是用 555 集成定时器构成的施密特触发器，试问：

（1）当 $U_{CC} = 15V$，控制电压端悬空时，求电路的上、下限的阈值电平（U_{T+} 和 U_{T-}）和回差电压 ΔU_T。

（2）当 $U_{CC} = 10V$，控制电压端 $U_{co} = 6V$ 时，求电路的上、下限的阈值电平和回差电压。

7. 由 CC7555 集成定时器构成的单稳态触发器如图 5-30（a）所示。设 $U_{cc} = 10V$，要求输出脉冲宽度为 1s，试选择定时元件 R_{exT} 和 C_{exT} 的值。

8. 由 CC7555 集成定时器构成的多谐振荡器如图 5-32（a）所示。设 $U_{cc} = 10V$，要求振荡频率为 100kHz，输出脉冲占空比 $q = 2/3$，试选择定时元件 R_1、R_2 和 C 的值。

第6章 数字系统设计

前面各章已较全面地介绍了 SSI、MSI 的组合逻辑电路、时序逻辑电路，这些电路的组成比较简单，仅能完成某种特定的逻辑操作，属于功能部件级电路。本章将讨论如何用这些功能部件级电路设计复杂的、规模较大的数字逻辑系统，完成复杂的逻辑功能。

6.1 数字系统设计概述

6.1.1 数字系统的基本组成

如图 6-1 所示，数字系统的核心包括控制器和数据处理器（受控电路）两大部分。有些较大规模的数字系统还设置有输入接口、输出接口、存储电路等。

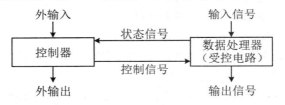

图 6-1 数字系统结构框图

控制器是控制系统内部协同各部分工作的电路，由记录当前逻辑状态的时序电路和进行逻辑运算的组合电路组成。它根据外部输入信号以及数据处理器送来的状态信号，产生对数据处理器的控制信号以及系统对外界的输出信号，使各模块按照正确的时序进行工作。

数据处理器由一些组合逻辑电路和时序逻辑电路组成。它可根据控制器发出的控制信号对输入的数据信号进行加工和处理，同时，还将反映数据处理器自身状态和控制要求的信号反馈给控制器。

输入、输出接口主要用来进行模拟量和数字量之间的转换，实现系统与外界之间的信息交换。存储器用来存储数据、各种控制信息和状态信息，以供数据处理器和控制器调用。

数字系统通常由若干个逻辑功能部件组成，并由一个控制部件统一指挥。因此有没有控制器是区别数字系统和逻辑功能部件的重要标志，凡是包含控制器且能按一定的时序进行操作的系统，不论规模大小，复杂程度高低，一律称为数字系统，否则只能看成一个功能部件或逻辑子系统，而不能叫作一个独立的数字系统。如大容量的存储器，尽管规模很大，但由于它不同时具有控制电路和受控电路，且其功能单一，因而不能算是数字系统。

6.1.2　数字系统的设计方法

数字系统设计通常分为正向设计与逆向设计两大类。正向设计通常用来实现一个新的设计，而逆向设计是在剖析别人设计的基础上进行某种修改或改进。在这两大类中又可分为"由底向上（Bottom-up）"和"自顶向下（Top-down）"两大类设计方法，见表 6-1。

表 6-1　"由底向上"与"自顶向下"设计

方法	由底向上	自顶向下
正向设计	系统划分、分解 单元设计 功能块设计 子系统设计 系统总成	行为设计 结构设计 逻辑设计 电路设计 版图设计
逆向设计	版图解析 电路图提取 功能分析 单元设计 功能块设计 子系统设计 系统设计	版图解析 电路图提取 功能分析 结构修改 逻辑设计 电路设计 版图设计

1. 由底向上的设计方法

数字系统由底向上的设计方法，又称试凑设计法、模块设计法，就是用试探的方法按给定的功能要求选择若干模块（功能部件）来拼凑一个系统。

由底向上的设计方法一般要遵循下列几个步骤：

（1）分析系统设计要求，确定系统总体方案。消化设计任务书，明确系统功能，拟定算法，划分逻辑单元，确定初始结构，建立整体原理方框图；

（2）模块划分和实现。将逻辑单元进一步分解成若干相对独立的模块，以便直接选用标准的 LSI、MSI、SSI 器件来实现；

（3）绘制电路图。连接各个模块绘制整个系统的实验电路图。

尽管由底向上的设计方法比较符合人们的逻辑思维习惯，也容易使设计者对复杂的系统进行合理的划分和不断优化，并在电子系统设计中得到普遍应用，但这种方法不可避免的具有下述缺点：

（1）这种设计方法没有明显的规律可循，主要依靠设计者的实践经验和熟练的设计技巧，用逐步试探的方法最后设计出一个完整的数字系统；

（2）设计缺少灵活性。系统的各项性能指标只有在系统构成后才能分析测试。如果系统设计存在问题或需要进行改进，甚至可能要重新设计，就会使得设计周期加长，资源浪费也较大；

（3）版图设计困难。由于用集成度比较低的集成电路（IC）设计一个系统往往要用到多块 IC，必然造成版图设计的困难。

因此随着计算机技术和电子技术的发展，由底向上的方法日益陈旧，自顶向下的设计方法将得到更多的软、硬件支持，并将成为现代电子系统设计的主流方法。

2. 自顶向下的设计方法

自顶向下的设计方法，将整个系统从逻辑上划分成控制器和处理器两大部分，采用 ASM 图、RTL 语言、MDS 图等来描述控制器和处理器的工作过程。如果控制器和处理器仍比较复杂，可以在控制器和处理器内部多重地进行逻辑划分，然后选用适当的器件以实现各子系统，最后把它们连接起来，得到所要求的数字系统。

自顶向下的设计方法一般要遵循下列几个步骤：

（1）明确所要设计系统的逻辑功能。设计项目任务书的叙述通常比较简单，没有细节上的说明，设计者必须对任务书消化、理解，逐步明确系统要完成的逻辑功能；

（2）确定系统方案与逻辑划分，画出系统方框图。明确了系统的逻辑要求之后，就要考虑如何来实现设计所规定的逻辑要求。选定实现所需数字系统的原理和方法，进行逻辑划分，确定基本结构，画出系统的方框图；

（3）采用某种控制算法描述系统（或子系统）；

（4）设计控制器和处理器，并组合成所需要的数字系统。

自顶向下设计方法与由底向上设计方法相比，具有如下优点：

（1）系统性。设计者一开始就能从总体上理解和把握整个系统，并将系统设计划分为行为级、功能级和门级等不同层次，然后按照自上而下的顺序，在不同层次上进行设计、描述和仿真；

（2）规范性。采用标准的设计语言和规范化的开发工具，使得设计出来的系统具有通用性、可移植性和可测试性，为高效高质的系统开发提供了可靠保证；

（3）灵活性。在系统设计过程中要进行三级仿真，即行为层次仿真、RTL 层次仿真和门级层次仿真。这 3 级仿真贯穿系统设计的全过程，从而可以在系统设计早期发现设计中的问题，进行灵活的修改，从而大大缩短设计周期，节约成本；

（4）简单性。借助于 EDA 开发平台，硬件电路的设计软件化。设计输入可以是原理图，也可以是硬件语言等，下载配置前的整个过程几乎不涉及任何硬件，而硬件设计的修改如同修改软件程序一样方便快捷。

自顶向下的设计也并非是绝对的，在设计过程中，有时也需要用到由底向上的设计方法。

6.1.3 数字系统的设计方式

1. 图形设计方式

图形设计方式是设计规模较小电路与系统时经常采用的方法，这种方法直接把设计的系统用原理图方式表现出来，具有直观、形象的优点，尤其对表现层次结构、模块化结构更为方便。图形法适合描述连接关系和接口关系，不适用于描述逻辑功能。如果所设计系统的规模比较大，或设计软件不能提供设计者所需的库单元时，这种方法就显得很受限制了。而且用原理图表示的设计，通用性、可移植性也弱一些，所以在现代的设计中，越来越多地采用基于硬件描述语言的设计方式。

2. 代码设计方式

硬件描述语言是一种用文本形式描述和设计电路的语言。设计者可利用 HDL 语言来描述自己的设计，然后利用 EDA 工具进行综合和仿真，最后变为某种目标文件，再用可编程逻辑器件具体实现。这种称为高层次设计的方法已被普遍应用。据统计，在美国硅谷目前约有 80%的 ASIC 和 FPGA 是采用 HDL 方法设计的。

硬件描述语言发展至今已有二十多年的历史，已出现了数十种硬件描述语言，它们对设计自动化起到了促进和推动作用。但是这些语言一般面向特定的设计领域与层次，而且众多的语言使用户无所适从，因此硬件描述语言必须向着标准化、集成化的方向发展。最终 VHDL和 Verilog HDL 适应了这种趋势的要求，均成为 IEEE 标准。

6.1.4　数字系统的实现

数字系统的核心是器件，实现数字系统设计必然涉及到器件。选择什么样的器件关系到数字系统设计的周期、成本和风险等，因此需要综合考虑，根据实际情况进行选择。一般可选用通用标准逻辑器件或可编程逻辑器件来实现数字系统的设计。

1. 基于通用标准逻辑器件

基于通用标准逻辑器件的数字系统设计，一般采用传统的设计方法和步骤，即由底向上的设计顺序，从选择基本器件开始，再由这些器件和其他元件构成电路、子系统和系统，最后进行后期的测试。

由于标准器件的集成规模有大、中、小之分，功能种类的繁多以及选择的多样性，使电路的设计方案、规模因选用器件而异，这就要求设计者需要考虑更多的因素，如目前市场有哪些可选用的器件，货源是否有保证，性能如何，价格怎样等。另外，设计者必须待系统设计完成后才能进行调试，若发现系统设计中有错误，修改起来十分困难，而且往往因牵涉面太多而不得不返工重新设计，造成人力物力的巨大损失，延长了开发周期。

2. 基于可编程逻辑器件

可编程逻辑器件（PLD，Programmable Logic Device）是 20 世纪 80 年代蓬勃发展起来的专用集成电路的一个重要分支。可编程逻辑器件不仅速度快，集成度高，而且具有用户可定义的逻辑功能，有的还可以加密，可以重复编程。因此 PLD 不仅能适应各种应用的需要，而且可以大大简化硬件系统，降低成本，提高系统的可靠性、灵活性和保密性，缩短开发周期，从而成为设计新型数字系统的理想器件。

基于可编程逻辑器件的数字系统设计，一般通过计算机和开发工具，采用自顶向下的设计方法，从系统设计入手，在顶层进行功能方框图划分及结构描述，在方框图一级进行仿真、纠错，并用硬件描述语言对高层次的系统行为进行描述，在系统一级进行验证，然后由逻辑综合优化工具自动生成具体的门级逻辑电路网表，再通过编程电缆下载到 PLD 中从而实现系统的设计，如图 6-2 所示。

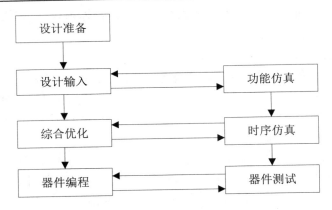

图 6-2　基于 PLD 的数字系统设计流程

6.2　数字系统设计的描述工具

　　精确地定义和描述数字系统，是数字系统设计正确实施的依据。常用的描述工具有方框图、时序图、算法状态机图和寄存器传输语言等。本节重点介绍后两种描述方法。

6.2.1　算法状态机（ASM）图

　　ASM（Algorithm State Machine）图是描述数字系统控制算法的流程图，表面上与通用的软件流程图非常相似。不同的是 ASM 图具有时间序列，即每隔规定数量的脉冲，转到下一状态，而一般软件流程图只表示事件序列，没有时间的概念。应用 ASM 图设计数字系统，可以很容易将语言描述的设计问题变成时序流程图的描述，描述逻辑设计问题的时序流程图一旦形成，状态函数和输出函数就容易获得，从而得出相应的硬件电路。

1. 状态框

　　数字系统控制序列中的状态用状态框表示。如图 6-3 所示，状态框用一个矩形框表示，框内标示出在此状态下实现的寄存器传输操作和输出，状态的名称置于状态框的左上角，分配给状态的二进制代码位于状态框的右上角。从矩形框出发的一条带箭头的直线用以表示从当前状态到下一状态的路径。图 6-3（b）为状态框实例，状态框的名称为 P，其代码是 101，框内规定的寄存器操作为：将 X 送给 IN，将 AC 清零，Z 为输出信号。

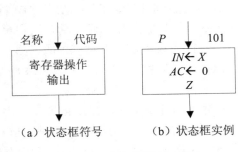

（a）状态框符号　　　（b）状态框实例

图 6-3　ASM 图的状态框

2. 判断框

判断框表示状态变量对控制器工作的影响。如图 6-4（a）所示，判断框用菱形框表示，对每个有效的输入，由判断框描述在输入作用下，系统从当前状态转入下一状态的路径。它有一个入口和多个出口，框内填充判断条件，如果条件为真，选择一个出口；若条件为假选择另一个出口。

条件分支可以是一个变量的两种情况，也可以是两个以上变量，产生多个条件分支，图 6-4（b）、（c）给出了三个分支的两种表示方法，其中图 6-4（b）是真值表图解表示法，两个输入变量同等重要，没有哪个变量起支配作用；图 6-4（c）的输入变量 X_1 优先级高于 X_2，设计者可根据需要确定输入变量的优先级。

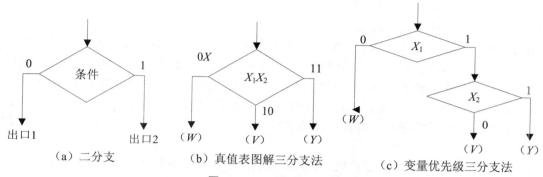

（a）二分支　　　　　　（b）真值表图解三分支法　　　　　　（c）变量优先级三分支法

图 6-4　ASM 图的判断框

判断框的入口来自某一个状态框，在该状态占用的一个时钟周期内，根据判断框中的条件，以决定下一个时钟脉冲触发沿到来时，该状态从判断框的哪个出口出去，因此，判断框不占用时间。

3. 条件输出框

条件输出框如图 6-5 所示，条件框的入口必定与判断框的输出相连。列在条件框内的寄存器操作或输出是在给定的状态下，满足判断条件才发生的。在图 6-5（b）中，当系统处于状态 S_1 时，若条件 $X=1$，则寄存器 R 被清零，否则 R 保持不变；不论 X 为何值，系统的下一个状态都是 S_2。

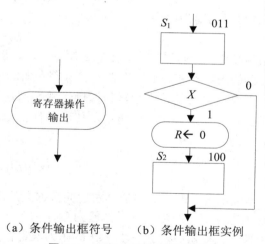

（a）条件输出框符号　　　（b）条件输出框实例

图 6-5　ASM 图的条件输出框

6.2.2　寄存器传输语言 RTL

数字系统各模块之间的信息传送，以及模块内部各子模块之间的信息加工、存储与传输操作，这些操作应该有个正式的描述方法，并且这种方法应同硬件之间有个简单对应关系，寄存器传输语言（RTL）就是这样一种方便的工具。

寄存器传输语言中寄存器是基本的逻辑单元，并且是广义的，不仅包括暂存信息的寄存器，还包括移位寄存器、存储器、计数器以及其他类型的寄存器。例如，计数器可以看作增1（或减1）寄存器，存储器则是寄存器的集合。

寄存器传输语言适用于描述功能部件级的数字系统工作。它是用一组表达式，以类似于程序设计语言的语言，简明精确地描述寄存器所存信息之间的信息流通和任务处理。这种语言使系统技术要求与硬件电路实现之间建立起一一对应的关系。采用这种传输语言描述，不但可以很方便地用硬件实现，也可以在计算机上用软件方法模拟所描述的数字系统。

寄存器传输语言的每一个语句与一种操作相对应。在数字系统中最常用的操作有寄存器相互传送操作、算术运算操作、逻辑运算操作、移位操作等。

1. 寄存器间的相互传送操作

这种操作是将二进制信息从一个寄存器传送到另一个寄存器。在寄存器传送语言中，用大写英文字母表示寄存器，如 A、B 和 IR 等。还可以把寄存器的每一位表示出来，每位的编号用方括号括起来，例如，$A[3]$ 表示寄存器 A 从右起第四位。对于存储器用 $M<n>$ 表示，其中 $<n>$ 表示地址寄存器的编号，例如，$M<5>$ 表示存储器 M 中 5 号地址对应的一个字的存储单元。但是，在说明寄存器的位数和存储器的容量说明语句中，$A[3]$ 和 $M<5>$ 就表示位数和字数了。

寄存器之间的信息传送以置换操作表示。若有两个三位寄存器 A 和 B，要在时钟脉冲到来时，将 A 中各触发器的内容对应传送给 B 的各触发器中，其语句为

$$B[2] \leftarrow A[2]; \quad B[1] \leftarrow A[1]; \quad B[0] \leftarrow A[0]$$

也可以简写为

$$B \leftarrow A$$

语句中箭头表示传送方向，A 称为源寄存器，B 称为目标寄存器，传送操作是个复制过程，源寄存器的内容不变。源寄存器与目标寄存器的位数要相同。

需要指出的是，寄存器传送操作并不都是伴随每个时钟脉冲而发生，而是在一定的条件下发生，满足条件才可以传送。传送条件常由控制器给出逻辑函数规定。寄存器条件传送语句形式为

$$A \leftarrow (B!C) * (F_1, F_2)$$

"!"是隔离符，表示其左边和右边的数据之间没有联系；"*"是条件语句的连接符，"*"右边为传送条件 (F_1, F_2)，当某一条件值为 1 时，"*"左边按顺序对应的寄存器为源寄存器。如 $F_1 = 1$，B 作为源寄存器；若 $F_2 = 1$，则 C 作为源寄存器。若 F_1、F_2 均为 1，B 和 C 寄存器相或之后作为源信号。

2. 算术运算操作

基本的算术运算操作包括加、减、取反等，根据基本的算术运算可以获得其他的算数操作，如表 6-2 所示。

表 6-2　算术操作

符号表示法	含义
$F \leftarrow A+B$	A 与 B 之和传输给 F
$F \leftarrow A-B$	A 与 B 之差传输给 F
$B \leftarrow \bar{B}+1$	求寄存器 B 中数的补码
$B \leftarrow \bar{B}$	求寄存器 B 中数的反码
$F \leftarrow A+\bar{B}+1$	A 加 B 的补码传给 F
$A \leftarrow A+1$	A 加 1
$A \leftarrow A-1$	A 减 1

3. 逻辑运算操作

逻辑操作是两个寄存器对应位之间的操作，基本的逻辑运算包括与、或、非操作，其他逻辑运算可由这三种基本的逻辑运算复合而成，如表 6-3 所示。

表 6-3　逻辑运算操作

符号表示法	含义
$F \leftarrow \bar{A}$	"非"操作
$F \leftarrow A \vee B$	"或"操作
$F \leftarrow A \wedge B$	"与"操作
$F \leftarrow A \oplus B$	"异或"操作

4. 移位操作

移位操作是使寄存器中的信息逐次移位，每次移一位，移位后寄存器的内容被更新，常见的移位操作有左移、右移、循环左移和循环右移，如表 6-4 所示。

表 6-4　移位操作

符号表示法	含义
$A \leftarrow \text{shl}A,\quad A[0] \leftarrow 0$	左移操作，低位补 0
$A \leftarrow \text{shr}A,\quad A[3] \leftarrow 0$	右移操作，高位补 0
$A \leftarrow \text{shl}A,\quad A[0] \leftarrow A[3]$	循环左移操作
$A \leftarrow \text{shr}A,\quad A[3] \leftarrow A[0]$	循环右移操作

5. 输入和输出操作

寄存器传输语言还可以描述系统输入、输出操作，如果将输入线 X 的数据传送到 A 寄存器，则表示为

$$A \leftarrow X$$

把寄存器 A 的各位传送到输出线 Z 时，则采用"="表示

$$Z = A$$

该语句意味着寄存器输出与输出线直接相连。

6. 无条件转移和条件转移

寄存器传输语言和其他编程语言一样，也包含有分支语句。分支语句说明接下去要执行哪一步操作。通常有无条件转移和条件转移两种不同的类型。

① 无条件转移语句

$$\rightarrow (S)$$

其中 S 是语句编号，表示下一步转向编号为 S 的语句继续执行。

② 条件转移语句

$$\rightarrow (f_1, f_2, \cdots, f_n)/(S_1, S_2, \cdots S_n)$$

其中 f_i 是系统变量的函数，取值为 0 或 1。当 $f_i = 1$ 时，转入执行编号为 S_i 的语句；当所有的 f_i 均为 0 时，顺序执行下一条语句。

③ 空操作语句

$$\rightarrow \text{NULL}$$

表示不进行任何操作，只是延时了一个时钟周期，然后顺序执行下一条语句。

6.3 数字系统设计实例

本节将通过简易数字频率计、数字钟、交通信号灯控制器三个设计实例，介绍小型数字系统设计的方法和过程。

6.3.1 简易数字频率计的设计

1. 简易数字频率计的功能描述

数字频率计是直接用十进制数字来显示被测信号频率的一种测量仪器，可以测量正弦波、方波、三角波和尖脉冲信号的频率。频率是指周期性信号在单位时间（1s）内变化的次数。若在一定时间间隔 T 内测得某周期性信号的重复变化次数为 N，则该信号的频率 f 为 N/T（Hz）。

现要求设计一个简易四位十进制数字频率计，要求具有如下功能：

测量范围为 1Hz~10kHz，用记忆显示方式，测量过程中不刷新数据，等测量过程结束后，显示测量结果，给出待测信号的频率值，并保存到下一次测量结束。显示时间不小于 1s。

2. 简易数字频率计的设计思路

频率计工作时，先要产生一个计数允许信号，即单位时间闸门信号。在此闸门信号有效时间内，对被测信号进行计数。测量过程结束，需要锁存计数值，并留出一段时间显示被测信号的频率值，再开始下一次测量。在下一次测量之前，应对所有的计数器清零，其工作时序如图 6-6 所示。

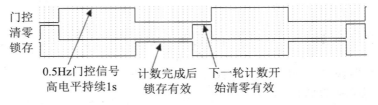

图 6-6 门控信号、清零信号、锁存信号的时序关系

依据上述分析，可把频率计划分为四个模块：时间基准产生模块、测频时序控制电路模块、待测信号脉冲计数电路模块、锁存与译码显示控制电路模块，图 6-7 给出了各功能模块间的接口关系。

时间基准产生模块可以选用 555 定时器或石英晶体多谐振荡器加分频电路构成，输出标准时钟 CLK。

测频时序控制电路模块输入标准时钟 CLK，产生计数允许信号 EN，其宽度为单位时间 T，如 1s、100 ms 等，并且产生清零信号 CLR，锁存信号 LOCK。

待测信号脉冲计数电路模块对待测脉冲信号 F_IN 的频率进行测量，EN 作为计数选通控制信号，CLR 为计数器清零信号。用 CLR 清零后，由 EN 启动，对 F_IN 计数，当 EN 的宽度为 1s 时，计数结果则为 F_IN 的频率；EN 的宽度为 100 ms 时，F_IN 的频率则为计数结果×10。

锁存与译码显示控制电路模块用于实现记忆显示，使测量过程中不刷新数据，测量过程结束后，锁存显示测量结果，并且保存到下一次测量结束。

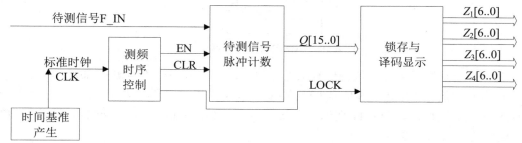

图 6-7　简易数频率计的构成框图

3. 采用原理图描述的简易数字频率计的设计

本例采用层次化设计的方法，对数字频率计进行设计，顶层设计和底层设计都用逻辑电路原理图进行描述，使用的 EDA 环境为 Altera Max+PlusII v10.2。

在具体设计时，首先建立描述各底层功能模块的原理图文件，然后以此为基础，建立顶层原理图文件。

本例中假定时基产生电路已经提供了 8Hz 的标准时钟 CLK。此时对于测频时序控制电路的设计，采用一个四位二进制加法计数器 74161（计数输出为 $Q_3Q_2Q_1Q_0$）进行分频，在输出端的最高位 Q_3 将得到频率为 0.5Hz 的方波信号，高、低电平持续时间均为 1s，Q_3 输出作为计数允许选通信号 EN。在 EN（Q_3）为低电平期间，顺次输出 LOCK、CLR 信号，即先锁存计数结果，随之清零，为下一次计数做好准备。通过对 74161 的计数状态进行适当选取和译码可构成如图 6-8 所示电路（这里 EN、LOCK、CLR 均设计为高有效），并将此模块命名为 Ctrl（由 Ctrl.gdf 描述），图 6-9 为 Ctrl 模块的典型工作波形，图 6-10 为 Ctrl 模块的外部端口特征。

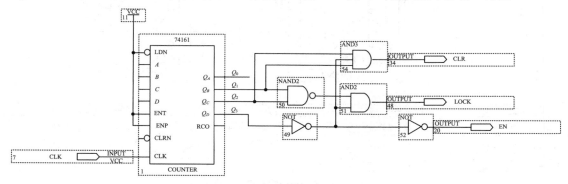

图 6-8　Ctrl 模块的电路原理图

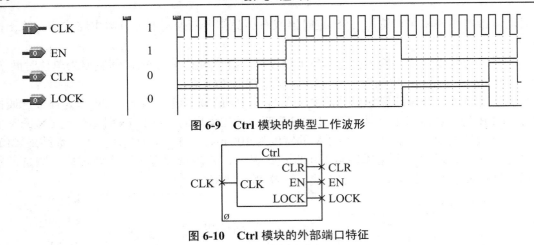

图 6-9　Ctrl 模块的典型工作波形

图 6-10　Ctrl 模块的外部端口特征

作为四位十进制频率计，待测信号脉冲计数电路可由 4 个一位十进制加法计数器串接而成。其计数允许信号 EN 和清零信号 CLR 由 Ctrl 模块提供，可利用 4 片一位十进制加法计数器 74160 实现此模块，如图 6-11 所示，并将其命名为 Count（由 Count.gdf 描述）。图 6-12 是 Count 模块的外部端口特性。

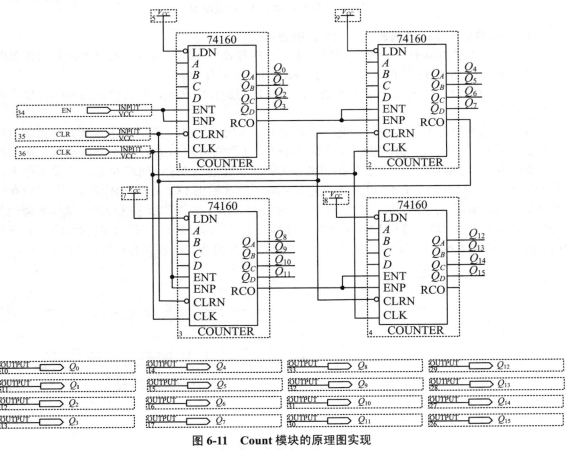

图 6-11　Count 模块的原理图实现

锁存与译码显示电路的功能是对计数模块的 16 位二进制输出（代表 4 个 BCD 码）进行锁存，并转换为对应的四组七段码，用于驱动数码管。可利用两个 8 位二进制锁存器 74373 和 4 个七段译码器 7449（假定显示器件为共阴极接法的数码管）来实现此模块 Lock_led（由 Lock_led.gdf 描述），如图 6-13 所示，图 6-14 是其外部封装特征。

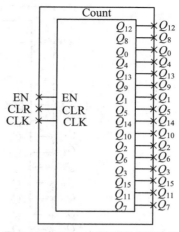

图 6-12　Count 模块的外部端口特征

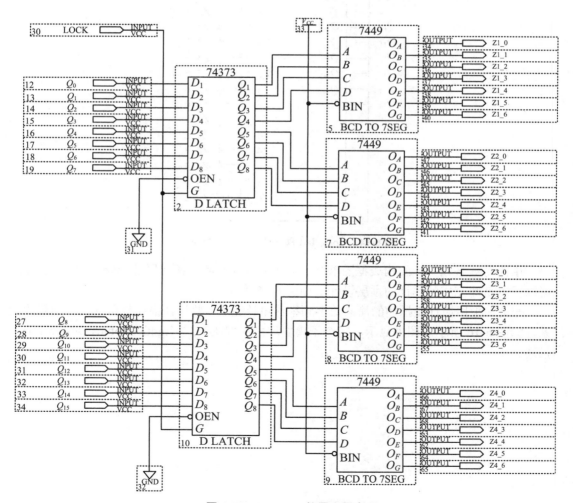

图 6-13　Lock_led 的原理图实现

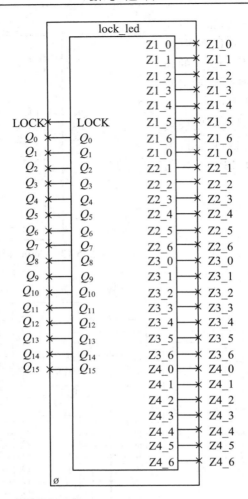

图 6-14 Lock_led 模块的外部端口特征

由简易数字频率计的构成框图以及上面所生成的对应于各底层功能模块的元件封装，可以很容易地完成频率计的顶层设计，如图 6-15 所示。

至此，采用原理图描述的简易数字频率计设计完成，此设计描述是自顶向下的层次关系，如图 6-16 所示。图中显示，三个子模块均由原理图方式（.gdf,Graphics Design File）描述。

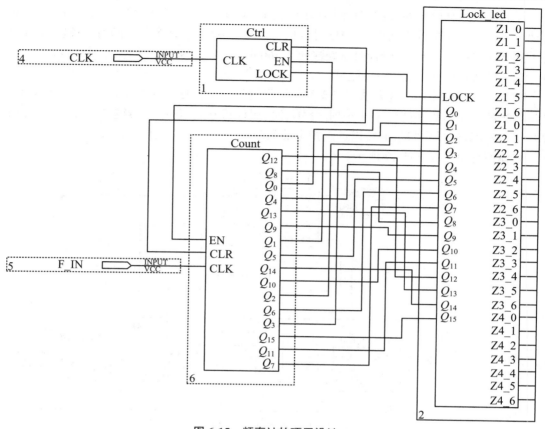

图 6-15 频率计的顶层设计

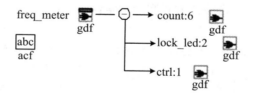

图 6-16 频率计设计描述的层次关系

6.3.2 数字钟的设计

1. 数字钟的功能描述

（1）计时和显示功能

采用 24 小时计时并以十进制数字显示时、分、秒（时从 00 到 23，分、秒从 00 到 59）。

（2）校时功能

当数字钟走时有偏差时，应能手动校时。

2. 数字钟的设计思路

根据功能要求，整个数字钟分为计时和校时两大部分。

计时部分秒计时电路接收 1Hz 时基信号,进行 60 进制计数,计满后秒值归 0,并产生 1/60Hz 时钟信号;分钟计时电路接收 1/60Hz 时钟信号,进行 60 进制计数,计满后分钟值归 0,并产生 1/3600Hz 时钟信号;小时计时电路接收 1/3600Hz 时钟信号,进行 24 小时计数,计满后小时、分、秒值皆归 0,如此循环往复。

校时部分,有多种实现方法。在本例中采用两个瞬态按键(琴键开关)配合实现,1 号键产生单脉冲,控制数字钟在计时/校时/校分/校秒四种状态间切换,2 号键通过控制计数使能端让时/分/秒计数器发生状态翻转以达到指定的数值。

总体原理电路如图 6-17 所示。

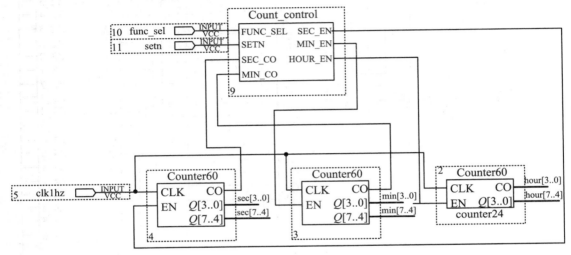

图 6-17　数字钟的原理电路

3. 采用原理图和 HDL 混合设计方式实现数字钟

(1) 小时计时电路

小时计时需要 24 进制计数,其电路如图 6-18 所示。

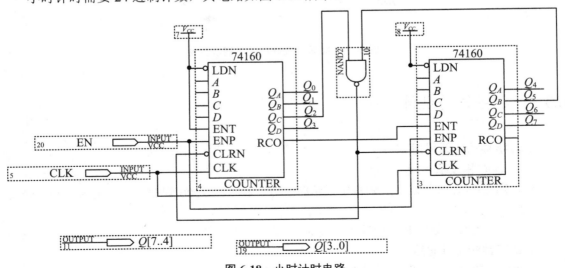

图 6-18　小时计时电路

　　该电路用两片 74160（一位十进制加法计数器）采用同步连接构成 24 进制计数器，通过译码电路识别暂态"24"，输出低电平使计数器清零。整个计数循环为 00→01→02→…→23→00→…，共有 24 个稳定状态。计数值采用 BCD 码形式，$Q_7 \sim Q_4$ 表示小时的十位，$Q_3 \sim Q_0$ 表示小时的个位。EN 输入端当正常计数状态时接收分钟计时电路的进位输出，而在校时状态时接收校时脉冲用于控制小时值的翻转。小时计时模块的输入输出端口如图 6-19 所示。

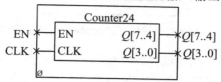

图 6-19　小时计时电路的端口特征

（2）分钟、秒计时电路

分钟、秒计时需要 60 进制计数，其电路如图 6-20 所示。

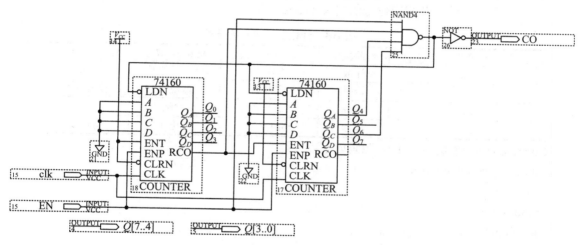

图 6-20　分钟计时电路

　　该电路用两片 74160 采用同步连接构成 60 进制计数器，通过译码电路识别稳态"59"，输出低电平使计数器置数为 0。整个计数循环为 00→01→02→…→58→59→00→…，共有 60 个稳定状态。计数值采用 BCD 码形式，$Q_7 \sim Q_4$ 表示分钟或秒的十位，$Q_3 \sim Q_0$ 表示分钟或秒的个位。EN 输入端当正常计数状态时接收分钟计时电路的进位输出，而在校时状态时接收校时脉冲用于控制小时值的翻转。计满进位输出端 CO 用于触发高一级计数器的计数动作（秒计满触发分钟计数，分钟计满触发小时计数）。其端口特征如图 6-21 所示。

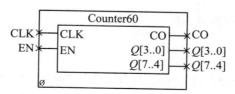

图 6-21　秒/分钟计时电路的端口特征

（3）计时/校时的切换由模块 Count_control 实现，其端口特征如图 6-22 所示。

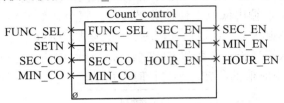

图 6-22　计时/校时切换（计数控制）模块的端口特征

其中，Func_sel 输入端接收功能选择脉冲输入，维护内部一个模 4 计数器，以此控制数字钟在计时/校时/校分/校秒四种状态中切换；Setn 输入端接收校时脉冲，负脉冲有效，每收到 1 个校时脉冲，对应的计数单元（时单元或分单元或秒单元）计数值加 1；Sec_co 输入由秒计数单元的进位提供，Min_co 输入由分计数单元的进位提供；Sec_cn、Min_en、Hour_en 提供三个计数单元所需要的使能信号（由此模块的内部逻辑在前级进位输出和校时脉冲之间做二选一）。计数单元功能选择及相应信号的定义如表 6-5 所示。

表 6-5　计数单元功能选择表

内部模 4 计数器状态 Q_1Q_0	当前功能	Sec_en 取值	Min_en 取值	Hour_en 取值
0 0	计数	高电平	秒单元进位	分单元进位
0 1	调时	低电平	低电平	校时脉冲
1 0	调分	低电平	小时脉冲	低电平
1 1	调秒	小时脉冲	低电平	低电平

Count_control 模块的 AHDL 源码如下：

```
subdesign count_control
(
  func_sel:input;
  setn:input;
  sec_co,min_co:input;
  sec_en,min_en,hour_en:output;
) '以上为模块的端口定义
variable
  q[1..0]:dff;'定义由 DFF 构成的寄存器组（模 4 计数器）
begin
  q[].clk=func_sel;  '设定计数器的时钟
  q[]=q[]+1;'加计数器
  if(q[]>3)then q[]=0;'构成模 4 循环
  end if;
  case q[] is
'使用 case 语句表达表 6-5，注意 setn 的有效信号与计数单元使能端的有效信号的区别
    when 0=>sec_en=vcc;
            min_en=sec_co;
```

```
                    hour_en=min_co;
        when 1=>sec_en=gnd;
                    min_en=gnd;
                    hour_en=!setn;
        when 2=>sec_en=gnd;
                    min_en=!setn;
                    hour_en=gnd;
        when 3=>sec_en=!setn;
                    min_en=gnd;
                    hour_en=gnd;
    end case;
end;
```

以上述模块为基础，可以完成如图 6-17 所示的顶层设计。如果采用扫描显示方式实现时分秒的小时，还需要附加如图 6-23 的电路。

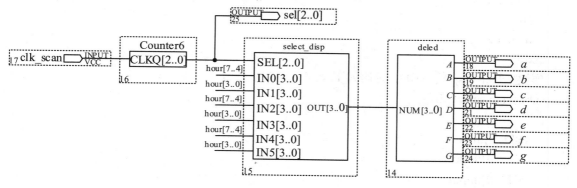

图 6-23　扫描显示驱动

其中，Select_disp 根据模 6 计数器 Counter6 的输出将待显示的 6 位十进制结果分时送给七段译码器 Deled 以产生显示字形，Counter6 的输出同时可以用来将显示结果在 6 个数码管上展开，只要时钟 Clk_scan 的频率合适，就可以看到完整的时分秒显示结果。

模块 Count6 的 AHDL 源码如下（其中使用了状态机描述方法）：

```
subdesign counter6
(
    clk:input;
    q[2..0]:output;
)
variable
    ss:machine of bits(q[2..0])
        with states
        (s0=0,
          s1=1,
```

```
            s2=2,
            s3=3,
            s4=4,
            s5=5
        );
    begin
      ss.clk=clk;
      table
        ss=>ss;
        s5=>s4;
        s4=>s3;
        s3=>s2;
        s2=>s1;
        s1=>s0;
        s0=>s5;
      end table;
    end;
```

模块 select_disp 的 AHDL 源码如下：

```
subdesign select_disp
(
    sel[2..0]:input;
    in0[3..0]:input;
    in1[3..0]:input;
    in2[3..0]:input;
    in3[3..0]:input;
    in4[3..0]:input;
    in5[3..0]:input;
    out[3..0]:output;
)
begin
  case sel[] is
    when 0=>out[]=in0[];
    when 1=>out[]=in1[];
    when 2=>out[]=in2[];
    when 3=>out[]=in3[];
    when 4=>out[]=in4[];
    when 5=>out[]=in5[];
  end case;
```

```
end;
```

模块 deled（用来驱动共阴极接法的数码管）的 AHDL 源码如下（其中使用了真值表描述）：

```
SUBDESIGN deled
(
    num[3..0]:INPUT;
    a,b,c,d,e,f,g: OUTPUT;
)
BEGIN
    TABLE
        num[3..0] => a,b,c,d,e,f,g;

        H"0"        => 1,1,1,1,1,1,0;
        H"1"        => 0,1,1,0,0,0,0;
        H"2"        => 1,1,0,1,1,0,1;
        H"3"        => 1,1,1,1,0,0,1;
        H"4"        => 0,1,1,0,0,1,1;
        H"5"        => 1,0,1,1,0,1,1;
        H"6"        => 1,0,1,1,1,1,1;
        H"7"        => 1,1,1,0,0,0,0;
        H"8"        => 1,1,1,1,1,1,1;
        H"9"        => 1,1,1,1,0,1,1;
        H"A"        => 1,1,1,0,1,1,1;
        H"B"        => 0,0,1,1,1,1,1;
        H"C"        => 1,0,0,1,1,1,0;
        H"D"        => 0,1,1,1,1,0,1;
        H"E"        => 1,0,0,1,1,1,1;
        H"F"        => 1,0,0,0,1,1,1;
    END TABLE;
END;
```

数字钟设计的层次关系如图 6-24 所示，图中显示，这是一个原理图（.gdf，graphics Design file）和 AHDL（.tdf，text design file）混合描述的设计。

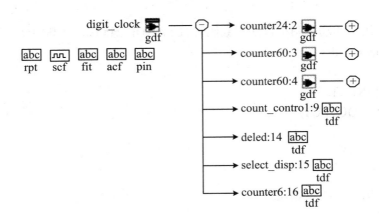

图 6-24　数字钟设计的层次关系

6.3.3　交通信号灯控制器的设计

1. 交通灯控制器的功能描述

假设某个十字路口是由一条主干道和一条次干道汇合而成的，在每个方向（A 方向和 B 方向）各设置了红（R）、黄（Y）、绿（G）和左拐（L）4 盏灯，如图 6-25 所示。每个方向 4 盏灯，按绿灯→黄灯→左拐灯→黄灯→红灯的顺序依次点亮，并不断循环。黄灯所起的作用是用来在绿灯和左拐灯后进行缓冲，以提醒车辆该方向马上要禁行了。假设 A 方向为主干道，B 方向为次干道。A 方向红、绿、黄、左拐灯亮的时间分别为：50s、40s、5s、15s，B 方向红、绿、黄、左拐灯亮的时间分别为：60s、30s、5s、15s。设计一个交通信号灯控制器控制信号灯的亮灭，并能将灯亮的时间以倒计时的形式显示出来。

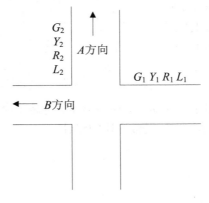

图 6-25　十字路口交通灯示意图

2. 交通灯控制器的设计思路

根据功能要求，此交通灯控制器的状态转换表如表 6-6 所示。表中 1 表示灯亮，0 表示灯灭。A 方向的红、黄、绿和左拐灯分别用 R_1、Y_1、G_1、L_1 表示，B 方向的红、黄、绿和左拐灯

分别用 R_1、Y_1、G_1、L_1 表示。显然，每个方向红灯亮的时间应该与另一方向绿、黄、左拐、黄灯亮的时间相等。

表 6-6　交通灯控制器状态转换图

A 方向				B 方向			
绿灯 (G_1)	黄灯 (Y_1)	左拐灯 (L_1)	红灯 (R_1)	绿灯 (G_2)	黄灯 (Y_2)	左拐灯 (L_2)	红灯 (R_2)
1	0	0	0	0	0	0	1
0	1	0	0	0	0	0	1
0	0	1	0	0	0	0	1
0	1	0	0	0	0	0	1
0	0	0	1	1	0	0	0
0	0	0	1	0	1	0	0
0	0	0	1	0	0	1	0
0	0	0	1	0	1	0	0

本例考虑使用 Verilog HDL 进行设计。交通灯控制器 traffic 的输入输出配置如图 6-26 所示，设有 2 个输入，4 组输出。

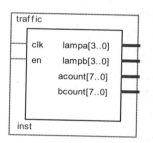

图 6-26　交通灯控制器的输入输出配置

输入 clk 为同步时钟，输入 en 为使能信号，en=1 则控制器开始工作；输出组 lampa 用于控制 A 方向 4 盏灯的亮灭，其中，lampa0~lampa3 分别控制 A 方向的左拐灯、绿灯、黄灯和红灯；输出组 lampb 用于控制 B 方向 4 盏灯的亮灭，其中，lampb0~lampb3 分别控制 B 方向的左拐灯、绿灯、黄灯和红灯；输出组 acount 为 8 位 BCD 码，与七段译码器配合可驱动 2 个数码管用于 A 方向交通灯的时间显示；输出组 bcount 为 8 位 BCD 码，与七段译码器配合可驱动 2 个数码管，用于 B 方向交通灯的时间显示。

用 Verilog HDL 实现时，可以考虑用两个并行执行的 always 模块来分别控制 A 方向的 4 盏灯和 B 方向的 4 盏灯，这两个 always 模块使用同一个时钟信号，已进行同步，也就是说，两个 always 模块的敏感信号是 1 个。每个 always 模块控制 1 个方向的 4 种灯按如下顺序点亮，并往复循环：绿灯→黄灯→左拐灯→黄灯→红灯。

每盏灯亮的时间采用一个减法计数器进行计数，该计数器采用同步预置法设计，这样只需改变预置数据，就可以改变计数器的模，因此每个方向只需 1 个计数器进行计时即可。

3. 交通灯控制器的 Verilog HDL 实现

交通灯控制器的 Verilog HDL 源码如下：

```
module traffic(clk,en,lampa,lampb,acount,bcount);
 input clk,en;//同步时钟和使能端输入
```

output [3:0] lampa,lampb;//lampa0~lampa3 分别控制 A 方向的左拐、绿、黄、红 4 盏灯，lampb 与此类似

output [7:0] acount,bcount;//acount 为 A 方向交通灯的倒计时时间显示，8 位 BCD 码，bcount 与此类似

```verilog
    reg [7:0] numa,numb;
    reg tempa,tempb;
    reg [2:0] counta,countb;
    reg [7:0] ared,ayellow,agreen,aleft,bred,byellow,bgreen,bleft;//存放 2 个方向各种灯的倒计时
```
计数的预置数
```verilog
    reg [3:0] lampa,lampb;
    always@(en)
      if(!en)//EN=0 时进行预置数
        begin
          ared    <=8'b01010101;//50s
          agreen  <=8'b01000000;//40s
          ayellow <=8'b00000101;//5s
          aleft   <=8'b00010101;//15s
          bred    <=8'b01100101;//60s
          bgreen  <=8'b00110000;//30s
          byellow <=8'b00000101;//5s
          bleft   <=8'b00010101;//15s
        end
    assign acount=numa;
    assign bcount=numb;
//该 always 模块控制 A 方向的 4 盏灯
    always@(posedge clk)
    begin
      if(en)//en=1 时控制器开始工作
        begin
          if(!tempa)
          begin
            tempa<=1;
            case(counta)//控制亮灯的顺序:绿（1）→黄（2）→左拐（3）→黄（4）→红（0）
              0:begin
                  numa<=agreen;//装入 A 方向绿灯计数值
                  lampa<=2;//A 方向绿灯亮 lampa=0010B
                  counta<=1;
```

```
            end
        1:begin
            numa<=ayellow;
            lampa<=4;//A 方向黄灯亮 lampa=0100B
            counta<=2;
          end
        2:begin
            numa<=aleft;
            lampa<=1;//A 方向左拐灯亮 lampa=0001B
            counta<=3;
          end
        3:begin
            numa<=ayellow;
            lampa<=4;//A 方向黄灯亮 lampa=0100B
            counta<=4;
          end
        4:begin
            numa<=ared;
            lampa<=8;//A 方向红灯亮 lampa=1000B
            counta<=0;
          end
        default:lampa<=8;
      endcase
    end
  else
    begin//倒计时
      if(numa>1)
        if(numa[3:0]=0)
        begin
          numa[3:0]<=4'b1001;//计数低位减到 0 则下一步变成 9，同时将高位减 1
          numa[7:4]<=numa[7:4]-1;
        end
      else numa[3:0]<=numa[3:0]-1;//计数低位没减到 0 则直接减 1
      if(numa=2)tempa<=0;
    end
end
else
```

```
        begin
          lampa<=4'b1000;
          counta<=0;
          tempa<=0;
        end
    end
//该 always 模块控制 B 方向的 4 盏灯
always@(posedge clk)
  begin
    if(en)
      begin
        if(!tempb)
        begin
          tempb<=1;
          case(countb)//控制 B 方向亮灯的顺序: 红(0)→绿(1)→黄(2)→左拐(3)
→黄(4)
              0:begin
                 numb<=bred;lampb<=8;countb<=1;
                end
              1:begin
                 numb<=bgreen;lampb<=2;countb<=2;
                end
              2:begin
                 numb<=byellow;lampb<=4;countb<=3;
                end
              3:begin
                 numb<=bleft;lampb<=1;countb<=4;
                end
              4:begin
                 numb<=byellow;lampb<=4;countb<=0;
                end
            default:lampb<=8;
          endcase
        end
        else
        begin//倒计时
          if(numb>1)
```

```
if(!numb[3:0])
begin
    numb[3:0]<=9;
    numb[7:4]<=numb[7:4]-1;
end
else numb[3:0]<=numb[3:0]-1;
if(numb==2)tempb<=0;
        end
    end
    else
      begin
        lampb<=4'b1000;
        countb<=0;
        tempb<=0;
      end
    end
endmodule
```

以上的交通灯控制器在 max+plusII 中的软件仿真波形（局部）如图 6-27 所示，从中可以看出 2 个方向的 4 盏灯亮灭转换的时序关系。

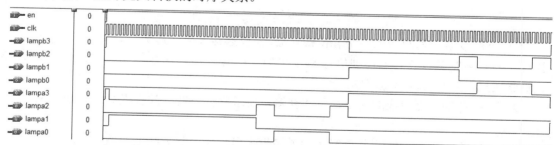

图 6-27　交通灯控制器的软件仿真波形（局部）

如果要进行硬件仿真，还需要增加七段译码器等器件，如图 6-28 所示。

图中，模块 traffic 为上述实现的交通灯控制器，模块 deled 为多个数码管分时共用的 7 段显示译码器，模块 half_byte 用来将多组 4 位 BCD 码分时提取出来提供给 deled 进行译码，模块 count4 则实现了一个模 4 自然序计数器用来将显示数据在多位数码管上展开。显然，此方案适用于采用扫描显示方案的实验器材。

在系统编程技术（isp）的出现，使硬件设计变得像软件一样易于修改，使数字系统设计的面貌焕然一新。本章通过三个设计实例，展示了数字系统设计手段和方法上的重大变化。

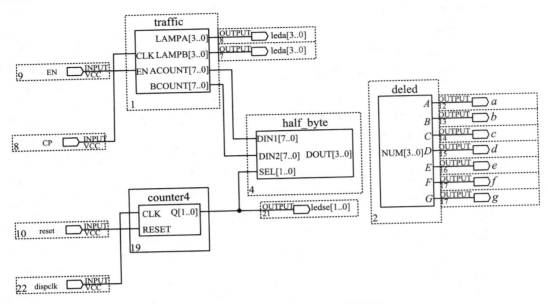

图 6-28　包含硬件仿真方案的顶层原理图

习　　题

1. 现有 D 触发器组成的三个 n 位寄存器，需要连接起来传送数据。当控制信号 S_A 有效时，执行 $(R_A) \rightarrow R_C$ 的操作；当控制信号 S_B 有效时，执行 $(R_B) \rightarrow R_C$ 的操作。试写出连接电路的逻辑表达式，并画出逻辑电路图。

2. 现有 D 触发器组成的 4 个 8 位寄存器，要求它们彼此之间实现数据传送，试设计连接电路。

3. 一个系统有 A、B 两条总线，为了接收来自任何一条总线上的数据并驱动任何一条总线，需要一个总线缓冲寄存器。请用 D 触发器、与非门和三态门设计一个总线缓冲寄存器。

4. 一个半导体存储器的容量为 32768 字，字长为 48bit，问共有多少存储元？地址线宽度是多少？数据线宽度是多少？

5. 设计十字路口交通管理信号灯系统，它用于主干道与乡间公路交叉路口。"主干道绿灯、乡间道红灯"持续时间为 60s，"主干道红灯、乡间道绿灯"持续时间为 20s。在两个状态交换过程中出现的"主干道黄灯、乡间道红灯"和"主干道红灯、乡间道黄灯"的时间各为 4s。

6. 设计一个彩灯控制器系统，能让一排彩灯（12 只）自动改变显示花样。控制器有如下控制功能：① 彩灯规则变化，变化节拍有 0.5s 和 0.25s 两种，交替变化，每种节拍可有 8 种花样，各执行一个周期后轮换；② 彩灯变化方向有单向移动、双向移动。

提示：灯光移动用移位寄存器实现，各种花样可以存放于寄存器中，使用时并行置入寄存器，有的可以利用环形计数器实现。花样控制信号可用 4 位计数器控制，1 位控制节拍，另

3 位控制花样。

7. 设计一乒乓球比赛游戏电路。甲乙二人各持一个按键做"球拍"，用一行 16 只发光二极管为乒乓球运动轨迹。用一只亮点代表乒乓球，它可以在此轨迹上左右移动。击球位置应在左、右端第 2 只发光二极管位置，若"击球"键恰好当"球"到达击球位置时按下，则发出短促的击球声，"球"即向相反方向移动。若按键偏早或偏晚，击球无效，无击球声发出，球将继续向前运行至移位寄存器末端，并停在该位置不动（也可设计为亮点消失），此时判击球者失球。记分板上给胜者加 1 分。再经 1s 后，亮点自动按乒乓球规则移到发球者的击球位置上。发球者按动"击球"按键，下一球比赛开始。

击球速度可分 2 级，由击球时刻与球到达球位置时刻的时间差决定。该时间越短，球速越高。比赛规则可自定，胜负应有指示。

提示：球的运动用双向移位寄存器实现。球速即移位寄存器时钟速率。击球输入应采取同步化处理，使之成为与外时钟同步且宽度为外时钟周期的脉冲。

第 7 章　硬件描述语言基础

7.1　硬件描述语言概述

硬件描述语言 HDL（Hardware Describe Language）是一种用形式化方法描述数字电路和系统的语言。有别于一般的计算机程序设计语言（如：C 语言、Pascal 语言），HDL 用来描述硬件电子系统的逻辑功能、电路结构和连接方式。利用这种语言，数字电路系统的设计者可以自顶向下（从抽象到具体）逐层描述自己的设计思想，用一系列分层次的模块来表示极其复杂的数字系统。然后，利用电子设计自动化 EDA（Electronics Design Automation）工具，逐层进行仿真验证，再把其中需要变为实际电路的模块组合，经过自动综合工具转换到门级电路网表。接下去，再用专用集成电路 ASIC 或现场可编程门阵列 FPGA 自动布局布线工具，把网表转换为要实现的具体电路布线结构。目前，这种高层次（high-level-design）的方法已被广泛采用。据统计，目前在美国硅谷约有 90%以上的 ASIC 和 FPGA 采用硬件描述语言进行设计。

硬件描述语言经过多年的发展，到 20 世纪 80 年代，已出现了包括 ABEL-HDL、AHDL、VHDL、Verilog HDL 在内的数十种硬件描述语言，并成功地用于系统开发的各个阶段：设计、综合、仿真和验证等，它们对设计过程自动化起到了促进和推动作用。进入 20 世纪 80 年代后期，硬件描述语言向着标准化、集成化的方向发展。最终，VHDL 和 Verilog HDL 顺应了这种趋势的要求，先后成为 IEEE 标准。

总体来讲，硬件描述语言具有以下主要特征：

（1）硬件描述语言既包含一些高级程序设计语言的结构形式，同时也兼顾描述硬件线路连接的具体构件；

（2）通过使用结构级或行为级描述，可以在不同的抽象层次描述设计。HDL 采用自顶向下的数字电路设计方法，主要包括三个领域五个抽象层次，如表 7-1 所示；

（3）HDL 是并发的，即具有在同一时刻执行多任务的能力。一般来讲，编程语言是非并行的，但在实际硬件中许多操作都是在同一时刻发生的，所以 HDL 具有并发的特征；

（4）HDL 有时序的概念。一般来讲，编程语言是没有时序概念的，但在硬件电路中从输入到输出总是有延迟存在的，为描述这些特征 HDL 需要建立时序的概念。因此，使用 HDL 除了可以描述硬件电路的功能外，还可以描述其时序要求。

当前 EDA 工具所需解决的问题是如何大幅度提高设计能力，为此出现了一系列对 HDL 的扩展。

表 7-1　HDL 抽象层次描述

抽象层次 ＼ 内容 ＼ 领域	行为领域	结构领域	物理领域
系统级	性能描述	部件及它们之间的逻辑连接方式	芯片、模块、电路板和物理划分的子系统
算法级	I/O 应答算法级	硬件模块数据结构	部件之间的物理连接、电路板、底盘等
寄存器传输级	并行操作寄存器传输、状态表	算术运算部件、多路选择器、寄存器总线、微定序器、微存储器之间的物理连接方式	芯片、宏单元
逻辑级	用布尔方程叙述	门电路、触发器、锁存器	标准单元布图
电路级	微分方程表达	晶体管、电阻、电容、电感元件	晶体管布图

　　OO-VHDL（Object-Oriented VHDL），即面向对象 VHDL，主要是引入了新的语言对象 Entity Object。此外，OO-VHDL 中的 Entity 和 Architecture 具备了继承机制，不同的 Entity Object 之间可以用消息来通信。因而 OO-VHDL 通过引入 Entity Object 作为抽象、封装和模块性的基本单元解决了实际设计中的一些问题。由于 OO-VHDL 模型的代码比 VHDL 模型短 30%~50%，开发时间缩短，提高了设计效率。

　　杜克大学发展的 DE-VHDL（Duke Extended VHDL）通过增加 3 条语句，使设计者可以在 VHDL 描述中调用不可综合的子系统（包括连接该子系统和激活相应功能）。杜克大学用 DE-VHDL 进行一些多芯片系统的设计，极大地提高了设计能力。

　　1998 年通过了关于 Verilog HDL 的新标准，将 Verilog HDL-A 并入 Verilog HDL 设计中，使其不仅支持数字逻辑电路的描述，还支持模拟电路的描述，因而在混合信号电路设计中，将会得到广泛的应用。在亚微米和深亚微米 ASIC 及高密度 FPGA 中，Verilog HDL 的发展前景很大。

7.2　VHDL 简介

　　VHDL 的英文全名是 Very-high-speed integrated circuit Hardware Description Language，诞生于 1982 年。1987 年底，VHDL 被 IEEE 和美国国防部确认为标准硬件描述语言。自 IEEE 公布了 VHDL 的标准版本 IEEE-1076（简称 VHDL87 版）之后，各 EDA 公司相继推出了自己的 VHDL 设计环境，或宣布自己的设计工具可以和 VHDL 接口。此后 VHDL 在电子设计领域得到了广泛的接受，并逐步取代了原有的非标准的硬件描述语言。1993 年，IEEE 对 VHDL 进行了修订，从更高的抽象层次和系统描述能力上扩展 VHDL 的内容，公布了新版本的 VHDL，即 IEEE 标准的 1076-1993 版本（简称 VHDL93 版）。现在，VHDL 作为 IEEE 的工业标准硬件描述语言，得到众多 EDA 公司的支持，在电子工程领域，已经成为事实上的通用硬件描述语言，将承担起大部分的数字系统设计任务。

7.2.1 VHDL 概述

VHDL 主要用于描述数字系统的结构、行为、功能和接口。除了含有许多具有硬件特征的语句外，VHDL 的语言形式和描述风格与句法十分类似于一般的计算机高级语言。VHDL 的程序结构特点是将一项工程设计或设计实体（可以是一个元件，一个电路模块或一个系统）分成外部（或称可视部分或端口）和内部（或称不可视部分，即涉及实体的内部功能和算法完成部分）。在对一个设计实体定义了外部界面后，一旦其内部开发完成后，其他的设计就可以直接调用这个实体。这种将设计实体分成内外部分的概念是 VHDL 系统设计的基本点。

应用 VHDL 进行工程设计的优点是多方面的：

（1）与其他的硬件描述语言相比，VHDL 具有更强的行为描述能力，从而决定了它成为系统设计领域最佳的硬件描述语言。强大的行为描述能力是避开具体的器件结构，从逻辑行为上描述和设计大规模电子系统的重要保证；

（2）VHDL 丰富的仿真语句和库函数，使得在任何大系统的设计早期就能查验设计系统的功能可行性，随时可对设计进行仿真模拟；

（3）VHDL 语句的行为描述能力和程序结构决定了它支持大规模设计的分解和已有设计的再利用。因为符合市场需求的大规模系统必须有多人甚至多个开发组并行工作才能高效、高速地完成；

（4）对于用 VHDL 完成的一个确定的设计，可以利用 EDA 工具进行逻辑综合和优化，并自动地把 VHDL 描述设计转变成门级网表；

（5）VHDL 对设计的描述具有相对独立性，设计者可以不懂硬件的结构，也不必顾及最终设计实现的目标器件是什么而进行独立的设计。

7.2.2 认识 VHDL 程序

一个完整的 VHDL 程序通常包括实体、结构体等几个不同的部分。本节通过对一个二选一多路选择器的 VHDL 描述，介绍 VHDL 程序的构成。

图 7-1 是一个二选一多路选择器的逻辑图，A 和 B 分别是两个数据输入信号，S 为选择控制信号，Q 为输出信号，其逻辑功能可表述为：若 $S=0$ 则 $Q=A$；若 $S=1$ 则 $Q=B$。例 7.1 是二选一多路选择器的 VHDL 完整描述（其中--为 VHDL 注释引导符，分号表示语句结束）。

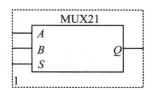

图 7-1　二选一多路选择器逻辑图

例 7.1 二选一多路选择器的 VHDL 描述方式 1（mux.vhd）

Entity mux21 is --实体描述

    port(a,b:in bit;

            s:in bit;

            q:out bit);

end entity mux21;

architecture behave of mux21 is--结构体描述

  begin

   q<=a when s='0' else

      b;

end architecture behave;

由例 7.1 可以看出：

（1）电路实体的 VHDL 描述至少由两大部分组成：由关键词 Entity 引导，以 END entity 结尾的实体部分和由关键词 architecture 引导，以 end architecture 结尾的结构体部分。其中 mux21 为实体名，behave 为结构体名。实际上一个最大化的 VHDL 程序应具有如图 7-2 所示的比较固定的结构。

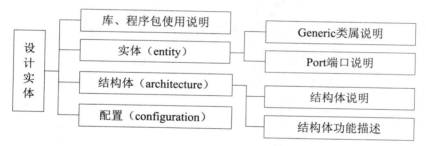

图 7-2　VHDL 程序的完整结构

（2）实体部分描述电路的外部情况及各信号端口的基本性质，是电路经封装后对外界的通信界面，是可视部分。图 7-1 可以认为是实体 mux21 的图形表达。结构体部分描述电路的内部逻辑功能或电路结构，是不可视部分。图 7-3 是结构体 behave 的原理图表达。

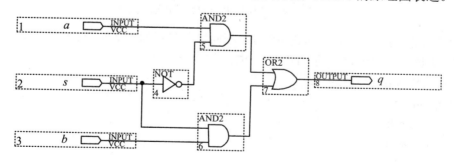

图 7-3　二选一多路选择器结构体的原理图表达

（3）实体部分由 port 引导的是端口说明语句，一个电路通常有一个或多个端口，端口类似于原理图部件符号中的管脚，对每个端口的描述包括端口名、端口模式、数据类型 3 部分。

VHDL 中定义了 4 种常用的端口模式，分别为输入（IN）、输出（OUT）、双向（INOUT）、缓冲（BUFFER）。在 VHDL 中，预定义的数据类型有多种，包括整数数据类型 integer、布尔数据类型 boolean、标准逻辑位数据类型 std_logic 和位数据类型 bit 等。例 7.1 中 a、b、s 定义为输入端口，q 定义为输出端口，且它们的数据类型均为 bit，表明其取值范围是逻辑值'1'和'0'，这里逻辑 0 或者逻辑 1 的表达必须加单引号，否则 VHDL 综合器会将 0 和 1 解释为整数类型 Integer。

（4）结构体内部构造的描述层次和描述内容如图 7-4 所示。以关键词 begin 为引导的功能描述结构可以含有 5 种不同类型的，以并行方式工作的语句。而在每一语句结构的内部可能含有并行运行的逻辑描述语句或顺序运行的逻辑描述语句。例 7.1 中出现的是条件信号赋值语句，这是一种并行信号赋值语句。符号"<="表示信号传输或赋值符号，表达式 q<=a 表示输入端口 a 的数据向输出端口 q 传输；也可解释为信号 a 向信号 q 赋值。

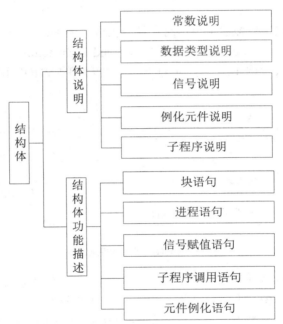

图 7-4 结构体内部的完整构造

也可以用其他的语句形式来描述与例 7.1 相同的逻辑行为，如例 7.2 和例 7.3 所示。

例 7.2 2 选 1 多路选择器的 VHDL 描述方式 2（mux.vhd）

```
Entity mux21 is --实体描述
    port(a,b:in bit;
           s:in bit;
           q:out bit);
end entity mux21;
architecture behave of mux21 is    --结构体描述
  begin
    q<=(a AND (NOT s)) OR (b AND s);
```

end architecture behave;

例 7.2 是用布尔方程的表达式来描述的，其中的关键词 AND（与）、OR（或）、NOT（非）是逻辑操作符号，信号在这些操作符的作用下，可构成组合电路。VHDL 共有 7 种基本逻辑操作符，除了上述 3 种外，还有 NAND（与非）、NOR（或非）、XOR（异或）、XNOR（同或）。逻辑操作符支持 bit、boolean 和 std_logic 3 种数据类型的操作数。

例 7.3　2 选 1 多路选择器的 VHDL 描述方式 3（mux.vhd）

```
Entity mux21 is --实体描述
    port(a,b:in bit;
           s:in bit;
           q:out bit);
end entity mux21;

architecture behave of mux21 is    --结构体描述
  begin
    process(a,b,s)
     begin
      if s='0' then
         q<=a;
       else
         q<=b;
       end if;
     end process;
end architecture behave;
```

例 7.3 中利用 IF…THEN…ELSE…END IF 表达的 VHDL 顺序语句的方式，描述了 2 选 1 多路选择器的电路行为。If 语句首先判断如果 s 为低电平，则执行 $q<=a$ 语句；否则执行 $q<=b$。需要注意的是，在 VHDL 中所有合法的顺序语句都必须放在由 process…end process 表达的进程语句中。process 后面的参数表称为进程的敏感信号表，通常要求所有的输入信号（如本例中的 a、b、s）都放在敏感信号表中。process 语句的执行依赖于敏感信号的变化，当某一敏感信号（如 a）发生变化时，将启动此进程语句；而在执行一遍整个进程的顺序语句后，便进入等待状态，直到下一次敏感信号表中某一信号的变化才再次进入"启动-运行"状态。在一个结构体中可以包含任意个进程语句，所有的进程语句都是并行语句，而由任一进程 process 引导的语句结构属于顺序语句。

限于篇幅，更多有关 VHDL 的语言要素和书写规定，请参阅相关文献。

7.3　Verilog HDL 简介

Verilog HDL 是在应用最广泛的 C 语言的基础上发展起来的一种硬件描述语言，它是在 1983 年由 GDA（Gate Way Design Automation）公司的 Phil Moorby 首创的。Phil Moorby 后来成为

Verlog-XL 的主要设计者和 Cadence 公司（Cadence Design System）的第一个合伙人。在 1984～1985 年 Moorby 设计出第一个关于 Verilog-XLr 的仿真器，1986 年他对 Verilog HDL 的发展又作出另一个巨大的贡献，提出了用于快速门级仿真的 XL 算法。

随着 Verilog-XL 算法的成功，Verilog HDL 语言得到迅速发展。1989 年，Cadence 公司收购了 GDA 公司，Verilog HDL 语言成为 Cadence 公司的私有财产。1990 年，Cadence 公司公开了 Verilog HDL 语言，成立了 OVI（Open Verilog Intemational）组织来负责 Verilog HDL 的发展。IEEE 于 1995 年制定了 Veriolg HDL 的 IEEE 标准，即 Verilog HDL 1364～1995。

7.3.1　Verilog HDL 概述

作为一种硬件描述语言，Verilog HDL 既是一种行为描述的语言也是一种结构描述的语言。这也就是说，既可以用电路的功能描述，也可以用元器件和它们之间的连接来建立所设计电路的 Verilog HDL 模型。Verilog 模型可以是实际电路的不同级别的抽象。这些抽象的级别和它们对应的模型类型共有以下 5 种：

（1）系统级(system):用高级语言结构实现设计模块的外部性能的模型；

（2）算法级(algorithm):用高级语言结构实现设计算法的模型；

（3）RTL 级(Register Transfer Level):描述数据在寄存器之间流动和如何处理这些数据的模型；

（4）门级(gate-level):描述逻辑门以及逻辑门之间的连接的模型；

（5）开关级(switch-level):描述器件中三极管和储存节点以及它们之间连接的模型。

一个复杂电路系统的完整 Verilog HDL 模型是由若干个 Verilog HDL 模块构成的，每一个模块又可以由若干个子模块构成。其中有些模块需要综合成具体电路，而有些模块只是与用户所设计的模块交互的现存电路或激励信号源。Verilog HDL 不仅定义了语法，而且对每个语法结构都定义了清晰的模拟、仿真语义。因此，利用 Verilog HDL 语言结构所提供的这种功能就可以构造一个模块间的清晰层次结构来描述极其复杂的大型设计，并对所作设计的逻辑电路进行严格的验证。

Verilog HDL 的构造性语句可以精确地建立信号的模型。这是因为在 Verilog HDL 中，提供了延迟和输出强度的原语来建立精确程度很高的信号模型。信号值可以有不同的强度，可以通过设定宽范围的模糊值来降低不确定条件的影响。

Verilog HDL 作为一种高级的硬件描述编程语言，有着类似 C 语言的风格。其中有许多语句如 if 语句、case 语句等，与 C 语言中的对应语句十分相似。

由于 Verilog HDL 早在 1983 年就已推出，因而 Verilog HDL 拥有广泛的设计群体，成熟的资源比 VHDL 丰富。目前版本的 Verilog HDL 和 VHDL 在行为级抽象建模的覆盖范围方面有所不同。一般认为 Verilog HDL 在抽象方面比 VHDL 强一些。Verilog HDL 较为适合算法级（Alogrithem）、寄存器传输级（RTL）、逻辑级（Logic）、门级（Gate）、设计。而 VHDL 更为适合特大型的系统级（System）设计。

7.3.2　认识 Verilog HDL 程序

下面先介绍几个简单的 Verilog HDL 程序,然后从中分析 Verilog HDL 程序的结构和特性。

例 7.4　两位二进制数比较器的 Verilog HDL 描述（compare.v）

```
module compare ( equal,a,b );
output equal; //声明输出信号 equal
input [1:0] a,b; //声明输入信号 a,b
assign equal=(a==b)?1:0;
/*如果 a、b 两个输入信号相等,输出为 1；否则为 0*/
Endmodule
```

例 7.4 通过连续赋值语句描述了一个名为 compare 的比较器。对两位二进制数 a、b 进行比较，如 a 与 b 相等，则输出 equal 为高电平；否则为低电平。在这个程序中，/*　*/和//表示注释部分。

例 7.5　三态驱动器的 Verilog HDL 描述（tristate.v）

```
module tristate(out,in,enable);
output out;
input in, enable;
mytri tri_inst(out,in,enable);
//调用由 mytri 模块定义的实例元件 tri_inst
endmodule
module mytri(out,in,enable);
output out;
input in, enable;
assign out = enable? in : 'bz;
endmodule
```

例 7.5 中存在着两个模块。模块 tristate 调用由模块 mytri 定义的实例元件 tri_inst。模块 tristate 是顶层模块。模块 mytri 则被称为子模块。

通过上面的例子可以看到：

（1）Verilog HDL 程序是由模块构成的。每个模块的内容都是嵌在 module 和 endmodule 两个关键词之间。每个模块实现特定的功能，模块是可以进行层次嵌套的。正因为如此，才可以将大型的数字电路设计分割成不同的小模块来实现特定的功能，最后通过顶层模块调用子模块来实现整体功能；

（2）每个模块要进行端口定义，并说明输入输出口（端口定义的方式类似于 C 语言中函数的形参写法），然后对模块的功能进行行为逻辑描述；

（3）与 C 语言类似，Verilog HDL 程序的书写格式自由，一行可以写几个语句，一个语句也可以分写多行。除了 endmodule 语句外，每个语句和数据定义的最后必须有分号。可以用 /* */和//对 Verilog HDL 程序的任何部分做注释。

　　事实上，Verilog 的基本设计单元是"模块"（module）。一个模块是由两部分组成的，一部分描述接口，另一部分描述逻辑功能，即定义输入是如何影响输出的。Verilog 结构完全嵌在 module 和 endmodule 声明语句之间，每个 Verilog 程序包括 4 个主要部分：端口定义、I/O 说明、内部信号声明、功能定义。

　　（1）模块的端口定义

　　模块的端口声明了模块的输入输出口，其格式如下：

module 模块名(口 1，口 2，口 3，口 4,…);

　　（2）I/O 说明的格式如下：

输入口： input 端口名 1，端口名 2，…,端口名 i; //(共有 i 个输入口)

输出口： output 端口名 1，端口名 2，…,端口名 j; //(共有 j 个输出口)

　　（3）内部信号说明：在模块内用到的和与端口有关的 wire 和 reg 变量的声明。

如： reg [width-1 : 0] R 变量 1，R 变量 2 …;

　　　wire [width-1 : 0] W 变量 1，W 变量 2 …;

　　　…

　　（4）功能定义：模块中最重要的部分是逻辑功能定义部分。有三种方法可在模块中产生逻辑。

　　① 用"assign"声明语句

如： assign a = b & c;

　　这种方法的句法很简单，只需写一个"assign"，后面再加一个方程式即可。例子中的方程式描述了一个有两个输入的与门。

　　② 用实例元件

如： and and_inst(q, a, b);

　　采用实例元件的方法像在电路图输入方式下调入库元件一样。键入元件的名字和相连的引脚即可，表示在设计中用到一个跟与门（and）一样的名为 and_inst 的与门，其输入端为 a、b，输出为 q。要求每个实例元件的名字必须是唯一的，以避免与其他调用与门（and）的实例混淆。

　　③ 用"always"块

如：

module reg12 (d, clk, q);//12 位寄存器的实现（reg12.v）

　　input [11:0]d;

　　input clk;

　　input clr;

　　output [11:0]q;

　　reg [11:0]q;

always @(posedge clk or posedge clr)//每当 clk 的前沿或 clr 的前沿

begin

　　if(clr) q <= 0;

　　else if(en) q <= d;

end

采用"assign"语句是描述组合逻辑最常用的方法之一。而"always"块既可用于描述组合逻辑也可描述时序逻辑。上面的例子用"always"块生成了一个带有异步清除端的 D 触发器。"always"块可用很多种描述手段来表达逻辑，例如上例中就用了 if...else 语句来表达逻辑关系。如按一定的风格来编写"always"块，可以通过综合工具把源代码自动综合成用门级结构表示的组合或时序逻辑电路。

需要注意的是：如果用 Verilog 模块实现一定的功能，首先应该清楚哪些是同时发生的，哪些是顺序发生的。上面三个例子分别采用了"assign"语句、实例元件和"always"块。这三个例子描述的逻辑功能是同时执行的。也就是说，如果把这三项写到一个 Verilog 模块文件中去，它们的次序不会影响逻辑实现的功能。这三项是同时执行的，也就是并发的。

然而，在"always"模块内，逻辑是按照指定的顺序执行的。"always"块中的语句称为"顺序语句"，因为它们是顺序执行的。请注意，两个或更多的"always"模块也是同时执行的，但是模块内部的语句是顺序执行的。看一下"always"内的语句，你就会明白它是如何实现功能的。if...else if 必须顺序执行，否则其功能就没有任何意义。如果 else 语句在 if 语句之前执行，功能就会不符合要求。为了能实现上述描述的功能，"always"模块内部的语句将按照书写的顺序执行。

与 VHDL 类似，Verilog HDL 也支持数据流描述、结构描述、行为描述等多种描述电路的方式。更多有关 Verilog HDL 的语言要素和书写规定，请参阅相关文献。

7.4　其他硬件描述语言

7.4.1　ABEL-HDL 简介

ABEL 语言是由美国 DATA I/O 公司研制开发的一种逻辑设计硬件描述语言，它从早期可编程逻辑器件（PLD）的设计中发展而来。在可编程逻辑器件的设计中，可方便准确地描述所设计的电路逻辑功能。它支持逻辑电路的多种表达形式，其中包括逻辑方程、真值表和状态图。由于其语言描述的独立性，因而适用于各种不同规模的可编程器的设计。如 DOS 版的 ABEL3.0 软件可对 GAL 器件进行全方位的逻辑描述和设计，而在诸如 Lattice 的 ispEXPERT、DATAIO 的 Synario、Vantis 的 Design-Direct、Xilinx 的 FOUNDATION 和 ISE WEBPACK 等 EDA 软件中，ABEL-HDL 同样可用于较大规模的 FPGA/CPLD 器件功能设计。ABEL-HDL 还能对所设计的逻辑系统进行功能仿真。ABEL-HDL 和 Verilog HDL 同属一种描述级别，但 ABEL-HDL 的特性受支持的程度远远不如 Verilog HDL。从长远来看，VHDL 和 Verilog HDL 的运用会比 ABEL-HDL 多的多，ABEL-HDL 只会在较小的范围内继续存在。

本书第 4 章使用 GAL16V8 设计一个十进制加法计数器时使用的就是 ABEL-HDL（参阅例 4.5）。更多 ABEL-HDL 的语言要素和书写规定，请参阅相关文献。

7.4.2　AHDL 简介

AHDL（Altera HDL）是 ALTERA 公司发明的 HDL，特别适合用来描述复杂组合逻辑、成组操作、状态机、真值表和参数化逻辑电路。其特点是非常易学易用，学过高级语言的人可以在很短的时间内掌握 AHDL。它的缺点是移植性不好，通常只用于 ALTERA 自己的开发系统。

例 7.6 给出了用 AHDL 实现的地址译码器，图 7-5 则显示了对应的原理图实现。

例 7.6　地址译码器的 AHDL 实现（decoder.tdf）

```
SUBDESIGN decode1
( a[3..0] : input;
   chip_enable : output;
)
begin
chip_enable = (a[3..0] == H"7");
end;
```

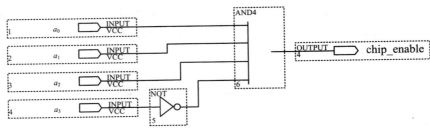

图 7-5　地址译码器的原理图实现

例 7.7 给出了多路选择器的 AHDL 实现，图 7-6 则显示了对应的端口特征。

例 7.7　多路选择器的 AHDL 实现（mux.tdf）

```
subdesign mux
(
ch0[3..0],ch1[3..0],ch2[3..0],ch3[3..0]:input;
s[1..0]:input;
dout[3..0]:output;
)
begin
  case s[] is
      when 0 => dout[]=ch0[];
      when 1 => dout[]=ch1[];
      when 2 => dout[]=ch2[];
      when 3 => dout[]=ch3[];
```

end case;
end;

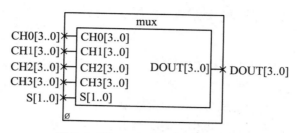

图 7-6　例 7.7 实现电路的端口特征

更多 AHDL 的语言要素和书写规则，请参考 altera 公司的相关文献。

7.5　使用 HDL 的开发流程

用硬件描述语言开发 CPLD/FPGA 的完整流程为：

（1）文本编辑

用任何文本编辑器都可以进行，也可以用专用的 HDL 编辑环境。通常 VHDL 源码保存为.vhd 文件，Verilog HDL 源码保存为.v 文件，ABEL-HDL 源码保存为.abl 文件，AHDL 源码保存为.tdf 文件。

（2）功能仿真

将文件调入 HDL 仿真软件进行功能仿真，检查逻辑功能是否正确。（功能仿真也叫前仿真，对简单的设计可以跳过这一步，只在布线完成以后，进行时序仿真。）

（3）逻辑综合

将源文件调入逻辑综合软件进行综合，即把语言综合成最简的布尔表达式和信号的连接关系。逻辑综合软件会生成.edf（edif）的 EDA 工业标准文件。

（4）布局布线

将.edf 文件调入 PLD 厂家提供的软件中进行布线，即把设计好的逻辑安放到 PLD/FPGA 内。

（5）时序仿真

需要利用在布局布线中获得的精确参数，用仿真软件验证电路的时序。（时序仿真也叫后仿真。）

HDL 和传统的原理图输入方法的关系就好比是高级语言和汇编语言的关系。HDL 的可移植性好，使用方便，但效率不如原理图；原理图输入的可控性好，效率高，比较直观，但设计大规模 CPLD/FPGA 时显得很烦琐，移植性差。在真正的 CPLD/FPGA 设计中，通常建议采用原理图和 HDL 结合的方法来设计，适合用原理图的地方就用原理图，适合用 HDL 的地方就用 HDL，并没有强制的规定。比如：可以用原理图方式表示电路的顶层描述，以比较直观的方式反映该电路的总体构成和模块与模块之间的联系，至于各下级模块的实现，则可以根据需要选择用绘制原理图的方式实现，或是使用某种 HDL 进行描述。

7.6　主要 EDA 平台对 HDL 的支持

　　随着可编程逻辑器件应用的日益广泛，许多 IC 制造厂家涉足 PLD/FPGA 领域。目前世界上有十几家生产 CPLD/FPGA 的公司，最大的三家是：ALTERA、XILINX、Lattice，其中 ALTERA 和 XILINX 占有了 60%以上的市场份额。通常来说，在欧洲和美国用 Xilinx 的人多，在日本和亚太地区用 ALTERA 的人多。可以讲 Altera 和 Xilinx 共同决定了 PLD 技术的发展方向。

　　现在已经有很多支持 CPLD/FPGA 设计的软件。有的设计软件是由芯片制造商提供的，如 Altera 公司推出的 max+plusII 和 QuartusII、Xlinx 公司推出的 foundation 和 ISE、Lattice 公司提供的 ispDesignEXPERT 和 ispLever 等，有的设计软件是由专业 EDA 软件商提供的，称第三方设计软件，如 Cadence、Synplify、Synopsys、Viewlogic、MentorGraphics 和 EWB 等，第三方软件往往支持多家公司的 PLD 器件。

7.6.1　Max+PlusII

　　Max+PlusII 全称为 Multiple Array matriX Programmable Logic User System II，曾经被普遍认为是最优秀的 PLD 开发平台之一，适合新器件和大规模 FPGA 的开发，现在已经不再提供对新器件的支持，逐渐被 QuartusII 取代。图 7-7 是 Max+PlusII v10.2 的主界面。它支持以原理图、HDL、波形输入三种方式之一来描述电路，并且内置了一个文本编辑器以方便 HDL 程序的输入。

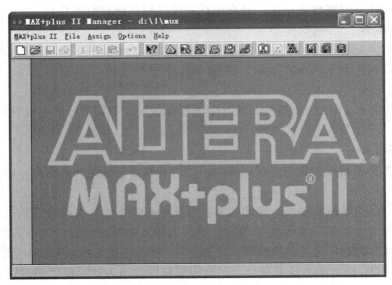

图 7-7　Max+PlusII 管理器的主界面

　　作为 Altera 公司的 CPLD/FPGA 开发软件，毫无疑问对 AHDL 支持最好，而对 Verilog HDL

和 VHDL 都是支持它们的一个子集，比较而言，对 Verilog HDL 的支持优于对 VHDL 的支持，完全不支持 ABEL-HDL。图 7-8 至图 7-10 显示了在 Max+PlusII v10.2 环境下使用 AHDL 描述电路的用法。

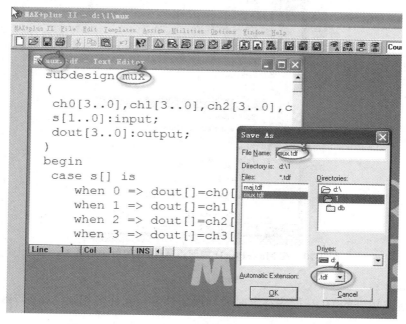

图 7-8　在 Max+PlusII 中使用 AHDL 的用法示意 1

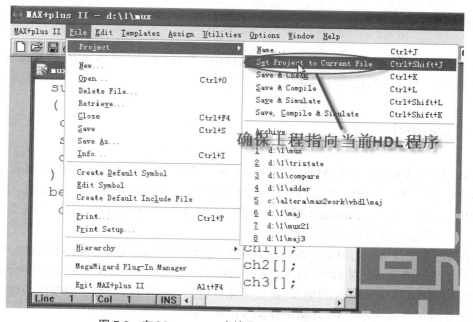

图 7-9　在 Max+PlusII 中使用 AHDL 的用法示意 2

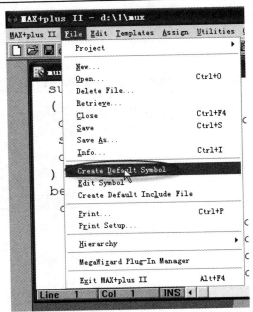

图 7-10　在 Max+PlusII 中使用 AHDL 的用法示意 3

需要注意的是：

（1）在将编辑好的 HDL 程序存盘时要确保文件名与元件名相同，如图 7-8 中标记 1、2、3 所示；

（2）对于 AHDL 程序文本存盘时应以.tdf 为后缀，如图 7-8 中标记 4 所示。而对于 VHDL 程序文本，应存为.vhd 后缀，对于 Verilog HDL 应存为.v 后缀。正确的后缀将告知 Max+PlusII 用什么样的 HDL 语法编译器对程序进行编译处理，此外还可以产生对应的语法元素分色显示和标记；

（3）在编译之前，一定要让工程指向当前的 HDL 程序（如图 7-9 所示）或者通过"file-create default symbol"的方式进行元件创建（如图 7-10 所示）。

7.6.2　QuartusII

QuartusII 是 Altera 公司继 Max+PlusII 之后新一代 PLD 开发系统，拥有比 Max+PlusII 更强大的功能，支持更大规模、更新品种的 PLD 的开发，已经逐步取代 Max+plusII。图 7-11 是 QuartusII v5.0 的主界面。QuartusII 提供原理图、HDL 两种描述电路的方式，不再支持波形输入方式，同样内置语法分色的文本编辑器。

除了仍然不支持 ABEL-HDL、继续对 AHDL 提供原生支持，QuartusII 对 VHDL 和 Verilog HDL 提供了更好的支持，对 HDL 的综合（synthesis）能力也大大增强，对器件的利用率更高，甚至可以观察到 RTL synthesis 的结果（经过优化以后的内部实现，类似于原理图表达）。图 7-12 至图 7-16 显示了在 quartus v5.0 环境下使用 VHDL 的用法。

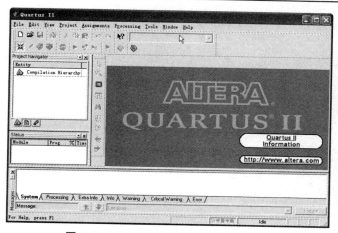

图 7-11　QuartusII v5.0 的主界面

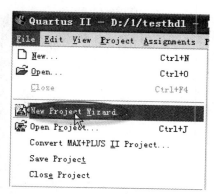

图 7-12　在 QuartusII 中使用 VHDL
的用法示意 1

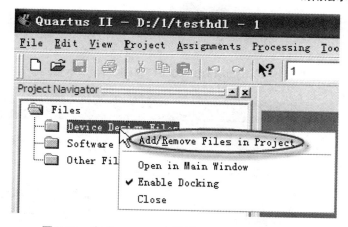

图 7-13　在 QuartusII 中使用 VHDL 的用法示意 2

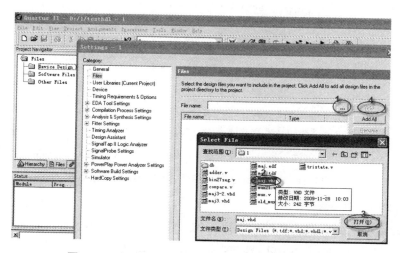

图 7-14　在 QuartusII 中使用 VHDL 的用法示意 3

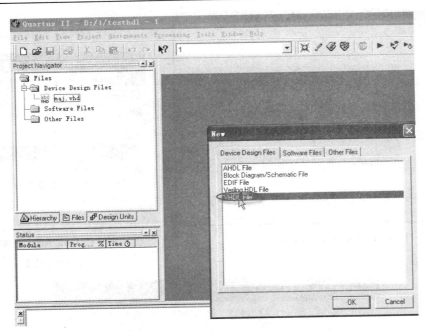

图 7-15　在 QuartusII 中使用 VHDL 的用法示意 4

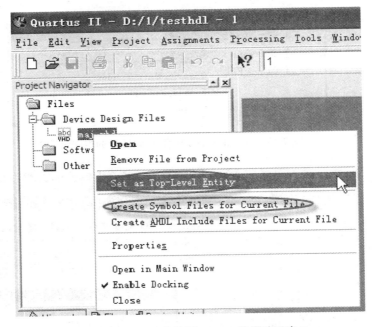

图 7-16　在 QuartusII 中使用 VHDL 的用法示意 5

需要注意的是：

（1）QuartusII 中所有设计文件（包括 HDL 程序）必须依附于一个工程，因此应首先通过图 7-12 所示的 "file-new project wizard" 创建一个空的工程，然后再利用图 7-13 所示的 "add/remove files in project" 功能，按照图 7-14 所示的步骤加入写好的 VHDL 程序文本（不同 HDL 的存盘后缀约定与 Max+PlusII 相同），或者参照图 7-15 用"new-VHDL file"的方式新建一个 HDL 文本；

（2）编译之前，要通过两种方式之一告知编译程序当前 HDL 文本在整个设计中的层次，如图 7-16 所示。其中，"set as top-level entity"表明当前 HDL 是顶层模块，而"create symbol files for current file"表明当前 HDL 是整个设计中的一个子模块。

7.6.3　Foundataion 和 ISE

Foundation Series 是 Xilinx 公司上一代的 PLD 开发软件，内置 Synopsys FPGA Express 的 HDL 综合系统，能够提供多层次原理图设计、HDL 设计和相应的综合与优化。目前 Xilinx 已经停止开发 Foundation，而转向 ISE（Integrated Software Environment）平台。

ISE 提供原理图和 HDL 描述两种输入方式，支持 ABEL-HDL、VHDL、Verilog HDL 三种硬件描述语言，结构向导和核生成器（core generator）可以辅助设计输入。在生成网表以便对 FPGA 编程的过程中，可以使用的综合工具有 Xilinx 子集的 XST 和第三方的综合工具，如 Synplify、Leonardo Spectrum、FPGA Compiler II 等。

图 7-17、图 7-18 展示了在 ISE 环境下进行用 VHDL 程序设计一个计数器模块及其仿真的用法示意。

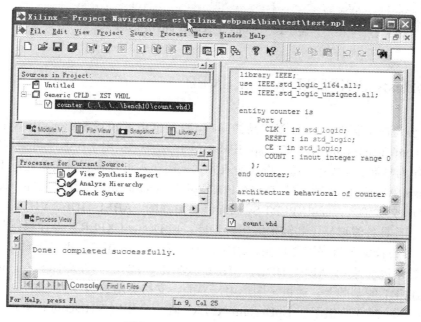

图 7-17　Xilinx ISE 工程管理器

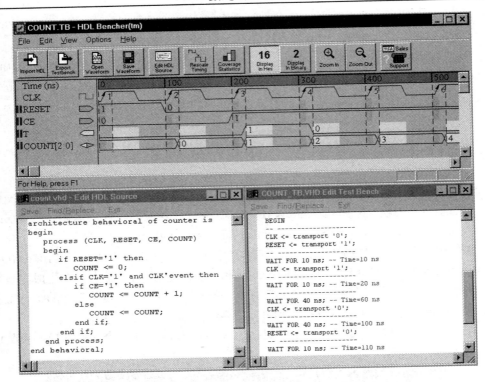

图 7-18   Xilinx 仿真环境 hdl bencher

7.6.4   ispDesignEXPERT 和 ispLEVER

Lattice 公司在不断推出 PLD 新产品的同时，先后推出了 pDS Starter、isp Synario System、ispExpert System、ispDesignEXPERT、ispLEVER 等 EDA 软件，用于在系统可编程器件的开发。pDS Starter 作为早期的 EDA 工具，设计输入方式采用布尔方程和逻辑宏单元，不具备原理图输入方式；isp Synario System 具有 DATA I/O 公司的 Synario 软件的全部功能，即原理图输入和 ABEL-HDL 文本输入；ispEXPERT System 具备原理图、ABEL-HDL、VHDL、Verilog HDL 等输入方式，且具备波形显示和波形编辑等功能；ispDesignEXPERT 设计系统是一套完备的 EDA 软件，其设计输入可采用原理图、HDL、混合输入三种方式，其混合输入方式允许在同一器件的设计中同时采用 ABEL-HDL、VHDL、Verilog HDL 和原理图输入；ispLEVER 在 ispDesignEXPERT 的基础上，改进了图形用户界面，支持更新的器件。

图 7-19 至图 7-23 给出了在 ispDesignEXPERT 环境下使用 VHDL 进行电路设计和仿真的用法示意。

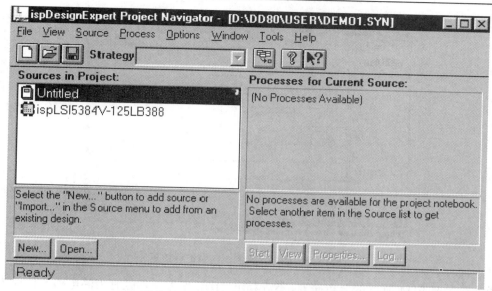

图 7-19　ispDesignExpert 的工程导航器

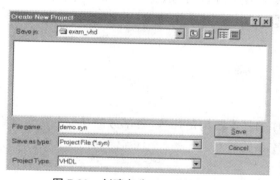

图 7-20　创建名为 demo 的新工程

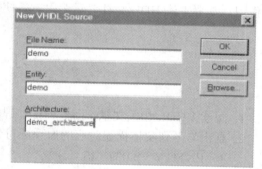

图 7-21　为实体命名

图 7-22　调用 Synplify 进行编译

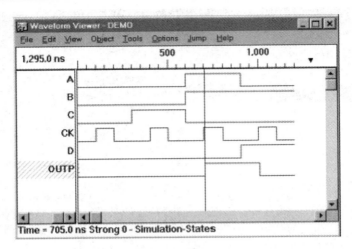

图 7-23　通过定义测试向量进行仿真

通过对主要 EDA 软件的分析研究,不难看出,HDL 作为一种强有力的电路实体描述手段,正为越来越多的 EDA 工具所重视和采用,其必然在 CPLD/FPGA 设计、综合领域中发挥更大的作用。掌握主流 HDL 并且灵活运用,将使数字系统设计事半功倍。

习　　题

1. 阅读 VHDL 相关文献,了解 VHDL 程序的基本结构是什么,各部分的功能分别是什么。
2. 画出与下列实体描述对应的原理图符号。

（1）ENTITY　buf3s　IS

　　　　PORT（input：IN　STD_LOGIC;

　　　　　　　　Enable:IN　STD_LOGIC;

　　　　　　　　Output:OUT　STD_LOGIC);

　　END buf3s;

（2）ENTITY　mux21　IS

　　　PORT（in0，in1，sel：IN　STD_LOGIC;

　　　　　　　Output:OUT　STD_LOGIC);

　　END　mux21;

3. 阅读 VHDL、Verilog HDL 相关文献,写出下列电路的 HDL 描述并在某种 EDA 环境下验证。

（1）3 输入与非门。

（2）4 选 1 多路选择器（设：选择控制信号为 S_1 和 S_0,输入信号为 a、b、c、d,输出信号为 Y）。

（3）1 位全减器（设 X 为被减数,Y 为减数,sub_in 是借位输入,diff 是输出差,sub_out 是借位输出）。

4. 阅读 Max+PlusII 的在线帮助，理解下面的 AHDL 代码并上机验证。

```
SUBDESIGN hb3
(   clk,reset:    INPUT;
    q[2..0]:      OUTPUT;
)
VARIABLE
    ss:     MACHINE OF BITS (q[2..0])
            WITH STATES (
                        S0=0,
                        S1=2,
                        S2=5,
                        S3=3,
                        S4=4,
                        S5=6,
                        S6=1);
BEGIN
    ss.clk=clk;
    ss.reset=!reset;
    TABLE
        SS  =>  SS;
        S0  =>  S1;
        S1  =>  S2;
        S2  =>  S3;
        S3  =>  S4;
        S4  =>  S5;
        S5  =>  S6;
        S6  =>  S0;
    END TABLE;
END;
```

附录　部分集成芯片管脚图及其说明

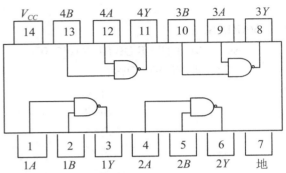

● 2 输入四与非门

7400、74S00、74LS00、74HC00、
74C00、74F00、74ALS00

逻辑：$Y = \overline{A \cdot B}$

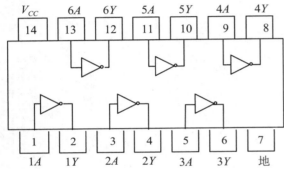

● 6 反相器

7404、74S04、74LS04、74HC04、
74C04、74F04、74ALS04

逻辑：$Y = \overline{A}$

● 2 输入四与门

7408、74S08、74LS08、74HC08、
74C08、74F08、74ALS08

逻辑：$Y = A \cdot B$

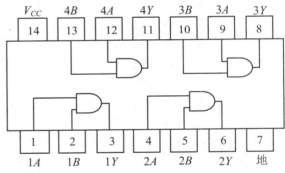

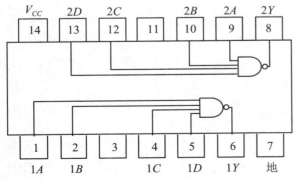

● 4 输入双与非门

7420、74S20、74LS20、74HC20、
74C20、74F20、74ALS20

逻辑：$Y = \overline{A \cdot B \cdot C \cdot D}$

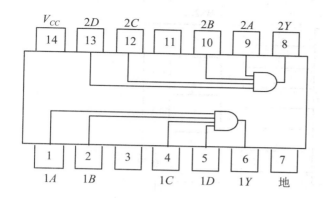

● 4 输入双与门
7421、74S21、74LS21、74HC21、74C21、74F21、74ALS21

逻辑：$Y = A \cdot B \cdot C \cdot D$

● 2 输入四或门
7432、74S32、74LS32、74HC32、74C32、74F32、74ALS32

逻辑：$Y = A + B$

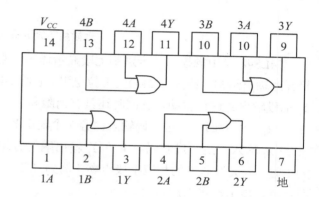

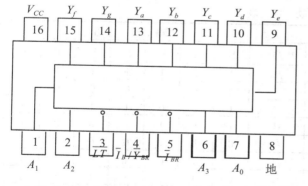

● 4 线-7 段译码/驱动器
7448、74LS48、74C48

　　七段荧光数码管是分段式半导体显示器件，7 个发光二极管组成七个发光段。当外加正向电压时，发光二极管可以将电能转换成光能，从而发出清晰悦目的光线。发光二极管显示电路有两种连接方式：一种是七个发光二极管共用一个阳极，称为共阳极电路；另一种是 7 个发光二极管共用一个阴极，称为共阴极电路。采用共阴极电路时，译码器的输出经输出驱动电路分别加到 7 个阳极上，当给其中某些段加上驱动信号时，则这些段发光，显示出 0~9 相应的十进制数字（包括一个小数点）。

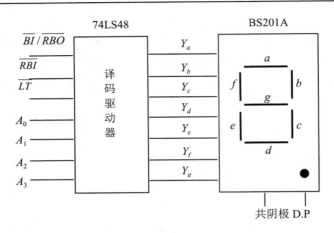

七段数字显示系统原理图

74LS48 是中规模二—十进制七段显示译码／驱动器。它驱动的是共阴极电路，具有集电极开路输出结构，并接有 $2\,\text{k}\Omega$ 的上拉电阻。它将 8421BCD 码译成 Y_a、Y_b、Y_c、Y_d、Y_e、Y_f、Y_g 七段输出并进行驱动，它同时还具有消隐和试灯的辅助功能。它有 4 个输入信号 A_3、A_2、A_1、A_0，对应四位二进制码输入；有 7 个输出 $Y_a \sim Y_g$，对应七段字形。当控制信号有效时，$A_3 \sim A_0$ 输入一组二进制码，$Y_a \sim Y_g$ 输出端便有相应的输出，电路实现正常译码。译码输出为 1 时，荧光数码管的相应字段点燃。例如 $A_3\,A_2\,A_1\,A_0 = 0001$，只有 Y_b 和 Y_c 输出 1，b 段、c 段点燃，显示数字"1"。

功 能 表

序号	输			入				输		出				
	A_3	A_2	A_1	A_0	$\bar{I}_{ER}$	$\overline{LT}$	$\bar{I}_B/\bar{Y}_{ER}$	Y_a	Y_b	Y_c	Y_d	Y_e	Y_f	Y_g
0	0	0	0	0	1	1	/1	1	1	1	1	1	1	0
1	0	0	0	1	×	1	/1	0	1	1	0	0	0	0
2	0	0	1	0	×	1	/1	1	1	0	1	1	0	1
3	0	0	1	1	×	1	/1	1	1	1	1	0	0	1
4	0	1	0	0	×	1	/1	0	1	1	0	0	1	1
5	0	1	0	1	×	1	/1	1	0	1	1	0	1	1
6	0	1	1	0	×	1	/1	1	0	1	1	1	1	1
7	0	1	1	1	×	1	/1	1	1	1	0	0	0	0
8	1	0	0	0	×	1	/1	1	1	1	1	1	1	1
9	1	0	0	1	×	1	/1	1	1	1	0	0	1	1
10	1	0	1	0	×	1	/1	0	0	0	1	1	0	1
11	1	0	1	1	×	1	/1	0	0	1	1	0	0	1
12	1	1	0	0	×	1	/1	0	1	0	0	0	1	1
13	1	1	0	1	×	1	/1	1	0	0	1	0	1	1
14	1	1	1	0	×	1	/1	0	0	0	1	1	1	1
15	1	1	1	1	×	1	/1	0	0	0	0	0	0	0
灭灯	×	×	×	×	×	×	0/	0	0	0	0	0	0	0
灯测	×	×	×	×	×	0	/1	1	1	1	1	1	1	1

灭零	0	0	0	0	0	1	0/	0	0	0	0	0	0	0

其中，A_3、A_2、A_1、A_0 是 BCD 码的输入端；Y_a、$Y_b \cdots Y_g$ 是译码输出端,有效输出为 1。器件内部有上拉电阻，不必再外接负载电阻至电源，能直接驱动共阴七段 LED 数码管工作。由于数码管每笔段的正向工作电压仅为 2 V，为了不使译码器输出的高电平电压值拉下太多，通常在中间串接一只几百 Ω 的限流电阻器。LT 是灯测试输入端，当 $\overline{LT}=0$ 时，输出为全 1；I_{BR} 是灭零输入端，当 $\overline{I_{BR}}=0$，且 $A_3 A_2 A_1 A_0$ 的输入为 0000 时，输出为全 0，数字 0 不显示，处于灭 0 状态；I_B/Y_{BR} 是输入、输出合用的引出端，I_B 是灭灯输入端，当 $\overline{I_B}=0$ 时输出为全 0，Y_{BR} 是灭 0 输出端，指该器件处于灭 0 状态时，$\overline{Y_{BR}}=0$，否则 $\overline{Y_{BR}}=1$，它主要用来控制相邻位的灭 0 功能。

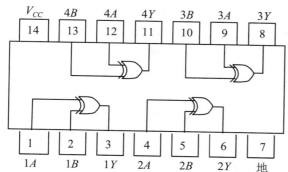

● 2 输入四异或门
74LS86、74HC86、74C86、
74F86、74ALS86

逻辑：$Y = A \oplus B$

● 与输入 J-K 主从触发器
（带预置和清除端）
7472、74H72、74L72

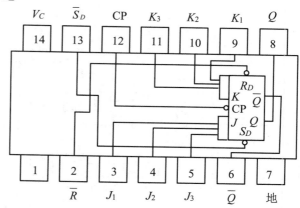

功　能　表

输　入					输　出	
$\overline{S_D}$	$\overline{R_D}$	CP	J	K	Q	$\overline{Q}$
0	1	×	×	×	1	0
1	0	×	×	×	0	1
0	0	×	×	×	不稳定	
1	1	⊓	0	0	Q_0	$\overline{Q}_0$
1	1	⊓	1	0	1	0
1	1	⊓	0	1	0	1
1	1	⊓	1	1	触发	

$$J = J_1 \cdot J_2 \cdot J_3 ; \quad K = K_1 \cdot K_2 \cdot K_3$$

Q_0 为建立稳态输入条件前 Q 的电平。

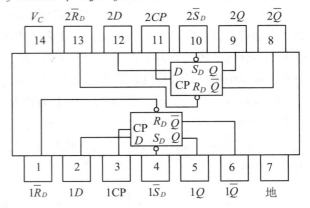

● 双 D 型上沿触发器
　（带预置和清除端）
　7474、74H74、74ALS74、74LS74A

功 能 表

输 入				输 出	
$\overline{S}_D$	$\overline{R}_D$	CP	D	Q	$\overline{Q}$
0	1	×	×	1	0
1	0	×	×	0	1
0	0	×	×	不稳定	
1	1	↑	1	1	0
1	1	↑	0	0	1
1	1	0	×	Q_0	$\overline{Q}_0$

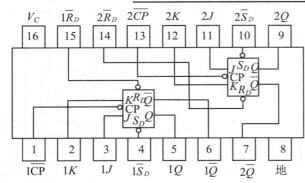

● 双 J-K 下沿触发器
　（带预置和清除端）
　74S112、74HC112、74ALS112、
　74LS112A

功 能 表

输 入					输 出	
$\overline{S}_D$	$\overline{R}_D$	CP	J	K	Q	$\overline{Q}$
0	1	×	×	×	1	0
0	0	×	×	×	0	1
1	1	×	×	×	不稳定	
1	1	↓	0	0	Q_0	$\overline{Q}_0$
1	1	↓	1	0	1	0
1	1	↓	0	1	0	1
1	1	↓	1	1	触 发	
1	1	1	×	×	Q_0	$\overline{Q}_0$

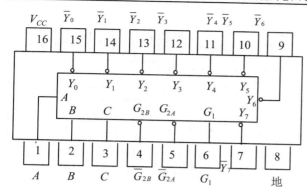

● 3 线-8 线译码器
74LS138、74S138、74ALS138、74HC138

　　3 线-8 线译码器实际上也是一个负脉冲输出的脉冲分配器。译码器的每一路输出，实际上就是地址码的一个最小项的反变量，利用其中一部分输出端输出的与非关系，也就是它们相应最小项的或逻辑表达式，能方便地实现逻辑函数。

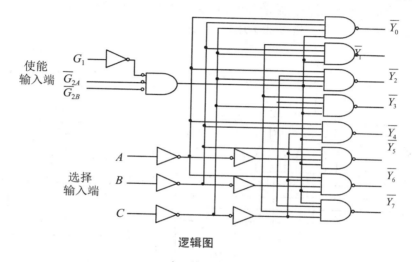

逻辑图

功　能　表

使能输入		选择输入			输　出							
G_1	G_2	C	B	A	$\overline{Y_0}$	$\overline{Y_1}$	$\overline{Y_2}$	$\overline{Y_3}$	$\overline{Y_4}$	$\overline{Y_5}$	$\overline{Y_6}$	$\overline{Y_7}$
×	1	×	×	×	1	1	1	1	1	1	1	1
0	×	×	×	×	1	1	1	1	1	1	1	1
1	0	0	0	0	0	1	1	1	1	1	1	1
1	0	0	0	1	1	0	1	1	1	1	1	1
1	0	0	1	0	1	1	0	1	1	1	1	1
1	0	0	1	1	1	1	1	0	1	1	1	1
1	0	1	0	0	1	1	1	1	0	1	1	1
1	0	1	0	1	1	1	1	1	1	0	1	1
1	0	1	1	0	1	1	1	1	1	1	0	1
1	0	1	1	1	1	1	1	1	1	1	1	0

注：$G_2 = G_{2A} + G_{2B}$，1 为高电平，0 为低电平，×为任意。

　　其中，C、B、A 是地址输入端，Y_0、Y_1、…、Y_7 是译码输出端，G_{2B}、G_{2A}、G_1 是使能端，当 $G_1 = 1$，$\overline{G_{2B}} + \overline{G_{2A}} = 0$ 时，器件使能。

● 双 4 选 1 数据选择器
  74LS153、74S153、74ALS153、74HC153

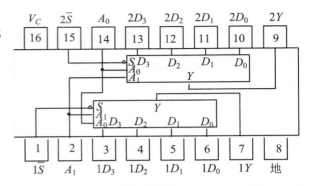

数据选择器是一种通用性很强的功能器件，它的功能很容易得到扩展。74LS153 是一个双 4 选 1 数据选择器，很容易实现 8 选 1 选择器功能。

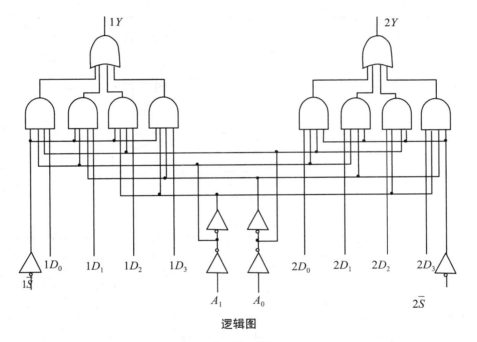

逻辑图

功　能　表

控 制 输 入			输　出
A_1	A_0	$\bar{S}$	Y
×	×	1	0
0	0	0	D_0
0	1	0	D_1
1	0	0	D_2
1	1	0	D_3

其中 D_0、D_1、D_2、D_3 为 4 个数据输入端；Y 为输出端；S 是使能端，在 $\overline{S}=0$ 时使能，在 $\overline{S}=1$ 时 $Y=0$；A_1、A_0 是器件中两个选择器公用的地址输入端。该器件的逻辑表达式为

$$Y = S \cdot (\overline{A_1}\,\overline{A_0}D_0 + \overline{A_1}A_0D_1 + A_1\overline{A_0}D_2 + A_1A_0D_3)$$

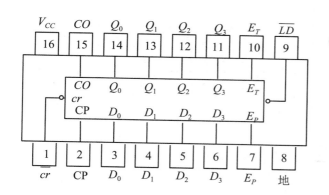

● 同步 4 位计数器
74LS160A/161A/162A/163A
74ALS160/161/162/163
74S160/161/162/163
74HC160/161/162/163

160 为十进制计数器，直接清除；161 为二进制计数器，直接清除；162 为十进制计数器，同步清除；163 为二进制计数器，同步清除。允许输入端 E_p 和 E_T 高电平有效，低电平停止计数，E_T 允许动态进位 CO 输出；在允许计数时，计数器处于最大值的状态，动态进位 CO 输出变为高电平；对于 160 和 162，动态进位输出 $CO = Q_3 \cdot \overline{Q_2} \cdot \overline{Q_1} \cdot Q_0$；对于 161 和 163，动态进位输出 $CO = Q_3 \cdot Q_2 \cdot Q_1 \cdot Q_0$。

功　能　表（160/161）

CP	$\overline{cr}$	$\overline{LD}$	E_p	E_r	输出 Q_n
时钟	清除	置数			
×	0	×	×	×	清除
↑	1	0	×	×	置数
↑	1	1	1	1	计数
×	1	1	0	×	不计数
×	1	1	×	0	不计数

功　能　表（162/163）

CP	$\overline{cr}$	$\overline{LD}$	E_p	E_r	输出 Q_n
时钟	清除	置数			
↑	0	×	×	×	清除
↑	1	0	×	×	置数
↑	1	1	1	1	计数
×	1	1	0	×	不计数
×	1	1	×	0	不计数

● 一位双全加器
　74H183、74LS183、74HC183

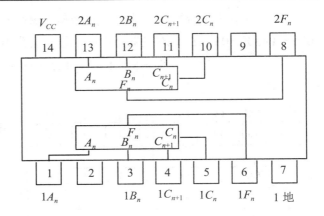

功 能 表

输入			输出	
C_n	B	A	F_n	C_{n+1}
0	0	0	0	0
0	0	1	1	0
0	1	0	1	0
0	1	1	0	1
1	0	0	1	0
1	0	1	0	1
1	1	0	0	1
1	1	1	1	1

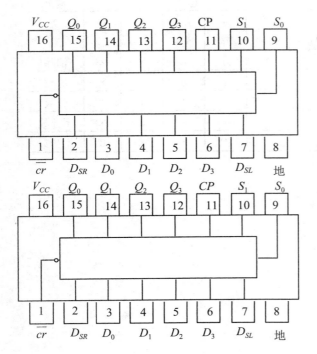

● 4 位双向通用移位寄存器
　74194、74LS194A、74HC194

功　能　表

功能	输　入									输　出			
	$\overline{cr}$	S_1	S_0	CP	D_{SL}	D_{SR}	D_0	D_1	D_2	D_3	Q_0	Q_1	Q_2	Q_3
清除	0	*	*	*	*	*	*	*	*	*	0	0	0	0
保持	1	*	*	0	*	*	*	*	*	*	保　　　持			
	1	0	0	*	*	*	*	*	*	*				
送数	1	1	1	↑	*	*	D_0	D_1	D_2	D_3	D_0	D_1	D_2	D_3
右移	1	0	1	↑	*	1	*	*	*	*	1	Q_{0n}	Q_{1n}	Q_{2n}
	1	0	1	↑	*	0	*	*	*	*	0	Q_{0n}	Q_{1n}	Q_{2n}
左移	1	1	0	↑	1	*	*	*	*	*	Q_{1n}	Q_{2n}	Q_{3n}	1
	1	1	0	↑	0	*	*	*	*	*	Q_{1n}	Q_{2n}	Q_{3n}	0

　　其中 D_0、D_1、D_2、D_3 和 Q_0、Q_1、Q_2、Q_3 是并行数据输入端和输出端；CP 是时钟输入端；$\overline{cr}$ 是直接清除端；D_{SL} 和 D_{SR} 分别是左移和右移时的串行数据输入端；S_1 与 S_0 是工作状态控制输入端。

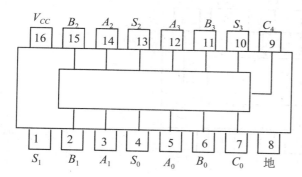

● 4 位二进制全加器（带超前进位）
74283、74LS283、74HC283

逻辑式：
$$S_i = A_i \oplus B_i \oplus C_{i-1}$$
$$C_i = A_i B_i + (A_i \oplus B_i) C_{i-1}$$

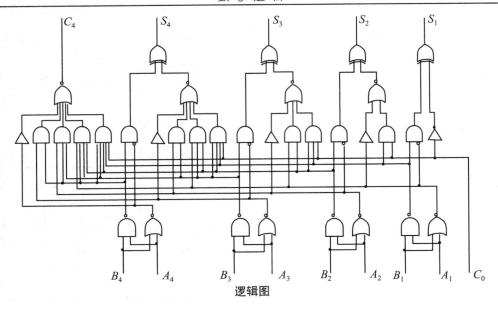

逻辑图

● 二-五-十进制异步计数器
74290、74LS290

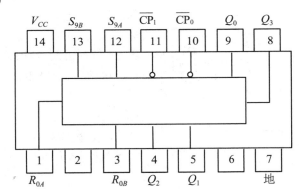

功 能 表

$R_0 = R_{0A} \cdot R_{0B}$	$S_9 = S_{9A} \cdot S_{9B}$	CP	Q_3	Q_2	Q_1	Q_0
1	0	*	0	0	0	0
*	1	*	1	0	0	1
0	0	↓	计		数	

其中 S_{9A}、S_{9B} 是直接置 9 端，$S_9 = S_{9A} \cdot S_{9B} = 1$ 时，计数器输出 $Q_3Q_2Q_1Q_0$ 为 1001；R_{0A}、R_{0B} 是直接置零端，在 $R_0 = R_{0A} \cdot R_{0B} = 1$ 和 $S_9 = 0$ 时，计数器置 0。整个计数器由两部分组成，第一部分是 1 位二进制计数器，CP_0 和 Q_0 是它的计数输入端和输出端；第二部分是一个五进制计数器，CP_1 是它的计数输入端，Q_3、Q_2、Q_1 是输出端。如果将 Q_0 与 CP_1 相连接，计数脉冲从 CP_0 输入，即成为 8421BCD 码计数器，计数器的输出码序是 $Q_3Q_2Q_1Q_0$；将 Q_3 与 CP_0 相连接，计数脉冲从 CP_1 输入，便成为 5421BCD 码计数器，它的输出码序是 $Q_0Q_3Q_2Q_1$。

参 考 文 献

[1] 王尔乾，巴林凤. 数字逻辑及数字集成电路[M].2 版. 北京：清华大学出版社，2000.

[2] 康华光. 电子技术基础:数字部分[M].4 版.北京：高等教育出版社，1999.

[3] 白中英，岳怡，郑岩. 数字逻辑与数字系统[M]. 北京：科学出版社，1998.

[4] 黄正瑾.在统编程技术及其应用[M]. 南京：东南大学出版社，1999.

[5] 周南良. 数字逻辑[M]. 长沙：国防科技大学出版社，1992.

[6] 韩振之，李亚伯. 数字系统设计方法[M]. 大连：大连理工大学出版社，1992.

[7] 王永军，李景华. 数字逻辑与数字系统[M].2 版. 北京：电子工业出版社，2002.

[8] 王毓银. 数字电路逻辑设计:脉冲与数字电路[M].3 版. 北京：高等教育出版社，2002.

[9] 阎石. 数字电子技术基础[M].4 版. 北京：高等教育出版社，2002.

[10] 侯伯亨，周端，张慧娟. 数字系统设计基础[M]. 西安：西安电子科技大学出版社，2000.

[11] 宋万杰，罗丰，吴顺君.CPLD 技术及其应用[M]. 西安：西安电子科技大学出版社，2001.

[12] M. Morris M., Charles R. K. Logic and Computer Design Fundamentals[M]. Beijing：Publishing House of Electronics Industry，2002.

[13] John F. W. Digital Design[M]. Beijing：Higher Education Press, 2002.

[14] 毛法尧，欧阳星明，任宏萍. 数字逻辑[M]. 武汉：华中科技大学出版，2002.

[15] 赵立民. 可编程逻辑器件与数字系统设计[M]. 北京：机械工业出版社，2003.

[16] 曹伟.可编程逻辑器件原理、方法与开发应用指南[M]. 长沙：国防科技大学出版社，1993.

[17] 周永钊，张雷，陈铭.通用阵列逻辑（GAL）[M]. 合肥：中国科学技术大学出版社，1989.

[18] 宋俊德，辛德禄.可编程逻辑器件（PLD）原理与应用[M]. 北京：电子工业出版社，1994.

[19] 金革.可编程逻辑陈列 FPGA 和 EPLD[M]. 合肥：中国科学技术大学出版社，1996.

[20] 白中英，杨春武. 数字逻辑与数字系统解题实验指导[M]. 北京：科学出版社，1999.

[21] 王公望. 数字电子技术常见题型解析及模拟题[M]. 西安：西北工业大学出版社，1999.

[22] 鲍家元，毛文林.数字逻辑[M]. 北京：高等教育出版社，2003.

[23] John F. W. Digital Design Principles and Practices[M]. Upper Saddle River: Prentice-Hall, Inc., 1990.

[24] Richard F. T. Digital Engineering Design[M]. Upper Saddle River: Prentice-Hall, Inc., 1991.

[25] 刘真，李宗伯，文梅，等. 数字逻辑原理与工程设计[M]. 北京：高等教育出版社，2003.

[26] 王金明，杨吉斌. 数字系统设计与 Verilog HDL[M]. 北京：电子工业出版社，2002.

[27] 陈云洽，保延翔.CPLD 应用技术与数字系统设计[M]. 北京：电子工业出版社，2003.

[28] 夏宇闻. 从算法设计到硬线逻辑的实现：复杂数字逻辑系统的 Verilog HDL 设计技术和方法[M]. 北京：高等教育出版社，2001.

[29] 朱正伟.EDA 技术及应用[M]. 北京：清华大学出版社，2005.